高等职业教育教材

聚合反应过程与设备

魏义兰　童孟良◎主编
唐淑贞◎主审

化学工业出版社
·北京·

内容简介

本书全面贯彻党的教育方针，落实立德树人根本任务，有机融入党的二十大精神，根据高职化工类专业教学标准，基于典型工作任务进行编写。全书分为七个部分：知识储备、釜式反应器、管式反应器、固定床反应器、流化床反应器、塔式反应器及微通道反应器。每个项目中，以反应器的典型结构与特点作为项目背景，以典型的化工产品为载体导入工作任务，基于由简单到复杂的认知规律，从反应器的认识、操作与设计三个层次提升学生能力。

本书配套了丰富的动画、微课等信息化资源，以二维码的形式插入书中，可扫码观看学习。

本书可作为高等职业教育化工技术类及相关专业的教材，也可作为化工企业的职工培训教材，还可供生产一线的技术人员阅读参考。

图书在版编目（CIP）数据

聚合反应过程与设备/魏义兰，童孟良主编．—北京：化学工业出版社，2024.3（2024.8重印）
ISBN 978-7-122-44603-9

Ⅰ.①聚… Ⅱ.①魏…②童… Ⅲ.①高聚物反应-化工过程②高聚物反应-化工设备 Ⅳ.①O631.5

中国国家版本馆CIP数据核字（2023）第250184号

责任编辑：提 岩　旷英姿　　　　　文字编辑：邢苗苗
责任校对：王　静　　　　　　　　　装帧设计：王晓宇

出版发行：化学工业出版社（北京市东城区青年湖南街13号　邮政编码100011）
印　　装：三河市双峰印刷装订有限公司
787mm×1092mm　1/16　印张20¼　字数524千字　2024年8月北京第1版第2次印刷

购书咨询：010-64518888　　　　　　售后服务：010-64518899
网　　址：http://www.cip.com.cn
凡购买本书，如有缺损质量问题，本社销售中心负责调换。

定　价：55.00元　　　　　　　　　　　　　　　　　　　　　版权所有　违者必究

前言

《聚合反应过程与设备》共由七部分组成，除知识储备外，其余六个项目都包括了学习目标、项目背景、学习任务、课外思考与阅读、项目总结和项目自测等栏目，更接近真实的生产情境，有利于学生学习。基于学生由简单到复杂的认知规律，每个项目的学习任务包括了反应器的认识、维护与操作、设计三个层次的内容，整个教学过程实现五循环，螺旋提升学生职业能力。本书遵循"以生为本"的理念，构建了以知识与技能为单元的模块化教材。

本书为第二批国家级职业教育教师教学创新团队课题研究项目——高分子材料智能制造技术专业校企"双元"新形态教材开发研究与实践（ZI2021110105）的研究成果之一，是基于湖南化工职业技术学院高分子材料智能制造技术、应用化工技术、化工智能制造技术、精细化工技术与石油化工技术等工学结合专业需求而编写的专业核心课程教材。与传统教材相比，本书增加了聚合反应相关知识及生产案例，融入了新技术、新工艺与新设备，结合前沿科技、技术创新与创业比赛等内容实现了"专创融合"。

本书的主要特点如下：

1. 依据人才培养方案和课程标准，遴选典型工作任务。依据高分子材料智能制造技术专业的人才培养方案、课程标准，通过行业、企业调研和专家研讨，根据岗位能力分析，以5个典型的化工产品生产为载体，构建了5个项目化、任务化的学习情境。在项目六微通道反应器中还加入了微通道连续流反应器等新技术、新设备与新工艺。

2. 落实立德树人根本要求，建构课程思政教学体系。本书有机融入课程思政案例，以培养学生的社会主义核心价值观和职业素养为目的，将工匠精神、爱岗敬业、团队协作、安全操作、榜样力量等思政案例融入教材。

3. 契合行业和岗位需求，做到"岗课赛证"融通。教材内容从化工生产操作与控制岗位出发，融合化工生产技术赛项中的"乙醛氧化制乙酸"仿真操作及创新创业大赛，结合化工总控工职业资格证书考核内容介绍"常压间歇操作釜式反应器仿真操作""乙烯加氢脱乙炔固定床仿真操作"等实操与理论知识。

本书由湖南化工职业技术学院魏义兰、童孟良主编，唐淑贞主审。其中，知识储备由魏义兰、童孟良编写；项目一、项目二由魏义兰、童孟良和湖南石油化工职业学院王伟编写；项目三由湖南化工职业技术学院游小娟、北京东方仿真软件有限公司刘李龙编写；项目四由湖南化工职业技术学院廖红光、肖艳娟编写；项目五由魏义兰、湖南化工职业技术学院张果龙编写；项目六由湖南化工职业技术学院江金龙和康宁反应器技术有限公司伍辛军、苗兴亮编写。全书仿真部分由江金龙统稿，课外拓展部分由湖南化工职业技术学院钟红梅、王罗强编写，参加编写的还有湖南化工职业技术学院张翔、谢桂容、李志松、陈文娟、殷洁等。

本书得到了北京东方仿真软件有限公司、北京智学客教育科技有限公司、康宁反应器技术有限公司的支持，在此深表感谢。在编写本教材时，参阅了相关书籍、期刊论文和生产操作规程等内容，在此对这些参考文献的作者表示诚挚的感谢。

由于编者水平所限，书中不足之处在所难免，恳请广大读者批评指正！

编者
2023 年 8 月

目录

知识储备 001

学习目标 001	课外思考与阅读 022
思维导图 002	科技史话 以史为鉴，谋划未来——聚合反应发展史 022
项目背景 002	专创融合 023
知识准备 004	项目总结 023
知识点一 认识聚合反应器 004	项目自测 024
知识点二 掌握聚合反应生产操作过程 011	
知识点三 理解反应器设计基础知识 018	

项目一 釜式反应器 026

学习目标 026	技能点二 热态开车 064
思维导图 027	技能点三 停车操作 064
项目背景 027	技能点四 事故操作 065
学习任务 028	知识拓展 釜式反应器的温度控制 066
任务一 认识釜式反应器 028	**任务三 设计釜式反应器 067**
任务导入 028	任务导入 067
工作任务 030	工作任务 067
技术理论 030	技术理论 068
知识点一 釜式反应器的分类、特点及发展方向 030	知识点一 反应釜内流体流动模型 068
知识点二 釜式反应器的基本结构 033	知识点二 反应动力学基础知识 076
知识点三 搅拌器的类型与选型 045	任务实施 090
知识点四 换热介质的选择 050	技能点一 间歇操作釜式反应器的设计 090
任务实施 053	技能点二 单个连续操作釜式反应器的设计 096
知识拓展 反应釜的安全操作和安装要点 054	技能点三 多个连续操作釜式反应器的设计 100
任务二 操作与维护釜式反应器 055	知识拓展 聚合过程的传热与传质分析 103
任务导入 055	课外思考与阅读 104
工作任务 056	前沿装备 构建发展新格局 彰显国企新担当——"大国重器"再一次走出国门 104
技术理论 056	专创融合 105
知识点一 技术交底 056	项目总结 105
知识点二 釜式反应器的操作要点 059	项目自测 107
知识点三 反应釜的维护与保养 060	
任务实施 062	
技能点一 冷态开车 062	

项目二　管式反应器 ——————————————— 113

学习目标 113	技能点二　正常停车 131
思维导图 114	技能点三　紧急停车 132
项目背景 114	技能点四　事故处理 133
学习任务 115	知识拓展　环管反应器压力系统控制 133
任务一　认识管式反应器 115	**任务三　设计管式反应器** 134
任务导入 115	任务导入 134
工作任务 116	工作任务 135
技术理论 117	技术理论 135
知识点一　管式反应器的应用与分类 117	知识点一　管式反应器的流体流动 135
知识点二　管式反应器的特点、结构与传热方式 119	知识点二　管式反应器的基础设计方程 137
任务实施 122	任务实施 138
知识拓展　大型聚丙烯装置环管反应器的结构 123	技能点一　恒温恒容管式反应器的设计 138
	技能点二　恒温变容管式反应器的设计 140
任务二　操作与维护管式反应器 124	技能点三　非等温管式反应器的设计 141
任务导入 124	技能点四　釜式与管式反应器的比较 143
工作任务 124	知识拓展　高压聚乙烯的生产 152
技术理论 124	**课外思考与阅读** 154
知识点一　技术交底 124	安全生产　安全生产责任重于泰山 　　　　　——聚合釜闪爆事故分析 154
知识点二　管式反应器的故障处理方法 128	专创融合 155
知识点三　管式反应器的维护要点 128	项目总结 155
任务实施 129	项目自测 156
技能点一　冷态开车 129	

项目三　固定床反应器 ——————————————— 160

学习目标 160	工作任务 170
思维导图 161	技术理论 170
项目背景 161	知识点一　技术交底 170
学习任务 162	知识点二　固定床反应器的操作要点 174
任务一　认识固定床反应器 162	知识点三　固定床反应器的维护与保养 174
任务导入 162	任务实施 176
工作任务 162	技能点一　冷态开车操作 176
技术理论 163	技能点二　正常操作 177
知识点一　固定床反应器的应用与特点 163	技能点三　停车操作 178
知识点二　固定床反应器的分类及其结构 163	技能点四　事故操作 179
任务实施 168	知识拓展　列管式反应器温度控制 180
知识拓展　固定床反应器安装要点 169	**任务三　设计固定床反应器** 181
任务二　操作与维护固定床反应器 169	任务导入 181
任务导入 169	工作任务 181
	技术理论 181

知识点一	固体催化剂基础知识	181	
知识点二	气-固相催化反应动力学	186	
知识点三	固定床反应器的流体流动、传质与传热	190	
任务实施		196	
技能点	固定床反应器的设计	196	
知识拓展	小试与中试	201	

课外思考与阅读　201
　榜样人物　产业元勋，点燃未来——
　　　　　　中国催化剂之父闵恩泽　201
　专创融合　202
项目总结　202
项目自测　203

项目四　流化床反应器　　206

学习目标　206
思维导图　207
项目背景　207
学习任务　208

任务一　认识流化床反应器　208
　任务导入　208
　工作任务　210
　技术理论　210
　知识点一　流化床反应器的应用与特点　210
　知识点二　流化床反应器的结构　211
　任务实施　218
　知识拓展　流化床反应器安装要点　218

任务二　操作与维护流化床反应器　219
　任务导入　219
　工作任务　219
　技术理论　219
　知识点一　技术交底　219
　知识点二　流化床反应器的维护与保养　222
　知识点三　流化床反应器的操作指导　224
　任务实施　226

　技能点一　冷态开车　226
　技能点二　正常运行管理　228
　技能点三　正常停车　228
　技能点四　事故处理　229

任务三　设计流化床反应器　230
　任务导入　230
　工作任务　230
　技术理论　231
　知识点一　流化床内的流体流动　231
　知识点二　流化床反应器中的传质与传热　237
　任务实施　239
　技能点　流化床反应器设计　239
　知识拓展　高速流态化技术　243

课外思考与阅读　244
　节能环保　节能减排——化工生产
　　　　　　的可持续发展之路　244
　专创融合　245
项目总结　245
项目自测　246

项目五　塔式反应器　　249

学习目标　249
思维导图　250
项目背景　250
学习任务　251

任务一　认识塔式反应器　251
　任务导入　251
　工作任务　252
　技术理论　252
　知识点一　气液相反应器的应用与分类　252
　知识点二　鼓泡塔反应器的特点、分类与结构　256
　任务实施　260
　知识拓展　气-液-固三相反应器简介　261

任务二　操作与维护塔式反应器　262
　任务导入　262
　工作任务　263
　技术理论　263
　知识点一　技术交底　263
　知识点二　鼓泡塔常见故障及处理方法　268
　知识点三　鼓泡塔反应器维护要点　269

任务实施	269	知识点二 鼓泡塔反应器的传递特性	281
技能点一 冷态开车操作	269	任务实施	285
技能点二 正常停车	272	技能点 鼓泡塔反应器的设计	285
技能点三 紧急停车	273	知识拓展 反应器设计要点	290
知识拓展 填料塔的结构与填料	274	**课外思考与阅读**	**291**
任务三 设计鼓泡塔反应器	**276**	工匠精神 赵金良——乙烯生产就是	
任务导入	276	一辈子的事业	291
工作任务	276	专创融合	291
技术理论	277	**项目总结**	**291**
知识点一 气液相反应动力学基础	277	**项目自测**	**293**

项目六 微通道反应器 — 295

学习目标	**295**	任务导入	304
思维导图	**296**	工作任务	305
项目背景	**296**	技术理论	305
学习任务	**297**	知识点一 硝化反应的应用	305
任务一 认识微通道反应器	**297**	知识点二 重氮化反应的应用	306
任务导入	297	知识点三 聚合物合成的应用	307
工作任务	298	知识点四 萃取分离中的应用	308
技术理论	298	任务实施	309
知识点一 微通道反应器过程强化原理	298	知识拓展 康宁反应器技术	309
知识点二 微通道反应器的特点	299	**课外思考与阅读**	**310**
知识点三 微通道反应器的类型	299	前沿技术 科技是第一生产力——	
知识点四 微通道反应器的结构	301	专注微反应 展现大作为	310
知识点五 微通道反应器设计考量因素	302	专创融合	311
任务实施	302	**项目总结**	**311**
知识拓展 特殊聚合反应器	303	**项目自测**	**311**
任务二 了解微通道反应器的应用案例	**304**		

参考文献 — 312

二维码资源目录

序号	资源名称		资源类型	页码
1	反应器设计基本内容与方法		微课	018
2	反应器设计基本方程		微课	018
3	釜式反应器的应用与分类		微课	031
4	釜式反应器的基本结构		微课	033
5	釜式反应器的结构	反应釜结构	动画	033
		反应釜加料与卸料	动画	
6	常见搅拌装置的类型与特点		微课	036
7	桨式搅拌器		动画	036
8	涡轮式搅拌器		动画	036
9	推进式搅拌器		动画	037
10	框式搅拌器		动画	037
11	螺带式搅拌器		动画	037
12	常见换热装置的类型与特点		微课	040
13	夹套式换热器		动画	040
14	蛇管式换热器		动画	040
15	搅拌液体的流型	轴向流	动画	047
		径向流	动画	
		切线流	动画	
16	高温热源的选择		微课	050
17	低温热源的选择		微课	052
18	理想的流动模型		微课	069
19	返混及其影响		微课	069
20	非理想的流动模型		微课	075
21	均相反应速率简介		微课	077
22	均相反应动力学方程		微课	079
23	反应分子数和反应级数		微课	082
24	反应速率常数与活化能		微课	083
25	均相单一反应动力学方程		微课	084
26	复杂反应动力学方程		微课	088
27	间歇釜动力学计算方法		微课	092
28	间歇釜体积和数量的计算		微课	093
29	釜式反应器直径和高度的计算		微课	095
30	间歇釜设备之间的平衡		微课	095
31	连续操作釜式反应器的特点		微课	097
32	单个连续操作釜式反应器的设计		微课	099
33	为什么采用多釜串联		微课	100
34	多个连续操作釜式反应器的设计		微课	101

续表

序号	资源名称	资源类型	页码
35	管式反应器的应用与分类	微课	117
36	连续操作管式反应器的基础设计方程	微课	138
37	恒温恒容管式反应器的设计	微课	139
38	固定床反应器的结构	动画	164
39	单段绝热式固定床反应器	动画	164
40	多段绝热式固定床反应器	动画	165
41	列管式固定床反应器	动画	165
42	径向固定床反应器	动画	168
43	流化床反应器的结构	动画	212
44	流化床反应器的工作原理	动画	212
45	旋风分离器的工作原理	动画	217
46	贯穿沟流	动画	236
47	局部沟流	动画	236
48	鼓泡塔的工作原理	动画	253
49	填料塔的结构	动画	253
50	板式塔的结构	动画	253
51	板式塔的工作原理	动画	253

知识
储备

学习目标

素质目标
- 具备安全、环保的工程意识。
- 具备科学的思维方法和实事求是的工作作风。
- 具有家国情怀与社会主义核心价值观等素养。

知识目标
- 掌握化学反应的分类、特点及应用。
- 掌握聚合反应器的分类、特点、基本结构及应用。
- 掌握聚合反应生产过程及聚合反应的分类、操作与评价。
- 掌握反应器设计的基本内容与方法。
- 掌握反应动力学的基础知识。

能力目标
- 能说出化学反应与聚合反应器的分类。
- 能说出聚合反应的生产过程。
- 能对聚合反应的操作过程进行评价。
- 会使用均相单一反应动力学方程进行设计计算。
- 能说出反应器设计的基本思路。

思维导图

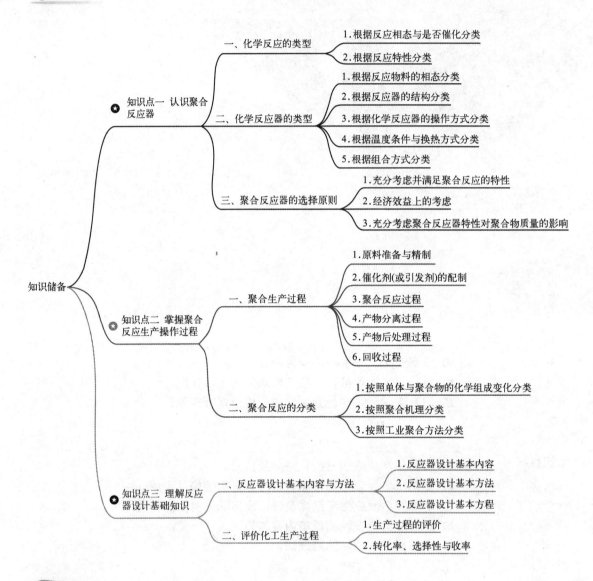

项目背景

化工产品种类繁多、性质各异,不同产品的生产工艺千差万别。但无论产品和生产方法如何变化,化工生产过程一般都包括三个部分:①原料的预处理,即按化学反应的要求将原料进行净化等操作,使其符合化学反应器进料要求;②化学反应过程,即将一种或几种反应原料转化为所需的产物;③产物分离与精制过程,以获得符合规格要求的化工产品。其中化学反应过程是整个化工产品生产过程的核心,而实现化学反应过程的设备称为化学反应器。

一个典型的化工生产过程如图 0-1 所示。

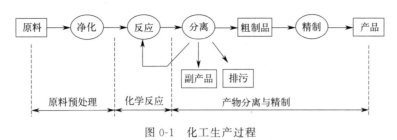

图 0-1　化工生产过程

聚合反应是将低分子量的单体转化为高分子量的聚合物的过程，实现这一过程的反应器称为聚合反应器。聚合反应器与其他化学反应器没有本质区别，需要注意的是由于聚合反应系统具有高黏度、高放热的特点，在传热与流动方面需采取一定措施。聚合反应是化学反应的一个分支，聚合反应工程是研究聚合物制造中的化学反应工程问题。在工业反应器内进行的实际过程既包括化学反应过程，又包括物理过程。与低分子量的化学反应相比，聚合反应过程具有如下特点：

① 反应机理多样，动力学关系复杂，重现性差，且微量杂质对聚合反应的影响较大。

② 在聚合反应过程中，除考虑转化率、反应热等工程问题外，还需要考虑聚合度及分子量分布、共聚物组成及其分布和序列分布、聚合物结构以及聚合物性能等产品工程的问题。

③ 多数聚合物体系的黏度很高，有的还是多相体系，它们的流动、混合以及传热、传质等都与低分子体系有很大的不同。因此，根据物料特性和产品性能的要求，反应装置的结构通常也需要作一些专门的考虑，这反映出聚合装置中传递过程的复杂性。

④ 由于聚合体系及聚合产品种类繁多，各种基础化工数据较缺乏，且通过实验测定这些数据也不太容易，因此要进一步研究流体流动、混合传热、传质等传递过程的影响更为困难，使得聚合反应器的设计、放大等受到一定限制。因此聚合反应工程研究至今还不能圆满地、定量地解决工业聚合反应装置的设计、放大等问题。

聚合物的合成是将简单的小分子单体，经聚合反应得到高分子聚合物的过程。能够发生聚合反应的单体分子应含有两个或两个以上能够发生聚合反应的活性原子或官能团。聚合物的生产过程主要包括以下几个方面：①原料准备与精制，包括单体、溶剂、去离子水等原料的贮存、洗涤、精制、干燥、调整浓度等；②催化剂或引发剂的配制，包括聚合用催化剂或引发剂和助剂的制造、溶解、贮存、调整浓度等过程；③聚合反应过程，以聚合或以聚合釜为中心的有关热交换设备及反应物料输送过程；④分离过程，未反应单体和溶剂、催化剂残渣、低聚物等物质脱除的过程；⑤后处理过程，指聚合物的输送、干燥、造粒、均匀化、贮存、包装等过程；⑥回收过程，主要指未反应单体和溶剂的回收和精制过程。典型的聚合物生产过程如图 0-2 所示。

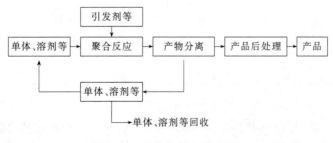

图 0-2　聚合物的生产过程

知识点一
认识聚合反应器

一、化学反应的类型

在化工生产过程中发生的化学反应类型有很多,根据不同要求,常见分类方法如下。

1. 根据反应相态与是否催化分类

化学反应过程中所涉及的物料的相态可分为均相反应和非均相反应。按反应物料的相态分类见表 0-1。

表 0-1 按反应物料的相态分类

反应相态与是否催化		分类
均相反应	催化反应 非催化反应	气相反应、液相反应
非均相反应	催化反应 非催化反应	液-液反应、气-液反应、液-固反应、气-固反应 气-固反应、固相反应、气-液-固反应

(1) 均相反应 指反应过程中只存在一个相态。
(2) 非均相反应 指反应过程中不只存在一个相态。

需要注意,催化剂的相态若与反应物料的相态一致则为均相反应,不一致则为非均相反应。

2. 根据反应特性分类

在化工生产过程中化学反应的特性有很多方面,主要有反应机理、反应的可逆性、反应分子数、反应级数等。按化学反应特性分类见表 0-2。

表 0-2 按化学反应的特性分类

化学反应特性	分类
反应的可逆性	可逆反应、不可逆反应
反应的热效应	吸热反应、放热反应
反应步骤	单一反应、复杂反应
反应机理	基元反应、非基元反应
反应级数	零级反应、一级反应、二级反应、三级反应、多级反应

(1) 单一反应 指只用一个化学反应方程式或一个动力学方程式便能表示的反应。
(2) 复杂反应 几个反应同时进行,需要用几个动力学方程式才能加以描述,常见的有平行反应、连串反应和可逆反应等。

(3) 基元反应　反应物分子在碰撞中一步直接转化为产物分子。
(4) 非基元反应　由几个基元反应才能转化为产物分子的反应。
(5) 反应级数　指动力学方程式中浓度项的指数。

以上只是根据化学反应过程的某一方面的特征来分类的。事实上，工业反应过程是综合几个方面的结果。

二、化学反应器的类型

化学（聚合）反应器是发生化学（聚合）反应的场所，是化工生产过程中的核心设备。通常，化学反应需要在合适的工艺条件下进行，如温度、压力（对气相反应）、原料组成等，操作条件不同，反应结果也不同。由于化学反应过程通常伴随着热效应的发生，欲维持合适的反应温度，须采取有效的换热措施。为提高反应速率，缩短反应时间，增加设备生产能力，化学反应过程中通常需要加入催化剂，同时也需考虑扩散速率以及流体的流动状况等。因此，只有综合考虑化学反应动力学、流体流动、传热、传质等因素的影响，才能正确选择、合理设计、有效放大反应器并实现反应器的最佳控制。

1. 根据反应物料的相态分类

根据反应物料相态的不同，反应器可分为均相反应器和非均相反应器。此分类方法与化学反应的物料特性密切相关。反应器按物料相态分类见表0-3。

表0-3　反应器按物料相态分类

反应器的类型		反应特性	反应类型举例	适用设备
均相	气相	无相界面，反应速率只与温度或浓度有关	燃烧、裂解等	管式
	液相		中和、酯化、水解等	釜式
非均相	气-液相	存在相界面，反应速率除与温度、浓度等有关外，还与相界面大小及相际间的扩散速率有关	氧化、氯化、加氢等	釜式、塔式
	液-液相		磺化、硝化、烷基化等	釜式、塔式
	气-固		燃烧、还原、固相催化等	固定床、流化床
	液-固		还原、离子交换等	釜式、塔式
	固-固相		水泥制造等	回转筒式
	气-液-固相		加氢裂解、脱氢等	固定床、流化床

(1) 均相反应器　反应物料均匀地混合为单一的气相或者液相，不存在相界面和相与相之间的传质，反应速率只与温度、浓度（或压力）有关。根据反应物料相态的不同，均相反应器又分为气相反应器和液相反应器。例如：石油气裂解反应采用气相均相反应器；乙酸和乙醇在液态催化剂作用下合成乙酸乙酯采用液相均相反应器。

(2) 非均相反应器　反应物料处于不同相态中，存在相界面与相际间的传质，反应速率除与温度、浓度（或压力）有关外，还与相界面大小及相际间的传质速率有关。根据反应物料所含相态的不同，非均相反应器又分为气-液相反应器（乙烯和苯反应生成乙苯）、气-固相反应器（煤的气化反应、氨的合成反应）、液-固相反应器、不互溶的液-液相反应器、固-固相反应器、气-液-固相反应器。

2. 根据反应器的结构分类

根据聚合反应器的结构分类见表0-4。

表 0-4　反应器按结构分类

结构形式	适用反应	特点	工业应用举例
釜式反应器	液相、液-液相、气-液相、液-固相、气-液-固相	依靠机械搅拌保持釜内温度和浓度均匀；气-液相反应依靠气体鼓泡保持均匀	酯化、甲苯硝化、氯乙烯聚合、丙烯腈聚合
管式反应器	气相、液相	长径比很大，适用于连续操作	轻柴油裂解生产乙烯、高压聚乙烯的生产、环氧乙烷水合制乙二醇
塔式反应器	气-液相、气-液-固相	气体以鼓泡的形式通过液体(固体)的反应	苯的烷基化、乙烯氧化生产乙醛、乙醛氧化制乙酸
固定床反应器	气-固相	流体通过静止的固体催化剂颗粒构成的床层进行化学反应	合成氨、乙苯脱氢制苯乙烯、乙烯氧化制环氧乙烷、合成聚醚胺(PEA)
流化床反应器	气-固相	固体催化剂颗粒受流体作用悬浮于运动的流体中进行反应，床层温度比较均匀	石油催化裂化、丙烯氨氧化制丙烯腈、乙烯氯化制二氯乙烷
微通道反应器	气-固相、气-液相、气-液-固相	比表面积较大，换热和混合效率较高，体积小、占地空间小	合成聚丙烯、合成聚酰亚胺、合成聚氨酯、合成聚苯乙烯

(1) 釜式反应器　又称槽式反应器，是化工生产中应用最广泛的一种。该反应器高度和直径之比为 1~2.5，反应釜内装有搅拌装置及换热装置，以保证反应物料在釜内的流动、混合和传热。当热效应不大时可采用夹套换热，也可在反应器内装蛇管或在反应器外进行强制换热。釜式反应器的操作条件灵活可控，既可采用间歇操作，也可采用连续或半连续操作；既可采用单釜操作，也可采用多釜串联。釜式反应器适用于均相的液-液反应，也可用于非均相的液-液、气-液、液-固、气-液-固等反应，如聚合反应、酯化反应、硝化反应等。

间歇操作的釜式聚合反应器适用于悬浮聚合物（如氯乙烯悬浮聚合产物）及精细高分子（即用量少、产量小、附加值高的一类高聚物）的生产。

(2) 管式反应器　管式聚合反应器是由单根连续管或一根以上的管子平行排列构成，使反应流体通过细长的管子进行反应的装置，其结构简单，适用于快速的气相或液相反应及高温高压反应，如高压聚乙烯的合成，整个反应管由预热、反应、冷却三部分组成，实际上反应器仅占很短一部分，管长中的大部分用于预热与冷却。与其他反应器相比，管式反应器外加套管，内通传热介质用于换热，单位体积所具有的传热面积较大，因此在达到相同生产能力和转化率时，所需反应器的体积最小，适用于热效应较大的气相均相反应，如烃类裂解生产乙烯、高压聚乙烯的合成反应等。而对于慢速反应，由于所需管长较长，造成压降增加，不适合使用管式反应器。

物料在管式反应器中通常呈层流状态流动，管道轴心部位流速较快，靠近管壁处的物料流速较慢，造成轴心部位主要是未反应单体。为克服此缺点，须使高速流动的物料呈湍流状态，减少物料径向间的流速差异。在大口径管式反应器中，由轴心到管壁间会产生温度梯度，反应热传递困难，当单体转化率很高时，可能难以控制温度，发生爆聚。因此，管式反应器的单程转化率通常仅为 10%～20%。

（3）固定床反应器　指反应器内装有固定不动的固体颗粒的反应器。反应时，流体通过这些颗粒所形成的床层进行反应，固体颗粒可参与反应也可不参与反应。根据反应过程中是否与外界发生热交换又可分为绝热式固定床反应器和换热式固定床反应器。根据换热方式的不同可将换热式固定床反应器分为自热式和外热式。该反应器适用于气-固相催化和非催化反应，在化学工业生产中应用较多，如乙苯脱氢生产苯乙烯、乙烯氧化生产环氧乙烷等。

（4）流化床反应器　指利用固体流态化技术进行气-固相反应的设备。流态化指大量的固体颗粒悬浮于运动的流体中从而使固体颗粒具有类似流体的某些宏观特性。根据固体运动方式的不同，可分为循环流化床和沸腾床反应器。前者指固体颗粒被流体带出，经分离后的固体颗粒可循环使用；后者指在反应器内运动的流体与固体所构成的床层犹如沸腾的液体。流化床反应器传热好、易控温，固体粒子易输送，但易磨损、返混大，可用于石油催化裂化、丙烯氨氧化生产丙烯腈、丁烯氧化脱氢生产丁二烯等。

（5）塔式反应器　塔式反应器形状像塔，相当于放大的管式反应器，其外形呈圆柱状，高径比较大，一般在 3～30，塔式反应器构造简单，型式较少，内部可设挡板或填充物，也可以是空塔，一般不设搅拌装置。常见的塔式反应器有鼓泡塔、填料塔、板式塔等，也包括液体呈雾滴状分散于气体中的喷雾塔。塔式反应器常用于一些缩聚、本体聚合和溶液聚合反应。在合成纤维工业中，塔式反应器所占的比例约为 30%，常见的有苯乙烯本体聚合、己内酰胺的缩聚反应以及乙酸乙烯的连续溶液聚合等。

（6）微通道反应器　也称微反应器，是一种在微尺度下进行化学反应的设备，它由微通道、微混合器、微反应室等组成，具有高效、快速、精确等优点，其独特的内部结构能够改善流体的混合、增强传质和传热，在化学、生物医药等领域得到广泛应用。微通道反应器适用于较大气液比、放热剧烈、停留时间长的硝化、氧化、重氮化、氯化、偶联、氟化、聚合、溴化、缩合、催化加氢等反应。

此外，聚合反应器还包括板框式聚合反应器、卧式聚合反应器、捏合式聚合反应器、挤出型聚合反应器、履带式聚合反应器、模型聚合反应器以及其他特殊型式或新型的聚合反应器等。不同型式的聚合反应器适用于不同类型聚合物的生产；同一类型聚合物，当生产工艺和对聚合物的质量指标要求不同时，也可采用不同型式的聚合反应器。

3. 根据化学反应器的操作方式分类

工业反应器在生产过程中有三种操作方式：间歇、半间歇和连续操作。反应器按操作方式分类见表 0-5。

表 0-5　反应器按操作方式分类

种类	适用反应	工业应用举例
间歇式	反应时间长、少批量、多品种	乙酸乙酯等精细化学品合成
连续式	工艺成熟、大批量、反应时间短	石油化工、合成氨等基本化学品合成
半间歇式	反应时间长、产物浓度要求较高	氨水吸收二氧化碳生产碳酸氢铵

(1) 间歇操作　也称分批操作，指在反应前将反应物料一次性加入反应器，在其中进行化学反应，经一定反应时间，当反应达到所要求的转化率时卸出全部物料的生产过程。卸出的物料主要是反应产物以及少量未被转化的原料，接着是清洗反应器，继而进行下一批原料的装入、反应和卸料。由于反应过程中反应物的浓度随时间不断发生变化，因此间歇反应过程是一个非定态过程。采用间歇操作的反应器多为釜式反应器，其余类型在工业上极为罕见。间歇反应器的操作灵活性与弹性较大，投资小，适用于小规模多品种的生产过程，例如医药洗涤剂等精细化工产品生产。由于间歇操作需要辅助时间（加料、卸料、清洗、施压、升温等），因此，设备利用率低，产品质量不均匀，尤其是聚合反应中会使聚合产物的聚合度及聚合度的分布发生变化，影响产品性能。

(2) 连续操作　指在反应过程中连续加入反应物料并连续引出反应产物的操作。由于反应器内的工艺参数，如浓度及反应温度等均不随时间而改变，只随位置发生变化，因此连续操作属于稳态操作过程。由于连续操作反应器不需要辅助时间，因此生产能力较高。一般情况下，各种结构类型的反应器都可采用连续操作，如釜式、管式和塔式等。而对于某些类型的反应器，连续操作是唯一可采用的操作方式。连续操作的反应器适用于大规模的工业生产，具有产品质量稳定、劳动生产率高、便于实现机械化和自动化等优点。然而连续操作系统一旦建立，想要改变产品品种是十分困难的。

(3) 半间歇操作　又称半连续操作，指原料与产物只要其中的一种为连续输入或输出而其余则为分批加入或卸出的操作。半间歇操作具有连续操作和间歇操作的某些特征。半间歇反应器内的反应物料的工艺参数既随时间而改变，也随空间位置变化，因此属于非定态操作。管式、釜式、塔式以及固定床反应器都可采用半间歇操作方式。半间歇操作常用于特定目的而控制反应条件，如连续加入某组分，能使该组分在反应器中保持较低的浓度，反应速率不会太快，反应温度易于控制；或者为抑制某副反应的发生而连续取出某产物，使产物在体系内维持较低的浓度，从而有利于可逆反应转化率的提高。如在缩聚反应中及时去除副产物，有利于高分子量产物的生成。

三种操作类型反应器的物料浓度变化见图 0-3。

4. 根据温度条件与换热方式分类

由于大多数的化学反应存在明显的热效应，为控制化学反应在适宜的温度条件下进行，通常需要对反应物系进行换热。反应器根据温度条件与传热方式的不同进行分类见表 0-6。

表 0-6　反应器按温度条件和传热方式分类

种类		特点	适用场合
温度	等温	反应物系温度处处相等	—
	非等温	反应物系温度不相等	—
传热方式	绝热式	不与外界进行热交换	热效应小，反应允许一定的温度变化
	自热式	换热介质来自反应体系	热效应适中，反应要求温度变化小
	外热式	换热介质来自反应体系以外	热效应大，反应要求温度变化小

(1) 等温反应器　反应物系温度处处相等的一种理想反应器。反应热效应极小，或反应

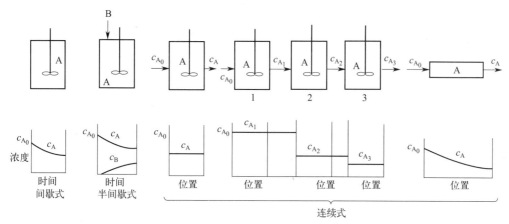

图 0-3　反应器操作方式和浓度的变化

c_{A0} 为反应物起始浓度；c_A，c_B 为反应物在某一时间的浓度

物料和载热体间充分换热，或反应器内的热量反馈极大（如剧烈搅拌的釜式反应器）的反应器，可近似看作等温反应器。

（2）绝热式反应器　反应区域与环境无热量交换的一种理想反应器，在反应过程中不进行热量交换，反应所放出的热量被反应体系吸收而温度升高，或反应吸收热量而使反应体系温度降低，全部反应热使物料升温或降温。对于反应区域内无换热装置的大型工业反应器，当与外界换热可忽略时，可近似看作绝热反应器。

（3）自热式反应器　反应过程中进行换热，换热介质为反应前的低温反应原料。或者，对于放热反应，可使用反应产物携带的反应热加热反应原料，使之达到所需的反应温度。

（4）外热式反应器　反应过程中进行换热，换热介质来自反应体系以外。

常见的工业反应器根据温度与传热方式的不同可分为：等温反应器，绝热反应器，非等温、非绝热反应器。

（5）非等温非绝热反应器　与外界有热量交换，反应器内也有热反馈，但达不到等温条件的反应器，如列管式固定床反应器。换热可在反应区进行，如通过夹套进行换热的搅拌釜，也可在反应区间进行，如级间换热的多级反应器。

5. 根据组合方式分类

在化学工业中经常使用各种不同组合方式的多个反应器来完成一个化学反应，如使用多个搅拌釜式反应器。

（1）串联　串联（级联）是多个连续搅拌釜式反应器依次排列（图 0-4），第 1 个反应器的最终产物进入第 2 个反应器，第 2 个反应器的最终产物进入第 3 个反应器，以此类推。下列情况可使用串联操作方式：

① 化学反应过程剧烈放热，因放热强度不同而造成反应温度不同，当需要在各个反应器中调节不同的反应速率时。

② 当反应过程中间需要将产生的副产物排出时。

（2）并联　也称连排连接，指在生产过程中将多个搅拌釜式反应器平行连接（图 0-5）。当反应器经常因堵塞发生故障时，可采用并联方式。当对故障反应器进行维修时，可在第二个反应器中继续进行生产。当按计划进行维修工作时也是如此。

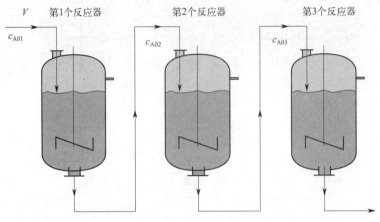

图 0-4　釜式反应器的串联

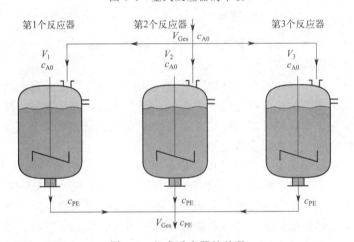

图 0-5　釜式反应器的并联

三、聚合反应器的选择原则

1. 充分考虑并满足聚合反应的特性

一种聚合物可采用不同的聚合方法进行生产，但采用何种聚合方法，应考虑所使用催化剂（或引发剂）的种类、聚合速率的大小及其可控性、反应体系的黏度和杂质等对反应及产物性能等的影响。不同聚合方法需选择合适的聚合反应器。对于悬浮聚合、乳液聚合等低黏度体系，可采用釜式反应器，并配以适当的搅拌桨叶及换热方式以满足工艺要求。对于本体聚合、溶液聚合等高黏度体系，常采用特殊型的聚合反应器。对于聚合过程中的黏度变化，可把本体聚合过程分成几段，采用不同型式的反应器进行组合以满足不同的操作条件。

2. 经济效益上的考虑

经济效益是工业化生产首先要考虑的问题，聚合反应设备的选择需要考虑操作方式、设备容积效率、操作弹性、生产能力、开停车难易程度、设备能否大型化等因素。

在选择聚合反应器的操作方式时，是否有利于反应控制是选择间歇操作或连续操作的重要因素。如乙烯的聚合热很高，高压聚乙烯在生产操作中达到规定的 20% 的转化率时，聚合速率很高，如果在间歇操作条件下进行一是无法避免爆聚，二是聚乙烯在高温高压条件下采用间歇操作时开、停车十分困难，辅助时间长。因此高压聚乙烯的生产应采用连续操作。再如氯乙烯悬浮聚合时，由于聚合物粒子易粘壁，应采用间歇法生产。又如乳液聚合时，采用多釜连续操作可分别控制各釜的搅拌速度、平均停留时间及温度以满足生产工艺及产品质量的要求。

在选择聚合反应器时，设备的容积效率也应注意。对于非零级反应，理想混合反应器达到规定转化率所需的反应器体积 V_m 总比平推流反应器（或间歇反应器）的体积 V_p 大，转化率越高，V_m 比 V_p 大几十倍，因此连续操作不应追求过高的转化率。但转化率低，单体回收量增加，操作费用相应提高。从传热角度考虑，管式反应器的容积效率高，传热主要依靠夹套，因此反应器放大时其传热能力受到限制。而釜式反应器虽然容积效率低，但当以传热能力作为反应操作的控制因素时，可通过物料的预冷、增加传热面积等方式来达到工艺要求。

3. 充分考虑聚合反应器特性对聚合物质量的影响

平均聚合度、分子量分布、支化度等是决定聚合物性能的重要因素，不同反应器会对其产生不同的影响。高压聚乙烯的生产可采用管式和釜式反应器两种。采用釜式反应器得到的产物支化度大，而采用管式反应器得到的支化度小，主要原因是釜式反应器中单体浓度低，聚合物浓度高，因此活性链向聚合物的链转移反应容易发生。管式反应器从总体上来说单体浓度比釜式反应器高，反应器中聚合物的平均浓度低，产物的支化度也就小。按聚合反应特性及过程控制重点可将聚合反应器的选型简要归纳如下。

① 为确保反应时间可选用塔式反应器。
② 为去除聚合热可选用搅拌釜式反应器。
③ 为控制聚合速度和去除平衡过程中产生的低分子，可选用搅拌釜式反应器、薄膜型或表面更新型反应器。
④ 为控制反应产物的颗粒性状可选用乳化、分散型搅拌釜。
⑤ 需要在强剪切作用下进行反应可选桨叶与壁面间隙较小的搅拌反应器。

知识点二
掌握聚合反应生产操作过程

一、聚合生产过程

聚合物合成的生产过程通常包括原料准备与精制、引发剂的配制、聚合反应、产物分离、回收及产品后处理等。不同于其他化工生产，聚合物的生产过程具有以下特点：①要求单体具有双键和活性官能团，分子中含 C=C 及两个或两个以上的官能团。②聚合物分子量分布的不同，使产品性能差别很大，影响分子量的工艺因素较多。③聚合反应与缩聚反应的热力学和动力学不同于一般的有机反应，直接影响分子量、大分子结构和转化率。④聚合反应反应过程中有相态变化，体系中的物料有均相和非均相体系。⑤生产品种多，有固体、液体，且不同品种生产工艺流程差别很大。⑥聚合生产过程包括溶剂的配制，引发剂、催化剂的制备，聚合反应，分离纯化及后处理等，每步工艺过程对产品质量都有影响。

1. 原料准备与精制

原料准备与精制主要包括单体、溶剂、去离子水等原料的贮存、洗涤、精制、干燥、调整浓度等过程。聚合反应生产中要求单体中所含的杂质量要少，纯度要求至少达到99%，因为有害杂质不仅影响聚合反应速率和产物的分子量，还可能造成引发剂的失活或中毒。如果单体及溶剂不含有害杂质，而是含有惰性杂质，则单体及溶剂的纯度可适当降低要求。

聚合物合成所使用的单体及溶剂大多数都为有机气体或液体，具有易燃、易爆和有毒的特点，因此，在贮存和输送过程中需要注意的安全问题如下：①防止单体与空气接触产生易爆炸的混合物或过氧化物。②贮存气态单体（如乙烯）的贮罐和贮存常温下为气体，经压缩冷却液化为液体的单体（如丙烯、氯乙烯、丁二烯等）的贮罐应为耐压容器。为了防止贮罐内进入空气，高沸点单体的贮罐应当用氮气保护。③防止有毒易燃的单体在贮罐、管道和泵等输送设备中泄漏。④为防止单体贮存过程中发生自聚，必要时可添加阻聚剂，为避免影响聚合反应的正常进行，单体在进行聚合反应前应脱除阻聚剂，如含氢醌阻聚剂的单体可采用氢氧化钠溶液洗涤或经蒸馏去除。⑤单体贮罐应远离反应装置，以减少着火危险。⑥为防止单体受热发生自聚，单体贮罐应防止阳光照射并且采取隔热措施，或安装冷却水管，必要情况下进行冷却。有些单体的贮罐应当装有注入阻聚剂的设施。

聚合反应过程中所使用的反应介质，其种类因聚合反应机理和方法的不同而不同。自由基聚合反应中水分子对反应无不良影响，因此可以用水作为反应介质，如乳液聚合、悬浮聚合、水溶液聚合等。但在离子聚合反应中，微量的水可能破坏催化剂，使聚合反应无法进行，因此在离子聚合和配位聚合反应体系中，水的含量应降低到 μg/g 级。工业上，离子聚合和配位聚合反应多采用有机溶剂，如苯、汽油、庚烷、戊烷、四氢呋喃等。有机溶剂多为易燃的液体或容易液化的气体，其蒸气与空气混合后容易燃爆。有机溶剂的贮存、输送等与单体的注意事项基本相近，差别是溶剂不会发生自聚，不必添加阻聚剂。

2. 催化剂（或引发剂）的配制

催化剂（或引发剂）的配制主要包括聚合用催化剂（引发剂）和助剂的溶解、贮存、调整浓度等过程。催化剂（引发剂）的配制过程中有受热易分解爆炸的危险，因此要充分考虑不同种类催化剂（引发剂）各自的稳定程度。习惯上将采用链式自由基机理引发聚合反应的物质称为引发剂，采用链式阴、阳离子或配位聚合反应的物质，及采用逐步机理聚合反应的物质称为催化剂。

（1）自由基聚合用引发剂 常用的油溶性引发剂有偶氮类化合物和有机过氧化物，但这类引发剂受热易分解，宜贮存在低温环境中。对于易燃易爆的固体有机过氧化物，工业贮存时常使用小包装，且含一定水分呈潮湿状态，还要注意防火、防撞击。对于液体过氧化物，可通过加入一定量的溶剂稀释以降低其浓度。对于水溶性引发剂，如过硫酸盐及氧化-还原引发体系，在使用前一般用水将其配成一定浓度的溶液后，再加以使用。

（2）离子型聚合用引发剂 常用的阴、阳离子或配位聚合催化剂有烷基铝、烷基锌等烷基金属化合物，四氯化钛、三氯化钛等金属卤化物，三氟化硼、四氯化锡、三氯化铝等路易斯酸，其共同特点是不能与水及空气中的氧、醇、醛、酮等极性化合物接触，否则易引起引发剂中毒，如引发剂在水存在的条件下易发生分解爆炸而失去活性。引发剂的用量很少，高效引发剂的用量更少，因此在其配制时一定要按规定的方法和配方进行操作，这样才能保证其活性。

烷基金属化合物最为危险，因为它对空气中的氧和水甚为敏感。如三乙基铝接触空气会自燃，遇水会发生强烈反应爆炸，使用时应特别小心，贮存的地方应具有消防设备，配制好的催化剂应用氮气或其他惰性气体加以保护。四氯化钛、三氯化钛等金属卤化物，三氟化硼、四氯化锡、三氯化铝等路易斯酸,接触潮湿的空气易发生水解,生成腐蚀性烟雾,因此要求其所接触的空气或惰性气体应十分干燥,所使用的容器、管道及贮罐应用惰性干燥气体或无水溶剂冲洗。此外,四氯化钛与三氯化钛易与空气中的氧反应,在贮存和运输中要严格禁止接触空气。对于配位络合引发剂的配制,加料顺序、陈化方式及温度对引发剂的活性也有明显影响。

(3) 逐步缩聚反应所用催化剂　缩聚反应是官能团之间逐步缩合形成聚合物的反应,在不加催化剂时也可完成,但为了加快反应速率,有时也需加入一定量的催化剂。大多数是酸、碱和金属盐类化合物,一般不属于易燃、易爆的危险品,贮存和运输较安全。

聚合物合成工业所使用的引发剂和催化剂多为易燃、易爆的危险品,所以贮存地点应与生产区隔有一定的安全地带,输送过程应严格注意安全。

3. 聚合反应过程

聚合反应过程是聚合物合成工艺过程中的核心,也是最关键的步骤,对整个聚合物的生产起决定性作用,直接影响产物的结构、性能及应用。与一般的化学反应产物不同,聚合产物不是简单的一种成分,而是分子量大小不等、结构亦非完全相同的同系物的混合物。聚合产物的形态可以是坚硬的固体、高黏度熔体或高黏度溶液等。聚合物的平均分子量、分子量分布及其分子链结构,对聚合物合成材料的力学性能有很大的影响,由于产品难以精制提纯,因此在生产高分子量合成树脂与合成橡胶时,对聚合原料的纯度、合成条件和设备要求非常严格。不同的工业聚合实施方法,聚合反应的控制因素也不同,主要考虑方面如下。

(1) 对聚合体系的要求　聚合体系中单体、分散介质(水、有机溶剂)和助剂的纯度达要求,不含有害于聚合反应与影响聚合物色泽的杂质。同时要满足生产用量及配比的要求。

(2) 对反应条件的要求　聚合反应多为放热反应,且不同单体聚合热差别很大。常见烯类单体链式聚合的聚合热见表0-7。聚合温度对聚合反应速率、聚合产物的分子量及分布有影响。因此,为控制聚合物的产品质量,要求聚合反应体系的温度波动范围不能太大。聚合压力对低沸点、易挥发的单体和溶剂的影响较大,其影响规律与温度相似。因此,工业上常采用高自动化控制系统,如集散控制系统(DCS)。

表 0-7　常见烯类单体链式聚合的聚合热

单体	聚合热	单体	聚合热
乙烯	106.3~108.4	甲基丙烯酸甲酯	54.4~56.9
异丁烯	41.9	甲基丙烯酸正丁酯	56.5
苯乙烯	67~73.3	乙烯基丁基醚	58.6
丙烯腈	72.4	氯乙烯	96.3
乙酸乙烯酯	85.8~90	偏二氯乙烯	60.3
丙烯酸	62.8~77.4	1,3-丁二烯(1,2加成)	72.8
甲基丙烯酸	66.1	1,3-丁二烯(1,4加成)	78.3
丙烯酸甲酯	78.3~84.6		

(3) 对聚合设备和辅助装置的要求　聚合反应通常在反应器中进行,反应器应有利于加料、出料及传质和传热过程。聚合物品种很多,聚合方法与反应器类型也有所不同。聚合生产设备及管道的材质常采用不锈钢、搪玻璃或不锈钢碳钢复合材料。

(4) 对产品牌号的控制　聚合物在生产过程中可通过改变配方或反应条件获得不同牌号(主要是分子量大小及分布)的产品,常见方法如下。

① 使用分子量调节剂。在聚合反应过程中,链转移反应可降低产品的分子量,因此,通过添加适量的链转移剂(分子量调节剂),可将产品的平均分子量控制在一定范围。

② 改变反应条件。聚合反应温度、压力不仅影响聚合反应的总速率,对链增长、链终

止及链转移反应的反应速率均有不同影响。最典型的工业反应是通过改变反应温度来得到不同牌号的聚氯乙烯树脂。

③ 改变稳定剂、防老剂等添加剂的种类。某些品种的合成树脂与合成橡胶的牌号因所用稳定剂或防老剂的不同而不同，因此，可根据用途进行选择。

4. 产物分离过程

经聚合反应所得到的物料多为不纯的混合物，含有未反应的单体、催化剂残渣、反应介质等，因此需要将聚合产物进行分离。目的是提高聚合物的产品纯度，回收未反应的单体及溶剂，降低生产成本，减少环境污染。分离方法与聚合产物的物料形态有关。

5. 产品后处理过程

产品后处理过程主要包括聚合物的输送、干燥、造粒、均匀化、贮存、包装等过程。经前期分离过程制得的固体聚合物通常含有少量的水分和未脱除的有机溶剂，必须经过干燥进行脱除，才能得到干燥的合成树脂或合成橡胶产品。

6. 回收过程

回收过程主要指回收溶剂及未反应单体，并进行精制，然后再进行循环使用。工业生产中主要是回收离子聚合与配位聚合反应中采用溶液聚合方法所使用的有机溶剂，常采用离心过滤与精馏等单元操作进行回收。

二、聚合反应的分类

1. 按照单体与聚合物的化学组成变化分类

聚合反应根据单体和聚合物的化学组成变化分为两类：加聚反应和缩聚反应。

（1）加聚反应　单体通过加成聚合起来的反应称为加聚反应，例如氯乙烯通过加聚反应得到聚氯乙烯。加聚反应的产物称为加聚物。加聚物的元素组成与单体相同，仅仅是电子结构有所改变。加聚物的分子量是单体分子量的整数倍。绝大多数烯类聚合物或碳链聚合物都是通过加聚反应合成的，例如聚氯乙烯、聚苯乙烯等。

（2）缩聚反应　含官能团的单体经多次缩合形成聚合物的反应。缩聚反应主产物称为缩聚物，同时生成水、醇、氨或氯化氢等低分子副产物。因此，缩聚物的结构单元比单体少若干原子，分子量不再是单体分子量的整数倍，但能保留官能团的结构特征。大部分杂链聚合物是通过缩聚反应合成的，例如聚酯、聚酰胺等。广泛用于工程塑料、纤维、橡胶、黏合剂和涂料等领域。

（3）开环聚合反应　环状单体 σ 键断裂后聚合成线型聚合物的反应称为开环聚合反应。在聚合过程中，无低分子副产物的产生，结构单元的元素组成与其单体基本相同。能进行开环聚合反应的环状单体多为杂环聚合物，例如环氧乙烷开环聚合生成聚环氧乙烷，己内酰胺开环聚合成聚己内酰胺（尼龙-6）等。

2. 按照聚合机理分类

根据聚合反应机理，聚合反应可分为链式聚合和逐步聚合大类。

（1）链式聚合　链式聚合反应是单体经引发形成活性中心，再与单体加成聚合形成聚合物的化学反应。根据活性中心的不同，可分为自由基聚合、离子型聚合和配位聚合等反应。单体只能与活性中心反应而使链增长，但彼此间不能反应。活性中心一经形成，立即增长成为高分子链。

特点是聚合过程可分为链引发、链增长、链终止和链转移等基元反应。各基元反应间的反应速率和活化能相差很大。如自由基聚合，链引发缓慢，链增长快，链终止极快，因此转化率随反应时间的延长而不断增加，但不同转化率产生聚合物的平均分子量差别不大，体系始终由单体、高分子量聚合物和微量引发剂组成，没有分子量递增的中间产物。而对于有些阴离子聚合，则是快引发、慢增长、无终止，即所谓活性聚合，分子量随转化率呈线性增加。由于链式聚合反应过程中无低分子副产物的生成，因此聚合物与单体元素的组成相同，如图 0-6、图 0-7。烯类单体的聚合反应多属于此类聚合反应。

（2）逐步聚合　逐步聚合反应是单体之间很快反应形成二聚体、三聚体、四聚体等低聚物，短期内单体的转化率很高。随后，低聚物间继续反应，分子量缓慢增大，而反应程度的增加则较缓慢。根据参与反应单体的不同，可分为缩聚反应、开环逐步聚合反应和逐步加聚反应。

逐步聚合反应的特点是低分子转变为高分子的过程中，反应逐步进行，反应初期单体转化率大，每一步的活化能及反应速率大致相等；聚合体系由单体和分子量递增的中间产物所组成，且能分离出中间产物；反应通常是可逆的。绝大多数缩聚反应和合成聚氨酯的反应都属于逐步聚合反应。

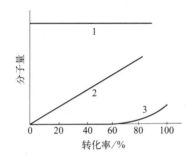 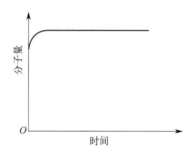

图 0-6　分子量-转化率关系　　　　　　　图 0-7　自由基聚合过程中分子量与时间的关系
1—自由基聚合；2—阴离子活性聚合；3—缩聚反应

3. 按照工业聚合方法分类

在工业生产中，由于不同聚合反应对单体、反应介质以及引发剂、催化剂等都要求不同，因此不同聚合反应的工业实施方法也不同。工业上常用的聚合方法有本体聚合、悬浮聚合、乳液聚合及溶液聚合。其中本体聚合、溶液聚合是均相体系；悬浮聚合、乳液聚合则是非均相体系。对于按自由基链式聚合机理的聚合反应可采用本体聚合、溶液聚合、悬浮聚合和乳液聚合等聚合方法；而阴、阳离子聚合及配位聚合机理的聚合反应，由于活性中心容易被水破坏，可采用以有机溶剂为介质的本体聚合和溶液聚合等方法；对于逐步缩聚机理的聚合反应可采用熔融缩聚、溶液缩聚、界面缩聚和固相缩聚等。

（1）本体聚合　本体聚合是在不加溶剂或分散介质的情况下，只有单体本身在引发剂（有时也不加）或光、热、辐射等的作用下进行的一种聚合反应过程。体系的基本组成为单体和引发剂。在工业生产中，有时为改进产品性能或成型加工的需要，也可加入增塑剂、抗氧剂、紫外线吸收剂和色料助剂等添加剂。

① 分类。根据生成的聚合物是否溶于单体又分为均相与非均相本体聚合。均相本体聚合指生成的聚合物溶于单体，如苯乙烯、甲基丙烯酸甲酯的本体聚合。非均相本体聚合指生成的

聚合物不溶于单体，而沉淀成为新的相，如氯乙烯的本体聚合。根据单体的相态可分为气相本体和液相本体聚合。气相本体聚合指单体状态为气相的聚合，如乙烯本体聚合制备高压聚乙烯。液相本体聚合指单体状态为液相的聚合，如甲基丙烯酸甲酯、苯乙烯的本体聚合等。

② 特点。本体聚合是常用四种工业聚合方法中最简单的一种。但因无散热介质存在，同时随着聚合反应的进行，体系黏度不断增大，反应热难以排除，出现自动加速现象，导致物料温度迅速升高，产生局部过热，甚至无法控制，致使产品变色，产生气泡甚至爆聚。由于反应体系黏度高，分子扩散困难，反应温度不易恒定，因此反应产物的分子量分布变宽，产品质量不好。同时，未参加反应的单体和引发剂容易使产品老化。综上，活泼单体如氯丁二烯、丙烯酸甲酯、丙烯酸、四氟乙烯等都难于采用此方法。但是本体聚合却具有产品纯度高、生产快速、工艺流程短、设备少、工序简单等优点，所以本体聚合仍是一种广泛应用的方法。

③ 应用案例。工业生产中，采用本体聚合生产的聚合物品种有高压法聚乙烯、聚苯乙烯、聚甲基丙烯酸甲酯及部分聚氯乙烯等。聚合温度与时间、聚合压力、引发剂、聚合过程等因单体性质和聚合物的使用要求不同而不同。如乙烯聚合需要压力在 2000atm（1atm＝101.325kPa）以上和温度在 200℃ 以上的条件下聚合；甲基丙烯酸甲酯和苯乙烯的聚合一般在常压下进行；氯乙烯需要压缩为液体进行液相聚合。

(2) 溶液聚合　溶液聚合是将单体和引发剂溶解于适当的溶剂中进行聚合反应的一种方法。适用于自由基聚合反应、离子型聚合反应和配位聚合反应。溶液缩聚也是溶液聚合的一种。

① 分类。根据溶剂与单体和聚合物间的混溶情况，可分为均相溶液聚合和非均相溶液聚合（或沉淀聚合）两种。溶剂与单体和聚合物能相互混溶的称为均相聚合反应，得到的产物称为聚合物溶液（此溶液可以直接用于油漆、涂料），将此溶液注入聚合物的非溶剂中，聚合物会沉淀析出，经过滤、洗涤、干燥可得最终产品。若溶剂仅能溶解单体而不能溶解聚合物则称为沉淀聚合，生成的聚合物呈细小的悬浮体不断从溶液中析出，经过滤、洗涤、干燥可得最终产品。根据聚合机理可以分为自由基溶液聚合、离子型溶液聚合和配位溶液聚合。

② 特点。溶剂作为传热介质的存在，聚合热较易散出，聚合温度容易控制；体系中聚合物浓度较低，能消除自动加速现象；聚合物的分子量比较均一；不易进行活性链向大分子链的转移而生成支化或交联的产物；反应后的产物可以直接使用。由于单体浓度小，聚合速度慢，设备利用率低；单体浓度低和向单体转移的结果是使聚合物的分子量较低；聚合物中夹带微量溶剂；工艺较本体聚合复杂，增加了溶剂回收与处理设备，且溶剂易燃、有毒，污染比较严重。正因如此，溶液聚合的应用受到一定限制。

③ 应用案例。工业广泛应用溶液聚合的是离子型聚合和配位聚合，如高密度聚乙烯、聚丙烯、合成天然橡胶（异戊橡胶）、顺丁橡胶、乙丙橡胶、丁基橡胶等。

(3) 悬浮聚合　悬浮聚合与本体聚合的机理基本相同，只是把单体分散成液滴悬浮于水中进行聚合。悬浮聚合是将不溶于水，溶于引发剂的单体，利用强烈的机械搅拌，以小液滴的形式，分散在溶有分散剂的水相介质中，完成聚合反应。悬浮聚合的场所是在每个小液滴内，在每个小液滴内只有引发剂和单体，实施本体聚合。因此，悬浮聚合是对本体聚合的改进，是一种微型化的本体聚合。既保持了本体聚合的优点，又克服了本体聚合难以控制温度的不足。

① 特点。水做介质，具有价廉、不需要回收、安全、产物易分离、生产成本低的优点；体系黏度低、聚合热较易移出、反应热可由夹套中的冷却水带走、散热和温度控制比本体聚合和溶液聚合容易得多、产品分子量及其分布比较稳定、产品纯度较高；同时，由于没有向溶剂发生链转移而使产物的分子量较高，采用悬浮聚合所得产品的分子量比溶液聚合高，杂质含量比乳液聚合少（比本体聚合高）。另外，工业生产技术路线成熟、方法简单、产物粒径可通过分散剂加入量和搅拌速度来控制。悬浮聚合只能间歇操作，而不宜连续操作。

② 应用案例。悬浮聚合广泛用于自由基聚合生产通用型聚氯乙烯、聚苯乙烯、离子交换树脂、聚（甲基）丙烯酸酯类、聚乙酸乙烯酯及它们的共聚物等。

（4）乳液聚合　乳液聚合是在水或其他介质的乳液中，按胶束机理或低聚物机理生成彼此孤立的乳胶粒，在其中进行自由基聚合或离子聚合来生产聚合物的一种方法。按自由基聚合机理进行的乳液聚合应用较多，指单体和水在乳化剂的作用下形成乳状液的聚合反应，体系由单体、水、乳化剂及水溶性引发剂组成。

① 特点。乳液的黏度与聚合物分子量无关。乳液中聚合物的含量可以很高，体系黏度却可以很低。有利于搅拌、传热和管道输送，便于连续生产。乳液聚合的聚合速率大，同时分子量高，可以在较低温度下操作。乳液聚合的产物可以直接用作水乳漆、黏合剂、纸张皮革织物处理剂以及乳液泡沫橡胶，且生产工艺简单。若最终产品为固体聚合物时，需要对乳状液进行凝聚、洗涤、脱水、干燥等工序处理，此时生产成本比悬浮聚合法高。因产物中残留有乳化剂，难以完全清除，所以对用此法获得的聚合物电性能有一定影响，因此乳液聚合的产品常用于制品纯度要求不高的场合。

② 应用案例。如产量比较大的丁苯橡胶、丁腈橡胶、糊状聚氯乙烯；聚甲基丙烯酸甲酯、聚乙酸乙烯酯（乳白胶）、聚四氟乙烯等。

（5）四种聚合方法的比较　通过对四种工业聚合方法进行分析、比较，认为悬浮聚合与乳液聚合过程已发展得相对完善，实现了大型化，成本已接近极限，方法通用性小，从技术上看，进一步发展的可能性较小，今后可能只能作为特定聚合物的生产过程。而本体聚合和溶液聚合，虽然还有许多技术问题有待解决，但因通用性大，随着科学技术的不断发展，聚合物制造过程会逐渐向本体聚合和溶液聚合发展。各种聚合方法的评价比较见表0-8。

表0-8　各种聚合方法的评价比较

评价指标		工艺			
		悬浮聚合	乳液聚合	溶液聚合	本体聚合
安全性	操作性能	好	稍好	不好	不好
	反应的稳定性	好	好	好	不好
	废水、废气（公害）	少	浆料废水	溶剂废液、废气	少
生产性	原料 纯度	要求纯度	要求纯度	粗制单体的可能性（将杂质当作溶剂来考虑）	要求纯度
	聚合 连续化	目前分批操作	几乎是连续操作	几乎是连续操作	几乎是连续操作
	聚合 大型化	稍有问题	问题不太大	有问题	有问题
	聚合 高浓度化	单体浓度有限度（由于除去反应热与粒形的缘故）	单体浓度有限度（除去反应热与胶乳的缘故）	单体浓度有限度（高黏度化）	—
	聚合 高聚合化率	可能	质量上有限度时	可能性大	可能性大
	聚合系统的复杂性（聚合装置的结构与个数）	简单	聚合槽个数多	复杂	复杂
分离回收后处理	工序的复杂性	简单	稍复杂	复杂	简单
	有利性-单位消耗量	小	稍小	大	小
制品中混入杂质的程度		混入分散剂	混入乳化剂	少	几乎没有
广泛应用性		催化剂种类受限制（由于介质是水）	催化剂种类受限制（由于介质是水）	几乎没有限制，但有分子量变小的情况	可以通用
完善程度		大	大	小	小
发展的可能性		小	小（但对特殊树脂等有可能性）	大	大

知识点三
理解反应器设计基础知识

一、反应器设计基本内容与方法

1. 反应器设计基本内容

反应器设计主要包括以下三个方面：①选择合适的反应器类型；②确定最优的操作条件；③计算所需的反应器体积。需要注意的是这三个方面不是各自孤立，而是相互联系的，需要进行多个方案的反复比较，才能做出合适的决定。

反应器设计基本内容与方法

（1）选择合适的反应器类型　根据反应系统动力学特性（如反应过程的浓度效应、温度效应及反应的热效应），结合反应器的流动特征和传递特性（如反应器的返混程度），选择合适的反应器，以满足反应过程的需要，使反应结果最优。

（2）确定最优的操作条件　反应器进口处的物料配比、流量、温度、压力和最终转化率等因素会直接影响反应器的反应结果，也影响反应器的生产能力。对正在运行的装置，若原料组成发生改变，工艺参数也应适当调整。对于现代化的大型化工厂，工艺参数的调整通常是通过计算机的集散控制系统完成的，计算机收到参数变化信息，根据已输入的数学模型和程序计算出结果，反馈给相应的执行机构，完成参数的调整。

（3）计算所需的反应器体积　反应器体积的计算是反应器工艺设计计算的核心内容。根据确定的操作条件，针对选定的反应器类型。根据给定的生产任务，在一定条件下，计算反应器所需的有效体积，并作为确定反应器其他尺寸的主要依据。

2. 反应器设计基本方法

反应器的设计计算可以采用经验计算法和数学模型法。

（1）经验计算法　根据已有的装置的生产定额进行相同生产条件、相同结构生产装置的工艺计算。经验计算法的局限性很大，只能在相近条件下才能进行反应器体积的估算。

（2）数学模型法　根据小型实验建立的数学模型（一般需经中试验证），结合一定的求解条件——边界条件和初始条件，预计大型设备的行为，实现工程计算。数学模型法是描述化学过程本质的动力学模型以及反映传递过程特性的传递模型。基本方法是以实验事实为基础建立上述模型，并建立相应的求解边界条件，然后求解。

3. 反应器设计基本方程

化学反应的进行伴随着动量、热量与质量传递，这些传递过程对反应速率有直接影响，因此反应器在设计时必须考虑物料、热量及动量衡算。一般，当流体通过反应器前后压差不大时，动量衡算式可忽略，对于等温过程，只需物料衡算式就可确定反应器的容积。对于大多数化学反应，热效应通常不可忽略，反应过程为非等温条件，这时就需要对物料衡算式与热量衡算式联

反应器设计基本方程

立求解,以确定反应器的体积。反应器设计的4个基本方程:①描述浓度变化的物料衡算式;②描述温度变化的热量衡算式;③描述压力变化的动量衡算式;④描述反应速率变化的动力学方程式。其中,物料衡算式和动力学方程式是描述反应器性能的两个最基本的方程式。

(1) 物料衡算式　物料衡算式以质量守恒定律为基础,是计算反应器体积的基本方程。它给出反应物浓度或转化率随反应器位置或反应时间变化的函数关系。对任何类型的反应器,若已知其传递特性,都可以取某一反应组分或产物作物料衡算。若反应器内的工艺参数是均一的,可取整个反应器建立物料衡算式。若反应器内参数是变化的,可认为在反应器微元体积内的参数是均一的,以微元时间取微元体积建立衡算式(0-1)。

[微元时间内进入微元体积的反应物量]=[微元时间内离开微元体积的反应物量]+
[微元时间微元体积内转化掉的反应物量]+[微元时间微元体积内反应物的累积量]
(0-1)

(2) 热量衡算式　热量衡算式以能量守恒与转换定律为基础,它给出了温度随反应器位置或反应时间变化的函数关系,反映了换热条件对反应过程的影响。恒温条件下,反应器有效体积的计算不需要热量衡算式,但为维持恒温条件而交换的热量和所需的换热面积需要有热量衡算。微元时间对微元体积所作的热量衡算如式(0-2) 所示。

$$\begin{bmatrix}微元时间内进入微元体积\\的物料所带走的热量\end{bmatrix} = \begin{bmatrix}微元时间内离开微元体积\\的物料所带走的热量\end{bmatrix} +$$
$$\begin{bmatrix}微元时间微元体积内\\由于反应产生的热量\end{bmatrix} + \begin{bmatrix}微元时间微元体积传递至\\环境或载热体的热量\end{bmatrix} + \begin{bmatrix}微元时间微元\\体积内累计的热量\end{bmatrix} \quad (0\text{-}2)$$

(3) 动量衡算式　动量衡算式以动量守恒和转化定律为基础,计算反应器的压力变化。当气相流动反应器的进出口压差很大,以致影响到反应组分的浓度时,需考虑流体的动量衡算。一般情况下,可以不予考虑。

(4) 动力学方程　对于均相反应,需要有本征动力学方程;对于非均相反应,还应考虑包括相际传递过程在内的宏观动力学方程。

二、评价化工生产过程

1. 生产过程的评价

(1) 生产工序　化工生产过程是将多个化学反应单元和化工单元操作,按照一定的规律组成的生产系统,包括化学、物理的加工工序。

① 化学工序。通过化学反应改变物料化学性质的过程,称为单元反应过程。一般单元反应根据其反应规律和特点可分为磷化、硝化、卤化、酯化、烷基化、氧化、还原、缩合、聚合、水解等。

② 物理工序。只改变物料的物理性质而不改变其化学性质的生产操作过程,称为化工单元操作过程。根据化工单元操作过程的特点和规律可分为流体输送、传热、蒸馏、蒸发、干燥、结晶、萃取、吸收、吸附、过滤、破碎等。

(2) 工艺指标

① 反应时间。反应物的停留时间或接触时间,一般用空间速率和接触时间来表示。

② 操作周期。在化工生产中,某一产品从原料准备、投料升温、各步单元反应、降温出料的所有操作时间之和,也称生产周期。

③ 生产能力。在一定的工艺组织管理和技术条件下，能够生产规定等级的产品或加工处理一定数量原材料的能力。对于一个工厂来说，其生产能力指在单位时间内生产的产品产量或在单位时间内处理的原料量。

生产能力的表示方法有两种：一种是产品产量，即在单位时间内生产的产品数量，如 50 万 t/a 的丙烯装置，表示该装置每年可生产 50 万 t 丙烯；另一种是原料的处理量，也称 "加工能力"，如一个原油处理规模为 300 万 t/a 的炼油厂，表示该炼油厂每年可将 300 万 t 原油炼制成各种成品油。

生产能力又可分为：设计能力、查定能力和现有能力。设计能力和查定能力主要作为企业长远规划编制的依据，而现有能力是编制年度生产计划的重要依据。

④ 生产强度。设备的单位特征几何尺寸的生产能力，例如，单位体积或单位面积的设备在单位时间内生产得到目的产物的数量（或投入的原料量），单位是 $kg/(m^3 \cdot h)$、$t/(m^3 \cdot d)$ 或 $kg/(m^2 \cdot h)$、$t/(m^2 \cdot h)$ 等。

生产强度主要用于比较具有相同反应过程或物理加工过程的设备或装置的性能优劣。设备生产速率越快，生产强度越高，说明该设备的生产效率越高。可以通过改变生产设备的结构、优化工艺条件、选择性能优良的催化剂提高反应速率，进而提高设备的生产强度。对于具有催化反应的反应器的生产强度，常要看在单位时间、单位体积（或单位质量）催化剂所获得的产品量，也就是催化剂的生产强度，也称空时收率。单位为 $kg/(h \cdot m^3$ 催化剂$)$、$t/(d \cdot m^3$ 催化剂$)$ 或 $kg/(h \cdot kg$ 催化剂$)$、$t/(d \cdot kg$ 催化剂$)$ 等。

⑤ 反应转化率、选择性、收率。反映了原料通过反应器后的反应程度、原料生成目的产物的量，即原料的利用率。

⑥ 消耗定额。主要指原料的消耗定额和公用工程的消耗定额。

(3) 影响因素

① 生产能力的影响因素。包括设备、人员素质和化学反应的进行状况等。

② 化学反应过程影响因素。包括温度、压力、催化剂、原料配比、物料的停留时间、反应过程工艺条件的优化等。

(4) 控制要点

① 工艺参数。包括温度、压力、原料配比、反应时间、转化率、催化剂等的操作控制，并将其控制在规定范围。

② 关键控制点。一般指温度、压力、压差、流量、液位等。

③ 控制方法。通过指标测量、记录、自动控制、控制阀门开度、仪表自控、自动调控装置等进行控制。

④ 化学反应操作规程。操作控制方案，操作人员根据工艺操作规程所要求的控制点以及相关的工艺参数进行操作控制，完成合格产品的生产。

(5) 产物分离　产物分离主要是通过物理过程，分离出产品。反应产物通常为包括产品在内的混合物，一般须进行后处理。后处理的目的主要是通过分离精制得到符合产品质量规格的产品和副产品；使处理过程得到的废料达到排放标准；分离出部分未反应的原料进行再循环利用。产物分离需要在特定设备、一定操作条件下完成所要求的化学和物理转变。

2. 转化率、选择性与收率

(1) 转化率　转化率指在一个反应系统中反应物料中的某一组分参加化学反应的量占其输入系统总量的百分数，表示化学反应进行的程度。转化率用 x 表示，反应物 A 的转化率

x_A 可表示为：

$$x_A = \frac{某一反应物 A 的反应量}{该反应物 A 的起始量} \quad (0\text{-}3)$$

假设有一化学反应：$aA + bB \longrightarrow rR + sS$

对于反应物 A，其转化率的数学表达式为：

$$x_A = \frac{n_{A0} - n_A}{n_{A0}} \times 100\% \quad (0\text{-}4)$$

式中，n_{A0} 为进入系统的 A 组分的物质的量，mol；n_A 为反应离开系统的 A 组分的物质的量，mol。

在化工生产中，原料转化率的高低表明该原料在反应过程中转化程度。转化率越高，说明该物质参与化学反应越多。由于在反应体系中的每一组分都难全部参加化学反应，因此转化率常小于 100%。对于某些化学反应过程，原料在反应器中的转化率很高。如萘氧化制苯酐，萘的转化率几乎可达 99% 以上，因此，未反应的原料就没有必要再回收利用。但在多数情况下，由于反应条件本身和催化剂性能的限制，进入反应器的原料转化率不可能很高，因此就需要将未反应的物料从反应后的混合物中分离出来循环利用，一方面可提高原料的利用率，另一方面可提高反应的选择性。

(2) 选择性　选择性指体系中的某反应物转化成目的产物的量占该反应物参加所有化学反应转化总量的百分数，即参加主反应生成目的产物所消耗的原料量占该原料全部转化量的百分数。对于复杂反应体系，选择性是一个非常重要的指标，它表示了主、副反应进行程度的大小，能确切反映原料利用率是否合理。因此，可以用选择性这个指标来评价化学反应过程的效率。选择性愈高，说明反应过程中的副反应愈少，原料的有效利用率也就愈高。

选择性用 S 表示，数学表达式为：

$$S = \frac{生成目的产物消耗某反应物的量}{该反应物的消耗量} \times 100\% \quad (0\text{-}5)$$

(3) 收率　亦称产率，是从产物角度描述该反应过程的效率。指反应过程得到目的产物的百分数。收率通常用 Y 表示，数学表达式为：

$$Y = \frac{生成目的产物所消耗的某原料的量}{该原料的输入量} \times 100\% \quad (0\text{-}6)$$

对于一些非反应生产工序，如分离、精制等，由于在生产过程中有物料损失，从而导致产品收率下降。对于由多个生产工序组成的化工生产过程，整个生产过程可以用总收率来表示。非反应工序的收率是实际得到的目的产物量占投入该工序的此种产物量的百分数，总收率的计算方法为各工序分收率的乘积。收率也可采用如下表达式表示：

$$Y = \frac{目的产物实际产量}{以输入反应器的原料计的目的产物理论产量} \times 100\% \quad (0\text{-}7)$$

【例 0-1】丁二烯是制造合成橡胶的重要原料，丁二烯的工业制造方法之一是将正丁烯、空气和水蒸气的混合气体在磷钼铋催化剂上进行氧化脱氢。除生成丁二烯的主反应之外，还有生成酮、醛、有机酸等副反应。反应在 350℃、0.2026MPa 下进行，得到反应组分的组成如表 0-9 所示。试计算正丁烯的转化率、丁二烯的收率和反应的选择性。

表 0-9　反应组分的组成

组分	反应前/%	反应后/%	组分	反应前/%	反应后/%
正丁烷	0.63	0.61	氮气	27.0	26.10
正丁烯	7.05	1.70	水蒸气	57.44	62.07
丁二烯	0.06	4.45	其他	—	1.83
异丁烷	0.50	0.48	CO_2	—	1.80
异丁烯	0.13	0	有机酸	—	0.20
正戊烷	0.02	0.02	醛、酮	—	0.10
氧气	7.17	0.64			

解：正丁烯为关键组分，目的产物为丁二烯，主反应正丁烯脱氢生成丁二烯的方程式为

$$C_4H_8 + 0.5O_2 \longrightarrow CH_2CHCHCH_2 + H_2O$$

由方程式知实际转化的物质的量为 $7.05-1.70=5.35(\text{mol})$

实际生成丁二烯的物质的量为 $4.45-0.06=4.39(\text{mol})$

则相应转化为丁二烯的正丁烯的物质的量也为 4.39mol

所以正丁烯的转化率为

$$x_A = \frac{n_{A0}-n_A}{\text{已转化的 A 物质的量}} = \frac{7.05-1.70}{7.05} = 75.89\%$$

反应的选择性为

$$\overline{S}_P = \frac{\text{生成目的产物所消耗的 A 物质的量}}{\text{已转化的 A 物质的量}} = \frac{4.39}{5.35} = 82.06\%$$

丁二烯的收率为

$$Y = \frac{\text{生成目的产物所消耗的 A 物质的量}}{\text{A 的起始物质的量}} = \frac{4.39}{7.05} = 62.27\%$$

课外思考与阅读

 科技史话

以史为鉴，谋划未来——聚合反应发展史

以史为鉴，可以知未来。坚持马克思主义唯物史观，增强民族自信，立足科技进步，发掘内生动力，是推动国家由制造大国向制造强国转变的时代要求。

从 18 世纪初有机化学开始发展，人们就开始用有机化学理论去解释高分子材料。1812 年，化学家在对纤维素和淀粉的水解过程中都得到了葡萄糖。人们虽然知道了纤维素与淀粉都是由葡萄糖组成的，但是这两个物质的性质差距非常大，当时的人并不了解这是什么原因。加上当时的化学表征水平较低，人们一般只能测出化学式，但对于分子结构的研究却并不深入。

18 世纪中期，当时的化学家有一个错误的观点，那就是类似橡胶这样的材料实际上是由异戊二烯分子之间通过范德瓦尔斯力相互作用形成的类似胶体的物质，这也就是所谓的"胶体说"。因为以当时化学家所掌握的概念，他们无法接受一个分子的分子量能达到几万甚至几十万。这种状况一直持续到了 1922 年，这一年高分子化学之父施陶丁格首次阐述了我

们现在所熟知的高分子化学理论。目前高分子聚合反应的工艺大致可以分为四种：本体聚合、悬浮聚合、乳液聚合和溶剂聚合。

本体聚合由于没有溶剂，设备体积就能减小，生产效率就会提高，但是这对于聚氯乙烯的生产是不适宜的。由于反应没有溶剂，相当于反应釜内物料浓度非常高，反应速率快，放热量大，再加上随着分子量的增大，高分子化合物的黏度也会猛增，更加导致热量难以移除，整个过程非常难控制，在 20 世纪 30 年代这种控制并不容易实现。

为了解决这个问题，最好的方法是在反应过程中加入水来稀释反应单体浓度。同时由于体系以水为主，这样反应过程中体系黏度也不会有太大变化。因此这种方法得到广泛使用。按照分散程度的大小就有了乳液聚合法和悬浮聚合法之分。

1931 年聚氯乙烯最初进行工业化生产时，采用的是乳液聚合法，乳液聚合法会在反应过程中加入十二烷基磺酸钠作为乳化剂，然后以过硫酸钾或过硫酸铵对反应进行引发。

到了 1936 年，英国的卜内门公司和美国联合碳化物公司开发出了悬浮聚合法，悬浮聚合法由于不加入表面活性剂，油相的颗粒相对乳液聚合较大，需要依靠搅拌和稳定剂来维持悬浮液的稳定状态，引发剂也要使用脂溶性的有机过氧化物。悬浮聚合可以产生大颗粒的树脂产品，便于后续加工成型，因此是目前的主流生产工艺。

本体聚合虽然非常难控制，但毕竟有生产效率高的特点，目前仍有少量被采用，最初的本体聚合工艺由法国的圣戈班公司在 1955 年开发。

聚氯乙烯从 1931 年工业化以后，一度成为产量最大的塑料产品。其中有几个原因，首先相对于其他聚合反应，聚氯乙烯的反应条件比较温和，反应相对容易，对设备要求不高。另外就是从产业结构上聚氯乙烯可以消化氯碱工业产生的大量氯气。但由于氯原子的活性，聚氯乙烯一直在耐候性和耐腐蚀性上存在不足，生产过程中的一些助剂有毒也限制了它的使用范围，在聚乙烯成熟后，其地位很快被取代。

专创融合

结合聚合反应的发展史，请思考专业发展与哪些因素有关？人类需要具备哪些科学精神？

项目总结

一、化学反应器的分类
（1）按照物料相态　均相反应器、非均相反应器。
（2）按照聚合反应器结构　釜式反应器、管式反应器、固定床反应器、流化床反应器、塔式反应器、模型聚合反应器。
（3）按照操作方式　间歇操作、连续操作、半间歇操作。

二、聚合反应过程
（1）聚合生产过程　原料准备与精制、催化剂（或引发剂）的配制、聚合反应过程、产物分离过程、产品后处理过程、回收过程。
（2）聚合反应按照工业聚合方法分类　本体聚合、溶液聚合、悬浮聚合、乳液聚合。

三、反应器设计基本知识

（1）反应器设计方法　经验计算法、数学模型法。
（2）反应器设计基本方程　物料衡算式、热量衡算式、动量衡算式、动力学方程。
（3）化工生产过程评价指标

① 转化率

$$x_A = \frac{n_{A0} - n_A}{n_{A0}} \times 100\%$$

② 选择性

$$S = \frac{生成目的产物消耗某反应物的量}{该反应物的消耗量} \times 100\%$$

③ 收率

$$Y = \frac{生成目的产物所消耗的某原料的量}{该原料的输入量} \times 100\%$$

项目自测

一、判断题

1. 釜式、管式和固定床反应器都属于均相反应器。（　　）
2. 在化工生产中，转化率越大说明反应效果越好。（　　）
3. 反应器的设计方法包括经验计算法和数学模型法。（　　）
4. 反应器设计方程中最重要的两个方程式为物料衡算式与动力学方程。（　　）
5. 聚合反应过程是聚合物合成工艺过程中的核心，对整个聚合物的生产起决定性作用。（　　）

二、单选题

1. 化工生产过程的核心是（　　）。
　A. 混合　　　　B. 分离　　　　C. 化学反应　　　D. 粉碎
2. 在典型反应器中，均相反应器是按照（　　）分类的。
　A. 物料聚集状态　　　　　　　B. 反应器结构
　C. 操作方法　　　　　　　　　D. 与外界有无热交换
3. 化学反应器的分类方式很多，按（　　）的不同可分为管式、釜式、塔式、固定床、流化床反应器等。
　A. 聚集状态　　B. 换热条件　　C. 结构　　　　D. 操作方式
4. 间歇操作的特点是（　　）。
　A. 不断地向设备内投入物料　　B. 不断地从设备内取出物料
　C. 生产条件不随时间变化　　　D. 生产条件随时间变化
5. 化工生产过程按其操作方法可分为间歇、连续、半间歇操作。其中属于稳定操作的是（　　）。
　A. 间歇操作　　B. 连续操作　　C. 半间歇操作　　D. 半连续操作
6. 反应器设计基本方程中物料衡算表达式（　　）。
　A. 进入的＝离开的＋转化的＋积累的　　B. 进入的＝离开的－转化的＋积累的

C. 离开的＝进入的－转化的＋积累的　　D. 离开的＝进入的＋转化的－积累的

7. 一般反应器的设计中，哪一个方程式通常是不用的？（　　）
A. 反应动力学方程式　　　　　　　B. 物料衡算式
C. 热量衡算式　　　　　　　　　　D. 动量衡算式

8. 参加主反应生成目的产物所消耗的原料量占该原料全部转化量的百分数称（　　）。
A. 转化率　　　B. 选择性　　　C. 收率　　　D. 产率

9. 反应器在设计计算时根据已有装置的生产定额进行相同生产条件、相同结构生产装置工艺计算的属于（　　）。
A. 经验计算法　　　B. 数学模型法　　　C. 模拟法　　　D. 放大法

10. 反应物料中某一组分参与化学反应的量占其输入系统总量的百分数称为（　　）。
A. 转化率　　　B. 选择性　　　C. 收率　　　D. 产率

三、填空题

1. 在使用数学模型法进行均相反应器的设计时，必须选择_____和_____作为物料衡算和热量衡算的范围。

2. 按照操作方式，反应器可分为_____、_____、_____操作。

3. 按照相态可将反应器分为_____和_____两种。

4. 化学反应工程中的"三传一反"中的"三传"是指_____、_____、_____，"一反"是指_____。

5. 组分 A 转化率的定义式_____。

四、计算题

1. 已知丙烯氧化生产丙烯醛的反应过程中，原料丙烯的投料量为 600kg/h，丙烯醛的出料量为 640kg/h，另有未反应的丙烯 25kg/h，试计算原料丙烯的转化率、选择性及丙烯醛的收率。

2. 乙烷脱氢生产乙烯，当原料乙烷的处理量为 8000kg/h，产物中乙烷为 4000kg/h，获得产物乙烯为 3200kg/h，求乙烷转化率、乙烯的选择性及收率。

五、思考题

1. 请说明化学反应器按照操作方式的不同可分为哪几类？其各自的特点是什么？
2. 请解释什么是生产能力。
3. 简述四种聚合方法。
4. 简述聚合物的生产过程包括哪几个步骤。
5. 请解释什么是转化率、选择性和收率。

釜式反应器

学习目标

素质目标

- 具备科学的思维方法和实事求是的工作作风。
- 具备工匠精神、团队协作精神等职业素养。
- 具备分析问题与解决问题的能力。
- 树立家国情怀与社会主义核心价值观等素养。
- 具备规范操作、节能降耗、质量意识等工程素养,树立安全生产的理念。

知识目标

- 掌握釜式反应器的分类、特点及应用。
- 理解釜式反应器的基本结构及各部件的作用。
- 掌握常用搅拌装置与换热装置的类型。
- 掌握换热装置中常见的换热介质。
- 了解反应器内的流体流动,掌握理想的流动模型。
- 理解反应器稳定操作的重要性及方法。
- 掌握釜式反应器的操作与控制规律。
- 理解反应速度对控制生产过程的影响。
- 掌握间歇、连续及多釜串联釜式反应器的工艺设计方法。
- 掌握均相单一反应动力学方程并理解复杂反应动力学计算方法。

能力目标

- 能认识釜式反应器各部件并说出其作用。
- 能根据生产要求选择合适的搅拌器。
- 能根据温度要求选择合适的换热介质。
- 能判断和分析常见釜式反应器故障并做应急处理。
- 能进行间歇釜的冷态开车、正常停车及事故处理等仿真操作。
- 能够根据生产要求选择合适的釜式反应器。
- 能根据生产过程中的异常现象进行事故判断与处理。

思维导图

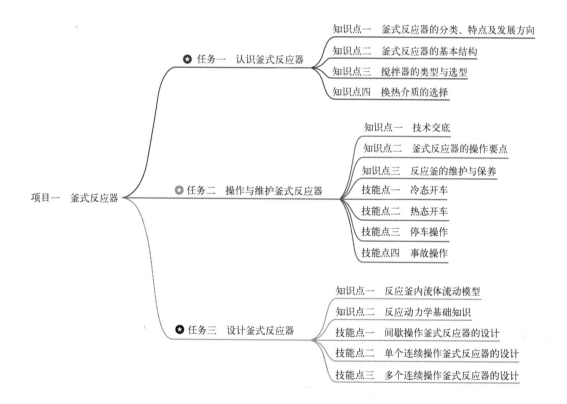

项目背景

釜式反应器（又称槽型或锅式反应器，简称反应釜）是一种低高径比的圆筒形反应器，既可用于液-液均相反应，也可用于液-液、液-固、气-液、气-液-固等非均相反应过程。釜式反应器被广泛用于石油化工、橡胶、农药、染料、医药、香精等领域，可用于磺化、硝化、氢化、聚合、缩合等工艺过程，以及有机染料及医药中间体等，且釜式反应器几乎可用于所有的化工单元操作。釜式反应器的结构简单、加工方便、传质效率高、温度分布均匀、操作条件（如温度、浓度、停留时间等）灵活可控，适用于多样化品种的生产。在化工生产中，釜式反应器既可用于间歇操作，也可用于连续操作；可单釜操作，也可多釜串联使用。釜式反应器常用于操作条件比较温和的反应，如常压、较低温度、低于物料沸点等，若要求较高转化率时，具有需要较大容积的缺点。据统计，釜式反应器在聚合反应中应用最为广泛，约80％的聚合反应是在反应釜（又称聚合釜）中进行的，如生产聚乙酸乙烯、聚氯乙烯、聚苯乙烯等高分子树脂。对于悬浮法生产聚氯乙烯（PVC），美国采用的搅拌釜式反应器的体积为 $10\sim150m^3$；德国采用的是 $200m^3$ 的大型釜式反应器；中国多采用 $13.5m^3$、$33m^3$、$45m^3$ 的不锈钢或复合钢板制成的聚合釜，以及 $7m^3$、$14m^3$ 的搪瓷聚合釜。

釜式聚合反应器采用间歇工艺较多，对于间歇工艺，聚合反应初期单体浓度高，随着聚合反应的进行，单体浓度下降，聚合物浓度增高，散热较困难，更由于凝胶效应，导致本体聚合产品分子量分布较宽。考虑到产品质量、缩短聚合周期以及方便出料，通常在1％左右未反应单体时即送往后处理装置进行处理。为了使釜内物料与温度混合均匀，须设置搅拌装置。由于聚合反应后期物料黏度高，产量较小的间歇工艺多采用较大功率的旋桨或大直径的斜桨式搅拌器。对于产量较大的产品聚合，由于聚合初期物料黏度低，后期物料黏度高，因此完全按后期物料状态设计搅拌器功率，会造成功耗上的浪费，可采用数个聚合釜进行串联分段聚合的连续操作方式。这样每个串联的聚合釜可以根据釜内物料状况设置相应的搅拌装置。通过控制各釜的操作条件进行节能降耗。

任务一
认识釜式反应器

聚氯乙烯（polyvinyl chloride，简称PVC）是氯乙烯单体（简称VCM或VC）在过氧化物等引发剂或在光、热作用下按自由基聚合反应机理聚合而成的聚合物。由于聚氯乙烯具有防火耐热性，因此被广泛应用于各行各业。如电线外皮、光纤外皮、鞋、手提袋、广告牌、建筑装潢用品、家具、挂饰、滚轮、喉管、玩具、门帘、卷门、辅助医疗用品、手套、食品保鲜袋、时装等，见图1-1。

目前，我国PVC企业业务布局多在华东和华北地区，该地区制造业发达，PVC需求量较大。我国PVC龙头企业多分布于新疆、内蒙古和山东，如中泰化学、新疆天业等。

根据应用范围的不同，PVC分为通用型PVC树脂、高聚合度PVC树脂、交联PVC树脂。通用型PVC树脂是由氯乙烯单体在引发剂的作用下聚合形成的；高聚合度PVC树脂是

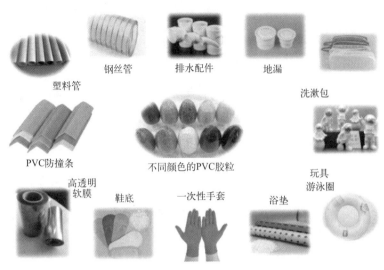

图 1-1 PVC 树脂的应用

指在氯乙烯单体聚合体系中加入链增长剂通过聚合而成的树脂；交联 PVC 树脂是在氯乙烯单体聚合体系中加入含有双烯和多烯的交联剂聚合而成的树脂。

根据聚合方法的不同，PVC 分为悬浮法、乳液法、本体法、溶液法、微悬浮聚合法 5 种。其中悬浮聚合、本体聚合和微悬浮聚合是在乳液聚合、溶液聚合之后发展起来的。目前，国外以悬浮聚合和二段本体聚合为主，国内以悬浮聚合为主（约占 PVC 总产量的 80%）。

氯乙烯的悬浮聚合反应属于自由基链式加聚反应，一般包括链引发、链增长、链终止、链转移等过程。氯乙烯的悬浮聚合是单体以小液滴状悬浮在水中进行的聚合。悬浮聚合既保持了本体聚合的优点，又克服了本体聚合难以控制温度的不足，所以悬浮聚合的实质是对本体聚合的改进。悬浮聚合体系一般由单体、油溶性引发剂、水、分散剂等 4 部分组成。单体中溶有油溶性的引发剂，一个小液滴相当于本体聚合的一个单元，为防止粒子间的相互黏合，体系中会加入分散剂，可以在粒子表面形成保护膜。PVC 的悬浮聚合是将纯水、液化的 VCM 单体、分散剂加入反应釜中，再加入引发剂和其他助剂，升温到一定温度后 VCM 单体发生自由基聚合反应生成 PVC 颗粒。同时，为保证 PVC 树脂的分子量及分布范围符合要求，并防止爆聚，须控制好聚合温度和压力，如可通过向反应釜夹套和挡板内通入冷却水而移出反应热；搅拌速度和悬浮稳定剂的选择及用量可控制树脂的粒度和粒度分布。因此，聚氯乙烯的悬浮聚合法最关键的反应设备为聚合釜。

氯乙烯悬浮聚合及塔式汽提工艺流程如下（图 1-2）。常温下，氯乙烯为气体，沸点为 13.9℃。氯乙烯悬浮聚合是将液态 VCM 在搅拌作用下分散成小液滴，悬浮在溶有分散剂的水相介质中，油性引发剂溶于氯乙烯单体中，在聚合温度（45~65℃）下分解成自由基，引发 VCM 聚合。生产工艺过程为：先将经计量的去离子水加入聚合釜中，在搅拌下加入经计量的分散剂水溶液和其他助剂。再加入引发剂，上人孔盖密闭，充氮试压检漏后，抽真空或充氮气排除釜内空气，再加入氯乙烯单体，在搅拌及分散剂的作用下，氯乙烯分散成液滴悬浮在水相中。加热升温至预定温度（45~65℃）进行聚合。反应一段时间后，釜内压力开始下降，当压力降至预定值时（氯乙烯转化率为 85% 左右），加入终止剂使反应停止。经自压和真空回收未反应的单体后，树脂浆料经汽提脱除残留单体，再经离心沉降、分离、干燥、包装，制得 PVC 树脂成品。

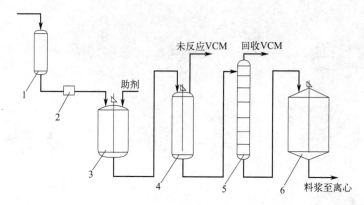

图 1-2　聚合及塔式汽提工艺流程
1—VCM 计量槽；2—过滤器；3—聚合釜；4—出料槽；5—汽提塔；6—混料槽

工作任务

1. 掌握 PVC 的用途、聚合方法及聚合原理。
2. 绘制悬浮法生产 PVC 的生产工艺流程图，并确定聚合反应的关键设备。
3. 认知 PVC 聚合反应釜的结构并说出各部件的作用。

技术理论

知识点一
釜式反应器的分类、特点及发展方向

一、釜式反应器的分类

1. 按操作方式分类

釜式反应器按照操作方式可分为：间歇操作、连续操作和半连续操作釜式反应器。

（1）间歇操作釜式反应器　间歇操作也叫分批操作，指的是一次性加入反应物料，在一定的反应条件下，经过一定的反应时间，当达到所要求的转化率时，取出全部物料的生产过程，如图 1-3（a）所示。取出的出料主要由反应产物组成，而在不完全反应时则包括了未反应的原料、主产物、副产物和溶剂等。因此，多数化工反应过程包括后处理过程，即对主物进行分离纯化。间歇操作反应器设备利用率不高、劳动强度大，适用于反应速率慢、小批量、多品种的产品生产。如医药、农药中间体、涂料等精细化工产品。采用间歇操作的反应器几乎都为釜式反应器。

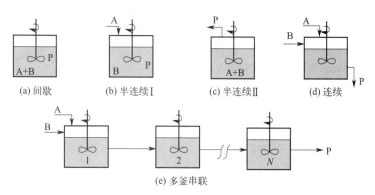

图 1-3 反应釜的操作方式

（2）连续操作釜式反应器 连续操作指的是连续加入反应物和取出产物，如图 1-3（d）所示。连续操作多属于定态（稳态）操作，反应器内任何部位的物料参数，如浓度及反应温度均不随时间变化，而随位置变化。连续操作设备利用率高，产品质量稳定，易于自动控制，适用于大规模的生产。如釜式反应器可采用单釜或多釜串联进行连续操作，如图 1-3（e），而管式反应器基本都属于连续操作。

釜式反应器的应用与分类

（3）半连续操作釜式反应器 半连续操作也叫半间歇操作，指的是其中一种物料连续输入或输出而其余物料则分批加入或卸出的操作。如一种物料分批加入，另一种物料连续加入的生产过程，如图 1-3（b）所示；或者一批加入反应物料，部分产品采用蒸馏的方法连续移出的生产过程，如图 1-3（c）所示。半连续操作特别适用于要求一种反应物的浓度高而另一种反应物的浓度低的化学反应，适用于可以通过调节加料速度来控制所要求反应温度的反应。可见，半连续操作反应器内的反应物料既随时间又随位置发生变化，属于非定态（稳态）操作。釜式、管式、塔式及固定床反应器都可采用半连续操作。

2. 按材质分类

反应釜按材质分为钢制（或衬瓷板）、铸铁、搪玻璃和高分子材料的反应釜。

（1）钢制反应釜 钢制反应釜被广泛用于化工生产，具有良好的塑性和韧性，制作简单，造价低，但耐腐蚀性能差。钢制反应釜中最常用的材料为 Q235A 或容器钢，容器钢具有良好的高温强度和一定的耐腐蚀性能，但 Q235A 材料不耐酸性介质腐蚀，不锈钢材料可耐一般酸性介质腐蚀。高黏度体系的聚合反应常采用经过镜面抛光的不锈钢制反应釜。

（2）铸铁反应釜 铸铁的含碳量高，具有良好的耐磨性和机械强度，可承受较大的负荷，对裂纹不敏感，价格低廉，生产工艺简单且成品率高，但塑性和韧性较低，不能进行变形加工。铸铁反应釜常用于氯化、磺化、硝化、缩合、硫酸增浓等反应。

（3）搪玻璃反应釜 搪玻璃反应釜最大的特点是耐腐蚀性能好，适用于精细化工生产中的卤化反应及各种腐蚀性强的酸的反应。搪玻璃反应釜俗称搪瓷锅，指的是在碳钢锅内表面涂上一层含有二氧化硅的玻璃釉，经 900℃ 左右的高温焙烧，形成玻璃搪层。搪玻璃反应釜具有良好的耐腐蚀性，能耐大多数无机酸、有机酸及有机溶剂等介质的腐蚀。但不适用于任何浓度和温度的氢氟酸；pH 大于 12 且温度高于 100℃ 的碱性介质；温度高于 180℃、浓度大于 30% 的磷酸；酸碱交替过程；含氟离子的其他介质等。搪玻璃反应釜不耐冲击，适用温度范围为 -30~240℃。搪玻璃反应釜的夹套可采用 Q235A 型或普通钢材制造，若夹套内的冷却剂低于 0℃，则须改换合适的夹套材料。

我国标准的搪玻璃反应釜有 K 型和 F 型两种。锅盖和锅体分开的是 K 型，可安装大尺寸的锚式、框式和桨式等形式的搅拌器，反应釜容积为 50~10000L，适用范围广。锅盖和锅体不分的为 F 型，安装的锚式或桨式搅拌器尺寸较小，适用于低黏度、易混合的液-液相和气-液相等反应。由于 F 型反应釜的密封面比 K 型小很多，因此更适用于气-液相卤化反应以及带有真空和压力操作的反应。

(4) 高分子材料反应釜　为提高反应釜的耐腐蚀性能或使其适用于不同的反应介质，可在反应釜内衬不同的高分子材质，如聚丙烯（PP）、均聚聚丙烯（PPH）、聚氯乙烯（PVC）、玻璃钢（FRP）等。如钢衬聚乙烯（PE）反应釜，适用于酸、碱、盐及大部分醇类，可用于液态食品及药品的提炼，是衬胶、玻璃钢、不锈钢、搪瓷等的理想替代品。再如钢衬乙烯-四氟乙烯共聚物（ETFE）反应釜，其防腐性能优良，能耐各种浓度的酸、碱、盐、强氧化剂、有机化合物及其他所有强腐蚀性化学介质，是解决高温稀硫酸、氢氟酸、盐酸和各种有机酸等腐蚀问题的理想产品。

3. 按操作压力分类

反应釜按照操作压力可分为低压釜（低于 1.6MPa）、中压釜（1.6~10MPa）和高压釜（10~100MPa）。为防止物料泄漏，低压釜中搅拌轴和壳体间的密封称为动密封，常见的有填料密封与机械密封。高压条件下，难以保证动密封不泄漏，因此高压釜基本为静密封结构，如高压磁力搅拌釜，从而实现整台反应釜在全密封的状态下工作。因此，静密封更适用于各种极毒、易燃易爆以及其他渗透力极强的化工工艺过程，可用于石油化工、有机合成、化学制药、食品等工艺中的硫化、氟化、氢化、氧化等反应。

4. 按釜式反应器的构造分类

反应釜按照搅拌器的位置不同可分为：立式容器中心搅拌、偏心搅拌、倾斜搅拌、卧式容器搅拌等类型。其中以立式容器中心搅拌反应器最常见。直立式搅拌器的容积为筒体和下封头两部分容积之和；卧式搅拌器的容积为筒体和左右两封头容积之和。

二、釜式反应器的特点

釜式反应器的结构简单、加工方便，传质效率高，温度分布均匀，操作条件（如温度、浓度、停留时间等）灵活可控，便于更换品种，适用于多样化的生产。在目前化工生产中，反应釜的材质、搅拌装置、换热装置、轴封装置、体积大小、操作温度及压力等种类繁多，其共同特点如下。

(1) 结构基本相同　釜式反应器基本由壳体、搅拌装置、轴封和换热装置组成。搅拌装置可以强化传质、换热装置可改善传热条件，使温度控制得比较均匀。

(2) 操作温度较高　化学反应通常需要一定的温度条件，且化学反应中既有吸热反应也有放热反应，如自由基聚合过程中，链引发为吸热反应，链增长为放热反应，因此反应釜需要安装换热装置来控制反应温度，因为温度对反应速率的影响较大。

(3) 操作压力不同　反应釜内的压力主要是反应原料为气体或化学反应产生气体和温度升高导致的。当聚合反应单体为气相时，可通过控制催化剂和聚合单体的加料速度来控制聚合压力，若操作不当会导致压力波动较大甚至出现安全事故。

(4) 多安装搅拌　反应釜内通常要进行化学反应，为保证反应物料混合均匀，提高传质传热效率,需安装搅拌装置,同时需考虑传动轴的动密封及泄漏问题。

(5) 多为间歇操作　为保证产品质量,每批物料出料后须进行清洗,即需要辅助操作时间。釜顶装有人孔或手孔,便于取样、观察和进入设备内部检修。

三、釜式反应器的发展方向

自改革开放以来,国内包括反应釜在内的传统制造业屡创新高,不断刷新中国制造业产值。目前,化工生产对反应釜的要求和发展趋势如下。

(1) 大容积化　是增加产量、减少批次间的质量误差、降低生产成本的必然要求。如染料行业生产用反应釜国内为6000L以下,其他行业可达$30m^3$,国外染料行业的反应釜可达20000~30000L,其他行业可达$120m^3$。再如聚合反应釜的容积已由几立方米、十几立方米逐渐向大型化发展,最大已达$200m^3$。

(2) 搅拌器改进　反应釜的搅拌器已由单搅拌器发展到双搅拌器或外加泵强制循环。为提高反应速率,国外的反应釜除装有搅拌装置外,还将反应釜的壳体沿水平线进行旋转。

(3) 自动化和连续化　为减轻劳动力,提高产品质量,可采用计算机集散控制(DCS操作),既可稳定生产,增加效益,又可消除环境污染。如采用联锁控制还可防止和消除安全事故的发生。

(4) 节能减排　通过工艺优化,在最佳的操作条件,加强保温措施,提高传热效率,减少热量损失,回收利用余热或反应热实现绿色节能的需求。

知识点二
釜式反应器的基本结构

釜式反应器从外形上看是高径比接近于1的圆筒形反应器,主要包括壳体、搅拌装置、密封装置和换热装置4部分。釜式反应器的结构如图1-4所示。釜式反应器的壳体及搅拌器常采用碳钢材料,根据需要可在与反应物料接触部分衬有不锈钢、铅、橡胶、搪瓷玻璃甚至金属银等。反应釜内常设有搅拌(机械搅拌、气流搅拌等)装置,当高径比较大时,可采用多层搅拌桨叶。当反应过程中的物料需加热或冷却时,可在反应器壁处设计夹套,或在器内设置蛇管,也可通过外部循环式进行换热。

釜式反应器
的基本结构

一、壳体

壳体是反应釜的外观轮廓,由圆形筒体、上封头(釜盖)和下封头(釜底)组成,方便装卸,圆形筒体和上封头通常为法兰连接,与下封头为焊接。釜体的作用是能够提供足够的容积盛装反应原料和产物,同时要求具有足够的强度和耐腐蚀性能。

釜式反应器
的结构

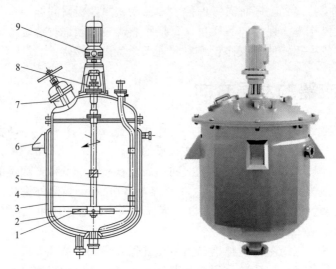

图 1-4　釜式反应器的基本结构

1—搅拌器；2—釜体；3—夹套；4—搅拌轴；5—压料管；6—支座；7—人孔；8—轴封；9—传动装置

1. 筒体

釜式反应器的筒体皆为圆筒形，是物料混合、反应的主要场所。常见的制作筒体的材料有铸铁、碳钢和搪玻璃等。

2. 上封头

上封头又称釜盖，上封头通过法兰连接或焊接的方式与筒体上端连接。当常压操作时，釜盖可为平盖；当加压操作时，釜盖多为半球形或椭圆形。上封头一般开有人孔、手孔、视镜和一些工艺接口等。由于反应釜的传动装置大多安装在上封头，因此，需要其具有足够的强度和刚度。

3. 下封头

下封头又称釜底，釜底与筒体下端通常采用焊接方式。常见的釜底形状有平面形、碟形、椭圆形和球形，如图1-5所示。平面形结构简单，造价低，制造容易，常用于釜体直径小、常压或压力不大的条件；碟形的抗压能力稍强，适用于中低压场合；椭圆形抗压能力强，适用于中高压设备；球形造价高，多用于高压反应釜；当反应后物料需采用分层法使其分离时也可采用锥形底。

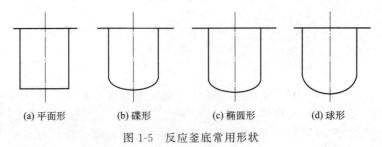

(a) 平面形　　(b) 碟形　　(c) 椭圆形　　(d) 球形

图 1-5　反应釜底常用形状

二、搅拌装置

搅拌装置指机械搅拌装置，主要包括动力源、搅拌器和搅拌附件等。常用动力源为电动机，还有气动机和磁力搅拌机等。在釜式反应器内安装搅拌装置的目的是加强釜式反应器内物料的均匀混合，以强化传质和传热。

1. 传动装置

传动装置通常设置在反应釜釜盖（上封头）上，一般采用立式布置，作用是为搅拌器提供动力。传动装置一般由电动机、减速器、联轴器、搅拌轴、机架、底座等部分组成，如图1-6所示。由于电动机转速较高，需通过减速器将转速降至工艺要求所需要的转速，联轴器的作用是将搅拌轴和减速器连接起来，再通过联轴器带动搅拌轴转动，减速器固定在机架上，机架固定在底座上，底座固定在罐体的上封头上。

传动方式主要有带传动、齿轮传动、蜗杆传动等。带传动由主动带轮、从动带轮和紧套在两带轮上的传动带组成，传动带将主动轴的运动和动力传递给从动轴。齿轮传动由主动齿轮和从动齿轮组成，依靠齿轮间的咬合而工作。蜗杆传动由蜗杆和蜗轮组成，用于传递两空间交错轴间的运动和动力，蜗杆带动蜗轮传动。

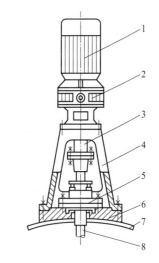

图1-6 搅拌反应器传动装置
1—电动机；2—减速器；3—联轴器；
4—机架；5—轴封装置；6—底座；
7—封头；8—搅拌轴

（1）电动机　由于搅拌装置所使用的电动机与减速器通常配套使用（图1-7），只有在搅拌速度很高时，电动机才不经减速器直接驱动搅拌轴。因此电动机与减速器的选用通常一起考虑，大多情况下，电动机与减速器是配套供应的。电动机的选择应根据电动机的功率和工作环境，如防爆、防护等级、腐蚀情况等因素。常用搅拌电机的型号有Y系列普通电动机、YA系列增强型电动机、YB系列防爆型电动机等。电动机功率主要根据搅拌功率和传动装置的传动效率来确定。搅拌功率一般由工艺要求给出；传动效率与传动装置的结构类型有关；此外，还应考虑搅拌轴与轴封装置的磨损所消耗的功率。

$$P_e = (P + P_m)/\eta \tag{1-1}$$

式中　P_e——电动机功率，kW；
　　　P——工艺要求的搅拌效率，kW；
　　　P_m——轴封摩擦损失功率，kW；
　　　η——传动系统的机械效率。

（2）减速器　减速器（见图1-7）的作用是降低转动速度并传递动力，以满足工艺要求。常用的减速器有摆线式针轮行星减速器、两级齿轮减速器、V带减速器以及圆柱蜗杆减速器等。减速器类型的选择可根据工艺条件、安装空间范围、搅拌要求、使用寿命、工况条件等各项因素综合考虑，再根据电机功率和输出转速（或传动比）及相关标准确定型号。

图1-7 电动机和减速器

(a) 刚性联轴器　　(b) 弹性联轴器

图 1-8　联轴器

（3）联轴器　联轴器的作用是将两个独立设备的轴牢固地连接在一起，以传递运动和功率。要求被连接的轴要同心，而且当传动过程中一方工作存在的振动和冲击不能传递给另一方。常用的联轴器有刚性联轴器和弹性联轴器两大类。前者结构简单、对中性好，但无减振性，常用于振动小和刚度大的轴；后者具有缓冲和吸振性能，适用于有载荷变动的场合。刚性联轴器见图 1-8(a)，弹性联轴器见图 1-8(b)。

（4）机架　传动装置通过机架（图 1-9）安装在釜体的上封头上。反应釜常用的机架结构有单支点机架和双支点机架两种。单支点机架应用最为广泛，双支点机架适用于当减速器的轴承不能承受液体搅拌而产生轴向力的场合。

（5）底座　底座用于支承机架和轴封，使轴封装置和减速器机架有一定的同心度，以保证搅拌轴与减速器连接，同时能穿过轴封顺利运转。底座的安装根据釜内物料的腐蚀情况而定，分带衬里和不带衬里两种，安装方式分上装式和下装式。

2. 常见搅拌器的类型、结构和特点

图 1-9　机架

搅拌器是实现搅拌操作的主要部件，搅拌器由旋转的轴和装在轴上的叶轮组成。叶轮随旋转轴运动将机械能施加给液体，促使液体流动。搅拌器的种类很多，针对不同物料系统和不同的搅拌目的需选择不同类型的搅拌器。常见的搅拌器类型有桨式、推进式、涡轮式、锚式和框式、螺带和螺杆式搅拌器等，见图 1-10。

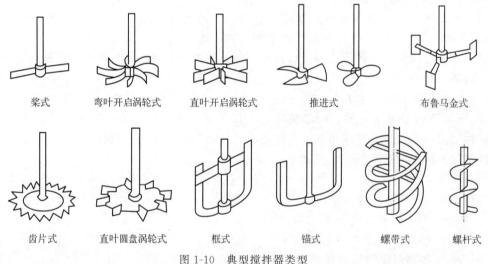

图 1-10　典型搅拌器类型

常见搅拌装置的类型与特点　　　　桨式搅拌器　　　　涡轮式搅拌器

推进式搅拌器　　　　　　　框式搅拌器　　　　　　　螺带式搅拌器

(1) 桨式搅拌器

① 结构。桨式搅拌器由桨叶、键、轴环和竖轴组成。桨式搅拌器一般用扁钢或角钢制造，当被搅拌物料对钢材腐蚀严重时可用不锈钢或有色金属制造，也可采用外面包覆橡胶、环氧或酚醛树脂、玻璃钢等材质的钢制桨叶。桨式搅拌器由两块平桨叶组成，当反应釜直径很大时可采用两个或多个桨叶。按桨叶的安装方式分为平直叶和折叶式2种。

② 特点。结构简单、制造容易，桨式搅拌器转速较低，一般为20~80r/min，圆周速度在1.5~3m/s范围内比较合适。桨式搅拌器直径取反应釜内径的1/3~2/3，桨叶不宜过长，因为搅拌器的消耗功率与桨叶直径的五次方成正比。桨式搅拌器已有标准系列HG/T 3796.3—2005。主要产生旋转方向的液流且轴向流动范围较小。平直叶搅拌器的叶片与容器底面平行时，不能形成涡流，搅拌效果差；平直叶搅拌器的叶片与容器底面垂直时阻力大，低速运转时主要产生切线流，高速运转时以径向流为主。折叶式搅拌器的叶片与旋转方向有一定角度，产生径向流的同时还会产生轴向流，宏观混合效果较好。

③ 应用。适用于流体的循环流动，黏度应用范围较宽（黏度为0~100Pa·s），也适用于纤维状和结晶状物料的溶解，当液层较高时，可在轴上安装数排桨叶，且相邻两层桨叶交错90°安装。当轴顺时针旋转时，可使沉淀物通过搅拌向上翻起，对固液系统的搅拌效果特别好；当轴逆时针旋转时，则可使悬浮物搅拌至底部，对具有悬浮物液体搅拌十分有利。

(2) 涡轮式搅拌器

① 结构。在水平圆盘上安装2~4片平直的或弯曲的叶片构成。按照有无圆盘可分为圆盘式涡轮搅拌器和开启式涡轮搅拌器；按照叶轮可分为平直叶和弯曲叶两种。叶径与叶宽比为5~8，叶径与釜径比通常为0.5~0.7，常用叶片数为4~8。

② 特点。涡轮式搅拌器转速较大，转速可达300~600r/min，线速度为3~8m/s。优点是当能量消耗不大时搅拌效率较高，并产生很强的径向流，能有效完成几乎所有的搅拌操作，并能处理黏度范围很广的流体。开启式平直叶涡轮搅拌器的标准系列见HG/T 3796.4—2005。

③ 应用。由于其搅拌速度较大，有较大的剪切力，可使流体微团分散得很细，适用于低黏度到中黏度流体（黏度低于50Pa·s）的混合、气-液分散、液-液分散、液-固悬浮等，促进传热、传质和化学循环。

(3) 推进式搅拌器

① 结构。如同船舶的推进器，通常有三个叶片。搅拌器可用轴套以平键（或紧固螺钉）与轴固定。整体铸造，加工方便，材质常用铸铁和铸钢。

② 特点。推进式搅拌器直径取反应釜内径的1/4~1/3，线速度可达5~15m/s，转速范围为300~600r/min，推进式搅拌器的标准系列见HG/T 3796.8—2005。搅拌时流体由桨叶上方吸入，下方以圆筒状螺旋形排出，液体至容器底再沿壁面返至桨叶上方，形成轴向流动，物料在反应釜内以循环流动为主，剪切作用小，上下翻腾效果好，当需要更大流速时，可安装导流筒。

③ 应用。适用于黏度低、流量大的场合，搅拌功率较小，可获得较好的搅拌效果。主要用于液-液混合使温度均匀，气-液混合，在低浓度固-液物料中可防止淤泥沉降等。常用于

氯乙烯的悬浮聚合。

(4) 锚式和框式搅拌器

① 结构。锚式搅拌器由垂直桨叶和与釜底形状相同的水平桨叶组成，框式搅拌器是在锚式搅拌器的桨叶上加固横梁，即水平桨叶与垂直桨叶连成一体。

② 特点。直径与反应器罐体直径很接近，搅拌转速低，基本上不产生轴向流动，但搅动范围宽、不会形成死区。锚式和框式搅拌器的直径一般取反应器内径的 2/3~9/10，线速度 0.5~1.5m/s，转速范围 50~70r/min，可用于高黏度 200Pa·s 的牛顿型流体和拟塑性流体，搅拌高黏度液体时，液层中有较大的停滞区。框式搅拌器标准系列见 HG/T 2051.2—2019。此类搅拌器结构比较坚固，搅动物料量大，桨叶与釜壁间隙较小，快速旋转时搅拌器叶片可清除附在槽壁上的黏性反应产物或堆积于槽底的固体物，慢速旋转时有刮板的搅拌器能产生良好的传热效果。

③ 应用。适合于对混合要求不太高的场合，如传热、晶析和高黏度液体、高浓度淤浆和沉降性淤浆的搅拌。

(5) 螺带和螺杆式搅拌器

① 结构。螺带和螺杆式搅拌器主要由螺旋带、轴套和支撑杆组成。桨叶是一定宽度和一定螺距的螺旋带，通过横向拉杆与搅拌轴相连。螺带式搅拌器的直径较大，螺带外径与螺距相等，常用扁钢按螺旋形绕成，螺带与釜壁的间隙很小，搅拌时不断将粘于釜壁的沉积物刮下来，螺带高度通常为罐底至液面。

② 特点。螺带式搅拌器和螺杆式搅拌器的转速都较低，通常不超过 50r/min，产生以上下循环流为主的流动，消耗功率较小。螺杆式搅拌器在搅拌时物料沿螺杆螺旋片提升，一部分被抛出螺杆，另一部分被提到上部形成一股向下的物料流，物料沿搅拌轴方向做循环流动，当配有导流筒时，能使导流筒内外物料强制循环，黏度高时能起到掺和作用。

③ 应用：适用于中高黏度液体或粉状物料的混合、传热、反应和溶解等操作。如螺带式搅拌器专门用于搅拌高黏度液体（200~500Pa·s）及拟塑性流体，常在层流状态下操作，具有较强的防附着效果。

3. 搅拌附件

搅拌附件指在搅拌过程中为了改善流体的流动状态而增设的零件，如挡板、导流筒等，具有改善流体在搅拌中出现旋涡，增大液体湍动程度的作用。某些零件不是专门为改变流动状态而增设的，但其对液流流动有一定阻力，具有这方面的作用，如蛇管、温度计套管等。

(1) 挡板　挡板一般指固定在反应器内壁上的长条形的竖向板，作用主要是消除在湍流状态时的切线流和"打旋"现象。做圆周运动的液体遇到挡板后改变 90°方向，顺着挡板作轴向运动或垂直挡板作径向运动。因此，挡板可以把切线流转变为轴向流和径向流，提高流体的宏观混合速率和剪切性能，改善搅拌效果。而对于层流状态下的流体，挡板不影响其流体流动，因此对适用于高黏度液体的低速搅拌器——锚式和框式搅拌器来说，安装挡板没有太大作用。

挡板的数量、大小以及安装方式都会影响流体的流型和动力消耗，应视具体情况而定。挡板宽度与筒体内径比为 1/12~1/10，挡板数量视釜径而定，当反应釜直径小于 1m 时，可安装 2~4 块；当反应釜直径大于 1m 时，可安装 4~8 块，以 4 个或 6 个居多。

挡板沿罐壁周向均匀分布地直立安装。一般情况下，挡板的上边缘可与静置的液面平齐，下边缘可至釜底；当流体黏度小时，挡板可紧贴内壁安装，且与液体环向流成直角，如图 1-11(a) 所示；当流体黏度大（7~10Pa·s）或含有固体颗粒时，挡板应与壁面保持一定距离，如图 1-11(b) 所示；当黏度更高时，可将挡板倾斜一定角度，可有效防止黏滞液体在挡板处形成死角及防止固体颗粒堆积,如图1-11(c)所示;当釜内有蛇管时,一般将挡板安装在蛇管内侧,如图1-11(d)所示;若物料黏度高且使用桨式搅拌器时,可安装横向挡板。根据需要可将挡板制成空心状(内冷挡板),内部通换热介质,这样既可改善搅拌效果又能增加传热面积。

(2)导流筒　导流筒是一个上下开口的圆形筒体,若需要控制液体的流型的速度和方向或需要更大的搅拌强度时,可在反应器内设置导流筒。导流筒一般安装在搅拌器外面,紧包围着叶轮,主要用于旋桨式、推进式、涡轮式和螺杆式搅拌器的导流。对于涡轮式搅拌器,导流筒一般安装在叶轮上方,从而加强叶轮上方的轴向流,如图1-12(a)所示。对于推进式搅拌器,导流筒一般安装在叶轮外面,从而使推进式搅拌器产生的轴向流得到加强,如图1-12(b)所示。

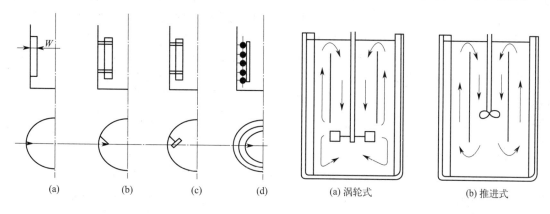

图 1-11　挡板的安装方式　　　　　图 1-12　导流筒的安装方式

总之,导流筒的主要作用一是提高了对液体的搅拌程度;二是从搅拌器排出的液体在导流筒内部和外部形成上下循环流动,增加流体的湍动程度,减少短路机会,增加循环流量和控制流型;三是导流筒迫使流体高速流过加热面可利于传热;最后,对于混合和分散过程,导流筒可起强化作用。

三、换热装置

换热装置是用来加热或冷却反应物料,维持反应温度条件的装置,因化学反应过程常伴有热效应的产生(放热或吸热)。良好的换热装置是维持化学反应顺利进行的重要保证。反应釜的换热装置主要有夹套、蛇管、列管、外部循环、回流冷凝和直接火焰或电感加热式等,如图1-13所示。

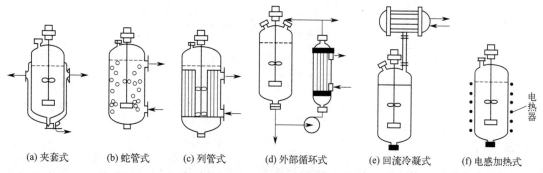

图 1-13　釜式反应器的换热方式

常见换热装置的类型与特点　　　　　夹套式换热器　　　　　蛇管式换热器

1. 夹套

夹套是反应釜最常用的换热装置，是采用焊接或法兰连接的方式在反应釜筒体外侧形成密闭空间的容器。夹套与反应釜内壁的距离视反应釜内径的大小而取不同数值，一般为 25～100mm。夹套高度取决于传热面积，传热面积又根据工艺要求而定，为保证充分传热，夹套高度一般高于反应釜料液 50～100mm。按照估算的夹套高度校核传热面积，当夹套传热面积能够满足传热要求时，换热装置应首选夹套，这样可减少内部构件，便于清洗。

夹套上设有蒸汽、冷却水或其他加热或冷却介质的进出口。当物料需要加热时，夹套内可通蒸汽，上进下出，蒸汽进口靠近夹套上端，冷凝液从底部排出；当物料需要冷却时，夹套内可通冷却水，下进上出，冷却水进口在夹套底端，出口在夹套上端。根据反应温度的不同，常见的加热介质有水蒸气、高压汽水混合物和有机载热体等，常见的冷却介质有冷却水、冷冻盐水、有机载冷体等。

当反应器直径较大或采用的传热介质压力较高时，必须对夹套采取加强措施。如采用焊接半圆管夹套、型钢夹套或蜂窝式夹套，不但能提高传热介质流速，还能改善传热效果，同时提高筒体承受外压的强度和刚度。如夹套内通入的蒸汽压力一般不超过 0.6MPa，当反应器直径较大或蒸汽压力较高时，图 1-14 中（a）为一种支撑短管加强的"蜂窝夹套"，可采用 1MPa 的饱和水蒸气加热至 180℃；图 1-14（b）为冲压式蜂窝夹套，可耐更高压力；图 1-14（c）和图 1-14（d）为角钢焊在反应釜外壁上的结构，可耐 5～6MPa 的压力。对于大型反应釜，为提高传热效果，可在夹套内装设螺旋导流板缩小夹套中流体的流通面积，提高流速并减少短路机会，如图 1-15 所示。螺旋导流板一般焊在反应釜壁上，与夹套内壁有小于 3mm 的间隙，加设螺旋导流板后，夹套内的传热膜系数可由 $500 W/(m^2 \cdot K)$ 增大到 $1500 \sim 2000 W/(m^2 \cdot K)$。

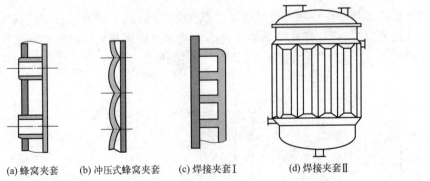

(a) 蜂窝夹套　　(b) 冲压式蜂窝夹套　　(c) 焊接夹套Ⅰ　　(d) 焊接夹套Ⅱ

图 1-14　几种加强的夹套传热结构

图 1-15　螺旋导流板

2. 蛇管

当反应热较大，单靠夹套换热不能满足要求，或者反应器内壁衬有橡胶、瓷砖等非金属材料时，可采用蛇管、插入套管、插入列管等方式进行换热。

　　蛇管的结构复杂，检修困难。蛇管的进出口最好设在反应釜上封头处，以使结构简单，装卸方便。工业上常用的蛇管形式有水平式蛇管和直立式蛇管两种，如图1-16所示。水平式蛇管能同时起到导流筒的作用，直立式蛇管可同时起到挡板的作用，它们可以改善流体的流动状况而利于搅拌效果。由于蛇管浸没在物料中，热量损失少，且管内传热介质的流速高，因此传热系数比夹套大得多。但对于黏稠的物料及含有固体颗粒的物料易引起物料堆积和挂料，还可能因冷凝液的堆积而影响传热效果。插入式换热构件目前在反应釜中的应用也较多，适用于反应物料易在传热壁上结垢的场合，检修、除垢都比较方便。工业上常用的插入式传热构件有垂直管、指型管和D型管，如图1-17所示。

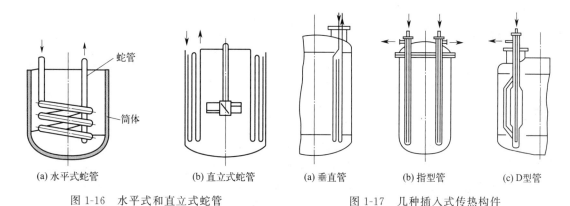

(a) 水平式蛇管　　(b) 直立式蛇管　　(a) 垂直管　　(b) 指型管　　(c) D型管

图1-16　水平式和直立式蛇管　　　　图1-17　几种插入式传热构件

3. 列管

　　对于大型反应釜，当需要高速传热时，可在釜内安装列管式换热器，其主要优点是单位体积具有的传热面积大，传热效果好，结构简单，操作弹性较大。内装列管的反应釜见图1-18。

4. 外部循环式换热器

　　当反应釜所设置的夹套和蛇管的换热面积不能满足工艺要求，或因工艺的特殊要求无法在反应釜内安装蛇管而夹套的换热面积又不能满足工艺要求时，可以通过泵将反应器内的料液移出，经外部换热器换热后再循环回反应器中。外部循环式换热器见图1-13(d)。

5. 回流冷凝式换热器

　　当反应在沸腾温度下进行且反应热效应很大时，可采用回流冷凝式换热器，即反应釜内产生的蒸汽通过外部冷凝器加以冷凝，冷凝液再返回到反应釜中。由于蒸汽在冷凝器中以冷凝的方式进行散热，因此采用这种方式换热可以得到很高的换热系数。回流冷凝式换热器见图1-13(e)。

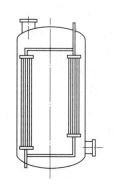

图1-18　内装列管的反应釜

6. 电感加热式换热器

　　采用电磁驱动加热，直接对反应釜进行感应加热，相较于传统的利用温差传递的加热方式，加热速度有所提高，且布置在反应釜外壁的线圈不会因反应釜内的高温而造成损坏，同时加热过程中无任何加热工艺产生的排放，解决了传统加热设备生产效率不高，加热元件维护频繁以及燃烧造成的环境污染等问题。特点如下：①加热升温时间短、能量转换效率高；②安装方便，一次性投入成本低；③运行成本低，无需管道、锅炉、煤场，真正实现无人值守；④软启动，无启动冲击电流；⑤安全防爆，无明火，线圈温度在100℃以内；⑥升温速度快，最高可达1200℃；⑦绿色环保等。电感加热式换热器见图1-13(f)。

四、密封装置

化工生产常伴有高温、高压、有毒、易燃等反应，为了防止设备"跑、冒、滴、漏"等问题造成的环境污染和人体伤害，反应器需要进行合理密封。反应釜的密封装置根据密封面间有无相对运动可分为静密封和动密封两类。

1. 静密封

静密封指的是密封面间无相对运动，密封面间是静止的。如反应釜筒体与封头间的密封，人孔、手孔、视镜等与封头间的密封。

2. 动密封

动密封指密封面间有相对运动，在反应釜中主要指反应釜釜体与搅拌轴之间的密封，也叫轴封。按照密封原理和方法的不同，轴封装置又分为机械密封和填料密封两种。

（1）机械密封　机械密封又称端面密封，在釜式反应器中应用最为广泛，其种类繁多，但工作原理和结构基本相同，如图1-19所示。机械密封由动环、静环、弹簧加荷装置（弹簧、螺栓、螺母、弹簧座、弹簧压板）及辅助密封圈4个部分组成。在弹簧力的作用下，动环紧贴静环端面，当轴旋转时，弹簧座、弹簧、弹簧压板、动环等零部件随轴一起旋转，而静环固定在座架上静止不动，动环与静环接触的环形密封端面紧紧贴住，阻止物料泄漏。此外，介质被压到两端面间形成的一层极薄液膜，起到阻止物料泄漏的作用；同时，液膜使得端面得以润滑，从而获得长期的密封效果。动环与静环是机械密封的主要密封件，决定了机械密封的使用性能及寿命。对其要求如下：①足够的强度和刚度，工作条件下不损坏，变形小、工作条件波动时仍能保持密封；②足够的硬度和耐腐蚀性，使用寿命长；③良好的耐热性，材料热导率高、线膨胀系数小，在承受热冲击时不开裂；④小的摩擦系数和良好的润滑性，密封流体有好的浸润性，短时间干摩擦不损伤密封端面；⑤优先考虑整体型结构，也可采用组合式（如镶装式）密封环，避免密封端面喷涂式结构；⑥易加工制造，安装维修方便，价格低廉。

机械密封结构较复杂，但密封效果甚佳。机械密封的安装及日常维护要点如下：①按拆装顺序进行，不得磕碰、敲打；②安装前检验每个弹簧的压紧力，严格按规程操作；③保持动、静环的垂直和平行，防止脏物进入；④开车前一定要将平衡管排空，保证冷却液体在前、后密封的流道畅通；⑤盘车查看是否有卡住以及密封渗漏情况；⑥开车后检查泄漏情况，小于15~30滴/min；⑦检查动、静环有无发热情况，平衡管及过滤网有无堵塞现象。

（2）填料密封

填料密封属于传统的压盖密封，依靠压盖产生的压紧力压紧填料。填料密封由填料、箱体、衬套、压盖、螺栓、油杯等组成，如图1-20所示。填料箱本体固定在反应釜顶盖的底座上。螺栓旋紧时，在压盖压力作用下，装在搅拌轴和填料箱本体间的填料被压缩，使填料在搅拌轴表面产生径向压紧力，并形成一层极薄的液膜（填料一般为石棉织物，并含有石墨和黄油作润滑剂），阻塞了物料泄漏的通道，既达到密封又起到润滑的作用。油杯的设置是为了在填料密封中适时补充润滑剂以确保搅拌轴和填料间的润滑。有的设备在填料箱处设置冷却夹套以防止填料的摩擦发热。

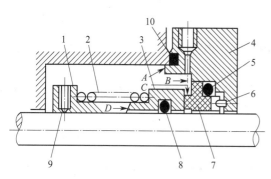

图1-19　机械密封装置
1—弹簧座；2—弹簧；3—动环；4—静环座；
5—静环密封圈；6—防转销；7—静环；
8—动环密封圈；9—紧定螺钉；10—静环座密封圈

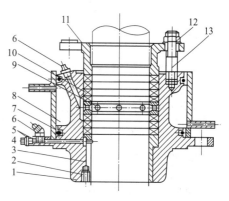

图1-20　带夹套铸铁填料箱
1—本体；2—螺钉；3—衬套；4—螺塞；5—油圈；
6，9—油杯；7—O形密封圈；8—水夹套；10—填料；
11—压盖；12—螺母；13—双头螺栓

　　填料密封的结构简单、装拆方便，通过对压盖施加压紧力使填料变形获得密封。压紧力过大，填料过紧地压在转动轴上，加速搅拌轴与填料间的磨损；压紧力过小，填料不能紧贴转动轴，会产生微量泄漏；此外，为维持润滑剂形成的液膜并带走摩擦热，并延长密封寿命考虑，工程上允许有一定的泄漏量，一般为150～450mL/h。化工生产中，轴封易泄漏，有毒气体泄漏会污染环境甚至会发生安全事故，因此在操作过程中应适当调整压盖的压紧力、定期补充润滑剂并定期更换填料。

　　填料的选择对密封效果至关重要。填料必须具有：①足够的弹性和塑性，在压紧力的作用下能够产生较大变形；②足够的化学稳定性，具有较好的耐介质及润滑剂的浸泡和腐蚀能力，且填料本身不腐蚀密封面；③润滑与摩擦性能好，摩擦系数小；④良好的导热性；⑤制造简单，装填方便。常见填料有膨胀石墨、增强石墨、石墨、芳纶纤维、聚四氟乙烯、石墨-聚四氟乙烯等。填料的选择应根据介质的特性、工艺条件和搅拌轴轴径等因素。一般情况下，对于低压、无毒、非易燃易爆介质，可选用石墨、石棉或橡胶石棉；当操作条件为高温、高压、有毒、易燃易爆等，可选用铅、紫铜、铝、不锈钢等。

　　（3）机械密封与填料密封的比较　机械密封的密封效果好、性能稳定、泄漏量少、摩擦损耗低、使用周期长，对搅拌轴磨损小，但结构复杂、制造精度高、价格较贵，维修不方便。机械密封能满足多种工况要求，适用于输送石油化工介质，可用于黏度不同、腐蚀性强及含颗粒的介质。

　　填料密封的结构简单、维修方便、价格较低，但泄漏量大、功率损耗大。相比较而言，填料密封的密封性能稍差，且搅拌轴不允许有较大的径向跳动，功率损耗大、搅拌轴易磨损、使用寿命短。适用于一般物料介质，如水；不适用于石油化工、贵重和有毒介质及易燃易爆条件。

五、附件

1. 法兰

　　为便于维护和检修，釜盖与筒体间通常为法兰连接，成对的法兰焊接在釜盖和圆形筒体上端。法兰的焊接方式有平焊和对焊两种,平焊法兰不可用于有毒、易燃易爆及真空度要求高的场合。法兰在安装时,中间安放填料后再固定。不锈钢材质的釜用螺栓固定,搪瓷釜用卡子固定。

2. 手孔和人孔

手孔和人孔的作用是加入固态物料、清理检修釜体内部空间、安装和拆卸设备内部构件。手孔的直径一般为 0.15～0.20m,其结构一般是在封头上接一短管,并盖以盲板。当釜体直径较大时,可开设人孔,人孔有圆形和椭圆形两种,圆形人孔直径一般为 0.4m,椭圆形人孔最小直径为 0.4m×0.3m。

3. 视镜

视镜的作用是辅助工作人员窥视反应釜内部的工作情况,开口处用透明玻璃盖住以方便工作人员清晰地看到反应釜内物料或流体的流动情况,还有些视镜可用来测量反应釜内的液位。为降低成本,有些反应釜的视镜直接安装在手孔或人孔上,视镜中的透明玻璃应具有抗压和耐高温的性能,也应避免裂纹。

4. 安全阀

带压操作的反应釜属于压力容器,釜盖上应安装安全阀。

5. 工艺接管

由于反应釜内要输送物料、安装温度表及压力表,因此反应釜的釜盖上会设置各种工艺接管,且同一个釜盖上的连接管通常具有相同的直径。

6. 加料管和压料管

加料管用于反应釜加料,若使用连管直接加料会使液体洒在釜盖内表面或流入釜体法兰之间的垫圈中,引起腐蚀和渗漏。加料管是一根插在连管内,借法兰和螺栓与连管连接的短管。加料管的下端应截成与水平线成 45°角,目的是使液体在加料时不会四面溅开。

压料管是利用压缩空气或其他气体从反应釜中全部压出液态物料的管子,若需要将反应釜内的物料输送到更高的位置或另一设备,须考虑安装压料管。压料管的安装一般贴着釜壁并用卡夹夹紧,卡夹焊在釜体内壁上。

7. 釜底放料口

釜底放料适用于较黏稠的物料或含有固体的悬浮液,釜底放料口安装釜底阀,常见阀门有考克阀、上展阀和下展阀。

8. 温度计套管

温度计套管的作用是放置温度计、热电偶和热电阻,材质为铸铁或碳钢。结构为一端封闭的管子,在其内部注入一些机油或高沸点的液体,再插入热电偶。将其通过连管插到反应釜中,用螺栓使其与连管固定。

9. 支座

支座是焊接在夹套上起支撑作用的金属构件,常见的支座有腿式、支承式、裙式和耳式等。

知识点三
搅拌器的类型与选型

搅拌器是搅拌釜式反应器的一个关键部件,其根本作用是加强釜式反应器内物料的混合,强化传质和传热。搅拌器类型选择是否正确,直接关系到搅拌釜式反应器的操作和反应的结果。如果搅拌器不能使物料混合均匀,可能会导致某些副反应发生,使产品质量恶化,收率降低,产生放大效应,即反应结果严重偏离小试结果。另外,不良的搅拌还可能会造成生产事故。如搅拌不良可能会造成某些硝化反应的反应区域反应剧烈,甚至发生爆炸。

搅拌兼有混合、搅动、悬浮、分散等多种功能。混合是将两种或多种互溶或不互溶的液体按照工艺要求混合均匀,如溶液、悬浮液、乳液等的配制。搅动是让物料进行强烈的流动,以提高传热、传质速率。悬浮是使小固体颗粒在液体中均匀悬浮,以达到加速溶解、强化浸取、促进液-固相反应、防止沉降等目的。分散是使气体、液体在液相中充分分散成细小的气泡或液滴,增加相际接触面积,促进传质和化学反应,以满足聚合物对粒度的要求。如在苯乙烯的悬浮聚合反应中,搅拌兼有混合(引发剂与单体)、剪切分散(单体液滴分散在水相中)、悬浮及提高传热系数等作用。

一、搅拌的目的、要求与作用

1. 搅拌目的

(1) 均相液-液混合　使反应釜内相互溶解的液体达到分子规模的均匀混合。

(2) 液-液分散　将不互溶的两种液体混合,使其中一相的液体以小液滴的形式均匀地分散到另一相液体中。被分散的一相称为分散相,分散相称为连续相。被分散的小液滴越小,两相接触面积越大。

(3) 气-液分散　在气-液相接触过程中,将大气泡打碎成小气泡并使之均匀分布在整个液相中,以增大气-液接触面积。同时,搅拌使液相剧烈湍动,降低了液膜的传质阻力。

(4) 固-液分散　使固体颗粒悬浮于运动的流体中。如硝基物的液相加氢还原反应,一般以骨架镍为固体催化剂,为使反应顺利进行,固体催化剂颗粒应悬浮于液体中。

(5) 固体溶解　当反应物之一为固体,需要溶解在液体中进行反应时,固体颗粒需要悬浮于液体中。搅拌可强化固-液间的传质,促使固体溶解。

(6) 强化传热　某些物理或化学反应过程对传热要求高,需要消除釜内温度差或提高釜内壁的传热系数,通过搅拌可以达到上述强化传热的效果。

2. 搅拌要求

① 反应釜中的物料能迅速且均匀地分散到整个反应釜的物料中。

② 反应釜内的物料要充分混合且没有死角,任何位置的浓度处处相等。对于某些快速复杂反应,可以防止局部浓度过高造成副反应增加,选择性降低。

③ 增加反应釜内物料侧的湍动,提高传热速率,从而使反应热及时移出或提供反应所

需要的热量。

④ 通过搅拌加速物料的分散与合并，提高传质速率。

⑤ 在高黏度体系中，可以更新表面，促使低分子物质（如水、单体、溶剂等）蒸出。

二、搅拌设备内的流体流动

搅拌作用的实现需要依靠流体流动来实现，影响流体流动的因素包括搅拌方式，釜体、搅拌器和釜内构件（挡板、导流筒）的几何型式、尺寸、安装位置，操作条件（转速）以及所处理物料的物性等。

1. 流体的流动特性

流体的流动状况包含两个层次：宏观流动和微观流动。它们对搅拌效果起着不同的作用。宏观流动指流体以大尺寸（凝集流体、气泡、液滴）在大范围空间（整个釜内）内的流动状况，也称循环流动。微观流动指流体以小尺寸（小气泡、液滴分散成更小的液滴）在小范围空间（气泡、液滴）内的湍流流动。

（1）主体对流扩散　液体在设备范围内的循环流动称为宏观流动，造成的设备范围内的混合扩散称为主体对流扩散。如搅拌器在运转时，叶轮将能量传递给它周围的液体，使这些液体以很高的速度运动起来，产生强烈的剪切作用。在剪切应力的作用下，静止或低速运动的液体也高速流动起来，并带动其他所有液体在设备范围内流动。

（2）涡流对流扩散　液体在局部范围内的旋涡流动称为微观流动，由此造成的局部范围内混合扩散称为涡流对流扩散。如高速旋转的旋涡对它周围的液体造成强烈的剪切作用，从而产生更多旋涡，众多旋涡一方面把更多的液体挟带到做宏观流动的主体对流扩散中去，同时形成局部范围内液体快速而紊乱的对流运动，即局部的湍流流动。

（3）分子扩散　即分子级别的扩散作用。搅拌设备里除存在主体对流扩散与涡流对流扩散外，还存在分子扩散，其强弱程度依次减小。

实际的混合过程是上述三种扩散作用的综合体现，但三种扩散作用对实际混合过程的贡献不同。从混合范围和混合的均匀程度来看，主体对流扩散只能将物料破碎分裂成微团，并将这些微团在设备范围内分布均匀。微团间的涡流对流扩散，可以将微团尺寸降低到旋涡本身的大小，搅拌越剧烈，涡流运动越强烈，湍流程度越大，分散程度就越高，即旋涡的尺寸也就越小。在一般的搅拌条件下，旋涡的最小尺寸为几十微米，比分子的尺寸大很多。因此，主体对流扩散和涡流对流扩散都不能达到分子级别上的完全均匀混合，只能通过分子扩散才能达到。设备范围内呈微团均匀分布的混合过程称为宏观混合，达到分子规模均匀分布的混合称为微观混合。

因此，主体对流扩散和涡流对流扩散只能使液体达到宏观混合，分子扩散才能使液体进行微观混合。但，旋涡运动会不断降低微团的大小，增加分子扩散表面积，减小分子扩散的距离，提高微观混合速率。

不同化学反应对宏观混合和微观混合的要求是不同的。某些化学反应过程要求达到微观混合，否则就不可避免地发生反应物的局部浓集，后果是对主反应不利，选择性降低，收率下降。对于液-液分散或固-液分散过程，不存在相间的分子扩散，只能达到宏观混合，依靠旋涡的湍流运动减小微团的尺寸。对于均相液体的混合，由于分子扩散速率很快，混合速率受宏观混合控制，所以应设法提高宏观混合速度。

2. 流体的流动模型

液体在设备范围内作循环流动的途径称作液体的流动模型，简称流型。在搅拌设备内搅拌的主要作用是产生循环流和涡流，由于不同搅拌器所产生的循环流的方向和涡流的程度不同，因此搅拌设备内的流型可归纳为三种：轴向流、径向流和切线流。轴向流和径向流对混合有利，能起混合搅拌及悬浮作用，切线流对混合不利，应设法消除。

（1）轴向流　指物料沿搅拌轴的方向作循环流动，流体流动方向平行于搅拌轴，流体在桨叶推动下向下流动，碰到釜底后再向上翻，形成上下循环流动，如图1-21(a)所示。搅拌器转速较快且当搅拌叶轮与旋转平面的夹角小于90°时所产生的流型主要为轴向流。轴向流的循环速度大，有利于宏观混合，适用于均相液体的混合、沉降速度低的固体悬浮。

（2）径向流　指物料沿反应釜半径方向在搅拌器与釜内壁间的流动，流体的流动方向垂直于搅拌轴沿径向流动，碰到釜壁后转向上、下两股，再回到桨叶端，不穿过桨叶端而形成上、下两个循环流动，如图1-21(b)所示。径向流对液体的剪切作用大，造成的局部涡流运动剧烈，特别适用于需要高剪切作用的搅拌过程，如气-液分散、液-液分散和固体溶解等。

（3）切线流　指物料沿搅拌轴方向做圆周运动，如图1-21(c)所示。平桨式搅拌器在转速不大且没有挡板时所产生的流型主要是切线流。切线流的存在除了可以提高反应釜内壁的对流传热系数外，对其他搅拌过程是不利的。当切线流严重时，液体在离心力的作用下涌向器壁，使器壁周围的液面上升，中心部位的液面下降，形成一个大的旋涡，称为"打旋"现象，如图1-22所示。由于液体在打旋时几乎不产生轴向混合作用，因此一般情况下应防止"打旋"现象的出现。

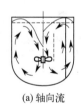
(a) 轴向流
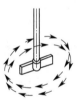
(b) 径向流
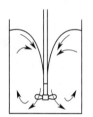
(c) 切线流

图1-21　搅拌液体的流型　　　　图1-22　"打旋"　　　搅拌液体的流型

在流体流动过程中，这三种流型不是孤立存在，而是常常同时存在两种或三种流型。为提高混合搅拌效果，搅拌器应具有以下两方面的性能：①产生强大的液体循环流量；②产生强烈的剪切作用。搅拌器在选择时，应遵循以下原则：①在消耗同等功率的条件下，采用低转速、大直径的叶轮，可增大液体的循环流量，同时减少液体所受到的剪切作用，有利于宏观混合；②若采用高转速、小直径的叶轮，结果恰恰相反。

三、搅拌器的选型

搅拌器的选型主要根据物料性质、搅拌目的及各种搅拌器的性能特征。

1. 按物料性质选型

在影响搅拌状态的诸多物理性质中，液体的黏度影响最大，所以可根据液体的黏度来进行选型。对于低黏度液体，应选用小直径、高转速搅拌器，如推进式和涡轮式；对于高黏度液体，应选用大直径、低转速搅拌器，如锚式和框式。几种典型搅拌器随黏度高低不同使用范围有所差异，如图 1-23 所示。

2. 按搅拌目的选型

按照搅拌目的、工艺过程对搅拌器的选型是关键。

（1）低黏度均相液体混合　已知均相液体的分子扩散速率很快，要想达到微观混合程度，宏观混合速率控制是关键，即循环流量。各种搅拌器的循环流量从大到小的顺序为：推进式、涡轮式、桨式。因此，应优先选择推进式搅拌器。

（2）非均相液-液分散　要求被分散的"微团"越小越好，可增大两相间的接触面积；还需要液体的涡流湍动程度剧烈，可降低两相间的传质阻力。因此，该类过程的控制因素为强烈的剪切作用及较大的循环流量。各种搅拌器的剪切作用从大到小的顺序为：涡轮式、推进式、桨式。所以，应优先选择涡轮式搅拌器，特别是平直叶涡轮搅拌器。因为其剪切作用比折叶和弯叶涡轮式搅拌器都大，且循环流量也较大，更适用于液-液分散过程。

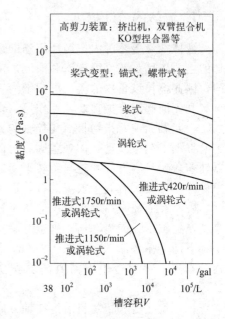

图 1-23　根据黏度选型
1000L＝220gal

（3）气-液分散　需要得到高分散度的"小气泡"，因此，气-液分散与液-液分散过程相似，控制因素先是剪切作用，其次是循环流量。可优先选择涡轮式搅拌器。但由于气体密度远远小于液体，因此，一般情况下气体由液相底部进入。如何使导入的气体分散均匀且不出现短路跑空现象，至关重要。由于开启式涡轮搅拌器无中间圆盘，极易使气体分散不均，进入的气体容易从涡轮中心沿轴向跑空。而圆盘式涡轮搅拌器由于圆盘的阻碍作用，在圆盘下面可以积存一些气体，使气体分散均匀，不出现气体跑空现象。因此，应优先选择平直叶圆盘涡轮搅拌器。

（4）固体悬浮　为了让固体颗粒均匀地悬浮于运动的流体中，关键因素是液体的总循环流量。由于固体的悬浮操作情况复杂，需要进行具体分析。如固液密度差较小、固体颗粒不易沉降，应优先选择推进式搅拌器。若固-液密度差大、固体颗粒沉降速度大，应优先选择开启式涡轮搅拌器。因为推进式搅拌器会把固体颗粒推向釜底使固体颗粒不易浮起来，而开启式涡轮搅拌器可以把固体颗粒抬举起来。当釜底呈锥形或半圆形时，更应优先选择开启式涡轮搅拌器。当固体颗粒对叶轮的磨损性较大时，应选择弯叶式开启涡轮搅拌器，因弯叶可减小叶轮磨损并降低功率消耗。

（5）固体溶解　除了需要有较大的循环流量外，还要有较强的剪切作用促使固体溶解。因此，应优先选择开启式涡轮搅拌器。在实际生产中，对于一些较易溶解的块状固体则常选用桨式、锚式或框式等搅拌器。

（6）结晶过程　往往需要控制晶体的形状和大小。对于微粒结晶，要求具有较强的剪切作用和较大的循环流量，应优先选择涡轮式搅拌器；对于粒度较大的结晶，要求有一定的循环流量和较低的剪切作用，应优先选择桨式搅拌器。

（7）以传热为主的搅拌操作　控制因素为液体的总体循环流量和换热面上液体的高速流动。因此，可选用涡轮式搅拌器。

3. 按搅拌器性能选型

几种典型搅拌器的类型、参数与应用范围见表 1-1。

表 1-1 搅拌器的类型、参数与应用范围

类型	参数与应用范围	类型	参数与应用范围
锚式搅拌器	搅拌器和容器壁之间有狭窄间隙。有良好的导热性 $d_1/d_2=0.9\sim0.95$ $v=0.5\sim5\text{m/s}$ 通过加热或冷却混合	直叶圆盘涡轮	拥有强烈的径向流出与循环效果。 $d_1/d_2=0.2\sim0.35$ $v=3\sim6\text{m/s}$ 适用于混合、悬浮、加气
框式搅拌器	慢慢搅拌,贴壁,层流混合流动。 $d_1/d_2=0.9\sim0.95$ $v=0.5\sim5\text{m/s}$ 通过加热或冷却混合	齿形圆盘涡轮	高速搅拌器。 $d_1/d_2=0.2\sim0.5$ $v=10\sim30\text{m/s}$ 有粉碎(分散)作用的均质、加气、悬浮
桨式搅拌器	有低到中等搅拌效果,适用于中高黏性液体。 $d_1/d_2=0.6\sim0.8$ v 最大至 8m/s	旋桨式搅拌器	高速搅拌器,轴向流出效果强,循环效果强。 $d_1/d_2=0.1\sim0.5$ $v=2\sim15\text{m/s}$ 均质、悬浮
螺旋搅拌器	缓慢旋转,适用于高黏性液体,有良好的轴向循环。 $d_1/d_2=0.9\sim0.95$ $v=0.5\sim1\text{m/s}$ 混合高黏性介质	斜叶搅拌器	拥有径向和轴向流出,循环效果强。 $d_1/d_2=0.2\sim0.5$ $v=3\sim10\text{m/s}$ 混合、悬浮、均质

注:d_1 为搅拌器直径;d_2 为容器直径;v 为搅拌器圆周速率。

4. 按搅拌器类型和适用条件选型

搅拌器类型和适用条件见表 1-2。

表 1-2 搅拌器类型和适用条件

搅拌器类型	流动状态			搅拌目的								搅拌容器容积 /mm³	转速范围 /(r/min)	最高黏度 /(Pa·s)
	对流循环	湍流扩散	剪切流	低黏度混合	高黏度液混合传热反应	分散	溶解	固体悬浮	气体吸收	结晶	传热	液相反应			
涡轮式	◆	◆	◆	◆		◆	◆	◆	◆	◆	◆	◆	1~100	10~300	50
桨式	◆	◆		◆		◆				◆	◆	◆	1~200	10~300	50
推进式	◆	◆		◆			◆	◆			◆	◆	1~1000	10~500	2
锚式	◆				◆						◆		1~100	1~100	100
螺杆式	◆				◆								1~50	0.5~50	100
螺带式	◆				◆		◆						1~50	0.5~50	100

知识点四
换热介质的选择

一、高温热源的选择

对于饱和水蒸气，压力越高，温度越高。一般的低压饱和水蒸气的压力小于 10 个大气压（即 1MPa），加热温度较低，最高可用于加热 150～160℃ 的物料。当需要加热更高温度时，应考虑加热剂的选择问题。化工厂中常用的加热剂或加热方法如下。

高温热源的选择

1. 高压饱和水蒸气

高压饱和水蒸气的压力越高，温度越高，缺点是输送管道要耐高压，投资建设费用高，需要远程输送时热损失较大，不经济。高压饱和水蒸气的来源为高压蒸汽锅炉，利用反应热的废热锅炉或热电站的蒸汽透平，蒸汽压力可达数兆帕。

2. 高压汽水混合物

当化工生产车间内有个别设备需要高温加热时，可设置一套专用的高压汽水混合物加热装置，是比较经济可行的。这种高温加热装置适用于 200～250℃ 的加热要求。加热炉的燃料可采用气体燃料或液体燃料，炉温达 800～900℃，炉内加热蛇管可采用耐温耐压合金钢管。

此装置由焊在设备外壁上的高压蛇管（或内部蛇管）、空气冷却器、高温加热炉和安全阀等部分组成，是一个封闭的循环系统，其工作原理如图 1-24 所示。管内充满 70% 的水和 30% 的水蒸气，形成汽水混合物。从加热炉到加热设备这一段，管内蒸汽比例高、水的比例低；从冷却器返回加热炉这一段，管道内蒸汽比例低、水的比例高，最终形成一个自然循环系统。循环速度的大小决定于加热的设备与加热炉之间的高位差及汽水比例。

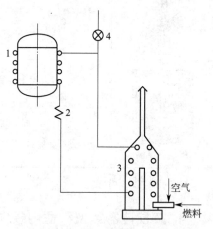

图 1-24　高压汽水混合物的加热装置
1—高压蛇管；2—空气冷却器；
3—高压加热炉；4—安全阀

3. 有机载热体

可作为高温热源的有机载热体具有常压沸点高、熔点低、热稳定性好等特点，如联苯导生油，YD、SD 导热油等。联苯导生油（含联苯 26.5%、二苯醚 73.5% 的低共沸点混合物）的熔点为 12.3℃，沸点为 258℃，其突出优点是能在较低压力下得到较高的加热温度，如相同温度下其饱和蒸气压只有水蒸气的几十分之一。

① 当加热温度低于 250℃ 时，可采用液体联苯混合物加热。加热方案有三种：a. 液体联苯混合物自然循环加热法，如图 1-25 所示。要求加热设备与加热炉之间保持一定的高位差才能使液体有良好的自然循环。b. 液体联苯混合物强制循环加热法，可采用屏蔽泵或液

下泵使液体强制循环。c. 夹套内盛装联苯混合物，将管状电热器插入液体内，适用于传热速率要求不太高的场合，如图 1-26 所示。

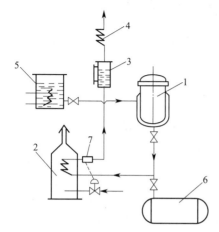

图 1-25 液体联苯混合物自然循环加热装置
1—被加热设备；2—加热炉；3—膨胀器；4—回流冷却器；
5—熔化炉；6—事故槽；7—温度控制装置

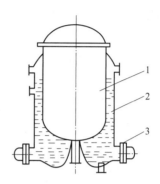

图 1-26 管式加热装置
1—被加热设备；2—加热夹套；3—管式电热器

② 当加热温度超过 250℃ 时，可采用联苯混合物的蒸汽加热。根据其冷凝液回流方法的不同，分为自然循环与强制循环两种。a. 自然循环法设备较简单，不需要使用循环泵，但要求加热器与加热炉之间有一定的位差，以保证冷凝液的自然循环。位差的高低取决于循环系统的阻力大小，一般为 3～5m。若厂房高度不够，可适当放大循环液管径以减少阻力。b. 当受条件限制不能采用自然循环法或加热设备较多，操作中容易产生互相干扰等情况下，可采用强制循环法。

另一种较为简易的联苯混合物蒸汽加热装置是将蒸汽发生器直接附设在加热设备上。用电热棒加热液体联苯混合物，使其沸腾产生蒸汽，如图 1-27 所示。当加热温度小于 280℃、蒸汽压力低于 0.07MPa 时，采用这种方法较为方便。

4. 熔盐

对于温度在 300℃ 以上的化学反应可采用熔盐作载热体。熔盐由 53% KNO_3、7% $NaNO_3$、40% $NaNO_2$ 组成（质量分数），熔点为 142℃。

5. 电加热

电加热是一种操作简单、热效率高、便于实现自动控制的一种高温加热方法。常用的电加热方法可分为以下三种类型。

（1）电阻加热法 是电流通过电阻产生热量以实现加热的方法，可采用可控硅电压调节器自动调节加热温度，实现较为平稳的温度控制。电阻加热法可采用以下几种结构型式。① 辐射加热，把电阻丝暴露在空气中，借助辐射和对流传热直接加热反应釜。此种型式只适用于不易燃易爆的操作过程。② 电阻夹布加热，将电阻丝夹在用玻璃纤维织成的布中，将布包在被加热设备的外壁上。这样可避免电阻丝暴露在大气中，减少引起火灾的危险性。但必须要注意的是电阻夹布

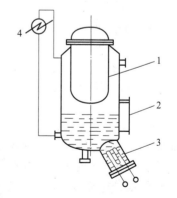

图 1-27 联苯混合物蒸汽加热装置
1—被加热设备；2—液面计；
3—电加热棒；4—回流冷却器

不允许被水浸湿，否则将会引起漏电和短路的安全事故。③插入式加热法，将管式或棒状电热器插入被加热的介质中或夹套浴中实现加热（如图1-26和图1-27所示），此方法仅适用于小型设备的加热。

（2）感应电流加热　利用交流电路引起的磁通量变化在被加热体中感应产生的涡流损耗转变为热能。感应电流在加热体中透入的深度与设备形状以及电流频率有关。在化工生产中，应用较方便的是普通工业交流电产生的感应电流加热，也叫作工频感应电流加热法，适用于壁厚在5~8mm、加热温度在500℃以下的圆筒形设备加热（高径比最好在2~4）。优点是施工简单，无明火，在易燃易爆环境中使用比其他加热方式更安全，升温快且温度分布均匀。

（3）短路电流加热　将低电压（如36V）交流电直接通到被加热的设备上，利用短路电流产生的热量进行高温加热，适用于加热细长的反应器。

6. 烟道气加热

烟道气加热是利用煤、石油、天然气加工废气或染料油等燃烧时产生的高温烟道气做热源。加热温度可达300℃以上，缺点是热效率低，传热系数小，不易控制温度。

二、低温冷源的选择

1. 冷却水

冷却水指河水、井水、城市水厂给水等，其水温随地区和季节会发生变化。深水井的水温较低且稳定，一般为15~20℃。冷却水的冷却效果好且最为常用。随水硬度的不同，工业生产中限制了换热后的出水口温度，一般不宜超过60℃，不宜清洗的场合不宜超过50℃，以避免水垢的迅速生成。

2. 空气

在水资源缺乏的地方可采用空气进行冷却，主要缺点是传热系数低，所需传热面积大。

3. 低温冷却剂

对于有些需要在较低温度下进行的化工生产过程，采用一般冷却的方法难以达到冷却效果，需要采取特殊的制冷装置进行人工制冷。

（1）制冷剂　制冷装置多采用直接冷却方式，即利用制冷剂的蒸发直接冷却需被冷却的空气或液体。常见制冷剂有液氨、液氮等。由于制冷剂的制备需要提供额外的机械能，因此成本较高。

（2）载冷剂　某些情况下，制冷装置可采用间接冷却方式，即被冷却对象的热量通过中间介质传递给在蒸发器中被蒸发的制冷剂。这种中间介质起传送和分配冷量的媒介作用，被称为载冷剂。常用载冷剂有水、盐水及有机载冷剂等。

① 水。比热容大，传热性能良好，价廉易得，但冰点高，仅能用于制取温度在0℃以上的载冷剂。

② 盐水。氯化钠及氯化钙等盐的水溶液被冷冻后称为冷冻盐水。盐水的起始凝固温度随浓度而变，如表1-3所示。氯化钙盐水比氯化钠盐水的共晶温度低，应用更为广泛。氯化钠盐水无毒，传热性能较氯化钙盐水好。氯化钠及氯化钙盐水对金属材料均有腐蚀性，使用时需加缓蚀剂（如重铬酸钠、氢氧化钠）以使盐水的pH值为7.0~8.5，呈弱碱性。

低温热源的选择

表 1-3　冷冻盐水起始凝固温度与浓度的关系

相对浓度 (15℃)	氯化钠盐水			氯化钙盐水		
	质量分数/%	100kg 水加盐量/kg	起始凝固温度/℃	质量分数/%	100kg 水加盐量/kg	起始凝固温度/℃
1.05	7.0	7.5	－4.4	5.9	6.3	－3.0
1.10	13.6	15.7	－9.8	11.5	13.0	－7.1
1.15	20.0	25.0	－16.6	16.8	20.2	－12.7
1.175	23.1	30.1	－21.2	—	—	—
1.20	—	—	—	21.9	28.0	－21.2
1.25	—	—	—	26.6	36.2	－34.4
1.286	—	—	—	29.9	42.7	－55.9

③ 有机载冷剂。适用于比较低的温度，常用的有乙二醇、丙二醇、甲醇、乙醇等的水溶液。乙二醇与丙二醇溶液的凝固温度随其浓度而变，如表 1-4 所示。

a. 乙二醇水溶液。乙二醇无色无味，可与水混溶，对金属材料无腐蚀性。乙二醇水溶液的温度可达－35℃（质量分数 45%），其中用于－10℃（质量分数 35%）时效果最好，乙二醇因黏度大，传热性能较差，稍具毒性，不宜用于开放式系统。

b. 丙二醇水溶液。丙二醇极为稳定，与水混溶，对金属材料无腐蚀性。丙二醇的水溶液无毒，因黏度较大，传热性能较差，使用温度通常为－10℃或以上。

c. 甲醇水溶液。在有机载冷剂中甲醇是最便宜的，且对金属材料不腐蚀。甲醇水溶液的使用温度范围是－35～0℃，相应的体积分数为 40%～15%。甲醇水溶液在－35～－20℃范围内具有较好的传热性能。甲醇作载冷剂的缺点是有毒、可燃，因此在运送、储存和使用中应注意安全。

d. 乙醇水溶液。乙醇无毒，对金属不腐蚀，其水溶液常用于啤酒、化工及食品工业。但乙醇可燃，价格较甲醇高，传热性能比甲醇差。

表 1-4　乙二醇和丙二醇溶液的凝固温度与浓度的关系

体积分数/%		20	25	30	35	40	45	50
凝固温度	乙二醇	－8.7	－12.0	－15.9	－20.0	－24.7	－30.0	－35.9
	丙二醇	－7.2	－9.7	－12.8	－16.4	－20.9	－26.1	－32.0

一、咨询

学生在教师指导与帮助下解读工作任务要求，了解工作任务的相关工作情境与必备知识，明确工作任务核心要点。

二、决策、计划与实施

根据工作任务要求掌握釜式反应器的应用、类型及基本结构；根据聚氯乙烯（PVC）的生产特点初步确定聚合反应设备的类型；通过分组讨论和学习，进一步学习聚氯乙烯（PVC）聚合釜的特点及结构，并说出各部件的作用。具体工作时，可根据生产工艺的特点，确定聚合釜的直径、高度、物料走向等，了解其内部构件如搅拌器、换热器、换热介质等的类型。其次掌握悬浮法生产聚氯乙烯（PVC）的工艺流程、聚合反应原理等。

三、检查

教师通过检查各小组的工作方案与听取小组研讨汇报，及时掌握学生的工作进展，适时归纳讲解相关知识与理论，并提出建议与意见。

四、实施与评估

学生在教师的检查指导下继续修订与完善任务实施方案，并最终完成初步方案。教师对各小组完成情况进行检查与评估，及时进行点评、归纳与总结。

 知识拓展

反应釜的安全操作和安装要点

一、反应釜的安全操作

聚合反应经常是在压力条件下进行的，单体大多是易燃易爆物且常有毒性。聚合反应为放热反应，有些过程反应热很大，如果传热失去控制，温度急剧升高导致反应速率加速，最后引起爆聚甚至爆炸。针对以上情况，采取如下适当安全措施。

① 在正常生产时，应加强密闭防漏，防止有毒、易燃、易爆物料的泄漏，以保证操作人员的安全，防止发生燃爆。

② 反应釜应装有安全泄压装置，低压操作反应釜可安装简单的防爆膜。高压操作设备常采用安全阀，其下方再装一防爆膜，以防聚合物在安全阀上积累使之失效。防爆膜的爆破压力可比安全阀略小，在二者之间还可接一压力表以显示防爆膜是否破裂。安全阀通道应足够大，其尺寸的决定还缺乏可靠的计算，靠经验选定。如按正常生产时最高聚合速率的3～5倍蒸气量来选定，对于体积为4～20m^3的PVC聚合釜，每1m^3釜体积可取2.4cm^2孔面积为宜。

③ 反应一旦失控，可采取如下紧急措施：

a. 用终止剂中断反应，如非水溶液体系的立体有规聚合反应，可注入水消除催化剂的活性；对于自由基聚合可加终止剂，如双酚A或加入有竞聚能力的单体使主要单体的均聚反应暂时被抑制，如在氯乙烯聚合时加入异戊二烯或苯乙烯。

b. 悬浮聚或乳液聚合反应釜应留有充分的自由空间，便于反应失控时可向釜内注入冷水，降低反应温度中止反应，对挥发性单体，也可通过部分单体排放以降低反应温度。

④ 安全用电。采用防爆电器，如防爆电机、防爆开关、防爆灯及暗线配电等。要有备用电源，因聚合釜停止搅拌可能会导致爆炸。除搅拌外，备用电源的容量需要足够维持必要的安全设施用电，如水泵、照明灯等用电。

二、反应釜的安装要点

釜式反应器一般用挂耳支承在建筑物或操作台的梁上，对于体积大、质量大和振动大的设备，要用支腿直接支承在地面或楼板上。两台以上相同的反应器应尽可能排成一直线。反应器之间的距离应根据设备的大小、附属设备和管道具体情况而定。管道阀门应尽可能集中布置在反应器一侧，以便操作和控制。

间歇操作釜式反应器布置时要考虑便于加料和出料。液体物料通常经高位槽计量后靠压差加入釜中，固体物料大多是用吊车从人孔或加料口加入釜内，因此，人孔或加料口离地面、楼面或操作平台面的高度以 800mm 为宜。

大多数釜式反应器带有搅拌器，因此上部要设置安装及检修用的起吊设备，并考虑足够的高度，以便抽出搅拌器轴等。如图 1-28 所示。

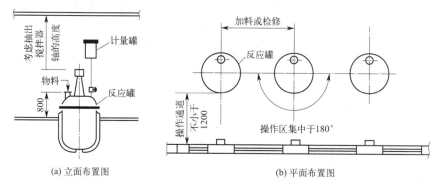

图 1-28　釜式反应器布置示意图

连续操作釜式反应器有单釜和多釜串联操作方式，如图 1-29 所示。除考虑前述要求外，由于进料、出料都是连续的，因此在多釜串联时必须特别注意物料进、出口间的压差和流体流动阻力的损失。

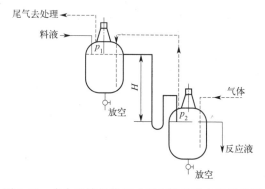

图 1-29　多台连续操作釜式反应器串联布置示意图

任务二
操作与维护釜式反应器

橡胶行业是国民经济的重要基础产业之一。它不仅为人们提供日常生活不可或缺的日用、医用等轻工橡胶产品，而且也为采掘、交通、建筑、机械、电子等重工业和新兴产业提供各种橡胶设备或部件。橡胶的加工过程包括塑炼、混炼、压延或挤出、成型和硫化等基本工序。塑炼的目的是将各种所需的配合剂加入橡胶中，生胶首先需经过塑炼提高其塑性；混炼是将炭黑及各种橡胶助剂与橡胶均匀混合成胶料；胶料经过压出制成一定形状的坯料；再与经过压延挂胶或涂胶的纺织材料（或金属材料）组合在一起，成型为半成品；最后经过硫化将具有塑性的半成品制成高弹性的产品。其中，加入橡胶胶料后能降低硫化温度或缩短硫化时间的物质，称为橡胶的硫化促进剂。

间歇釜在助剂、制药、染料等行业生产过程中非常常见。2-巯基苯并噻唑（M）是橡胶制品硫化促进剂DM（2,2-二硫代苯并噻唑）的中间产品，本身也是硫化促进剂，但活性不如DM。全流程的缩合反应包括备料工序和缩合工序。为突出重点，省去备料工序。缩合工序共有三种原料，多硫化钠（NaS_n）、邻硝基氯苯（$C_6H_4ClNO_2$）及二硫化碳（CS_2）。

间歇釜的仿真操作以完成2-巯基苯并噻唑的生产工艺控制为目的。受复杂反应反应动力学的影响，由于反应为放热反应，因此关键工艺参数为温度。

工作任务

1. 掌握低压法生产2-巯基苯并噻唑的反应原理及关键工艺参数，并写出反应方程式。
2. 绘制低压法生产2-巯基苯并噻唑的生产工艺流程图。
3. 完成间歇釜的冷态开车、正常操作、停车、事故处理等操作。
4. 制订间歇釜的温度控制方案。

技术理论

知识点一
技术交底

一、反应原理

主反应：$2C_6H_4NClO_2 + Na_2S_n \longrightarrow C_{12}H_8N_2S_2O_4 + 2NaCl + (n-2)S\downarrow$

$C_{12}H_8N_2S_2O_4 + 2CS_2 + 2H_2O + 3Na_2S_n \longrightarrow$
$$2C_7H_4NS_2Na + 2H_2S\uparrow + 2Na_2S_2O_3 + (3n+4)S\downarrow$$

副反应：$C_6H_4NClO_2 + Na_2S_n + H_2O \longrightarrow C_6H_6NCl + Na_2S_2O_3 + (n-2)S\downarrow$

二、工艺流程

来自备料工序的 CS_2、$C_6H_4NClO_2$、Na_2S_n 分别注入计量罐和沉淀罐中，经计量沉淀后利用位差及离心泵压入反应釜中，釜温由夹套中的蒸汽、冷却水及蛇管中的冷却水控制，设有分程控制器 TIC101，通过控制反应釜的温度来控制反应速率及副反应速率，以获得较高的收率及确保反应过程安全。间歇反应釜的管道仪表（PID）流程图如图 1-30 所示。其中，主反应的活化能比副反应的活化能高，升温更利于反应收率。在 90℃时，主反应和副反应的反应速率比较接近，因此要尽量延长反应温度在 90℃以上的时间，以获得更多的主反应产物。

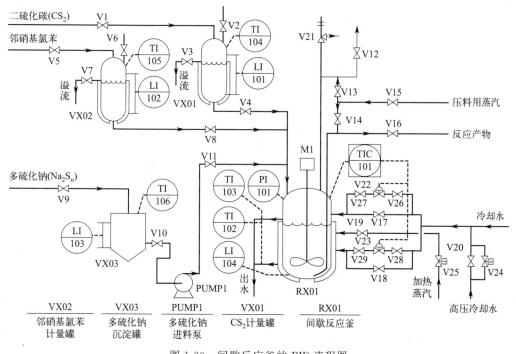

图 1-30　间歇反应釜的 PID 流程图

三、主要设备、仪表和阀件一览表

1. 主要设备

主要设备见表 1-5。

表 1-5　主要设备

设备位号	设备名称	设备位号	设备名称
RX01	间歇反应釜	VX03	Na_2S_n 沉淀罐
VX01	CS_2 计量罐	PUMP1	Na_2S_n 进料泵
VX02	$C_6H_4NClO_2$ 计量罐		

2. 主要仪表

仪表及报警信息见表 1-6。

表 1-6 主要仪表及报警信息

设备位号	说明	类型	单位	量程	高报	低报	高高报	低低报
TIC101	反应釜温度控制	PID	℃	0~500	128	25	150	10
TI102	反应釜夹套冷却水温度	AI	℃	0~100	80	60	90	20
TI103	反应釜蛇管冷却水温度	AI	℃	0~100	80	60	90	20
TI104	CS_2 计量罐温度	AI	℃	0~100	80	20	90	10
TI105	邻硝基氯苯计量罐温度	AI	℃	0~100	80	20	90	10
TI106	多硫化钠沉淀罐温度	AI	℃	0~100	80	20	90	10
LI101	CS_2 计量罐液位	AI	m	1.75	1.4	0	1.75	0
LI102	邻硝基氯苯罐液位	AI	m	1.5	1.2	0	1.5	0
LI103	多硫化钠沉淀罐液位	AI	m	4	3.6	0.1	4.0	0
LI104	反应釜液位	AI	m	3.15	2.7	0	2.9	0
PI101	反应釜压力	AI	atm	20	8	0	12	0

注：1. AI 指分析指示。

2. 1atm=101.325kPa。

3. 阀件

各类阀件见表 1-7。

表 1-7 各类阀件

位号	名称	位号	名称	位号	名称
V1	CS_2 进料阀	V10	泵前阀	V19	夹套加热蒸汽阀
V2	计量罐 VX01 放空阀	V11	泵后阀	V20	高压水阀
V3	计量罐 VX01 溢流阀	V12	RX01 放空阀	V21	放空阀
V4	CS_2 进料阀	V13	蒸汽加压阀	V22	蛇管冷却水阀
V5	邻硝基氯苯进料阀	V14	预热蒸汽阀	V23	冷却水阀
V6	计量罐 VX02 放空阀	V15	蒸汽总阀	V24	高压冷却水阀
V7	计量罐 VX02 溢流阀	V16	产品出料阀	V25	加热蒸汽阀
V8	邻硝基氯苯进料阀	V17	冷却水旁路阀		
V9	沉淀罐 VX03 进料阀	V18	冷却水阀		

四、仿真界面

间歇反应釜 DCS 图如图 1-31 所示，间歇反应釜现场图如图 1-32 所示。

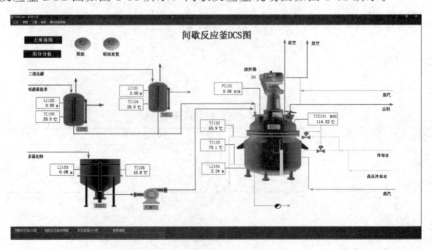

图 1-31 间歇反应釜 DCS 图

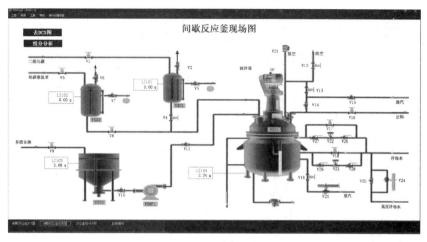

图 1-32　间歇反应釜现场图

知识点二
釜式反应器的操作要点

一、开车前准备

① 熟悉设备的结构与性能，并熟练掌握设备的操作规程。
② 准备必要的开车工具，如扳手、管钳等。
③ 检查水、电、气等公用工程是否符合要求。
④ 确保减速机、机座轴承、釜用机封油盒内不缺油。
⑤ 确认传动部分完好后，启动电机。检查搅拌轴是否按顺时针方向旋转，严禁反转。用氮气（压缩空气）试漏，检查釜上进出口阀门是否内漏，相关动、静密封点是否有漏点，并用直接放空阀泄压，看压力能否很快泄完。

二、正常开车

① 投运公用工程系统、仪表和电气系统等。
② 按工艺操作规程进行进料，并启动搅拌运行开关。
③ 运行过程中要严格执行工艺操作规程，严禁超温、超压、超负荷运转，一旦出现超温、超压、超负荷等异常情况，应立即按工艺规定要求采取相应的处理措施。禁止反应釜操作过程中物料超过规定液位。
④ 严格按照工艺要求的物料配比进行投料，并均衡控制加料和升温速度，防止因物料配比错误或加（投）料过快而引起反应釜内剧烈反应，出现超温、超压、超负荷等异常情况，引发设备安全事故。
⑤ 当反应釜升温或降温时，要控制升温或降温速度，避免因温差应力和压力应力的突然叠加，而使设备产生变形或受损。

三、正常停车

① 根据工艺要求在规定的时间内停车，不得随意更改停车时间。
② 先停搅拌，再切断电源。
③ 依次关闭各种阀门。
④ 放料完毕后，应将反应釜内的残渣冲洗干净，不能用碱水冲刷，且要注意不要损坏反应釜内壁的搪玻璃。
⑤ 当检查反应釜内、搅拌器、转动部分、附属设备、仪表、安全阀、管路及各种阀门构件等都按规定要求关闭或冲洗干净后，才可以进行交接班。

四、紧急停车

1. 紧急停车情境

当反应釜发生下列异常现象之一时，应立即采取紧急措施紧急停车：①当反应釜内的工作压力、温度超过允许用值，且采用各种措施仍不能使其下降时；②当反应釜的釜盖、釜体、蒸汽管道出现裂纹、鼓包、变形、泄漏等缺陷时；③当安全附件失效，釜盖不能正常关闭，紧固件损坏，难以保证安全运行时；④当冷凝水因排放受阻而引起蒸压釜严重上拱变形，采取紧急措施排放冷凝水后仍无效时；⑤发生其他意外事故，且直接威胁到安全运行时。

2. 紧急停车操作步骤

①迅速切断电源，使运转设备，如泵、压缩机等，停止运行；②停止向反应釜内输送物料；③迅速打开出口阀，泄出反应釜内的气体或其他物料，必要时打开放空阀；④对于连续生产，紧急停车时要做好与前后工序的联系，同时，应立即与上级主管部门及有关技术人员取得联系，以便更有效地控制险情，避免发生安全事故。

知识点三
反应釜的维护与保养

一、釜式反应器常见故障及处理方法

化工生产过程中，搅拌釜式反应器常见的故障及处理方法见表1-8。

表 1-8　釜式反应器常见故障与处理方法

序号	故障现象	故障原因	处理方法
1	壳体损坏（腐蚀、裂纹、透孔）	①介质腐蚀(点蚀、晶间腐蚀) ②热应力影响产生裂纹或碱脆 ③受损变薄或均匀腐蚀	①采用耐蚀材料衬里的壳体需要重新修衬或局部补焊 ②焊接后要消除应力,产生裂纹要进行修补 ③超过设计最低的允许厚度须更换本体

续表

序号	故障现象	故障原因	处理方法
2	超温超压	①仪表失灵,控制不严格 ②操作失误,原料配比不当,产生剧烈放热反应 ③因传热或搅拌性能不佳而发生副反应 ④进气阀失灵,进气压力过大、压力过高	①检查、修复自动控制系统,严格按操作规程执行 ②根据要求紧急放压,按规定定量、定时投料,严防操作失误 ③增加传热面积或清除结垢,改善传热效果;修复搅拌器,提高搅拌效率 ④关总气阀,切断气源,修理阀门
3	密封泄漏 (填料密封)	①搅拌轴在填料处磨损或腐蚀,造成间隙过大 ②油环位置不当或油路堵塞,不能形成油封 ③压盖没压紧,填料质量差或使用过久 ④填料箱腐蚀 机械密封 ⑤动静环端面变形、碰伤 ⑥端面比压过大,摩擦生热变形 ⑦密封圈选材不对,压紧力不够,或V形密封圈装反,失去密封性 ⑧轴线与静环端面垂直度误差过大 ⑨操作压力、温度不稳,硬颗粒进入 ⑩轴窜量超过指标 ⑪镶装或粘动、静环的镶缝泄漏	①更换或修补搅拌轴,并在机床上加工,保证表面粗糙度 ②调整油环位置,清洗油路 ③压紧填料或更换填料 ④修补或更换填料箱 ⑤更换摩擦副或重新研磨 ⑥调整为合适比压,加强冷却系统,及时带走热量 ⑦密封圈选材、安装要合理,要有足够的压紧力 ⑧停车,重新找正,保证垂直度误差小于0.5mm ⑨严格控制工艺指标,颗粒及结晶物不能进入 ⑩调整、检修,使轴的窜量达到标准 ⑪改进安装工艺,或过盈量要适当,黏结剂要好用,且粘接牢固
4	釜内有异常杂声	①搅拌器摩擦釜内件(蛇管、温度计管等)或刮壁 ②搅拌器松脱 ③衬里鼓包,与搅拌器撞击 ④搅拌器轴弯曲或轴承损坏	①停车检修找正,使搅拌器与附件有一定距离 ②停车检查,紧固螺栓 ③修鼓包或更换衬里 ④检修或更换轴及轴承
5	搪瓷搅拌器脱落	①被介质腐蚀断裂 ②电动机旋转方向相反	①更换搪瓷轴或用玻璃修补 ②停车改变转向
6	搪瓷釜法兰漏气	①法兰瓷面损坏 ②选择垫圈材质不合理,安装接头不正确,空位,错移 ③卡子松动或数量不足	①修补、涂防腐漆或树脂 ②根据工艺要求选择垫圈材料,垫圈接口要搭拢,位置要均匀 ③按设计要求有足够数量的卡子,并要紧固
7	瓷面产生鳞爆及微孔	①夹套或搅拌轴管内进入酸性杂质,产生氢脆现象 ②瓷层不致密,有微孔隐患	①用碳酸钠中和后,用水冲净或修补,腐蚀严重的须更换 ②微孔数量少的可修补,严重的须更换
8	电动机电流超过额定值	①轴承损坏 ②釜内温度低,物料黏稠 ③主轴转数较快 ④搅拌器直径过大	①更换轴承 ②按操作规程调整温度,物料黏度不能过大 ③控制主轴转数在一定的范围内适当调整检修

二、釜式反应器的维护要点

① 反应釜在运行过程中,应严格执行操作规程,严禁超温、超压。
② 按工艺指标控制夹套、蛇管等换热装置及反应釜的温度。
③ 避免温差应力与压力应力的叠加,而使设备发生变形。
④ 严格控制物料配料,防止剧烈反应。

⑤ 观察反应釜有无异常振动和声响，若发现，应及时检查、修理并消除。
⑥ 检查密封系统、密封液储罐及视镜，并及时补加密封液。
⑦ 定期对设备进行状态监控。
⑧ 定期对设备润滑油进行化验。
⑨ 检查及消除跑、冒、滴、漏缺陷，紧固松动的螺栓。

技能点一
冷态开车

装置开工状态为各计量罐、反应釜、沉淀罐处于常温、常压状态，各种物料均已备好，大部分阀门、机泵处于关停状态（除蒸汽联锁阀门外）。

一、备料

1. 向沉淀罐 VX03 进料（Na_2S_n）

① 打开阀门 V9，向沉淀罐 VX03 充液。
② 当 VX03 的液位接近 3.60m 时，关小 V9，至 3.60m 时关闭 V9。
③ 静置 4min（实际 4h）备用。
注：必须静置 4min（实际生产为 4h），备用。

2. 向计量罐 VX01 进料 CS_2

① 打开放空阀 V2。
② 打开溢流阀 V3。
③ 打开进料阀 V1，开度约为 50%，向罐 VX01 充液，当液位接近 1.4m 时，关小 V1。
④ 当溢流标志变绿后，迅速关闭 V1。
⑤ 待溢流标志再度变红后，可关闭溢流阀 V3。

3. 向计量罐 VX02 进料（邻硝基氯苯）

① 打开放空阀 V6。
② 打开溢流阀 V7。
③ 打开进料阀 V5，开度约 50%，向罐 VX01 充液，当液位接近 1.2m 时，可关小 V5。
④ 当溢流标志变绿后，迅速关闭 V5。
⑤ 待溢流标志再度变红后，可关闭溢流阀 V7。

二、进料

1. 进料准备

微开放空阀 V12,准备进料。

2. 进料 Na_2S_n(从 VX03 中向反应器 RX01 进料)

① 打开泵前阀 V10,向进料泵 PUMP1 中充液。
② 打开进料泵 PUMP1。
③ 打开泵后阀 V11,向 RX01 中进料。
④ 当液位小于 0.1m 时停止进料,关泵后阀 V11。
⑤ 关泵 PUMP1。
⑥ 关泵前阀 V10。

3. 进料 CS_2(从 VX01 中向反应器 RX01 进料)

① 检查放空阀 V2 开放。
② 打开进料阀 V4 向 RX01 中进料。
③ 待进料完毕后关闭 V4。

4. 进料邻硝基氯苯(从 VX02 中向反应器 RX01 进料)

① 检查放空阀 V6 开放。
② 打开进料阀 V8,向 RX01 中进料。
③ 待进料完毕后,关闭 V8。

5. 进料完毕后关闭放空阀 V12

三、开车

① 检查放空阀 V12,进料阀 V4、V8、V9 是否关闭,打开 V26、V27、V28、V29,开联锁控制。
② 开启反应釜搅拌电机 M1。
③ 适当打开夹套蒸汽加热阀 V19,观察反应釜内温度和压力的上升情况,保持适当的升温速度。
④ 控制反应温度直至反应结束。

四、反应过程

① 当温度升至 55~65℃关闭阀门 V19,停止通蒸汽加热。
② 当温度升至 70~80℃时,微开 TIC101(冷却水阀 V22、V23),控制升温速度。
③ 当温度升至 110℃以上时,是反应的剧烈阶段,应小心控制,防止超温。当温度难以控制时,打开高压水阀 V20,并可关闭搅拌器 M1 以使反应降速。当压力过高时,可微开放

空阀 V12 降低气压，但放空会损失 CS_2 气体，污染大气。

④ 当反应温度大于 128℃时，相当于压力超过 8atm，已处于事故状态，如联锁开关处于"on"状态，联锁启动（开高压冷却水阀，关搅拌器，关加热蒸汽阀）。

⑤ 当压力超过 15atm（相当于温度大于 160℃），反应釜安全阀作用。

技能点二 热态开车

一、反应中要求的工艺参数

① 反应釜中压力不大于 8 个大气压。

② 冷却水出口温度不小于 60℃，如小于 60℃，易使单质硫在反应釜的釜壁和蛇管表面结晶，造成传热不畅。

二、主要工艺生产指标的调整方法

① 温度调节。操作过程以温度调节为主，压力调节为辅。升温速度慢会引起副反应速度大于主反应速度的时间长，产品收率低；升温速度快易使反应失控。

② 压力调节。压力调节主要是通过温度调节实现的，但在超温的时候可以微开放空阀，使压力降低，以达到安全生产的目的。

③ 收率。由于在 90℃以下，副反应的反应速度大于正反应的反应速度，因此在安全的前提下快速升温有利于提高反应收率。

技能点三 停车操作

当冷却水量很小，反应釜温度下降仍较快，则说明反应已接近尾声，可停车出料。操作步骤如下：

① 关闭搅拌器 M1。

② 打开放空阀 V12 5~10s，放掉釜内残存的可燃气体后，关闭 V12。

③ 向反应釜内通增压蒸汽。

a. 打开蒸汽总阀 V15；

b. 打开蒸汽加压阀 V13 给釜内升压，使釜内气压高于 4 个大气压。

④ 打开预热蒸汽阀 V14 片刻。

⑤ 打开出料阀 V16 出料。
⑥ 出料完毕后保持开 V16 约 10s，进行吹扫。
⑦ 关闭出料阀 V16（尽快关闭，超过 1min 不关闭将不能得分）。
⑧ 关闭 V15。
⑨ 关闭 V13。

技能点四
事故操作

一、超温（压）事故

（1）原因　反应釜超温（超压）。
（2）现象　温度大于 128℃（气压大于 8atm）。
（3）处理　①开大冷却水，打开高压冷却水阀 V20；②关闭搅拌器 PUMP1，使反应速度下降；③如果气压超过 12atm，打开放空阀 V12。

二、搅拌器 M1 停转

（1）原因　搅拌器坏。
（2）现象　反应速度逐渐下降为低值，产物浓度变化缓慢。
（3）处理　停止操作，出料维修。

三、冷却水阀 V22、V23 卡住（堵塞）

（1）原因　蛇管冷却水阀 V22 卡。
（2）现象　开大冷却水阀对控制反应釜温度无作用，且出口温度稳步上升。
（3）处理　开冷却水旁路阀 V17 调节。

四、出料管堵塞

（1）原因　出料管硫黄结晶，堵住出料管。
（2）现象　出料时，内气压较高，但釜内液位下降很慢。
（3）处理　打开出料预热蒸汽阀 V14 吹扫 5min 以上（仿真中采用）。拆下出料管用火烧化硫黄，或更换管段及阀门。

五、测温电阻连线故障

（1）原因　测温电阻连线断。

（2）现象　温度显示为零。

（3）处理　①改用压力显示对反应进行调节（调节冷却水用量）；②升温至压力为 0.3～0.75atm 就停止加热；③升温至压力为 1.0～1.6atm 开始通冷却水；④当压力为 3.5～4atm 以上为反应剧烈阶段；⑤当反应压力大于 7atm，相当于温度大于 128℃处于故障状态；⑥当反应压力大于 10atm，反应器联锁起动；⑦当反应压力大于 15atm，反应器安全阀起动。（以上压力为表压。）

知识拓展

釜式反应器的温度控制

控制反应温度是控制产品质量的一种常用方法。反应温度的控制主要是通过调节反应釜换热装置中换热介质的流量，也就是通过控制其阀门开度来调节反应釜内的温度，以此来保证控制系统安全稳定运行。在生产过程中，为保证产品质量和工艺过程的连续运行，必须对各工艺参数进行测量和控制。釜式反应器温度的自动控制方案主要有简单控制系统和复杂控制系统（串级控制、分程控制等）。

简单控制系统是由一个测量变送器、一个控制器、一个执行器和一个控制对象构成的闭环控制系统，也称单回路控制系统。其所需的仪表数量很少，投资也很小，操作维护方便，一般情况下都能满足生产对工艺控制的要求。图 1-33 为釜式反应器的简单控制系统，通过控制换热介质的流量来稳定反应温度。

在复杂控制系统中，串级控制系统的应用最广泛。例如，以反应釜温度为被控变量、以对釜温度影响最大的加热蒸汽为操纵变量组成"温度控制系统"，如图 1-34 所示。

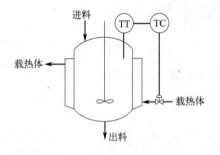 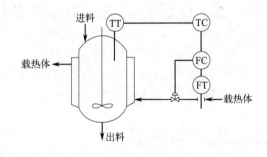

图 1-33　釜式反应器简单控制系统　　　　图 1-34　釜式反应器串级控制系统

如果蒸汽流量频繁波动，将会引起反应釜温度的变化。尽管温度简单控制系统能克服这种扰动，但会影响产品质量，因此，控制蒸汽流量平稳非常关键。希望谁平稳就以谁为被控变量是很常用的方法，即控制蒸汽流量稳定。但影响反应釜温度的因素不只是蒸汽流量，进料流量、温度、化学反应的干扰也同样会使反应釜温度发生改变。因此，最好是将二者结合起来。即将最主要、最强的干扰——流量控制的方式预先处理（粗调），其他干扰因素采用温度控制的方式彻底解决（细调）。将二者处理成图 1-34，即将温度控制器的输出串接在流量控制器的外设上，由于出现了信号的串联形式，所以称该系统为"温度串级控制系统"。

分程控制主要用于工艺要求反应温度采用两种或两种以上的介质或手段来控制的方案。如反应器配好物料后，开始要用蒸汽对反应器进行加热以启动反应过程。由于该反应是放热反应，待反应开始后，需要用冷却水移走反应热，以保证产品质量。这就需要用分程控制手段来实现两种不同的控制方法，如图1-35所示。

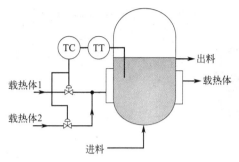

图1-35 夹套式反应釜的温度分程控制系统

任务三
设计釜式反应器

任务导入

在理想间歇操作釜式反应器中用己二酸和己二醇为原料，以等摩尔比进料进行缩聚反应生产醇酸树脂。当反应温度为70℃，催化剂为H_2SO_4。由实验测得动力学方程式为：$(-r_A) = kc_A^2 [\text{kmol}/(\text{L}\cdot\text{min})]$，其中，反应速率常数$k=1.97\text{L}/(\text{kmol}\cdot\text{min})$，反应物的初始浓度$c_{A_0}=0.004\text{kmol/L}$。若每天处理己二酸2400kg，求转化率分别为0.5、0.6、0.8、0.9时所需的反应时间。若每批操作的辅助时间为1h，反应器的装料系数为0.75，当转化率为80%时，间歇釜的体积。若采用搅拌良好的釜式反应器连续生产醇酸树脂，计算当反应转化率为80%时，反应器的有效体积及平均停留时间。若采用2个搅拌良好的连续操作釜式反应器串联生产醇酸树脂，要求第一台反应釜的转化率达到50%，当第二台反应釜最终转化率达到80%时，计算反应器的体积。

工作任务

1. 能说出什么是流体的流动模型，能区分理想流动模型与非理想流动模型。
2. 能区分单一反应与复杂反应。
3. 能根据已知条件，计算间歇操作釜式反应器的体积。
4. 能根据已知条件，计算单个连续操作釜式反应器的体积。
5. 能根据已知条件，计算多个连续操作釜式反应器的体积。

6. 能说出间歇釜与连续釜的优缺点。

知识点一
反应釜内流体流动模型

根据操作方式的不同，化工生产操作分为间歇、连续和半连续过程。反应器中流体的流动模型是针对连续操作过程而言的，因此间歇操作反应器内的流体不存在流动模型。不同反应器由于几何尺寸、操作条件、搅拌器等因素的不同，使得反应器内的流体流动十分复杂，而反应器中的流体流动直接会影响反应器性能，因此有必要讨论反应器内的流体流动。反应釜内流体的流动模型可分为理想的流动模型与非理想的流动模型。

一、理想的流动模型

为便于反应器的设计，根据反应器内流体的流动状况，可建立两种理想的流动模型：理想混合流动模型和理想置换流动模型。

1. 理想混合流动模型

理想混合流动模型可称为全混流模型，如图1-36所示。指反应物料以稳定的流量进入反应器，刚进入反应器的新鲜物料与存留在其中的物料瞬间达到完全混合，反应器内物料质点间的返混程度为无穷大。特点是反应器内物料质点完全混合，物料参数处处相同（所有空间位置物料的各种参数完全均匀一致），且出口处物料性质与反应器内完全相同；同一时刻进入反应器的新鲜物料瞬间分散混合均匀；反应器内物料质点的年龄不同，同一时刻离开反应器的物料的停留时间不同；返混量为无穷，物料粒子的停留时间参差不齐，存在一个典型分布。停留时间指流体从进入反应器到离开反应器所经历的时间，即流体从系统的进口到出口所耗费的时间。对于搅拌十分强烈的连续操作搅拌釜式反应器内的流体流动可视为理想混合流动模型。

具有理想混合流动模型的搅拌釜式反应器，假想进入反应器内的新鲜流体粒子与存留在反应器内的流体粒子能在瞬间达到完全混合，是一种返混程度为无穷的理想流动模型。但是在搅拌的作用下，进入反应器的部分流体粒子有可能刚进入反应器就从出口流出，停留时间非常短；也有可能刚到出口附近又被搅回来，停留时间很长。由于反应器内流体粒子在反应器内的停留时间不同，形成了返混，搅拌剧烈程度不同，返混程度也不同。理想混合流动模型假设反应器中的搅拌非常剧烈，反应器内不同停留时间的流体粒子达到了完全混合，从而使反应器内所有流体粒子具有相同的温度和浓度且等于反应器出口处流体的温度和浓度。

对于本体聚合的连续操作釜式反应器，在聚合初期，物料黏度低，搅拌效果好，达到全混流是可能的。但到聚合后期，转化率高，物料黏度增加数千倍甚至上万倍，传热传质速率急剧下降，此时反应物组分的浓度、温度不再均匀一致，就不再适用于全混流模型。

2. 理想置换流动模型

理想置换流动模型又称为平推流模型或活塞流模型，如图1-37所示。指任一截面的物料如同汽缸活塞一样在反应器内流动，而垂直于流体流动方向的任一横截面上的所有物料质点的年龄相同，是一种返混量为零的极限流动模型。特点是在定态操作情况下，沿着物料流动方向的物料参数会发生变化，而垂直于流体流动方向的任一截面上的物料的所有参数都相同。这些参数包括物料的浓度、温度、压力、流速等，所有物料质点在反应器内都有相同的停留时间。对于长径比较大和流速较高的连续操作管式反应器内的流体流动可视为理想置换流动模型。

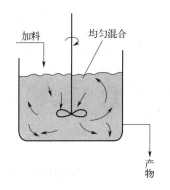

图1-36 理想混合流动模型

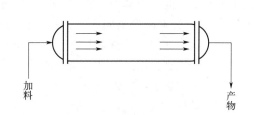

图1-37 理想置换流动模型

理想的流动模型

3. 返混及预防措施

返混不是一般意义上的混合，它专指不同时刻进入反应器的物料之间的混合，是逆向的混合，或者说是不同年龄质点之间的混合。返混是连续化后才出现的一种混合现象，也就是说对于间歇操作的反应器是不存在返混的。理想置换反应器是一种返混量为零的典型的连续操作反应器，而理想混合反应器是一种返混量为无穷大（达到极限流动状态）的典型的连续操作反应器。对于非理想流动反应器其内部存在不同程度的返混。

返混及其影响

（1）返混对反应的影响

① 返混带来的最大影响是反应器进口处反应物高浓度区的消失或减低。如对于理想混合反应器而言，反应物在进口处虽然具有较高的浓度，但一旦进入反应器，由于存在剧烈的搅拌混合作用，进入的高浓度反应物料被迅速分散到反应器的各个部位，与原有的低浓度物料混合，从而使高浓度瞬间消失。因此，理想混合反应器在剧烈的搅拌混合作用下，是不可能存在高浓度区的。

需要强调的是，虽然在间歇操作釜式反应器中同样存在剧烈的搅拌混合作用，但不会导致高浓度区的消失，这是因为间歇操作釜式反应器中彼此混合的物料是同一时刻进入反应器的，又在反应器中在相同条件下经历了相同的反应时间，因而具有相同的温度和浓度等性质。而对于连续操作釜式反应器，存在于反应器的物料是提前进入反应器并经历了不同反应时间的物料，其浓度已经下降，进入反应器的新鲜高浓度物料一旦与这种物料相混合，高浓度随之消失。因此，虽然间歇操作和连续操作釜式反应器都存在剧烈的搅拌混合作用，但参与混合的物料是不同的。间歇操作是同一时刻进入反应器内物料之间的混合,不改变原有的物料浓度;而连续操作釜式反应器则是不同时刻进入反应器内物料之间的混合,是不同浓度、不同性质物料之间的混合,属于返混,造成了反应物高浓度区消失,从而导致反应器生产能力下降。

② 返混改变了反应器内的浓度分布,使反应器内反应物的浓度下降,反应产物的浓度上升。浓度分布的改变对反应的利弊程度取决于反应过程的浓度效应。由于返混是连续操作反应器中的一个重要的工程因素,对于任何连续操作过程都必须充分考虑返混的影响,否则不但不能强化生产,还有可能导致生产能力下降或反应选择性降低。在实际工作中,应首先研究清楚化学反应的动力学特征,即浓度对反应的影响,然后再根据浓度效应选择合适类型的连续操作反应器。

③ 返混的结果将产生停留时间分布,并改变反应器内的浓度分布,使反应器内反应物的浓度下降,产物的浓度上升。返混对反应的利弊程度视具体的反应特性而异。要想将反应过程由间歇操作转化为连续操作,当返混对反应不利时,应充分考虑返混可能造成的危害,对于反应器类型的选择,应尽量避免选用造成返混程度更大的反应器,特别应注意返混程度会随几何尺寸的变化而显著增强的反应器的选择。

④ 返混会对反应器的工程放大产生的问题。返混不仅会对反应过程产生不同程度的影响,而且由于反应器放大后其内部的流体流动状况发生改变,导致返混程度改变,给反应器的工程放大设计计算带来很大困难。因此,在分析各种类型反应器特征及选择反应器时,必须把反应器的返混状况作为一项重要特征加以考量。

(2) 降低返混的措施　降低返混程度的主要措施是采用分割法,常见的有横向分割和纵向分割两种,最重要的是横向分割。

① 横向分割。连续操作搅拌釜式反应器降低返混的措施是采用横向分割法。由于连续操作搅拌釜式反应器的返混程度可能达到理想的混合程度。为减少返混,工业上常采用多釜串联操作,当串联釜数足够多时,这种连续多釜串联操作反应器的操作性能就近似接近理想置换反应器的性能。

② 纵向分割。流化床反应器降低返混的措施是采用纵向分割法。流化床是一种典型的气-固相连续操作反应器。流化床在操作过程中,由于气泡运动造成气相和固相都存在严重的返混。为了降低返混,对于高径比较大的流化床反应器常在其内部装置横向挡板,而对于高径比较小的流化床反应器可设置垂直管作为内部构件。

对于气-液鼓泡塔反应器,由于气泡搅动造成液体的反向流动,形成很大的液相循环流量,因此,其液相流动状况十分接近理想混合流动。为了限制气-液鼓泡塔反应器中液相的返混程度,工业上常采用以下措施:①放置填料,即填料鼓泡塔,填料不仅可起分散气泡、增强气-液相间的传质作用,还限制了液相返混;②设置多孔多层横向挡板,将床层分成若干级,尽管每一级内液相混合仍然能达到全混,但对整个床层来说近似于多釜串联反应器,级间的返混程度受到很大的限制;③设置垂直管,既可限制气泡合并长大,又在一定程度上起到了限制液相返混的作用。

二、理想混合流动模型的停留时间

1. 几个基本概念

(1) 停留时间 t　用于连续流动反应器,指流体从进入反应器系统到离开反应器系统总共经历的时间，即流体从系统的进口到出口所耗费的时间。

(2) 寿命　反应物料质点从进入反应器到离开反应器的时间，是对已经离开反应器的物料质点而言的。

(3) 年龄　反应物料质点从进入反应器起已经停留的时间，是针对仍留在反应器中的物料质点而言的，指反应器出口流体的停留时间。

(4) 空时 τ　定义为反应器有效容积 V_R 与流体的体积流量 V_0 之比，空时是一个人为规定的参量，表示在进口条件下（温度、压力等）处理一整个反应器有效体积的流体所需要的时间。如 $\tau=1\text{h}$ 表示每小时可处理与反应器有效容积相等的物料量。反映了连续流动反应器的生产能力。空间不是停留时间，亦不是反应时间，只有在反应过程中反应物料的体积不发生变化时，空时与停留时间在数值上才相等。

(5) 平均停留时间 $\bar{t}$　指流体微元从反应器进口到出口的平均停留时间。对于封闭系统，当流体密度维持不变，其平均停留时间 $\bar{t}=V_R/V_0$。

(6) 无因次停留时间 θ　为应用方便，定义无因次停留时间为停留时间与平均停留时间之比 $\theta=t/\bar{t}$。

2. 停留时间分布的测定

(1) 阶跃示踪法　待测定系统稳定后，将原来反应器中流动的流体切换为另一种在某些性质上与原来流体不同，而对流动状况没有影响的另一种含有示踪剂的流体（例如将白色流体切换成有色流体），一直到实验结束。

设切换时 $t=0$，并保持切换前后流体流量不变。开始时，出口流体中有色流体的分率很小，随着时间的推延，有色流体在出口流体中的分率不断增加，当 $t\to\infty$ 时，分率趋于 1。假如经过 t 时，测得有色流体的分率为 $c(t)$，如 $c(t)=0.4$，那么余下的 0.6 为白色流体，可以想象，在 40% 的有色流体中各微元的停留时间极不相同，但可以肯定的是它们的停留时间均小于 t，因为此时系统中不可能有大于 t 的有色流体存在。同样 60% 的白色流体中的各微元的停留时间均大于 t，因为 $t=0$ 时，已停止进入白色流体，所以在系统中不可能存在小于 t 的白色流体，故 t 时测得的 $c(t)$ 正好代表停留时间在 $0\sim t$ 流体所占的分率 $F(t)$。将 $F(t)$ 对 t 作图，可得图 1-38 所示的图形。

假如切换为含有示踪物浓度为 c_0 的流体时，出口流体中示踪剂的分率为 $\dfrac{c}{c_0}$，故以 $\dfrac{c}{c_0}$ 对 t 作图即可得 $F(t)$ 曲线。

阶跃示踪法可以测定试验装置的停留时间分布，但对测定工业反应器的停留时间分布会受到限制，可采用脉冲示踪法来测定工业反应器的停留时间分布。

(2) 脉冲示踪法　待测定系统稳定后，自系统入口处于瞬间注入少量示踪物（量为 Q），此时 $t=0$，同时开始测定出口流体中示踪物的含量 $c(t)$。因为注入示踪物的时间与系统的平均停留时间相比极短，且示踪物量很少，示踪物的加入不会引起原来流体流动型态的改变，故示踪物在系统内的流动型态能代表整个系统的流动型态。这样示踪物的停留时间分布就能代表整个流体的停留时间分布。

若流体的体积流量为 v_0，那么在停留时间从 t 到 $t+\text{d}t$ 这段时间内出口流体中示踪物的量为 $c(t)v_0\text{d}t$，而在停留时间从 t 到 $t+\text{d}t$ 间示踪物的量为 $QE(t)\text{d}t$，故

$$c(t)v_0\text{d}t=QE(t)\text{d}t$$

$$E(t)=\frac{c(t)v_0}{Q} \tag{1-2}$$

以 $\dfrac{c(t)v_0}{Q}$ 对 t 作图即可得 $E(t)$ 曲线,如图 1-39 所示。

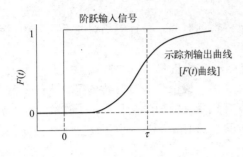

图 1-38　阶跃信号的响应曲线

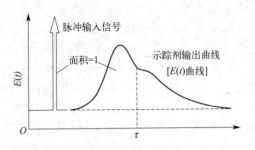

图 1-39　脉冲信号的响应曲线

3. 连续流动反应器的停留时间分布

（1）停留时间分布表示方法　由于非理想反应器内的流体存在返混,因此流体微元在反应器内的停留时间并不是完全相同的,而是存在与反应器特性有关的概率分布,称为停留时间分布。停留时间分布对于认识反应器传质过程与评估反应器生产能力等都有重要参考价值。停留时间分布的测试方法主要有两种：阶跃示踪法和脉冲示踪法。阶跃示踪法指在某一时刻突然改变稳定运行的反应器入口处的示踪剂的浓度,通过监测不同时间出口处示踪剂的浓度变化规律,可得到离散的停留时间分布 $F(t)$,见图 1-40。脉冲示踪法指在某一瞬间,从入口处注入一定量的示踪剂,通过监测出口浓度,直接得到停留时间分布密度函数 $E(t)$,见图 1-41。

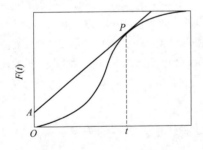

图 1-40　停留时间分布函数

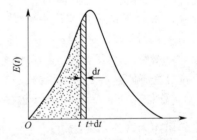

图 1-41　停留时间分布密度函数

① 停留时间分布函数 $F(t)$。即概率函数,指物料以稳定流量进入反应器而不发生化学变化时,在流出的物料中停留时间小于 t 的物料占总流出物的分率,即

$$F(t)=\dfrac{N_t}{N_\infty} \tag{1-3}$$

式中　$F(t)$——时间为 t 的停留时间分布函数；
　　　N_t——停留时间小于 t 的物料量；
　　　N_∞——流出物料的总量,也是流出的物料停留时间在 $0\sim\infty$ 的量。

② 停留时间分布密度函数 $E(t)$,为

$$E(t)=\dfrac{\mathrm{d}F(t)}{\mathrm{d}t} \tag{1-4}$$

即概率密度函数，存在 $F(t)=\int_0^t E(t)\mathrm{d}t$，及 $F(\infty)=\int_0^\infty E(t)\mathrm{d}t=1$。注意：停留时间分布函数 $F(t)$ 是累计分布函数，而停留时间分布密度函数 $E(t)$ 则是点分布函数。

（2）停留时间分布数字特征值

① 数学期望，对停留时间而言即平均停留时间 $\bar{t}$，是变量（停留时间 t）对坐标原点的一次矩，即

$$\bar{t}=\int_0^\infty tE(t)\mathrm{d}t=\int_0^1 t\,\mathrm{d}F(t) \tag{1-5}$$

② 方差 σ_t^2，是变量（停留时间 t）对数学期望的二次矩。即

$$\sigma_t^2=\int_0^\infty (t-\bar{t})^2 E(t)\mathrm{d}t=\int_0^1 (t-\bar{t})^2 \mathrm{d}F(t) \tag{1-6}$$

为运算方便，式(1-6)可转换成如下形式：

$$\begin{aligned}\sigma_t^2 &=\int_0^\infty (t-\bar{t})^2 \mathrm{d}F(t)\\ &=\int_0^\infty t^2 E(t)\mathrm{d}t-2\bar{t}\int_0^\infty t\,\mathrm{d}F(t)+\bar{t}^2\int_0^\infty \mathrm{d}F(t)\\ &=\int_0^\infty t^2 \mathrm{d}F(t)-2\bar{t}^2+\bar{t}^2\\ &=\int_0^\infty t^2 E(t)\mathrm{d}t-\bar{t}^2\end{aligned}$$

方差表示对均值的离散程度，方差越大，则分布越宽。对于停留时间而言，方差越大，说明停留时间长短不一、参差不齐的程度越大。因此，需要方差确定停留时间分布的离散程度。当反应器内流体没有返混时，$\sigma_\theta^2=0$；当反应器内流体返混程度为无穷大时，$\sigma_\theta^2=1$。若反应器处于部分返混（即非理想流动）时，$0<\sigma_\theta^2<1$。因此，可以用 σ_θ^2 的大小判别反应器内流体流动状况，并确定返混程度的大小。

③ 无因次平均停留时间 $\bar{\theta}$ 及无因次方差 σ_θ^2

$$\bar{\theta}=\int_0^\infty \theta E(\theta)\mathrm{d}\theta \tag{1-7}$$

$$\sigma_\theta^2=\frac{\sigma_t^2}{\bar{t}^2}=\int_0^\infty \theta^2 E(\theta)\mathrm{d}\theta-1 \tag{1-8}$$

4. 理想混合流动模型的停留时间描述

采用阶跃示踪法测定具有理想混合流动模型的反应器的停留时间分布。假设进入反应器的示踪剂的浓度为 c_0，出口处示踪物的浓度为 c，物料流量为 V_0，则进入反应器和离开反应器的示踪剂的量分别为 $V_0 c_0$ 和 $V_0 c$，由于反应器内示踪剂的浓度均一且等于出口处示踪剂浓度，因此，单位时间反应器内示踪剂的积累量为 $V_R \mathrm{d}c/\mathrm{d}t$，对示踪剂作物料衡算：$V_0 c_0 - V_0 c = V_R \dfrac{\mathrm{d}c}{\mathrm{d}t}$

根据 $\tau=V_R/V_0$，得理想混合流动模型的数学表达式：

$$\frac{\mathrm{d}c}{c_0-c}=\frac{V}{V_R}\mathrm{d}t=\frac{1}{\tau}\mathrm{d}t=\mathrm{d}\theta \tag{1-9}$$

根据积分边界条件：$t=0$，$\theta=0$，$c=0$，则

$$\int_0^c \frac{dc}{c_0 - c} = \frac{1}{\tau}\int_0^t dt = \int_0^\theta d\theta \tag{1-10}$$

得出：

$$\theta = \int_0^c \frac{dc}{c_0 - c} = -\ln\left(1 - \frac{c}{c_0}\right) \tag{1-11}$$

根据停留时间分布函数定义得：

$$F(t) = \frac{c}{c_0} = 1 - e^{-\theta}, F(\theta) = \frac{c}{c_0} = 1 - e^{-\theta} \tag{1-12}$$

根据停留时间分布密度函数定义得：

$$E(t) = \frac{dF(t)}{dt} = \frac{1}{\tau}e^{-\theta}, E(\theta) = \frac{dF(\theta)}{d\theta} = e^{-\theta} \tag{1-13}$$

理想混合流动模型停留时间分布函数 $F(t)$ 和停留时间分布密度函数 $E(t)$ 如图 1-42 所示。

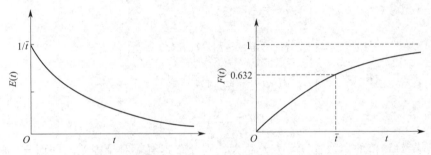

图 1-42　理想混合流动模型停留时间分布函数和停留时间分布密度函数

平均停留时间的数学期望：

$$\bar{t} = \tau = V_R/V_0 \tag{1-14}$$

无因次平均停留时间的数学期望：

$$\bar{\theta} = \int_0^\infty \theta E(\theta)d\theta = \int_0^\infty \theta \exp(-\theta)d\theta = 1 \tag{1-15}$$

平均停留时间的方差：

$$\sigma_t^2 = \tau^2 \tag{1-16}$$

无因次平均停留时间的方差：

$$\sigma_\theta^2 = \int_0^\infty (\theta - \bar{\theta})^2 E(\theta)d\theta = \int_0^\infty \theta^2 \exp(-\theta)d\theta - \bar{\theta}^2 = \int_0^\infty \theta^2 \exp(-\theta)d\theta - 1 = 1 \tag{1-17}$$

根据理想混合流动模型的停留时间特征值方差 $\sigma_\theta^2 = 1$ 可知其返混程度为无穷大。根据 $F(t) = \frac{c}{c_0} = 1 - e^{-\theta}$ 可知 $F(\bar{t}) = 1 - e^{-1} = 0.632$，说明停留时间小于平均停留时间的流体粒子占全部流体粒子的百分率为 63.2%。

三、非理想的流动模型

在实际工业生产中，反应器中流体的流动与理想流动模型会有所偏离，往往介于两者之间。将偏离理想置换与理想混合流动模式的流体流动统称为非理想流动。显然，偏离理想流动的程度不同，反应结果也不同。

1. 造成反应器内流体非理想流动的原因

实际反应器中流体流动状况偏离理想流动状况，见图1-43，原因归纳如下。

（1）滞留区的存在　滞留区亦称死区、死角，是指反应器中流体流动极慢以至于几乎不流动的区域。它的存在使部分流体的停留时间极长。滞留区主要产生于设备的死角中，如设备两端、挡板与设备壁的交接处以及设备设有其他障碍物时最易产生死角。滞留区的减少主要通过合理的设计来保证。现有设备可通过测定其停留时间分布来检查有无滞留区的存在，滞留区会导致停留时间分布密度函数 $E(t)$ 图的拖尾很长。

（2）存在沟流或短路　当设备设计不合理，如进出口离得太近，易出现短路现象，即流体在设备内的停留时间极短。如固定床和填料塔反应器中，由于催化剂颗粒或填料装填不均匀，形成低阻力的通道，使部分流体快速从此通过，形成沟流。

（3）循环流　实际的釜式反应器、鼓泡塔反应器和流化床反应器中均存在流体的循环运动。当反应器存在循环流时，停留时间分布密度函数 $E(t)$ 的特征是呈现多峰现象。

（4）流体流速分布不均匀　由于流体在反应器内的径向流速分布不均匀，造成流体在反应器内的停留时间长短不一。当反应器内流体流速较小时，形成滞流，当反应器内流体流速较大时，形成湍流。如管式反应器中流体呈层流流动，同一截面上物料质点的流速不均匀，与理想置换反应器发生明显偏离。

（5）扩散　由于分子扩散及涡流扩散而造成流体质点间的混合，从而使停留时间分布偏离理想流动的状况。

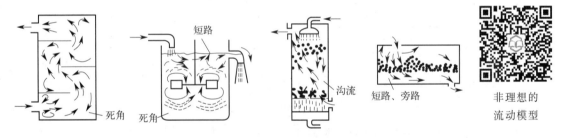

图1-43　反应器中死角、沟流、短路、旁路示意图

对于一个流动系统而言，造成非理想流动的原因可能全部存在，也可能是其中几种，甚至有其他的原因。理想反应器的设计计算比较简单，工业生产中许多装置可近似按照理想状况处理，故常以理想反应器设计计算作为实际反应器设计计算的基础。对于非理想流动反应器，需建立相应的非理想流动模型。

2. 常见的非理想的流动模型

测算非理想反应器的转化率及收率需要对其流动状况建立适宜的流动模型。可以依据该反应器的停留时间分布，技巧是对理想流动模型进行修正，或者将理想流动模型与滞留区、沟流和短路等做不同的组合。建立的数学模型应便于数学处理，模型参数不宜超过两个，且能正确反映模拟对象的物理实质。常见的非理想的流动模型有：离析流模型、多釜串联模型和轴向扩散模型。

（1）离析流模型　假设物料在反应器中以流体微元的形式存在，流体微元各自以不同的停留时间通过反应器，且彼此之间无物质交换。每个流体微元可视为一个独立的小间歇反应器，各流体微元（间歇釜）停留时间不相同，反应程度取决于该粒子在反应器内的停留时间。出口参数是整个流体微元中参数的平均值。

设反应器进口流体中反应物 A 的浓度为 c_{A0}，反应时间为 t 时，浓度为 c_A，出口处流体的平均浓度 $\overline{c_A}$ 为各个停留时间不同的间歇反应器的浓度之和，即离析流模型方程式：

$$\overline{c_A} = \int_0^\infty c_A E(t) \mathrm{d}F(t) \tag{1-18}$$

根据转化率定义 $x_A = \dfrac{c_{A0} - c_A}{c_{A0}}$，上式可变换为：

$$x_A = \int_0^\infty x_A(t)\mathrm{d}F(t) = \int_0^\infty x_A(t) E(t) \mathrm{d}t \tag{1-19}$$

由于离析流模型是直接将停留时间分布密度函数直接引入数学模型方程来计算反应器，因此，离析流模型也被称为停留时间分布模型。

(2) 多釜串联模型　见图 1-44，把实际的工业反应器模拟成几个容积相等且串联操作的全混流反应器。主要用于返混较大的釜式反应器、流化床反应器等。假设有 3 点：①由 N 个体积相等的全混流反应器组成；②从一个全混流反应器到另一个全混流反应器之间的物料不发生反应；③每个全混流反应器内的反应均为等容过程。

N 为模型参数，代表串联釜的个数，并反映返混程度的大小。N 越大，返混程度越小；N 越小，返混程度越大。当 $N=1$ 时为全混流，当 $N=\infty$ 时为平推流；$N>1$ 时为实际流动的反应器，N 的取值不同反映了反应器内返混程度的不同。

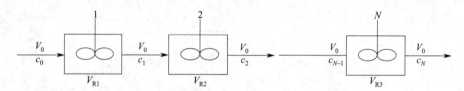

图 1-44　多釜串联模型

对该系统进行示踪剂的物料衡算，可得平均停留时间分布的特征值为：

$$\theta = \int_0^\infty \frac{N^N \theta^{N+1} \mathrm{e}^{-N\theta}}{(N-1)!} \mathrm{d}\theta = 1 \tag{1-20}$$

$$\sigma_\theta^2 = \int_0^\infty \frac{N^N \theta^{N+1} \mathrm{e}^{-N\theta}}{(N-1)!} \mathrm{d}\theta - 1 = \frac{N+1}{N} - 1 = \frac{1}{N} \tag{1-21}$$

当 $N=1$ 时，$\sigma_\theta^2 = 1$，与全混流模型一致；当 $N \to \infty$ 时，$\sigma_\theta^2 = 0$，与活塞流模型一致。当 N 为任何正数时，方差介于 0 到 1 之间。

(3) 轴向扩散模型　在管式反应器流体流动模型处详细介绍。

知识点二
反应动力学基础知识

在工业生产中，化学反应过程与质量、热量和动量传递同时进行，把研究这种化学反应和物理变化过程的综合动力学称为宏观反应动力学。而排除一切物理传递过程的影响得到的反应动力学称为化学反应动力学或本征动力学。宏观反应动力学与化学反应动力学不同之处在于，除研究化学反应本身以外，宏观反应动力学还要考虑质量、热量、动量传递过程对化学反应过程的影响，因此宏观反应动力学与反应器的结构设计和操作条件有关。而化学反应动力学主要研究化学反应速率及各种影响化学反应速率的因素之间的相互关系，这些因素主要包括温度、浓度、压力、溶剂及催化剂的种类、用量等。

一、化学反应速率

1. 化学反应速率的概念

化学反应速率指在单位时间、单位反应区域内反应物或生成物的反应量。

$$反应速率 = \frac{反应量}{反应区域 \times 反应时间} \quad (1-22)$$

均相反应速率简介

反应速率是针对于某一物质而言的，常以符号 $\pm r_i$ 来表示。这种物质可以是反应物，也可以是产物。反应量通常用物质的量（mol）来表示，也可用物质的质量、浓度或分压等来表示。对于反应物，其总量随反应过程的进行而减少，为保证反应速率为正，反应速率前赋予负号，如 $-r_A$ 表示反应物 A 的消耗速率。如果是生成物，其量随反应过程的进行而增加，反应速率为正，如 r_R，表示产物 R 的生成速率。因此，通常采用不同物质计算的反应速率在数值上常常是不相等的。随着反应的进行，反应物不断减少，生成物不断增多，各组分的瞬时组成不断发生变化，因此化学反应速率一般指"化学反应的瞬时速率"。对于一个化学反应过程，一般用化学反应的平均速率来衡量其进行的快慢程度。化学反应速率的单位取决于反应量、反应区域和反应时间的单位。对于均相反应过程，反应区域通常指反应混合物的总体积，反应速率单位常以 $kmol/(m^3 \cdot h)$ 表示。

2. 研究化学反应速率的意义

不同化学反应进行的快慢程度不同，有的反应速率快，瞬间就能完成反应，如氢气与氧气的混合气体遇火发生爆炸，酸与碱的中和反应等；有的化学反应则进行得很慢，如有些塑料的分解需要经过几百年，石油的形成要经过亿万年等。改变化学反应速率在实践中具有重要意义，例如，可根据生产生活的需要采取适当的措施，如加速氮气与氢气反应合成氨，加速合成树脂与生产橡胶的反应等；也可根据需要减缓某些反应速率，如延缓塑料和橡胶的老化、铁的生锈等。

3. 均相化学反应速率

均相反应是指在相态均一的液相或气相中进行的化学反应。如烃类的裂解为典型的气相均相反应，酸碱中和、酯化、皂化反应等则为典型的液相均相反应。均相反应速率的定义为在均相反应系统中某一物质在单位时间、单位反应混合物总体积中的反应量，反应速率单位以 $kmol/(m^3 \cdot h)$ 表示。

为了生产上使用方便，可以将反应速率定义式中的反应量由物质的量（mol）改成其他物理量，从而使反应速率有其他表示方式。

(1) 用转化率表示　根据转化率的定义可知 $x_A = \dfrac{n_{A0} - n_A}{n_{A0}}$，其中 n_{A0} 为 A 组分初始的物质的量，n_A 为反应一段时间后 A 组分的物质的量。上式可转化为 $n_A = n_{A0}(1 - x_A)$，将反应区域以体积 V 表示，则

$$-r_A = \frac{n_{A0}}{V} \times \frac{dx_A}{dt} \tag{1-23}$$

式中，V 表示反应体积，m^3；t 表示反应时间，h。

(2) 用浓度表示　由于 $n_A = Vc_A$，因此

$$(-r_A) = -\frac{1}{V} \times \frac{d(Vc_A)}{dt} = -\frac{dc_A}{dt} - \frac{c_A}{V} \times \frac{dV}{dt} \tag{1-24}$$

对于恒容反应过程，体积 V 为常数，上式可变为

$$(-r_A) = -\frac{dc_A}{dt} \tag{1-25}$$

需要注意的是式(1-25)仅适用于恒容反应过程，对于变容反应过程，式(1-24)右边第二项不为零。

(3) 化学反应速率间的关系　对于多组分单一反应系统，各组分的反应速率受化学计量关系的约束，存在一定比例关系。对于化学反应 $aA + bB \longrightarrow rR + sS$，其中 A、B、R、S 为化学反应组分，$a$、$b$、$r$、$s$ 为化学计量系数。

根据化学反应计量学可知，各组分的变化量符合下列关系：

$$\frac{n_{A0} - n_A}{a} = \frac{n_{B0} - n_B}{b} = \frac{n_R - n_{R0}}{r} = \frac{n_S - n_{S0}}{s} \tag{1-26}$$

式中，n_{A0}，n_{B0}，n_{R0}，n_{S0} 为反应开始时各组分 A、B、R、S 的物质的量，mol；n_A，n_B，n_R，n_S 为反应到某一时刻各组分 A、B、R、S 的物质的量，mol。

各组分的化学反应速率满足下列关系：

$$\frac{(-r_A)}{a} = \frac{(-r_B)}{b} = \frac{r_R}{r} = \frac{r_S}{s} \tag{1-27}$$

式中，$(-r_A)$，$(-r_B)$ 为组分 A、B 的消耗速率；r_R、r_S 为组分 R、S 的生成速率。

式(1-27)表明，无论按哪一反应组分计算的反应速率，其与相应化学计量系数之比恒为定值。

4. 化学反应速率的影响因素

影响化学反应速率的因素有内因和外因。内因为主要因素，指化学反应物本身的特性；外因包括反应物的浓度、反应温度、反应压力、催化剂、光、反应物颗粒大小、反应物之间的接触面积和反应物状态等。

(1) 反应物浓度　实验表明，当其他反应条件不变，增加反应物的浓度可增加单位体积的活化分子数，从而增加有效碰撞次数，最终增大了化学反应速率。

(2) 反应温度　当浓度一定时，温度升高，反应物分子的能量增加，使一部分能量较低的分子转变为活化分子，从而增加了反应物分子中活化分子的百分数，有效碰撞次数增加，进而使化学反应速率增大。根据实验测定，温度每升高 10℃，化学反应速率通常可增大到原来的 2~4 倍。

（3）反应压力　对于气体反应，当温度一定时，气体体积与其所受的压力成反比。如果气体压力增大到原来的2倍，气体体积就缩小到原来的1/2，单位体积内的分子数就增大到原来的2倍，如图1-45所示。因此，增加压力就是增加单位体积反应物的物质的量，即增加反应物的浓度，进而增加化学反应速率。相反，压力减小，气体体积增大，浓度减小，化学反应速率也减小。

对于固体、液体或溶液的化学反应，由于改变压力对它们的体积变化影响很小，对浓度改变的影响也很小，因此，可认为改变压力对它们的反应速率无影响。

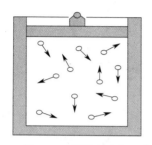 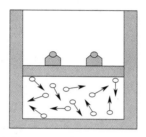

图1-45　压强大小与一定量气体分子所占体积示意图

（4）催化剂　催化剂包括正催化剂与负催化剂，前者可提高化学反应速率，后者则可降低化学反应速率。使用正催化剂能够降低化学反应所需要的活化能量，进而使更多的反应物分子转化为活化分子，提高单位体积内活化分子的百分数，进而增大化学反应速率。据统计，约有85%的化学反应需要使用催化剂，很多化学反应还必须采用优良的催化剂才能使反应进行。使用负催化剂能减缓化学反应速率，如橡胶生产中加入的防老化剂就属于负催化剂，可阻止橡胶的老化。

在化工生产中，为加快化学反应速率，优先采取的措施是选用合适的催化剂。需要注意的是催化剂只能改变化学反应速率，不能改变化学平衡。

二、均相反应动力学基础

1. 化学反应动力学方程

定量描述反应速率与影响反应速率因素之间的关系式称为化学反应动力学方程。影响化学反应速率的因素有温度、组成、压力、溶剂的性质、催化剂的性质等。然而对于绝大多数化学反应，最主要的影响因素是温度与浓度，因此化学反应动力学方程一般可以写成：

$$\pm r_i = f(T, c) \tag{1-28}$$

均相反应动力学方程

式中，r_i 为组分 i 的反应速率，$kmol/(m^3 \cdot h)$；c 为反应物料的浓度，$kmol/m^3$；T 为反应温度，K。

式(1-28)表示反应速率与温度及浓度的关系，也称化学反应动力学表达式，简称化学反应动力学方程。对于由几个组分组成的反应系统，反应速率与各个组分的浓度都有关系。

恒温条件下，化学反应动力学方程可写成：

$$\pm r_i = k f(c_A, c_B \cdots) \tag{1-29}$$

非恒温条件下，化学反应动力学方程可写成：

$$\pm r_i = f'(T) f(c_A, c_B \cdots) \tag{1-30}$$

式中，c_A、$c_B \cdots$ 为组分 A、B$\cdots$的浓度，$kmol/m^3$；k 为反应速率常数。$k = f'(T)$ 是温度的函数，与浓度无关，称为阿伦尼乌斯（Arrhenius）方程。

$$k = A_0 \exp\left(-\frac{E}{RT}\right) \tag{1-31}$$

式中，A_0 为指前因子，也称频率因子；E 为反应活化能；R 为气体通用常数，$R = 8.314 J/(kmol \cdot K)$。

各组分浓度对反应速率的影响表示为 $f(c_A, c_B \cdots)$，具体数值由实验确定，可采用下列方法进行测定。

(1) 幂函数型

$$f(c_A, c_B \cdots) = c_A^{\alpha_1} c_B^{\alpha_2} \cdots \tag{1-32}$$

(2) 双曲线型

$$f(c_A, c_B \cdots) = \frac{c_A^{\alpha_1} c_B^{\alpha_2} \cdots}{[1 + K_A c_A + K_B c_B + \cdots]^m} \tag{1-33}$$

式中，α_1、$\alpha_2 \cdots$ 为反应级数；K_A、$K_B \cdots$ 为组分 A、B$\cdots$的吸附平衡常数；m 为吸附中心数。

2. 均相反应动力学方程式

均相反应动力学指研究在均相反应系统中的化学反应动力学。

假设在均相系统中存在如下化学反应：

$$aA + bB \longrightarrow rR + sS \tag{1-34}$$

其中，a、b、r、s 为化学计量系数；A、B、R、S 为化学反应组分。

则其动力学方程一般都可写成：

$$\pm r_i = k_i c_A^\alpha c_B^\beta \tag{1-35}$$

式中，k_i 为反应速率常数；c_A、c_B 为组分 A、B 的浓度；α、β 为 A 与 B 组分的反应级数。

需要注意的是：浓度项的指数不一定是整数；若该反应为基元反应，浓度项的指数即为化学计量系数；若该反应为非基元反应，浓度项的指数通常不等于化学计量系数；各浓度项的指数总和称为反应级数。

同一反应的不同组分 A、B 消耗速率可表示为：

$$(-r_A) = -\frac{1}{V}\frac{dn_A}{dt} = k_A c_A^\alpha c_B^\beta \tag{1-36}$$

$$(-r_B) = -\frac{1}{V}\frac{dn_B}{dt} = k_B c_A^\alpha c_B^\beta \tag{1-37}$$

式中，k_A 为组分 A 的反应速率常数；k_B 为组分 B 的反应速率常数。

对于气相反应，由于分压与浓度成正比，为便于测定，常常使用分压来表示。

$$(-r_A) = -\frac{1}{V}\frac{dn_A}{dt} = k_p p_A^\alpha p_B^\beta \tag{1-38}$$

其中，

$$k_p = \frac{k_A}{(RT)^{\alpha+\beta}} = \frac{k_A}{(RT)^n} \tag{1-39}$$

式中，k_p 为以分压表示的反应速率常数；n 为总的反应级数。

需要注意的是动力学方程式中各参数的量纲单位必须一致。如当 $\alpha=\beta=1$ 时，式(1-35)中的反应速率的单位为 $kmol/(m^3 \cdot h)$，浓度单位为 $kmol/m^3$，则反应速率常数的单位为 $m^3/(kmol \cdot h)$；式(1-38)中，反应速率的单位为 $kmol/(m^3 \cdot h)$，分压单位为 Pa，则反应速率常数的单位为 $kmol/(m^3 \cdot h \cdot Pa^2)$。

3. 几个基本概念

为了能深刻理解化学反应动力学方程，结合物理化学课程中的内容，就动力学方程中的反应级数 a_1、a_2…以及反应速率常数 k 和活化能 E 加以讨论。

(1) 单一反应与复杂反应　单一反应指只用一个化学反应方程式和一个动力学方程式便能代表的反应；复杂反应指有几个反应同时进行，需要几个动力学方程式才能加以描述。常见的复杂反应有平行反应、连串反应、平行-连串反应等。

假设有单一反应，其化学反应式

$$A+B \longrightarrow P+S$$

假定控制此反应的反应机理是单分子 A 和单分子 B 的相互作用或碰撞，而分子 A 与分子 B 的碰撞次数决定了反应的速率。在给定温度下，碰撞次数正比于混合物中反应物的浓度，因此 A 的消耗速率为

$$-r_A = k_A c_A^\alpha c_B^\beta \tag{1-40}$$

(2) 基元反应与非基元反应　反应物分子在碰撞过程中一步直接转化为产物分子，则称该反应为基元反应。此时，可以根据化学反应方程式的计量系数直接写出反应速率方程式中各浓度项的指数。

反应物分子需经若干步骤，即经由几个基元反应才能转化成产物分子的反应，称为非基元反应。例如 H_2 和 Br_2 之间的反应

$$H_2 + Br_2 \longrightarrow 2HBr$$

实验测得该反应由如下基元反应组成

[A]　　　$Br_2 \longrightarrow 2Br\cdot$

[B]　　　$Br\cdot + H_2 \longrightarrow HBr + H\cdot$

[C]　　　$H\cdot + Br_2 \longrightarrow HBr + Br\cdot$

[D]　　　$H\cdot + HBr \longrightarrow H_2 + Br\cdot$

[E]　　　$2Br\cdot \longrightarrow Br_2$

其中 [A] 反应为 Br_2 的解离，实际参加反应的分子数是一个，称为单分子反应；[B] 反应由两个分子发生碰撞接触，称为双分子反应。因此，单分子、双分子、三分子反应都是针对基元反应而言的。而非基元反应因不能直接反映碰撞情况，故不能称为单分子或双分子反应。

上述反应的动力学方程为

$$r_{HBr} = \frac{k_1 c_{H_2} c_{Br_2}^{\frac{1}{2}}}{k_2 + \frac{c_{HBr}}{c_{Br_2}}} \tag{1-41}$$

(3) 反应级数　反应级数指动力学方程式中浓度项的指数，通常由实验确定。对于基元反应，反应级数 α_1、α_2…即等于化学反应式的计量系数值；而对于非基元反应，应通过实

验来确定。一般情况下，反应级数在一定的温度范围内保持不变，其绝对值不超过3，可以是分数，也可以是负数。反应级数的大小反映了该物料浓度对反应速率影响的程度。反应级数的绝对值愈高，该物料浓度对反应速率的影响愈大。若反应级数为零，则在动力学方程式中该物料的浓度项就不会出现，说明该物料浓度的变化对反应速率没有影响；若反应级数为负，说明该物料浓度增加，反应速率下降。总反应级数等于各组分反应级数之和，即

$$n = \alpha_1 + \alpha_2 + \alpha_3 \cdots$$

在理解反应级数时必须特别注意以下两点。

① 反应级数不同于反应的分子数，前者是在动力学意义上讲的，后者是在计量化学意义上讲的。

② 反应级数的高低并不单独决定反应速率的快慢，反应级数只反映反应速率对浓度的敏感程度。反应级数越高，浓度对反应速率的影响越大。

反应分子数和反应级数

不同反应级数反应对反应速率的影响见表1-9。

表1-9 不同级数反应速率随组成的变化

转化率	反应物的组成	相对反应速率		
		零级反应	一级反应	二级反应
0	1	1	1	1
0.3	0.7	1	0.7	0.49
0.5	0.5	1	0.5	0.25
0.9	0.1	1	0.1	0.01
0.99	0.01	1	0.01	0.0001

由表1-9可知，对于一级、二级反应，随着转化率的提高，反应物浓度下降，反应速率显著下降，且二级反应的下降幅度较一级反应更甚。特别是在反应末期，反应速率极慢。因此，当要求高转化率时，反应大部分时间将用于反应的末期。而对于零级反应，反应速率不随转化率或反应物的浓度改变而发生变化。

(4) 反应速率常数　对于均相不可逆反应 $aA + bB \longrightarrow rR + sS$，其动力学方程为：$\pm r_i = k_i c_A^\alpha c_B^\beta$，当 c_A 与 c_B 的值为1时，$\pm r_i = k_i$，说明 k 为反应物浓度为1时的反应速率，又称比反应速率。k 值的大小决定了反应速率的高低和反应进行的难易程度，且不同反应具有不同的反应速率常数。对于同一反应，反应速率常数 k 随反应温度、溶剂、催化剂的变化而变化。

温度是影响反应速率的主要因素之一。多数化学反应的反应速率会随温度的升高而增大，但对不同反应，反应速率增加的快慢程度是不一样的。化学家范托夫（Van't Hoff）根据实验总结出一条近似规律：当温度每升高10K，反应速率增加2~4倍。反应速率常数 k 代表温度对反应速率的影响，一般情况下，k 随温度的变化规律符合阿伦尼乌斯方程。

(5) 活化能 E　反应物分子间相互接触碰撞是发生化学反应的前提，只有被"激发"的反应物分子——活化分子间的碰撞才可能奏效。为使反应物分子"激发"所需给予的能量称为反应活化能 E，活化能的大小是表征化学反应进行难易程度的标志。活化能高，反应难以进行；活化能低，则容易进行。因此，活化能 E 不是决定反应难易程度的唯一因素，而是与频率因子 A_0 共同决定反应速率的快慢。

被"激发"的活化分子参与反应，转变成产物。产物分子的能量比反应物分子的能量高或者低。反应物分子和产物分子间的能量水平差即为反应的热效应，也叫反应热。图 1-46 为吸热反应和放热反应的能量示意图。需要注意的是反应热和活化能是两个不同的概念，它们之间并无相互关系。

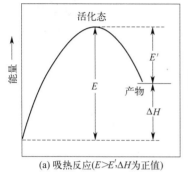
(a) 吸热反应($E>E'$, ΔH 为正值)

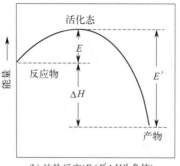
(b) 放热反应($E<E'$, ΔH 为负值)

反应速率常数与活化能

图 1-46　吸热反应和放热反应的能量示意图

将阿伦尼乌斯方程中的反应速率常数 k 对反应温度 T 求导，可得：

$$\frac{\mathrm{d}k/k}{\mathrm{d}T/T}=\frac{E}{RT} \tag{1-42}$$

根据式(1-42)可知：反应活化能直接决定了反应速率常数对温度的相对变化率的大小，反应活化能是反应速率对反应温度敏感程度的一种度量。活化能越大，温度对反应速率的影响越显著。例如在常温条件下，同样是将反应温度升高 1℃，对于反应活化能为 42kJ/mol 的反应，反应速率常数 k 约增加 5%；而对于反应活化能为 126kJ/mol 的反应，反应速率常数 k 约增加 15%。需要注意的是，温度对反应速率的敏感程度还与温度水平有关。

总之，在理解反应活化能 E 时，应当注意：

① 活化能不同于反应的热效应，它不表示反应过程中吸收或放出的热量，只能表示使反应分子达到活化态所需要的能量，故与反应热效应并无直接的关系。

② 活化能 E 不能独立预示反应速率的大小，它只表明反应速率对温度的敏感程度。E 越大，温度对反应速率的影响越大。除个别反应外，一般化学反应的反应速率随温度的上升而加快。E 越大，反应速率随温度的上升增加得越快。

③ 对于同一反应，当活化能一定时，反应速率对温度的敏感程度随温度的升高而降低。对于活化能不同的反应，为使反应速率增大一倍需要提高的温度见表 1-10。

表 1-10　反应温度敏感性——使反应速率增大一倍所需提高的温度

温度/℃	所需提高的温度/℃		
	活化能 42kJ/mol	活化能 167kJ/mol	活化能 193kJ/mol
0	11	3	2
100	70	17	9
1000	273	62	37
2000	1037	197	107

三、均相单一反应动力学方程

若在系统中仅发生一个不可逆化学反应：$aA+bB+\cdots \longrightarrow rR+sS+\cdots$，则称该反应系统为单一反应过程，动力学方程为：

$$\pm r_i = kc_A^\alpha c_B^\beta \cdots \tag{1-43}$$

均相单一反应动力学方程

1. 恒温恒容过程

（1）一级不可逆反应　在工业生产中，许多有机化合物的热分解和分子重排反应等都是常见的一级不可逆反应，可用如下反应表示

$$A \longrightarrow P$$

对于有两个反应物参与的反应，若其中某一反应物极大过量，则该反应物浓度在反应过程中无多大变化，可视为定值，计算时并入反应速率常数。如果反应速率对另一反应物为一级反应，则该反应可按一级反应处理。一级反应的动力学方程为：

$$(-r_A) = -\frac{dc_A}{dt} = kc_A \tag{1-44}$$

由上式可知，反应速率与浓度呈线性关系，代入初始条件：$t=0$，$c_A=c_{A0}$，上式经分离变量积分可得：

$$t = -\int_{c_{A0}}^{c_A} \frac{dc_A}{kc_A} \tag{1-45}$$

在恒温条件下，反应速率常数 k 为定值，则式(1-45)可变为

$$kt = \ln \frac{c_{A0}}{c_A} \tag{1-46}$$

$$kt = \ln \frac{1}{1-x_A} \tag{1-47}$$

式(1-46)和式(1-47)表示对于一级反应的反应结果与反应时间的关系式。适用于工业上的两种不同要求：一是要求达到规定的转化率，即着眼于反应物料的利用率，或者着眼于减轻后续工序的分离任务，采用式(1-47)较方便；二是要求达到规定的残余浓度，是为了适应后处理工序的要求，例如有害杂质的除去，采用式(1-46)较方便。

（2）二级不可逆反应　在工业生产中，二级不可逆反应最为常见，如乙烯、丙烯、异丁烯及环戊二烯的二聚反应、烯烃的加成反应等。二级反应的反应速率与反应物浓度的平方成正比。常见的有两种：一是对某一反应物为二级且无其他反应物，或者是其他反应物大量存在，因而在反应过程中可视为常数；另一种是对某一反应物为一级，对另一反应物也为一级，且两反应物的初始浓度相等且为等分子反应时，可演变为第一种情况。其动力学方程式为

$$(-r_A) = -\frac{dc_A}{dt} = kc_A^2 \tag{1-48}$$

经分离变量，并代入初始条件 $t=0$，$c_A=c_{A0}$，恒温时反应速率常数 k 为定值，积分结果为

$$kt = \frac{1}{c_A} - \frac{1}{c_{A0}} \tag{1-49}$$

或

$$c_A = \frac{c_{A0}}{1+c_{A0}kt} \tag{1-50}$$

若用转化率 x_A 表示，则为

$$c_{A0}kt = \frac{x_A}{1-x_A} \tag{1-51}$$

或

$$x_A = \frac{c_{A0}kt}{1+c_{A0}kt} \tag{1-52}$$

对于其他级数的不可逆反应，只要知道其反应动力学方程，都可以将其代入公式：

$$t = -\int_{c_{A0}}^{c_A} \frac{dc_A}{(-r_A)} \tag{1-53}$$

(3) 不同整数级数不可逆反应　对于均相单一反应的反应速率积分形式见表1-11。初始条件 $t=0$，$c_A = c_{A0}$。

表 1-11　恒温恒容不可逆反应速率方程及其积分形式

化学反应	反应速率方程	积分形式
A⟶P（零级）	$(-r_A) = -\dfrac{dc_A}{dt} = k$	$kt = c_{A0} - c_A = c_{A0}x_A$
A⟶P（一级）	$(-r_A) = -\dfrac{dc_A}{dt} = kc_A$	$kt = \ln\dfrac{c_{A0}}{c_A} = \ln\dfrac{1}{1-x_A}$
2A⟶P A+B⟶P ($c_{A0}=c_{B0}$)（二级）	$(-r_A) = -\dfrac{dc_A}{dt} = kc_A^2$	$kt = \dfrac{1}{c_A} - \dfrac{1}{c_{A0}} = \dfrac{1}{c_{A0}} \times \dfrac{x_A}{1-x_A}$
A+B⟶P ($c_{A0} \neq c_{B0}$)（二级）	$(-r_A) = -\dfrac{dc_A}{dt} = kc_A c_B$	$kt = \dfrac{1}{c_{B0}-c_{A0}} \ln\dfrac{c_B c_{A0}}{c_A c_{B0}} = \dfrac{1}{c_{B0}-c_{A0}} \ln\dfrac{x_B}{1-x_A}$
A⟶P（n 级）	$(-r_A) = kc_A^n$	$kt = \dfrac{1}{n-1}(c_A^{1-n} - c_{A0}^{1-n})$ $= \dfrac{1}{c_{A0}^{n-1}(n-1)}[(1-x_A)^{1-n} - 1]$

由不同反应级数的积分形式可以知道：

① 速率方程的表达式中，左边是反应速率常数 k 与时间 t 的乘积，表示当初始条件不变时，反应速率常数 k 增大多少倍，反应时间将会相应减少多少。

② 对于一级反应，反应时间 t 与初始浓度无关。因此，可通过改变初始浓度的办法鉴别某反应是不是一级反应。

③ 对于二级反应，达到一定转化率时，所需时间 t 与初始浓度有关，初始浓度提高，达到相同转化率所需的时间减少。

④ 对于 n 级反应：

$$c_{A0}^{n-1}kt = \int_0^{x_A} \frac{dx_A}{(1-x_A)^n} \tag{1-54}$$

当 $n>1$ 时，达到同样的转化率，初始浓度 c_{A0} 提高，反应时间减少；当 $n<1$ 时，达到同样转化率，初始浓度 c_{A0} 提高，反应时间增加。对于 $n<1$ 的反应，反应时间达到一定值时，反应转化率可达 100%；对于 $n \geq 1$ 的反应，反应转化率达到 100%，所需的反应时间为无限长，表明大部分反应时间处于反应末期。因此，当要求高转化率或低残留浓度时，反应时间会大幅增加。

【例 1-1】蔗糖在稀水溶液中水解，生成葡萄糖和果糖：

$$\underset{\text{蔗糖（A）}}{C_{12}H_{22}O_{11}} + \underset{\text{水（B）}}{H_2O} \xrightarrow{H^+} \underset{\text{葡萄糖（R）}}{C_6H_{12}O_6} + \underset{\text{果糖（S）}}{C_6H_{12}O_6}$$

当水极大过量时，遵循一级反应动力学，即 $(-r_A)=kc_A$，在催化剂盐酸浓度为 0.01mol/L，反应温度为 $48℃$，反应速率常数 $k=0.0193 \text{min}^{-1}$。当蔗糖的初始浓度为 ①$0.1 \text{mol/L}$；②$0.5 \text{mol/L}$ 时，试计算：

(1) 反应 20min 后，①和②溶液中蔗糖、葡萄糖和果糖的浓度各为多少？
(2) 此时，两溶液中蔗糖的转化率各达多少？
(3) 若要求蔗糖浓度降到 0.01mol/L，它们各需的反应时间是多长？

解：(1) 由下式知，经历不同反应时间后反应物 A 的残余浓度为：

$$c_A = c_{A0} e^{-kt}$$

将反应物的初始浓度 c_{A0}、反应速率常数 k 值和反应时间代入

溶液①：$c_{A_1}=0.1 \times e^{-0.0193 \times 20}=0.068 (\text{mol/L})$

溶液②：$c_{A_2}=0.5 \times e^{-0.0193 \times 20}=0.34 (\text{mol/L})$

根据化学计量的关系，此时葡萄糖和果糖浓度为：$c_R = c_S = c_{A0} - c_A$

溶液①：$c_{R_1} = c_{S_1} = c_{A0_1} - c_{A_1} = 0.1 - 0.068 = 0.032 (\text{mol/L})$

溶液②：$c_{R_2} = c_{S_2} = c_{A0_2} - c_{A_2} = 0.5 - 0.34 = 0.16 (\text{mol/L})$

(2) 计算转化率，由下式知

$$x_A = 1 - e^{-kt}$$

溶液①：$x_{A1} = 1 - e^{-0.0193 \times 20} = 1 - 0.68 = 32\%$

溶液②：$x_{A2} = 1 - e^{-0.0193 \times 20} = 1 - 0.68 = 32\%$

根据计算结果，尽管在溶液①和②中反应物的初始浓度不同，但经历相同的反应时间后，却具有相同的转化率。

(3) 计算反应时间，由下式知

$$t = \frac{1}{k} \ln \frac{c_{A0}}{c_A}$$

溶液①：$t_1 = \frac{1}{0.0193} \ln \frac{0.1}{0.01} = 119 (\text{min})$

溶液②：$t_2 = \frac{1}{0.0193} \ln \frac{0.50}{0.01} = 203 (\text{min})$

根据计算结果，反应物初始浓度虽然提高了 5 倍，但达到规定的反应残余浓度时，所需反应时间却增加不到 2 倍。

【例 1-2】 设某反应 $A \longrightarrow B+C$，其动力学方程为

$$(-r_A) = 0.35 c_A^2 [\text{mol}/(L \cdot s)]$$

若组分 A 的初始浓度分别为 ①$1 \text{mol/L}$，②$5 \text{mol/L}$ 时，问当 A 的残余浓度为 0.01mol/L 时，分别需要多长时间？

解： 根据公式 $kt = \frac{1}{c_A} - \frac{1}{c_{A0}}$

$$t_1 = \frac{1}{0.35} \times \left(\frac{1}{0.01} - \frac{1}{1}\right) = 283(s)$$

$$t_2 = \frac{1}{0.35} \times \left(\frac{1}{0.01} - \frac{1}{5}\right) = 285(s)$$

根据计算结果，对于二级反应，若要求残余浓度很低时，尽管初始浓度相差很大，但所需的反应时间却相差很少。

2. 恒温变容过程

在化工生产中，若气相反应前后物质的量发生变化，或因压强等因素的影响而使物料系统的密度发生变化，则称为变容过程。此时，反应物的浓度、压力、摩尔分数与转化率的函数关系如下。

设有化学反应 $a\mathrm{A}+b\mathrm{B} \longrightarrow r\mathrm{R}+s\mathrm{S}$，当反应物 A 每消耗 1mol 时，引起整个系统物质的量（mol）的变化量定义为膨胀因子 δ_A，如式(1-55)所示

$$\delta_\mathrm{A} = \frac{(r+s)-(a+b)}{a} \tag{1-55}$$

若进料物中带有惰性气体，则不影响 δ_A 的大小，在计算时不予考虑。若 $\delta_\mathrm{A}>0$，说明该反应为物质的量增大的反应；$\delta_\mathrm{A}=0$，为等分子反应；$\delta_\mathrm{A}<0$，为物质的量减少的反应。

假设反应开始时（$x_\mathrm{A0}=0$）；反应物中各物质的量分别为：n_A0、n_B0、n_R0、n_S0，此时系统的总物质的量 $n_0=n_\mathrm{A0}+n_\mathrm{B0}+n_\mathrm{R0}+n_\mathrm{S0}$。当反应一段时间 t 后，A 的转化率为 x_A 时，系统的总物质的量为 $n_t=n_{t0}+\delta_\mathrm{A} n_\mathrm{A0} x_\mathrm{A}=n_{t0}(1+\delta_\mathrm{A} y_\mathrm{A0} x_\mathrm{A})$，其中 $y_\mathrm{A0}=n_\mathrm{A0}/n_{t0}$ 为 A 组分占反应开始时总物质的摩尔分数。

一般可设各气体的性质符合理想气体定律，则有

$$V = \frac{RT}{p} n_t = \frac{RT}{p} n_{t0}(1+\delta_\mathrm{A} y_\mathrm{A0} x_\mathrm{A}) = V_0(1+\delta_\mathrm{A} y_\mathrm{A0} x_\mathrm{A}) \tag{1-56}$$

c_A 与 x_A 的关系为：

$$c_\mathrm{A} = \frac{n_\mathrm{A}}{V} = \frac{n_\mathrm{A0}(1-x_\mathrm{A})}{V_0(1+\delta_\mathrm{A} y_\mathrm{A0} x_\mathrm{A})}$$

$$c_\mathrm{A} = c_\mathrm{A0} \frac{1-x_\mathrm{A}}{1+\delta_\mathrm{A} y_\mathrm{A0} x_\mathrm{A}} \tag{1-57}$$

当 $\delta_\mathrm{A}=0$ 时，即恒容过程，且 $c_\mathrm{A}=c_\mathrm{A0}(1-x_\mathrm{A})$，说明式(1-57)同样适用于恒容与变容过程。

当反应速率采用分压表示时，对于理想气体

$$p_\mathrm{A} = \frac{n_\mathrm{A} RT}{V} = c_\mathrm{A} RT$$

则

$$c_\mathrm{A} = \frac{p_\mathrm{A}}{RT}$$

同理：

$$c_\mathrm{A0} = \frac{p_\mathrm{A0}}{RT}$$

代入式(1-57)，可得

$$p_\mathrm{A} = p_\mathrm{A0} \frac{1-x_\mathrm{A}}{1+\delta_\mathrm{A} y_\mathrm{A0} x_\mathrm{A}} \tag{1-58}$$

代入反应速率方程式，可得

$$-r_\mathrm{A} = -\frac{1}{V} \times \frac{dn_\mathrm{A}}{dt} = -\frac{1}{V_0(1+\delta_\mathrm{A} y_\mathrm{A0} x_\mathrm{A})} \times \frac{d[n_\mathrm{A0}(1+x_\mathrm{A})]}{dt} \tag{1-59}$$

可得

$$-r_\mathrm{A} = -\frac{1}{V} \times \frac{dn_\mathrm{A}}{dt} = -\frac{c_\mathrm{A0}}{1+\delta_\mathrm{A} y_\mathrm{A0} x_\mathrm{A}} \times \frac{dx_\mathrm{A}}{dt} \tag{1-60}$$

将其代入动力学方程式（1-53），则可用解析法、数值法或图解法进行积分。得到单一

反应的动力学方程式，见表 1-12。

表 1-12 恒温变容过程反应速率方程及其积分形式

化学反应	反应速率方程	积分形式
A⟶P （零级）	$(-r_A)=k$	$kt=\dfrac{c_{A0}}{y_{A0}\varepsilon_A}\ln(1+y_{A0}\varepsilon_A x_A)$
A⟶P （一级）	$(-r_A)=kc_A$	$kt=-\ln(1-x_A)$
2A⟶P A+B⟶P $(c_{A0}=c_{B0})$（二级）	$(-r_A)=kc_A^2$	$c_{A0}kt=\dfrac{(1+y_{A0}\varepsilon_A)x_A}{1-x_A}+y_{A0}\varepsilon_A\ln(1-x_A)$

四、复杂反应动力学方程

复杂反应动力学方程

复杂反应由若干单一反应组成，对于各个单一反应，可采用上述方法建立动力学方程。若考察复杂反应中某一组分的反应速率或生成速率时，则必须将各个反应速率综合起来。常见的复杂反应类型有可逆反应、平行反应、连串反应、平行-连串反应。

1. 复杂反应的类型

（1）可逆反应 在反应物发生化学反应生成产物的同时，产物之间也发生化学反应生成原料。

① 一级可逆反应。化学方程式为 $A \underset{k_2}{\overset{k_1}{\rightleftharpoons}} R$

式中，k_1、k_2 分别为正、逆反应的反应速率常数，在反应过程中的任一时刻，反应的净速率为正、逆反应速率之差，因此

$$-r_A=-\frac{dc_A}{dt}=k_1c_A-k_2c_R \tag{1-61}$$

若 $t=0$，$c_R=0$，则 $c_R=c_{A0}-c_A$，故上式变为

$$-\frac{dc_A}{dt}=(k_1+k_2)c_A-k_2c_{A0} \tag{1-62}$$

② 二级可逆反应。对于反应 $A+B \underset{k_2}{\overset{k_1}{\rightleftharpoons}} R+S$

组分 A 的消耗速率为

$$-r_A=-\frac{dc_A}{dt}=k_1c_Ac_B-k_2c_Rc_S \tag{1-63}$$

若 $t=0$，$c_{A0}=c_{B0}$，$c_{R0}=c_{S0}=0$，将上式积分可得

$$k_1t=\frac{\sqrt{K}}{mc_{A0}}\ln\left[\frac{x_{Ae}-(2x_{Ae}-1)x_A}{2x_{Ae}-x_A}\right] \tag{1-64}$$

式中，$m=2$。

（2）平行反应 在系统中，反应物除发生化学反应生成一种产物外，该反应物还能进行另一个化学反应生成另一种产物。例如乙烷的裂解反应。

$$C_2H_6 \longrightarrow C_2H_4+H_2$$

$$C_2H_6 \longrightarrow 2C + 3H_2$$

假设某反应为

$$A \underset{k_2}{\overset{k_1}{\rightleftarrows}} \begin{matrix} R \\ S \end{matrix}$$

其中 A、R、S 三个组分的变化率为

$$r_A = -\frac{dc_A}{dt} = k_1 c_A + k_2 c_A = (k_1 + k_2) c_A \tag{1-65}$$

$$r_R = \frac{dc_R}{dt} = k_1 c_A \tag{1-66}$$

$$r_S = \frac{dc_S}{dt} = k_2 c_A \tag{1-67}$$

式(1-65)是一级反应的动力学方程式，积分可得

$$-\ln \frac{c_A}{c_{A0}} = (k_1 + k_2) t \tag{1-68}$$

（3）连串反应 反应物发生化学反应生成产物的同时，该产物又能进一步反应生成另一种产物。如水解、卤化、氧化等反应。假设连串反应为

$$A \xrightarrow{k_1} R \xrightarrow{k_2} S$$

其中 A、R、S 三个组分的变化速率分别为

$$r_A = -\frac{dc_A}{dt} = k_1 c_A \tag{1-69}$$

$$r_R = \frac{dc_R}{dt} = k_1 c_A - k_2 c_R \tag{1-70}$$

$$r_S = \frac{dc_S}{dt} = k_2 c_R \tag{1-71}$$

当 $t=0$ 时，$c_A = c_{A_0}$，$c_{R_0} = c_{S_0} = 0$，式(1-69)积分可得

$$c_A = c_{A_0} e^{-k_1 t} \tag{1-72}$$

（4）复合复杂反应 在反应系统中，同时有可逆反应、平行反应和连串反应。

$$A + B \rightleftharpoons C + D$$
$$A + C \rightleftharpoons E$$
$$D \longrightarrow R + S$$

2. 复杂反应动力学方程的计算

复杂反应动力学通常采取下述方法进行计算：①把复杂反应分解为若干单一反应，并写出单一反应的动力学方程；②每一组分的生成速率等于它在各个单一反应的生成速率之和。

$$r_i = \sum_{j=1}^{M} v_{ij} r_{ij} \tag{1-73}$$

式中，v_{ij} 为组分 i 在第 j 个反应中的化学计量系数；r_{ij} 为组分 i 第 j 个反应的反应生成速率，反应物取负值，产物取正值。

【例 1-3】在系统中同时进行三个基元反应：$A+B \rightleftharpoons C$；$2A+C \longrightarrow D$；$D \rightleftharpoons E$。试计算各组分的生成速率。

解：（1）首先将该复合复杂反应分解为五个简单反应，并求出动力学方程。

反应1：$A+B \xrightarrow{k_1} C$ $r_1=(-r_{A1})=(-r_{B1})=r_{C1}=k_1 c_A c_B$

反应2：$C \xrightarrow{k_2} A+B$ $r_2=(-r_{C2})=r_{A2}=r_{B2}=k_2 c_C$

反应3：$2A+C \xrightarrow{k_3} D$ $r_3=\dfrac{-r_{A3}}{2}=(-r_{C3})=r_{D3}=k_3 c_A^2 c_C$

反应4：$D \xrightarrow{k_4} E$ $r_4=(-r_{D4})=r_{E4}=k_4 c_D$

反应5：$E \xrightarrow{k_5} D$ $(r_5)=-r_{E5}=r_{D5}=k_5 c_E$

（2）计算各组分的生成速率

$$r_A=\frac{1}{V}\times\frac{dn_A}{dt}=r_{A1}+r_{A2}+r_{A3}=-k_1 c_A c_B+k_2 c_C-2k_3 c_A^2 c_C$$

$$r_B=\frac{1}{V}\times\frac{dn_B}{dt}=r_{B1}+r_{B2}=-k_1 c_A c_B+k_2 c_C$$

$$r_C=\frac{1}{V}\times\frac{dn_C}{dt}=r_{C1}+r_{C2}+r_{C3}=k_1 c_A c_B-k_2 c_C-k_3 c_A^2 c_C$$

$$r_D=\frac{1}{V}\times\frac{dn_D}{dt}=r_{D3}+r_{D4}+r_{D5}=k_3 c_A^2 c_C-k_4 c_D+k_5 c_E$$

$$r_E=\frac{1}{V}\times\frac{dn_E}{dt}=r_{D4}+r_{D5}=k_4 c_D-k_5 c_E$$

在化工生产中，为加快反应速率、降低能耗、提高转化率，应根据动力学方程，结合反应器特性合理地选择反应器类型和确定适宜的操作条件。

任务实施

技能点一
间歇操作釜式反应器的设计

间歇操作釜式反应器简称为 BR，所有的反应物料在操作前一次性加入反应器，待反应达到规定要求的转化率后，一次性排出全部物料。在化工生产中被广泛用于液相、液-固相、气-液-固相和气-液相反应中。间歇操作釜式反应器的设计计算主要包括反应时间和反应器体积。

一、间歇釜反应时间的计算

对于间歇操作釜式反应器，反应器内各空间位置的物料具有相同的温度、浓度，由于一次性加料和出料，反应器内所有物料的停留时间相等，返混程度为零，即不存在返混；反应器的出料组成与反应器内物料组成相同。由于间歇操作反应过程中，操作条件随反应时间发生变化，因此，反应器内的浓度处处相等，但时时不相等，是一个非稳态过程。间歇操作釜式反应器存在辅助生产时间即反应物料的加料时间、出料时间、清洗时间等，使得反应设备生产效率较低。

1. 间歇操作釜式反应器动力学基本方程

反应器设计计算的基本方程是物料衡算式。根据间歇操作釜式反应器的特点，衡算范围可选为单位时间、整个反应器的体积，并对反应物 A 作物料衡算。由于在反应期间没有物料进出，故根据物料衡算式得：

$$\begin{bmatrix} 微元时间内 \\ 进入微元体 \\ 积的反应物量 \end{bmatrix} - \begin{bmatrix} 微元时间内 \\ 离开微元体 \\ 积的反应物量 \end{bmatrix} - \begin{bmatrix} 微元时间微元 \\ 体积内转化掉 \\ 的反应物量 \end{bmatrix} = \begin{bmatrix} 微元时间微 \\ 元体积内反 \\ 应物的积累量 \end{bmatrix}$$

$$\quad 0 \qquad\qquad\qquad 0 \qquad\qquad (-r_A)V_R dt \qquad\qquad dn_A$$

可得

$$(-r_A)V_R dt + dn_A = 0 \tag{1-74}$$

式中，$(-r_A)$ 为化学反应速率，$kmol/(m^3 \cdot s)$；V_R 为反应器有效体积，m^3；n_A 为转化率为 x_A 时组分 A 的物质的量，kmol；t 为反应时间，s、min 或 h。

以 n_{A0} 表示反应器内最初的物质的量，由 $n_A = n_{A0}(1-x_A)$，则得 $dn_A = d[n_{A0}(1-x_A)] = -n_{A0}dx_A$

将上式代入式(1-74)，整理后，积分可得

$$t = \int_0^t dt = n_{A0} \int_{x_{A0}}^{x_{Af}} \frac{dx_A}{(-r_A)V_R} \tag{1-75}$$

式中，n_{A0} 为反应开始时反应器内 A 组分的物质的量；x_{A0} 为初始转化率；x_{Af} 为最终转化率。

式(1-75)是计算间歇操作釜式反应器中反应时间的通式，表达了在一定操作条件下为达到所要求的转化率 x_{Af} 所需的反应时间 t。适用于任何间歇反应过程，均相或非均相，恒温或非恒温。但对于非恒温过程须结合反应器的热量衡算求解。

2. 恒容恒温间歇反应

在反应过程中，若反应温度不发生变化，则可以看作是恒温反应，反应速率常数 k 不随反应发生变化，为一定值。对于液相反应，反应前后物料的密度变化很小，因此一般情况下，多数液相反应都可看作是恒容反应。在恒容条件下，反应器有效体积 V_R 为常数，即反应过程中的物料体积不发生变化，因此，对于恒温恒容反应，可用组分 A 的初始浓度表示式 (1-75)，有

$$t = c_{A0} \int_{x_{A0}}^{x_{Af}} \frac{dx_A}{(-r_A)} \tag{1-76}$$

式中，c_{A0} 为组分 A 的初始浓度，$kmol/m^3$。

在恒容条件下，$c_A = c_{A0}(1-x_A)$，$dc_A = -c_{A0}dx_A$，代入式(1-76)，得

$$t = -\int_{c_{A0}}^{c_A} \frac{dc_A}{(-r_A)} \tag{1-77}$$

式中，c_A 为组分 A 转化率为 x_A 时的浓度，$kmol/m^3$。

结论：间歇操作釜式反应器达到一定转化率所需的反应时间只取决于反应速率，而与反应器的大小无关。而反应器的大小取决于反应物料的处理量。因此，当利用中间试验数据计

算大型装置时,只要保证两种情况下化学反应速率的影响因素相同,就可以做到高倍数的放大。

一般来说,液相反应的体积变化很小,而气相反应,气相物料必须充满整个反应空间。因此,间歇反应过程大多属于恒容过程。

若知道反应动力学的函数表达式时,就可以把表达式代入式(1-77)进行计算。

例如,一级反应 $(-r_A)=kc_A=kc_{A0}(1-x_{Af})$

代入式(1-77)可得:$t=\dfrac{1}{k}\ln\dfrac{c_{A0}}{c_{Af}}=\dfrac{1}{k}\ln\dfrac{1}{1-x_{Af}}$

二级反应:$(-r_A)=kc_A^2=kc_{A0}^2(1-x_{Af})^2$

则反应时间为:$t=\dfrac{1}{k}\left(\dfrac{1}{c_{Af}}-\dfrac{1}{c_{A0}}\right)=\dfrac{1}{kc_{A0}}\times\dfrac{x_{Af}}{1-x_{Af}}$

当动力学方程解析式相当复杂或不能做数值积分时,可以用图解积分计算所需反应时间,如图1-47所示。

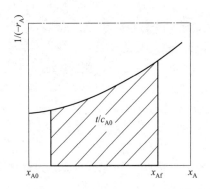
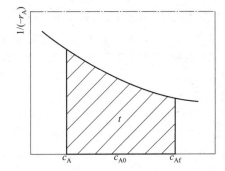

间歇釜动力学计算方法

图1-47 间歇操作釜式反应器恒温过程图解计算

【例1-4】 在搅拌良好的间歇操作釜式反应器中,用乙酸和丁醇生产乙酸丁酯,反应式为 $CH_3COOH+C_4H_9OH \longrightarrow CH_3COOC_4H_9+H_2O$,反应在恒温条件下进行,当使用过量丁醇时,该反应以乙酸(下标以A计)表示的动力学方程式为:$(-r_A)=kc_A^2$,在上述条件下,反应速率常数 $k=0.0174m^3/(kmol \cdot min)$。若每天生产2400kg乙酸丁酯(不考虑分离过程损失),每小时需要处理的原料体积 V_0 为0.979mol/h,乙酸的初始浓度为1.8mol/L,求乙酸乙酯转化率 x_{Af} 达到0.5时,所需反应器的有效体积和反应器体积。每批辅助时间为30min,取反应釜台数为1,装料系数 φ 为0.7。

解:(1)计算反应时间 t

$$t=c_{A0}\int_0^{x_{Af}}\dfrac{dx_A}{kc_{A0}^2(1-x_A)^2}=\dfrac{1}{kc_{A0}}\times\dfrac{x_{Af}}{(1-x_{Af})}$$

将反应速率系数 $k=0.0174m^3/(kmol \cdot min)$,乙酸的初始浓度 $c_{A0}=1.8mol/L$,乙酸乙酯转化率 $x_{Af}=0.5$ 代入,得反应时间为:

$$t=\dfrac{1}{0.0174\times 1.8}\times\dfrac{0.5}{1-0.5}=32(min)=0.53(h)$$

(2)计算反应器有效体积 V_R 和体积 V　将每小时需要处理的原料体积 V_0 为0.979mol/h,每批辅助时间为30min代入,得反应器有效体积为:

$$V_R=V_0(t+t')=0.979\times(0.5+0.53)=1.008(m^3)$$

将装料系数 φ 为0.7代入,得反应器体积为:

$$V = \frac{V_R}{\varphi} = \frac{1.008}{0.7} = 1.44 (\text{m}^3)$$

从上述结果可知：随着转化率的提高，反应时间急剧增加。说明对于反应级数大于 1 的反应，要想提高转化率或获得低残留浓度，反应大部分时间将用于反应的末期。要得到高转化率，若所需反应时间太长，没有任何意义。

二、间歇釜体积和数量的计算

聚合反应器的设计是整个聚合工艺设计的重要环节，而反应釜体积的计算是关键。从反应工程的角度出发，将动力学与传递过程有机结合，以理想的流动模型为基础，进行修正、补充，建立相应的非理想流动模型，进一步调整模型参数，最终确定合适的非理想流动模型，进行聚合反应器的设计与计算。间歇操作釜式反应器的总体积应包括反应器的有效体积 V_R、辅助部件所占的体积等。反应器的有效体积根据物料衡算而得，而辅助部件的体积则根据具体的情况而定。

根据物料衡算可得生产中每小时须处理的物料体积 V_0，再进行反应釜的体积和数量的计算。由于反应釜数量一般不会很多，通常可以用几个不同的 n 值来算出相应的 V 值，然后再确定选用哪一组 n 和 V 值比较合适。从提高劳动生产率和降低设备投资来考虑，选用体积大而台数少的设备有利，但要考虑其他因素，如大体积设备的加工和检修条件是否具备，厂房建筑条件（如厂房的高度、大型设备的支撑构件等）是否具备，大型设备的操作工艺和生产控制方法是否成熟等。

1. 给定 V，求 n

（1）每天的操作批次 α

$$\alpha = \frac{24 V_0}{V_R} = \frac{24 V_0}{V \varphi} \tag{1-78}$$

间歇釜体积和数量的计算

式中，α 为每天的操作批次；V_0 为每小时处理的物料体积，m^3/h；V_R 为反应器的有效体积，m^3；V 为反应器的体积，m^3；φ 为装料系数，$\varphi = V_R/V$。

其中 φ 的具体数值根据具体情况而异，见表 1-13。

表 1-13 设备装料系数

条件	装料系数 φ 范围
不带搅拌或搅拌缓慢的反应釜	0.8~0.85
带搅拌的反应釜	0.7~0.8
易起泡沫和在沸腾下操作的设备	0.4~0.6
贮槽和计量槽（液面平静）	0.85~0.9

（2）每天每台反应釜的操作批次 β

$$\beta = \frac{24}{t + t'} \tag{1-79}$$

式中，β 为每天每台反应釜的操作批次；t 为反应时间，h；t' 为辅助操作时间，h；$t + t'$ 为操作周期，h。

操作周期又称工时定额，指生产每一批物料的全部操作时间。因此，间歇反应操作时间分为两部分：一是反应时间，用 t 表示；二是辅助时间，即装料、卸料、检查及清洗设备等所需时间，用 t' 表示。

(3) 生产过程所需用反应釜数量 n'

$$n' = \frac{\alpha}{\beta} = \frac{V_0(t+t')}{V\varphi} \tag{1-80}$$

式中，n' 为反应釜所需用的台数，通常不是整数，需要进行圆整。这样反应釜的生产能力较计算要求提高，其提高程度称为生产能力的后备系数。

(4) 生产能力的后备系数 δ

$$\delta = \frac{n}{n'} \tag{1-81}$$

式中，δ 为后备系数；n 为圆整后反应釜的台数。后备系数 δ 一般在 1.10～1.15 较合适。

(5) 反应器有效体积 V_R

$$V_R = \varphi V = V_0(t+t') \tag{1-82}$$

2. 给定 n，求 V

当受厂房面积的限制或工艺过程的要求，确定了反应釜的数量 n，此时每台反应釜的体积可按式(1-83)求解

$$V = \frac{V_0(t+t')\delta}{n\varphi} \tag{1-83}$$

式中，V_0 为每小时处理的物料体积，m^3/h；V 为反应器体积，m^3；φ 为装料系数；t 为反应时间，h；t' 为辅助时间，h；δ 为后备系数；n 为反应釜数量。

【例 1-5】 对硝基氯苯经磺化、盐析两步反应制备 2-氯-5-硝基苯磺酸钠。磺化时物料总量为每天 $5m^3$，生产周期为 12h。若每台磺化釜体积为 $2m^3$，$\varphi=0.75$，求：磺化釜数量与后备系数。

解：(1) 磺化操作每天操作批次：$\alpha = \dfrac{24V_0}{V_R} = \dfrac{5}{2\times 0.75} = 3.33$

(2) 每天每台设备操作批次：$\beta = \dfrac{24}{t} = \dfrac{24}{12} = 2$

(3) 所需设备数量：$n' = \dfrac{\alpha}{\beta} = \dfrac{3.33}{2} = 1.665$

(4) 圆整后，磺化釜数量 $n=2$

(5) 采用两台磺化釜，其后备系数为：$\delta = \dfrac{n}{n'} = \dfrac{2}{1.665} = 1.2$

三、间歇釜直径和高度的计算

釜式反应器的高径比（H/D）一般小于 3，通常为 1.2 左右。习惯上，把高径比较小、直径较大（$D>2m$）的非标准反应釜又称为槽式反应器。间歇釜直径与高度的计算通常须确定 3 点：确定装料系数；确定长径比；确定筒体内径。

1. 确定装料系数 φ

装料系数应根据介质特性和反应时的状态以及生成物的特点，合理选取，以尽量提高筒体容积的利用率。详见表 1-13 设备装料系数。若介质黏度大，则可取最大值。

2. 确定反应釜的高径比 H/D

反应釜高径比的确定通常需要考虑如下几点。

① 长径比对搅拌功率的影响：长径比越大，所需搅拌功率越小。

② 长径比对传热的影响：长径比大，有利于传热。

③ 反应过程对长径比的要求：用于发酵过程的发酵罐，为使通入的空气与发酵液充分接触，要求长径比大。

几种搅拌釜的长径比值 i 见表1-14。

釜式反应器直径和高度的计算

表1-14　几种搅拌釜的长径比值 i（H_1/D_1）

种类	釜内物料的类型	H_1/D_1
一般搅拌罐	液-固相或液-液相	1～1.3
	气-液相	1～2
发酵罐		1.7～2.5

3. 确定筒体内径 D

假设釜盖与釜底采用椭圆形封头，如图1-48、图1-49所示。

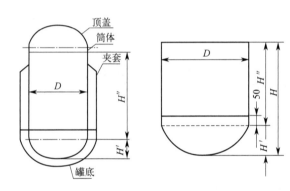

图1-48　反应釜的主要尺寸

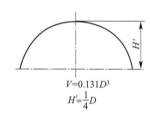

图1-49　椭圆头封头

$$V = \frac{\pi}{4} D^2 H'' + 0.131 D^3 \tag{1-84}$$

所求的圆筒高度与直径需要圆整，并检验装料系数是否合适。确定反应釜的主要尺寸后，其壁厚、法兰尺寸以及手孔、视镜、工艺接管口等均可按工艺条件从国家或行业标准中选择。

四、间歇釜配套设备间的平衡

根据式(1-83)，可知 $nV = \dfrac{V_0(t+t')\delta}{\varphi}$，其中 V_0、φ 和 δ 均由生产要求确

间歇釜设备之间的平衡

定。要想使 nV 值减小，只能减小操作周期 $t+t'$。而反应时间 t 由生产工艺条件（温度、压力、浓度、催化剂等因素）决定，因此缩短辅助时间 t' 成为关键。通常情况下，加料、出料、清洗等辅助时间是不会太长的。但是当前后工序设备之间不平衡，就会出现前面的工序反应完要出料，而后面的工序却不能接受来料；或者，后面的工序待接受来料，而前面的工序尚未反应完，将会大大延长辅助操作时间。关于设备之间的平衡，大致有下列几种情况。

1. 反应釜与反应釜之间的平衡

为了便于生产的组织管理和产品的质量检验，通常要求不同批号的物料不相混，也就是使各道工序每天的操作批次相同，即 α 为一常数。生产上一般先确定主要反应工序的设备体积、数量及每天操作批次，然后再使其他工序具有相同的 α 值，进而再确定设备体积与数量。

2. 反应釜与其他设备之间的平衡

当反应完需要过滤或离心脱水时，通常会为每台反应釜配置一台过滤机或离心机。若过滤所需的时间很短，则两台或几台反应釜可以合用一台过滤机。若过滤时间较长，则可按反应工序的 α 值取其整数倍来确定过滤机的台数，也可以每台反应釜配两台或更多的过滤机（或考虑采用一台较大规格的过滤机）。

当反应后处理需要浓缩或蒸馏时，因操作时间较长，通常须设置中间贮槽，反应完的料液先贮入贮槽中，以避免两个工序间因操作不协调而耽误时间。

3. 反应釜与计量槽、贮槽之间的平衡

液体原料加入反应釜之前通常需要经过计量，为操作方便，每个反应釜单独配置专用的计量槽。计量槽的体积通常按每批操作所需要的原料用量来决定（φ 取 0.8~0.85）。贮槽的体积可按一天的需用量来决定。若每天的用量较少，也可按贮备 2~3 天的用量来计算（φ 取 0.8~0.9）。

【例 1-6】对硝基氯苯经磺化、盐析制备 2-氯-5-硝基苯磺酸钠。磺化时物料总量为每天 $5\mathrm{m}^3$，生产周期为 12h。盐析时物料总量为每天 $20\mathrm{m}^3$，生产周期为 20h。若每台磺化釜体积为 $2\mathrm{m}^3$，$\varphi=0.75$。求盐析器数量、体积（$\varphi=0.8$）及后备系数。

解：根据例【1-5】，按不同批号的物料不相混的原则，盐析器每天操作的批数应取磺化釜的操作批次 3.33。

（1）每台盐析器的体积为：$V = \dfrac{24V_0}{\alpha\varphi} = \dfrac{20}{3.33 \times 0.8} = 7.5(\mathrm{m}^3)$

（2）每台盐析器每天操作批次：$\beta = \dfrac{24}{20} = 1.2$

（3）所需盐析器数量：$n' = \dfrac{\alpha}{\beta} = \dfrac{3.33}{1.2} = 2.775$

（4）圆整后，盐析釜数量 $n=3$

（5）采用 3 台盐析器，其后备系数为：$\delta = \dfrac{n}{n'} = \dfrac{3}{2.775} = 1.08$

技能点二
单个连续操作釜式反应器的设计

连续操作釜式反应器简称为 CSTR，指在反应过程中反应物料连续加入反应器，同时在

反应器出口连续不断地引出反应产物。由于连续操作是一稳态操作过程，不存在间歇操作生产中辅助时间的问题，因此，连续操作容易实现自动控制，操作简单，节省人力，产品质量稳定，可用于产量较大的产品生产。

对于连续操作釜式反应器，由于强烈的搅拌作用，进入反应器的反应物料瞬间与存留在反应器内的物料混合均匀，且反应器出口处的物料与釜内物料的浓度、温度均相同。在连续操作釜式反应器中，反应物的浓度处于出口状态的低浓度，产物的浓度处于出口状态的高浓度。因此，高效搅拌的连续操作釜式反应器可认为是理想流动反应器，反应釜内的流体流动符合全混流模型。流体达到充分混合，返混程度为无穷大。在反应过程中，操作条件的变化规律如图 1-50 所示。

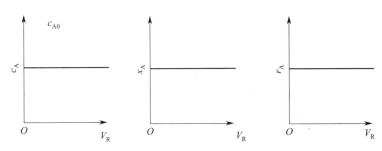

图 1-50　连续操作釜式反应器操作条件变化示意图

连续操作釜式反应器的特点

一、连续操作釜式反应器的特点

① 一边连续恒定地向反应器内加入反应物，一边连续不断地把反应产物引出反应器。接近理想混合流动模型或全混流模型。

② 适用于产量大的产品生产，容易自动控制，操作简单。

③ 特别适宜对温度敏感的化学反应，节省人力，稳定性好，操作安全。

④ 反应器内各处的物料温度、浓度均相同，过程参数与空间位置、时间无关，属于定态操作过程。

⑤ 物料在反应器内充分返混，即返混为无穷大。

⑥ 出料组成与反应器内物料的组成相同。

二、连续操作釜式反应器基础设计方程

反应器设计计算的基本方程为物料衡算式。根据理想连续操作釜式反应器的特点，衡算范围可选为单位时间、整个反应器的体积，并对反应物作物料衡算：

$$\begin{bmatrix}单位时\\间内物\\料进入量\end{bmatrix} = \begin{bmatrix}单位时\\间内物\\料排出量\end{bmatrix} + \begin{bmatrix}单位时\\间内反\\应消耗量\end{bmatrix} + \begin{bmatrix}单位时\\间内物\\料积累量\end{bmatrix}$$

$$F_{A0} \qquad F_A \qquad (-r_A)V_R \qquad 0$$

则：
$$F_{A0} = F_A + (-r_A)V_R + 0$$

根据 $F_A = F_{A0}(1-x_{Af})$，上式可变为 $V_R = F_{A0} \dfrac{x_{Af}}{(-r_A)}$，由于液相反应通常可看成恒容过程，可将上式用浓度来表示，将上式整理后可得：

反应釜有效体积：

$$V_R = F_{A0} \frac{x_{Af}}{(-r_A)} = V_0 \frac{c_{A0} - c_A}{(-r_A)} \tag{1-85}$$

平均停留时间：

$$\bar{t} = \frac{V_R}{V_0} = c_{A0} \frac{x_{Af}}{(-r_A)} = \frac{c_{A0} - c_A}{(-r_A)} \tag{1-86}$$

式中，c_{A0} 为 A 组分进口处的浓度，$kmol/(m^3 \cdot h)$；c_A 为 A 组分出口处的浓度，$kmol/(m^3 \cdot h)$；F_{A0} 为进口物料中组分 A 的流量，$kmol/h$；F_A 为出口物料中组分 A 的流量，$kmol/h$；x_{Af} 为出口处 A 组分的转化率；V_0 为进口物料体积流量，m^3/h；$\bar{t}$ 为物料在反应釜内的平均停留时间，h。

将不同的动力学方程表达式 $(-r_A)$ 和已知条件代入式(1-85)或式(1-86)，便可对不同反应进行设计计算。

三、单个连续操作釜式反应器的设计计算

对于恒温恒容不可逆反应 A ⟶ R，当反应级数不同时，可得不同的计算结果。

1. 零级反应

动力学方程式 $(-r_A) = k$，代入式(1-86)，可得

$$\bar{t} = \frac{V_R}{V_0} = \frac{c_{A0} x_{Af}}{(-r_A)} = \frac{1}{k} c_{A0} x_{Af} \tag{1-87}$$

2. 一级反应

动力学方程式 $(-r_A) = k c_A$，代入式(1-86)，可得

$$\bar{t} = \frac{V_R}{V_0} = \frac{c_{A0} x_{Af}}{(-r_A)} = \frac{1}{k} \times \frac{x_{Af}}{1 - x_{Af}} \tag{1-88}$$

3. 二级反应

动力学方程式 $(-r_A) = k c_A^2$，代入式(1-86)，可得

$$\bar{t} = \frac{V_R}{V_0} = \frac{c_{A0} x_{Af}}{(-r_A)} = \frac{1}{k c_{A0}} \times \frac{x_{Af}}{(1 - x_{Af})^2} \tag{1-89}$$

4. n 级反应

若反应的动力学表达式相当复杂或不能用函数表达式表示时，则可以用图解法计算。如图 1-51 所示，图中曲线为反应器内所进行的化学反应的动力学曲线，对于单一连续操作釜式反应器而言，完成一定的生产任务所需要的空时就等于图中所示矩形的面积。值得注意的是：由于全混流反应器是在出口浓度下进行工作的，因此，所对应的反应速率值一定是出口浓度时的反应速率。

【例 1-7】乙酸丁酯的生产工艺有连续法和间歇法两种，对于不同的生产规模可选择不同的生产工艺。某大型企业为提高乙酸丁酯的稳定性和自动化程度，采用连续生产工艺。假设该企业反应条件与产量与【例 1-4】相同。求所需连续操作釜式反应器的有效体积和反应

的平均停留时间。

解: 将 $V_0=0.979\,\mathrm{m^3/h}$,$x_{Af}=0.5$,$c_{A0}=1.8\,\mathrm{kmol/m^3}$,$k=0.0174\,\mathrm{m^3/(kmol\cdot min)}$,代入式(1-85) 可得

$$V_R = V_0 \frac{c_{A0}-c_A}{(-r_A)} = V_0 \frac{c_{A0}x_{Af}}{(-r_A)} = V_0 \times \frac{x_{Af}}{kc_{A0}(1-x_{Af})^2}$$

$$= 0.979 \times \frac{0.5}{0.0174 \times 60 \times 1.8 \times (1-0.5)^2} = 1.04\,(\mathrm{m^3})$$

$$\bar{t} = \frac{V_R}{V_0} = \frac{1.04}{0.979} = 1.06\,(\mathrm{h})$$

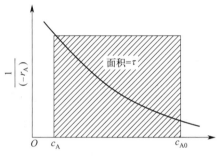

图 1-51 CSTR 图解法计算示意图

单个连续操作釜式反应器的设计

通过比较【例 1-4】与【例 1-7】的反应结果可知：完成相同的生产任务,连续操作釜式反应器的生产时间比间歇操作釜式反应器的生产时间要长,有效体积增大。原因是连续操作釜式反应器内的化学反应是在物料出口处较低的浓度下进行的,降低了反应速率。

【例 1-8】 某大型化工厂采用连续操作釜式反应器进行液相可逆反应 A+B ⇌ R+S,在 120℃下,正、逆反应速率常数分别为 $k_1=8\,\mathrm{L/(mol\cdot min)}$,$k_2=1.7\,\mathrm{L/(mol\cdot min)}$。若反应在单一连续操作釜式反应器中进行,有效体积为 100L,两股物料同时等量进入反应釜,其中组分 A 的浓度为 3.0mol/L,组分 B 的浓度为 2.0mol/L,反应动力学方程式为 $(-r_A)=(-r_B)=k_1 c_A c_B - k_2 c_R c_S$。当组分 B 的转化率为 0.8 时,求每股物料的进料量分别是多少?

解: 根据已知条件,$c_{A0}=\dfrac{3.0}{2}=1.5\,\mathrm{mol/L}$,$c_{B0}=\dfrac{2.0}{2}=1.0\,\mathrm{mol/L}$,$c_{R0}=0$,$c_{S0}=0$,当 B 组分的转化率为 0.8 时,则

$$c_B = c_{B0}(1-x_B) = 1.0 \times (1-0.8) = 0.2\,(\mathrm{mol/L})$$

$$c_A = c_{A0} - c_{B0} x_B = 1.5 - 1 \times 0.8 = 0.7\,(\mathrm{mol/L})$$

$$c_R = c_S = c_{B0} x_B = 1 \times 0.8 = 0.8\,(\mathrm{mol/L})$$

则 $V_0 = \dfrac{V_R(-r_A)}{c_{A0}-c_A} = \dfrac{V_R(k_1 c_A c_B - k_2 c_R c_S)}{c_{A0}-c_A} = \dfrac{100 \times (8 \times 0.7 \times 0.2 - 1.7 \times 0.8 \times 0.8)}{1.5-0.7} = 4\,(\mathrm{L/min})$

因此,两股物料中每一股的进料量为 2L/min。

技能点三
多个连续操作釜式反应器的设计

一、多釜串联的特点

单个连续操作釜式反应器内反应物的工作浓度较低，使得反应速率降低。为了改善反应釜内反应物浓度低而导致反应速率下降的问题，可以采用多个反应釜串联操作。

从图 1-52 可以看出，在串联操作的连续操作釜式反应器中，反应物浓度只有在最后一个反应釜时与单釜操作时的浓度相同，处于最低的出口浓度，其他各釜的浓度均比单釜操作时的浓度高。也就是多釜串联操作反应物浓度总体上大于单釜操作的浓度，反应速率也比单釜快。因此多个连续釜式反应器的串联操作的生产能力大于单个连续釜式反应器的生产能力。需要注意的是，对于多釜串联操作，每一个釜式反应器内的浓度是均一的，等于该釜的出口浓度，而各釜间的浓度是不相同的。因此多釜串联操作具有如下特点：①提高了反应速率，进而提高了生产能力；②降低了返混程度；③串联釜数越多，返混程度越小，反应越接近理想置换流动。

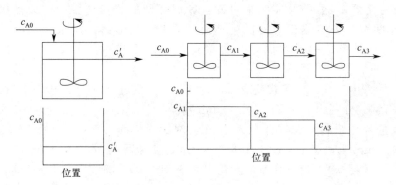

图 1-52 单釜和多釜连续操作充分搅拌釜式反应器浓度变化示意图　　　　为什么采用多釜串联

二、多个连续操作釜式反应器的设计方程

假设多釜串联连续操作釜式反应器中各釜内均为理想混合，且各釜之间没有逆向混合。每一个反应釜都是在定态等温条件下反应，反应过程中物料的体积不发生变化。

如图 1-53 所示，根据物料衡算式，对第 i 台釜，以 A 组分为基准进行物料衡算：
$$F_{A(i-1)}dt = F_{Ai}dt + (-r_A)_i V_{Ri} dt + 0$$

整理后可得：$V_{Ri} = \dfrac{F_{A(i-1)} - F_{Ai}}{(-r_A)_i}$

若用转化率表示：$F_{Ai} = F_{A0}(1 - x_{Ai})$

则反应釜体积：

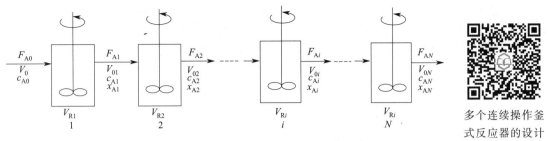

图 1-53　多釜连续操作充分搅拌釜式反应器物料衡算示意图

多个连续操作釜式反应器的设计

$$V_{Ri} = F_{A0} \frac{x_{Ai} - x_{A(i-1)}}{(-r_A)_i} = c_{A0} V_0 \frac{x_{Ai} - x_{A(i-1)}}{(-r_A)_i} = V_0 \frac{c_{A(i-1)} - c_{Ai}}{(-r_A)_i} \quad (1-90)$$

平均停留时间：

$$\bar{t}_i = \frac{V_{Ri}}{V_0} = c_{A0} \frac{x_{Ai} - x_{A(i-1)}}{(-r_A)_i} = \frac{c_{A(i-1)} - c_{Ai}}{(-r_A)_i} \quad (1-91)$$

式中，V_{Ri} 为第 i 釜的有效体积，m^3；c_{Ai} 为第 i 釜组分 A 的浓度，$kmol/m^3$；$c_{A(i-1)}$ 为第 $i-1$ 釜组分 A 的浓度，$kmol/m^3$；x_{Ai} 为第 i 釜组分 A 的转化率；$x_{A(i-1)}$ 为第 $i-1$ 釜组分 A 的转化率；$(-r_A)_i$ 为第 i 釜的反应速率，$kmol/(m^3 \cdot h)$；$\bar{t}_i$ 为物料在 i 釜中的平均停留时间，h。

式(1-90) 和式(1-91) 为多釜串联恒容反应器计算的基本公式，具体应用按不同的反应动力学方程式代入，依次逐釜进行计算，直至达到要求的转化率为止。

三、多个连续操作釜式反应器的设计计算

1. 解析法

依据前一台釜的出口浓度是后一台釜的入口浓度，逐釜依次计算，直到达到要求的转化率。

第一台釜的体积：$V_{R1} = V_0 c_{A0} \dfrac{x_{A1} - x_{A0}}{(-r_A)_1}$

第二台釜的体积：$V_{R2} = V_0 c_{A0} \dfrac{x_{A2} - x_{A1}}{(-r_A)_2}$

…

第 i 台釜的体积：$V_{Ri} = V_0 c_{A0} \dfrac{x_{Ai} - x_{A(i-1)}}{(-r_A)_i}$

…

第 N 台釜的体积：$V_{RN} = V_0 c_{A0} \dfrac{x_{AN} - x_{A(N-1)}}{(-r_A)_N}$

反应器的总有效体积：$V_R = V_{R1} + V_{R2} + \cdots + V_{Ri} + \cdots + V_{RN}$

【例 1-9】某大型乙酸乙酯生产企业为提高反应效率和可操控率，采用两台串联的釜式反应器进行连续生产。现要求第一台釜中乙酸的转化率为 0.323，第二台釜中乙酸的转化率为 0.5，反应条件同【例 1-4】，计算各釜的有效体积。

解：第一台釜的有效体积为

$$V_{R1}=V_0 c_{A0} \frac{x_{A1}-x_{A0}}{(-r_A)_1}=V_0 \frac{x_{A1}-x_{A0}}{kc_{A0}(1-x_{A1})^2}=0.979 \times \frac{0.323}{0.0174 \times 60 \times 1.8 \times (1-0.323)^2}=0.37(m^3)$$

第一台釜的有效体积为

$$V_{R2}=V_0 c_{A0} \frac{x_{A2}-x_{A1}}{(-r_A)^2}=V_0 \frac{x_{A2}-x_{A1}}{kc_{A0}(1-x_{A2})^2}=0.979 \times \frac{0.5-0.323}{0.0174 \times 60 \times 1.8 \times (1-0.5)^2}=0.37(m^3)$$

两台釜式反应器的总有效体积为

$$V=V_{R1}+V_{R2}=0.37+0.37=0.74(m^3)$$

通过比较【例 1-5】与【例 1-9】的计算结果，在相同的生产条件下，完成相同的生产任务，多个连续操作釜式反应器的串联操作所需的反应体积比单个连续操作釜式反应器所需的反应体积要小。原因是多个连续操作釜式反应器的串联操作改变了反应过程中反应物的浓度变化。串联的釜数越多，浓度改变越大，所需反应器的体积越小。一般情况下，釜数不宜太多，否则设备投资或操作费用的增加高于反应总体积减小的费用。

2. 图解法

对于反应级数较高的化学反应，采用解析法计算多釜串联连续操作釜式反应器的有关参数比较麻烦，常采用图解法，尤其是在缺少动力学方程时，使用图解法更为适宜。

首先根据动力学方程或实验数据绘出在操作温度下的动力学关系曲线$(-r_A)=kc_A^n$（如图 1-54 中的 OA 线）。将同一温度下多釜串联中某一反应釜的物料衡算式(1-91)改写成

$$(-r_A)_i=-\frac{c_{Ai}}{\bar{t}_l}+\frac{c_{A(i-1)}}{\bar{t}_l} \tag{1-92}$$

此式表示第 i 釜进出口浓度与反应速率的操作关系，为一线性关系，如图 1-54 所示。直线斜率为 $-1/\bar{t}_l$，即 $-\frac{V_0}{V_{Ri}}$ 表示了反应速率 $(-r_A)$ 与浓度 c_A 间的操作关系。在同一图上绘出相同温度下的操作线，如 c_{A0}-$A_1 \sim c_{A2}$-A_3，所得交点同时满足物料衡算方程与动力学方程。交点所对应的坐标值即为多釜串联中某釜内的化学反应速率和该釜的出口浓度。由此可进一步求出反应体积及连续串联操作所需釜式反应器的台数。

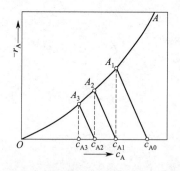

图 1-54　多釜连续操作釜式反应器图解法

已知处理的体积流量为 V_0、初始浓度 c_{A0} 和最终转化率 x_{AN}。

① 若采用相同体积 V_{Ri} 的理想连续釜式反应器串联操作，求串联釜的台数，可在 $(-r_A)$-c_A 图上进行，步骤如下。根据动力学方程式或实验数据绘出 $(-r_A)$-c_A 的动力学曲线，再根据操作线方程，由 c_{A0} 出发，作斜率为 $-\frac{V_0}{V_{Ri}}$ 的平行线（c_{A0}-A_1），与动力学曲线的交点为 A_1，由 A_1 作垂线，与横坐标交点为 c_{A1}；以 c_{A1} 作相同斜率的平行线（c_{A1}-

A_2），与曲线相交得 A_2。如此反复，直至操作线与动力学曲线相交点的浓度小于或等于与最终转化率 x_{AN} 相对应的浓度 c_{AN} 为止。此时，平行线的数量即为所求串联釜的台数。

② 若各釜的有效体积相同，根据操作线方程，假设不同的 V_{Ri}，可以在 c_{A0} 与 c_{AN} 间作具有不同斜率、不同段数的平行直线，表示反应釜台数 n 与各釜有效体积 V_{Ri} 的不同组合关系。通过技术经济比较，确定其中一组求解数据。当串联釜的台数已确定，仅需在图上调整平行线的斜率，满足 c_{A0}、c_{AN} 和 n，根据平行线的斜率 $-\dfrac{V_0}{V_{Ri}}$，确定有效体积 V_{Ri}。

③ 若串联操作的各釜式反应器操作温度不同，需要绘出各釜在操作温度下的动力学曲线，分别与相对应的操作线绘出交点，满足各釜的动力学方程式和物料衡算式的要求。

④ 若串联操作的各釜式反应器的有效体积不同，则物料通过各釜的平均停留时间也不同，各釜操作线的斜率 $-\dfrac{V_0}{V_{Ri}}$ 也不同，需要以各釜的操作线与对应的动力学曲线相交，计算各釜的出口浓度和串联的台数。

需要指出的是，图解法适用于动力学方程式中仅与一种反应物的浓度有关的函数关系式。而对于连串、平行等复杂反应，图解法就不适用了。

知识拓展

聚合过程的传热与传质分析

聚合反应过程具有高速率、高黏度及高放热的特点，决定了传热是控制聚合反应的一个重要问题，也是设计聚合反应器，选择反应器型式以及聚合工艺、方法首先需要考虑的问题。

图 1-55 表示聚合率与黏度在不同温度下的关系，显然聚合体系的黏度随单体转化率的增加而迅速增大，即随高分子聚合物的增多而急剧上升。这种高黏度体系，会造成总传热系数急剧下降。

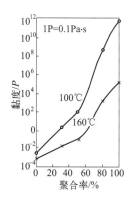   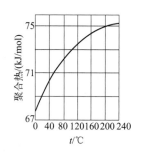   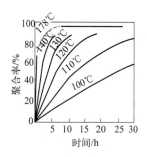

图 1-55 聚合率与黏度的关系　　图 1-56 苯乙烯聚合热随温度的变化　　图 1-57 聚合温度与聚合速率的关系

图 1-56 为苯乙烯聚合热随反应温度的变化。160℃时，反应热接近 75kJ/mol。图 1-57 为不同反应温度下聚合率与反应时间的关系，在 100℃下，曲线变化平缓，反应 30h 其聚合率还不到 60%，而在 178℃下，聚合 3h 聚合率就超过 90%。其后反应速率急剧下降，10h

时转化率达到 98% 后,就几乎不再变化,也就是说反应速率下降直至为零。这就是所谓自动加速现象,或称凝胶效应。

综上,当聚合反应达到一定转化率时,就会出现这种自动加速,会加剧高放热、高黏度,进而加剧高温度、高速率。这就加重了传热、传质问题的难度。为保证聚合产品的质量,就得控制好反应温度,要控制好反应温度,就得及时移走反应热,使放热量与移热量相平衡。工业生产时,如何移除反应热和如何输送高黏度的物料成为难度很大的实际问题。那么如何解决、采取什么措施呢?通常,应根据聚合反应的具体特性,来选择合适的聚合实施方法(本体聚合、溶液聚合、悬浮聚合、乳液聚合)。此外,还可在具体的操作工艺上采取措施。如采用复合引发剂、分批加入单体和引发剂(间歇操作)、逐釜加入单体和引发剂(连续操作),或者适时采取阻聚、缓聚等手段来控制反应速率和放热量。

聚合反应器的传热与一般传热计算相同。间壁两流体单位时间的换热量,即传热速率为:$q = UA_m \Delta t_m$ [U 为总传热系数,kJ/(m²·h·℃);A_m 为间壁平均传热面积,m²;Δt_m 是冷、热两流体平均温度差,℃]。为提高传热速率,对高放热、高黏度的聚合反应,要求反应物料纯净,不被污染;要求装置内表面光滑,不易挂胶,不存在易结垢的死角,便于清理;要求反应器内的传热装置结构简单,并往往同时考虑装搅拌器的问题等。总之,要提高传热速率,就是提高总传热系数 U,加大换热面积 A_m 及增大 Δt_m。

传热和传质计算的关键是计算传热系数及传质系数,这里不再赘述。需要注意的是,由于大多数聚合反应器安装搅拌器,因此要充分考虑搅拌器对传热系数及传质系数的影响。传热速率受总传热系数的影响,其中反应器内侧给热系数 α_i 起决定作用,α_i 的大小在很大程度上受搅拌作用的影响。在设计搅拌器时,首先要满足聚合工艺过程对混合、搅拌、分散、悬浮等作用的要求,搅拌同时可提高传热速率。此外,搅拌器做功转化为热能,每千瓦时的电转化热能相当于 3600kJ,对于聚合反应,尤其是高黏度反应体系,是不可忽视的,因为搅拌热可达总传热量的 30%~40%。因此,在传热计算和热量衡算中,不可忽略搅拌热。搅拌对于传质过程的影响主要是改变传质面积。流体在搅拌作用下发生对流和湍动,对传质速率有很大影响。实践证明,当搅拌达到一定强度后,传质系数不再改变。传热计算和传质计算的准确程度,取决于物性数据及参数关联式的准确性,因此,在选取关联式时,一定要注意其局限性。

课外思考与阅读

 前沿装备

构建发展新格局 彰显国企新担当——"大国重器"再一次走出国门

在当今能源变革的大时代,动力电池用镍(电动化下的第三种金属)将随着新能源车终端需求的爆发及高镍化的逐步推进迎来爆发式增长。目前工业生产中用于处理红土镍矿的主要冶炼工艺有 3 种,其中高压酸浸工艺(简称 HPAL)由于能耗低、碳排放量少、有价金属综合利用率高等特点,具有低成本、绿色环保等多重优势,是国外处理高铁、低镍品位红土镍矿资源的主要技术。采用该技术提炼的镍资源作为电池级硫酸镍的重要原料供给,将在未来新能源时代下的镍产业链中起着重要作用。

高压酸浸工艺（HPAL）技术的红土镍矿项目涉及的关键工艺技术参数包括：温度、压力、液位等。高压釜的浸出温度通常控制在245~270℃，高压釜内的工作压力通常控制在4.1~5.6MPa，此外高压釜的设计还包括规格大小、内部物流方案、材料选择、搅拌系统、密封液系统、管口设计等。该工艺的核心设备是（特大型）高压反应釜。该（特大型）高压反应釜是一种卧式多室磁力反应釜，是一种间歇运行多室反应的化学反应设备。其与反应介质接触的零部件可采用各种型号的不锈钢及钛、镍等有色金属制成，具有良好的耐腐蚀性能。该反应釜采用静密封结构，搅拌器与电机间采用磁力搅拌系统连接，具有良好的密封与搅拌效果。在制造工艺允许的条件下，反应釜应具有大容积且密闭，但设备资金投入大。配有的控制仪可根据设定温度调整加热器工作时间，达到自动恒温的目的。同理，根据搅拌负荷的需要，调节搅拌电动机的变频器达到调节搅拌转速的目的。

2022年6月"大国重器"再一次走出国门，陕西有色金属集团旗下的宝色股份承接的世界级高端特材装备之一的华友钴业-华飞镍钴（印尼）湿法项目核心设备卧式高压反应釜，见图1-58，已于2022年8月份顺利装船并发运至客户现场。该设备直径5.9m、长度近45m，材质SB265 Gr.2/SA516 Gr.70，单台运输重量近1200t，在设备规格、单台运输重量、技术和质量要求、制造难度等方面创造了又一个行业奇迹。

图1-58 卧式高压反应釜

 专创融合

思考：什么是"大国重器"？从"大国重器"制造的精湛技术智力支撑视域考量，化工类专业学生如何做到工程与工艺的早期结合，紧密对接行业需求，锤炼必需的技术技能和创新精神？

一、釜式反应器的结构

(1) 筒体　包括圆形筒体、上下封头，常见材质为碳钢。
(2) 搅拌装置　包括传动装置（电机、减速机、联轴器、机架、底座等）、搅拌器（桨式、涡轮式、框式等）及搅拌附件（挡板、导流筒）等。
(3) 换热装置　包括夹套、蛇管、外部循环式、回流冷凝式、电感加热式等，常见的热源有高压饱和水蒸气、导热油、熔盐等，冷源有冷却水、冷冻盐水等。
(4) 密封装置　包括动密封（填料密封、机械密封）、静密封。
(5) 附件　包括法兰、手孔或人孔、视镜、安全阀、工艺接管、温度计套管、支座等。

二、流体的流动模型

(1) 理想的流动模型　理想置换模型（平推流模型）、理想混合模型（全混流模型）。

(2) 非理想的流动模型　离析流模型、多釜串联模型及轴向扩散模型；产生原因：滞留区的存在、沟流或短路、循环流、流体流速分布不均匀、扩散等。

(3) 理想流动模型的停留时间分布

① 停留时间分布函数：$F(\theta) = 1 - e^{-\theta}$

② 停留时间分布密度函数：$E(\theta) = e^{-\theta}$

③ 无因次平均停留时间的数学期望：$\bar{\theta} = 1$

④ 无因次平均停留时间的方差：$\sigma_\theta^2 = 1$

三、反应动力学基础

1. 均相反应速率

(1) 反应速率定义式　反应速率 = $\dfrac{\text{反应量}}{\text{反应区域} \times \text{反应时间}}$

(2) 用转化率表示　$-r_A = \dfrac{n_{A0}}{V} \times \dfrac{dx_A}{dt}$

(3) 用浓度表示　$(-r_A) = -\dfrac{dc_A}{dt} - \dfrac{c_A}{V} \times \dfrac{dV}{dt}$，对于恒容反应，体积 V 为常数，可变为 $(-r_A) = -\dfrac{dc_A}{dt}$

2. 均相反应动力学方程

(1) 基本概念　单一反应和复杂反应，基元反应与非基元反应，反应级数，反应速率常数和活化能。

(2) 均相单一反应动力学方程（恒温恒容过程）

① 一级不可逆反应：$kt = \ln \dfrac{c_{A0}}{c_A}$ 或 $kt = \ln \dfrac{1}{1-x_A}$

② 二级不可逆反应：$c_{A0} kt = \dfrac{x_A}{1-x_A}$ 或 $x_A = \dfrac{c_{A0} kt}{1+c_{A0} kt}$

(3) 复杂反应动力学方程　$r_i = \sum_{j=1}^{M} v_{ij} r_{ij}$

四、反应釜的设计

1. 间歇釜（BR）

(1) 特征　反应器内浓度处处相等、时时不相等，返混程度为零。

(2) 物料衡算方程

① 间歇操作釜式反应器计算通式：$t = \int_0^t dt = n_{A0} \int_{x_{A0}}^{x_{Af}} \dfrac{dx_A}{(-r_A) V_R}$

② 间歇操作釜式反应器，恒温恒容条件下，用组分 A 的初始浓度表示通式：

$$t = c_{A0} \int_{x_{A0}}^{x_{Af}} \dfrac{dx_A}{(-r_A)} \text{ 或 } t = -\int_{c_{A0}}^{c_A} \dfrac{dc_A}{(-r_A)}$$

对于一级反应 $(-r_A) = kc_A = kc_{A0}(1-x_{Af})$，可得：$t = \dfrac{1}{k} \ln \dfrac{c_{A0}}{c_{Af}} = \dfrac{1}{k} \ln \dfrac{1}{1-x_{Af}}$

对于二级反应：$(-r_A) = kc_A^2 = kc_{A0}^2 (1-x_{Af})^2$，可得：$t = \dfrac{1}{k}\left(\dfrac{1}{c_{Af}} - \dfrac{1}{c_{A0}}\right) = \dfrac{1}{kc_{A0}} \times \dfrac{x_{Af}}{1-x_{Af}}$

(3) 反应器的体积

① 给定 V，求 n：$V_R = \varphi V = V_0(t+t')$

② 给定 n，求 V：$V = \dfrac{V_0(t+t')\delta}{n\varphi}$

2. 连续釜（CSTR）

(1) 单台连续操作釜式反应器（1-CSTR）

① 特征：釜内浓度处处相等、时时相等，且等于出口处的浓度；返混程度为无穷大。

② 反应釜有效体积：$V_R = F_{A0} \dfrac{x_{Af}}{(-r_A)} = V_0 \dfrac{c_{A0}-c_A}{(-r_A)} = V_0 \bar{t}$

③ 平均停留时间：$\bar{t} = \dfrac{V_R}{V_0} = c_{A0} \dfrac{x_{Af}}{(-r_A)} = \dfrac{c_{A0}-c_A}{(-r_A)}$

(2) 多台连续操作釜式反应器（n-CSTR）

① 特征：每个反应釜内浓度处处相等、时时相等，且等于该釜的出口浓度，但每台反应釜内的浓度是不相等的。

② 反应釜的体积：$V_R = \sum V_{Ri} = \sum V_{0i} \bar{t}_i$

③ 任意第 i 台釜的体积：

$V_{Ri} = F_{A0} \dfrac{x_{Ai}-x_{A(i-1)}}{(-r_A)_i} = c_{A0}V_0 \dfrac{x_{Ai}-x_{A(i-1)}}{(-r_A)_i} = V_0 \dfrac{c_{A(i-1)}-c_{Ai}}{(-r_A)_i}$

④ 平均停留时间：$\bar{t} = \dfrac{V_{Ri}}{V_0} = c_{A0} \dfrac{x_{Ai}-x_{A(i-1)}}{(-r_A)_i} = \dfrac{c_{A(i-1)}-c_{Ai}}{(-r_A)_i}$

项目自测

一、判断题

1. 搪玻璃反应釜适用于酸碱交替的化学反应。（   ）
2. 我国标准搪玻璃反应釜有 K 型和 F 型。（   ）
3. 釜式反应器可用来进行均相反应，也可用于以液相为主的非均相反应。（   ）
4. 釜式反应器的所有人孔、手孔、视镜和工艺接管口，除出料口外，一律都开在顶盖上。（   ）
5. 釜式反应器的夹套高度一般应高于料液的高度，以保证充分传热。（   ）
6. 对于低黏度液体，应选用大直径、低转速搅拌器，如锚式、框式和桨式。（   ）
7. 含有固体颗粒的物料及黏稠的物料，不宜采用蛇管式换热器。（   ）
8. 当反应在沸腾温度下进行且反应热效应很大时，可采用回流冷凝法进行换热。（   ）
9. 化工生产上，为了控制 200～300℃ 的反应温度，常用熔盐作载热体。（   ）
10. 化工生产上，为了控制 300～500℃ 的反应温度，常用导热油作载热体。（   ）
11. 全混流操作反应器，反应器内温度、浓度处处均匀一致，故所有物料粒子在反应器内的停留时间都相同。（   ）
12. 长径比较大、流速较高的连续操作管式反应器内的流体流动可以近似看作是理想置换流动模型。（   ）
13. 床层与颗粒直径比大于 100 的固定床反应器内的流体流动可以近似看作是理想置换流动模型。（   ）

14. 返混带来的最大影响是反应器进口处反应物高浓度区的消失或减低。（ ）
15. 平推流反应器中任何位置上的物料，各项物性参数不随时间改变，但随管长改变，反应属于常态操作。（ ）
16. 物料在平推流反应器中反应时间相同。（ ）
17. 影响化学反应速率的因素主要有温度和压力。（ ）
18. 所谓单分子、双分子、三分子反应是针对基元反应而言的。（ ）
19. 反应级数的高低反映反应速率对浓度的敏感程度。（ ）
20. 反应动力学中反应级数越高，浓度对反应速率的影响越小。（ ）
21. 对非基元反应，反应级数等于化学反应式的计量系数。（ ）
22. 化学反应的反应级数只能是正数。（ ）
23. 活化能的大小是表征化学反应进行难易程度的标志。（ ）
24. 活化能高，反应易于进行；活化能低，则难进行。（ ）
25. 反应热与活化能是两个相同的概念。（ ）
26. 活化能越大，温度对反应速率的影响越显著。（ ）
27. 对于同一反应即当活化能 E 一定时，反应速率对温度的敏感程度随着温度的升高而降低。（ ）
28. 可采用改变初始浓度的办法鉴别某反应是不是一级反应。（ ）
29. 反应级数大于 1 的反应，反应转化率达到 100%，所需时间无限长，表明大部分反应时间处于反应末期。（ ）
30. 为了便于生产的组织管理和产品的质量检验，通常要求不同批号的物料不相混。（ ）

二、单选题

1. 釜式反应器中，高压釜的操作压力为（ ）。
   A. $\leqslant 1.6$ MPa   B. $1.6 \sim 10$ MPa   C. $10 \sim 100$ MPa   D. $\geqslant 10$ MPa
2. 釜式反应器可用于不少场合，除了（ ）。
   A. 气-液   B. 液-液   C. 液-固   D. 气-固
3. 化工生产过程按其操作方式可分为间歇、连续、半间歇操作，属于稳定操作的是（ ）。
   A. 间歇操作   B. 连续操作   C. 半间歇操作
4. 小批量、多品种的精细化学品的生产适用于（ ）过程。
   A. 连续操作   B. 间歇操作   C. 半连续操作   D. 半间歇操作
5. 间歇操作的特点是（ ）。
   A. 不断地向设备内投入物料   B. 不断地从设备内取出物料
   C. 生产条件不随时间变化   D. 生产条件随时间变化
6. 经常采用压料方式放料的反应器是（ ）。
   A. 高压釜   B. 不锈钢釜   C. 铅釜   D. 搪瓷釜
7. 不属于搅拌的根本目的的是（ ）。
   A. 加强物料的均匀混合   B. 强化传质
   C. 强化传热   D. 强化传动
8. 对于非均相液-液分散过程，应优先选择（ ）搅拌器。
   A. 锚式   B. 涡轮式   C. 桨式   D. 推进式
9. 对低黏度均相液体混合，应优先选择（ ）搅拌器。
   A. 螺带式   B. 涡轮式   C. 桨式   D. 推进式

10. 为维持 200℃ 的反应温度，工业生产上常用（　　）作载热体。
   A. 水　　　　　　B. 导热油　　　　C. 熔盐　　　　　D. 烟道气
11. 对于非均相液-液分散过程，要求被分散的"微团"越小越好，釜式反应器应优先选择（　　）搅拌器。
   A. 桨式　　　　　B. 螺旋桨式　　　C. 涡轮式　　　　D. 锚式
12. 在釜式反应器中，对于物料黏稠性很大的液体混合，应选择（　　）搅拌器。
   A. 锚式　　　　　B. 桨式　　　　　C. 框式　　　　　D. 涡轮式
13. 工业生产中常用的热源与冷源是（　　）。
   A. 蒸汽与冷却水　　　　　　　　　B. 蒸汽与冷冻盐水
   C. 电加热与冷却水　　　　　　　　D. 导热油与冷冻盐水
14. 搅拌反应器中的夹套是对罐体内的介质进行（　　）的装置。
   A. 加热　　　　　B. 冷却　　　　　C. 加热或冷却　　D. 保温
15. 能适用于不同工况范围最广的搅拌器形式为（　　）。
   A. 桨式　　　　　B. 框式　　　　　C. 锚式　　　　　D. 涡轮式
16. 在间歇反应釜单元中，下列描述错误的是（　　）。
   A. 主反应的活化能比副反应的活化能高
   B. 在 80℃ 的时候，主反应和副反应的速率比较接近
   C. 随着反应的不断进行，反应速率会随着反应物浓度的降低而不断下降
   D. 反应结束后，反应产物液是利用压力差从间歇釜中移出的
17. 下列说法正确的是（　　）。
   A. 反应所用三种原料都是液体并能互溶
   B. 反应釜夹套中蒸汽、冷却水及蛇管中的冷却水都可控制釜温
   C. 反应所用三种原料从计量罐或沉淀罐中都是利用位差进入反应釜
   D. 在 60～90℃ 范围内，主反应速率都比副反应速率要大
18. 当反应釜超温超压但压力未达到 10atm 时，下列处理错误的是（　　）。
   A. 打开高压冷却水阀 V20　　　　　B. 打开放空阀 V12
   C. 开大冷却水量　　　　　　　　　D. 关闭搅拌器 M1
19. 当反应釜内的温度升至 75℃ 时，可以关闭蒸汽，为什么？（　　）
   A. 反应釜内的物料反应为放热反应，可以维持继续升温
   B. 反应釜内密闭，温度不会下降
   C. 反应釜内依靠搅拌会产生大量热
   D. 反应釜温度可以完全不用蒸汽调节
20. 当反应温度大于 128℃ 时，已处于事故状态，如联锁开关处于"ON"的状态，联锁启动。下列不属于联锁动作的是（　　）。
   A. 开高压冷却水阀　　　　　　　　B. 全开冷却水阀
   C. 关搅拌器　　　　　　　　　　　D. 关加热蒸汽阀
21. 出料管堵塞的原因是（　　）。
   A. 产品浓度较大　　　　　　　　　B. 发生副反应
   C. 出料管硫黄结晶　　　　　　　　D. 反应不完全
22. 反应釜测温电阻连线故障的现象是（　　）。
   A. TIC101 降为零，不起显示作用　　B. 沉淀罐溢出
   C. 安全阀启用（爆膜）　　　　　　D. 计量罐溢出

23. 停车操作的正常顺序是（　　）。
A. 打开放空阀，关闭放空阀，向釜内通增压蒸汽，打开蒸汽预热阀，打开出料阀门
B. 打开放空阀，向釜内通增压蒸汽，打开蒸汽预热阀，打开出料阀门，关闭放空阀
C. 打开放空阀，关闭放空阀，打开蒸汽预热阀，向釜内通增压蒸汽，打开出料阀门
D. 打开出料阀门，打开放空阀，关闭放空阀，向釜内通增压蒸汽，打开蒸汽预热阀

24. 间歇釜操作的初始阶段，通入加热蒸汽的目的是（　　）。
A. 提高升温速度　　　　　　　　B. 提高反应压力
C. 降低反应压力　　　　　　　　D. 降低升温速度

25. 停车操作规程中，首先要求开放空阀 V12 5～10s，其目的是（　　）。
A. 降低反应釜内的压力　　　　　B. 降低反应釜内的温度
C. 抑制反应的进行　　　　　　　D. 放掉釜内残存的可燃气体

26. 活化能的大小代表了反应速率对（　　）的敏感程度。
A. 浓度　　　　B. 温度　　　　C. 压力　　　　D. 反应级数

27. 反应级数与反应速率的关系是：反应级数越大，浓度对反应速率的影响（　　）。
A. 越大　　　　B. 越小　　　　C. 相等　　　　D. 无关

28. 从反应动力学角度考虑，增高反应温度使（　　）。
A. 反应速率常数值增大　　　　　B. 反应速率常数值减小
C. 反应速率常数值不变　　　　　D. 副反应速率常数值减小

29. 反应速度仅是温度的函数，而与反应物浓度无关的反应是（　　）。
A. 零级反应　　B. 一级反应　　C. 二级反应　　D. 三级反应

30. 化学反应速度常数与下列因素中的（　　）无关。
A. 温度　　　　B. 浓度　　　　C. 反应物特性　　D. 活化能

31. 下列哪种反应器可以近似看成是理想置换反应器？（　　）
A. 间歇操作釜式反应器　　　　　B. 管式反应器
C. 连续操作釜式反应器　　　　　D. 串联釜数为无穷的连续操作釜式反应

32. 平推流的特征是（　　）。
A. 进入反应器的新鲜质点与留存在反应器中的质点能瞬间混合
B. 物料的出口浓度等于进口浓度
C. 流体物料的浓度和温度在与流动方向垂直的截面上处处相等，不随时间变化
D. 物料一进入反应器，立即均匀地分散在整个反应器中

33. 对于反应级数 $n<0$ 的反应，为降低反应器容积，应选用（　　）反应器。
A. 管式　　　　B. 间歇釜　　　C. 平推流　　　D. 全混流

34. 任一截面的物料如同气缸活塞一样在反应器中移动，垂直于流体流动方向的任一横截面上所有的物料质点的年龄相同，是一种返混量为零的极限流动模型的称作（　　）。
A. 理想置换流动模型　　　　　　B. 理想混合流动模型
C. 非理想流动模型　　　　　　　D. 全混流模型

35. 属于理想的均相反应器的是（　　）。
A. 全混流反应器　　B. 固定床　　　C. 流化床　　　D. 鼓泡塔

36. 反应器设计基本方程中物料衡算式（　　）。
A. 进入的＝离开的＋转化的＋积累的
B. 进入的＝离开的－转化的＋积累的
C. 离开的＝进入的－转化的＋积累的

D. 离开的＝进入的＋转化的－积累的

37. 具有良好搅拌的连续操作釜式反应器可视为（　　）反应器。
A. 理想混合　　　B. 理想置换　　　C. 平推流　　　D. 活塞流

38. 对于连续操作釜式反应器，反应器的有效体积与进料体积流量之比称为（　　）。
A. 反应时间　　　B. 辅助时间　　　C. 停留时间　　　D. 空时

39. N 个 CSTR 进行串联，当 $N \longrightarrow \infty$ 时，整个串联组相当于（　　）反应器。
A. 平推流　　　B. 全混流　　　C. 间歇釜　　　D. 半间歇釜

40. （　　）表达主副反应进行程度的相对大小，能反映原料利用率是否合理。
A. 转化率　　　B. 选择性　　　C. 收率　　　D. 生产能力

三、填空题

1. 一般将流体的流动模型分为两大类型：_____ 和 _____。
2. 长径比较大和流速较高的连续操作管式反应器中的流体流动可视为_____。
3. 理想置换流动模型也称作_____；理想混合流动模型也称作_____。
4. 不同时刻进入反应器物料之间的混合或者说是不同年龄质点之间的混合，称作_____。
5. 对于多组分单一反应系统，各个组分的反应速率受化学计量关系的约束，如反应方程式 $aA + bB \rightleftharpoons rR + sS$，根据化学计量学关系 $(-r_A) : (-r_B) : r_R : r_S = $ _____。
6. 对于反应级数大于 1 的反应，为达到同样转化率，初始浓度提高，反应时间_____（减少/增加）。
7. 对于反应级数 $n \geq 1$ 的反应，大部分反应时间用于反应的末期。高转化率或低残余浓度的要求会使反应所需时间大幅地_____（减少/增加）。
8. 基元反应的级数即为化学反应式的_____，对于非基元反应，反应级数应通过_____确定。
9. 非等分子反应 $2SO_2 + O_2 \rightleftharpoons 2SO_3$ 的膨胀因子 δ_{SO_2} 等于_____。
10. "三传一反"指_____、_____、_____、_____。
11. 反应器设计的方法有_____、_____。
12. 一般搅拌反应釜的高度与直径之比为_____。
13. 对于间歇反应，只要初始浓度 c_{A0} 相同，无论处理量，达到一定的转化率，每批所需的_____相同。
14. 间歇操作釜式反应器的有效体积不仅与反应时间有关，还与_____有关。

四、计算题

1. 在间歇反应器中进行等温二级反应 A $\longrightarrow$ B，反应速率方程式为：$(-r_A) = 0.01c_A^2$ mol/(L·s)，当 c_{A0} 分别为 1mol/L、5mol/L、10mol/L 时，求反应至 $c_A = 0.01$mol/L 所需的反应时间。

2. 等温下间歇反应器中进行一级不可逆液相分解反应 A $\longrightarrow$ B+C，在 5min 内有 50% 的组分 A 分解，要达到分解率为 75%，问需要多长时间？若反应为二级，则需多长时间？

3. 在连续操作釜式反应器进行某一级可逆反应 A $\underset{k_2}{\overset{k_1}{\rightleftharpoons}}$ B，在操作条件下测得化学反应速率常数为 $k_1 = 10h^{-1}$，$k_2 = 2h^{-1}$，在反应物料 A 中不含 B，其进料量为 $10m^3/h$，当反应的转化率达到 50% 时，平均停留时间和反应器的有效体积各为多少？

4. 在理想间歇操作釜式反应器中用己二酸和己二醇为原料，以等摩尔比进料进行缩聚反应生产醇酸树脂。当反应温度为 70℃，催化剂为 H_2SO_4。由实验测得动力学方程式为：$(-r_A) = kc_A^2 [\text{kmol}/(\text{L} \cdot \text{min})]$，其中，反应速率常数 $k = 1.97 \text{L}/(\text{kmol} \cdot \text{min})$，反应物的初始浓度 $c_{A0} = 0.004 \text{kmol/L}$。若每天处理己二酸 2400kg，求转化率分别为 0.5、0.6、0.8、0.9 时所需的反应时间。若每批操作的辅助时间为 1h，反应器的装料系数为 0.75，当转化率为 80% 时，求间歇釜的体积。

5. 以己二酸和己二醇为原料，用以搅拌良好的釜式反应器连续生产醇酸树脂，反应条件与上题相同。计算当反应转化率为 80% 时，反应器的有效体积及平均停留时间。

6. 用 2 个搅拌良好的连续操作釜式反应器串联生产醇酸树脂，要求第一台反应釜的转化率达 50%，反应条件与题 4 相同，计算当第二台反应釜最终转化率达到 80% 时反应器的体积。

五、思考题

1. 釜式反应器在开车前应做哪些准备？
2. 反应釜的维护要点有哪些？
3. 怎样操作才能达到产品的高收率？
4. 简述产品的出料步骤。
5. 当反应温度低于 90℃，对生产有何影响？为什么？
6. 简述装置中联锁的作用。
7. 思考该生产工艺的温度控制方案。
8. 什么是"化学动力学方程"？怎样理解"反应级数表明浓度对反应速率的敏感程度""活化能表明温度对反应速率的敏感程度"？
9. 说明活化能与反应热的区别与联系。
10. 分析间歇釜 BR、连续釜 CSTR、多釜串联 n-CSTR 操作釜内浓度的变化规律。

项目二

管式反应器

学习目标

素质目标
- 具备科学的思维方法和实事求是的工作作风。
- 具备工匠精神、团队协作精神等职业素养。
- 具备分析问题与解决问题的能力。
- 树立家国情怀与社会主义核心价值观等素养。

知识目标
- 掌握管式反应器的分类、特点及应用。
- 了解管式反应器的基本结构及各部件的作用。
- 了解管式反应器内的流体流动。
- 掌握理想置换流动模型的特点。
- 理解反应器稳定操作的重要性及方法。
- 掌握管式反应器的工艺设计方法。

能力目标
- 能认识管式反应器各部件并说出其作用。
- 能对管式反应器进行操作与控制。
- 能判断和分析常见管式反应器故障并做应急处理。
- 能绘制生产聚丙烯（PP）的工艺流程图。
- 能够根据生产要求选择合适的管式反应器。

思维导图

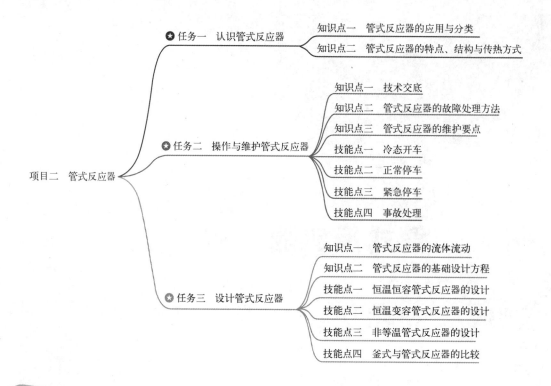

项目背景

管式反应器是长径比很大的截面为圆形的细长型反应器,是一种在化工生产中应用较多的连续操作反应器。管式反应器的主要特点:比表面积大,容积小,返混少,能承受较高压力,反应操作易控制;但反应器压降较大,动力消耗大。

管式反应器主要用于气相和液相的快速反应,尤其是带有压力的反应,管式反应器的长径比通常大于100,管内一般不设任何内部构件。反应物料从一端进入,产物从另一端排出。与其他反应器相比,管式反应器在达到相同生产能力和转化率时,所需的反应器体积最小,单位反应器体积所具有传热面积最大,适用于热效应比较大的气相均相反应。如:烃类裂解生产乙烯、高压聚乙烯的合成反应等。而慢速反应由于所需管长较长,进而造成压降增加,不适用于管式反应器。

为了控制温度,管外设有夹套,内通冷却介质移走反应热量。物料在管式反应器中的流动通常呈层流状态,管道轴心部位流速较快,靠近管壁处物料流速较慢,造成轴心部位主要是未反应单体。为克服此缺点,须将高速流动的物料变成湍流状态,减少物料径向间的流速差异。在大口径管式反应器中,由轴心到管壁间会产生温度梯度,反应热传递困难,当单体转化率很高时,可能难以控制温度,发生爆聚。因此管式反应器的单程转化率通常仅为10%~20%。

管式反应器的结构简单,单位体积所具有的换热面积大,适用于高温、高压条件下的聚合反应。缺点:一是容易发生聚合物的黏壁现象,造成管子堵塞;二是当物料黏度很大时,压力损失也大;三是在管子长度方向上温度、压力、组成等参数不能保持一致。因此,管式反应器除高压聚乙烯、中压聚烯烃等少数案例,在聚合物生产中应用较少。高压聚乙烯所用的管式反应器长径比为 250～12000,反应管呈螺旋状,长度为数百至上千米。整个反应管由预热、反应、冷却三段组成,实际反应段仅占很短一部分,大部分用于预热和冷却。

环管式聚合反应器是管式反应器的一种,由碳钢管、法兰和弯头组成,内装轴流泵,使物料在装置内进行循环,生成的聚合物须经特殊设计的出料阀借自身的压力排出反应器外。目前环管反应器体积可达 20～100m^3,管长 100～150m。

任务一
认识管式反应器

口罩关键原料聚丙烯(PP)的生产

聚丙烯(polypropylene,PP)是以丙烯原料为单体,乙烯为共聚单体通过聚合反应而制得的,是一类无色、无臭、无毒、半透明的通用型热塑性树脂。丙烯原料丰富、价廉易得,聚丙烯性能优异、用途广泛,成为发展最快的四大通用型热塑性树脂(聚乙烯、聚氯乙烯、聚丙烯、聚苯乙烯)之一,也是聚烯烃(PO)家族中的第二个重要成员,产量居世界第二。聚丙烯具有耐化学、耐热、电绝缘、高强度力学性能和良好的高耐磨加工性能等,在机械、汽车、电子电器、建筑、纺织、包装、农林渔业和食品工业等领域得到广泛应用。由于其可塑性强,聚丙烯材料正逐步替代木制产品,高强度韧性和高耐磨性能已逐步取代金属的力学性能。另外聚丙烯具有良好的接枝和复合功能,在混凝土、纺织、包装和农林渔业方面具有巨大的应用空间。

根据结构的不同,聚丙烯可分为等规、间规及无规三类。目前主要应用的为等规聚丙烯,用量可占 90% 以上。无规聚丙烯不能用于塑料,常用于改性载体。间规聚丙烯为低结晶聚合物,属于高弹性热塑材料,具有透明、韧性和柔性,但刚性和硬度只有等规聚丙烯的一半。

聚丙烯生产工艺主要有溶液法、淤浆法、本体法、气相法和本体-气相法组合工艺 5 大类。目前世界上比较先进的生产工艺主要是气相法和本体-气相法组合工艺。

典型代表有：Spheripol 本体-气相工艺、Hypol 本体-气相工艺、Unipol 气相流化床工艺、Novolen 气相工艺、hmovene 气相工艺、窒素的气相工艺以及住友的气相工艺等。

Spheripol 工艺是本体-气相法组合工艺的典型代表，见图 2-1。该工艺是由巴塞尔（Basell）聚烯烃公司开发成功。该技术自 1982 年首次工业化以来，是迄今为止最成功、应用最为广泛的聚丙烯生产工艺。该工艺采用高效催化剂，生成的聚丙烯粉料粒度呈圆球形，颗粒大而均匀，分布可调节，既可宽又可窄。可生产全范围、多用途的各种产品。其均聚和无规共聚产品的特点是净度高，光学性能好，无异味。在该工艺中，液相环管反应器用于预聚和生产聚丙烯均聚物和无规共聚物，气相流化床反应器用于生产聚丙烯抗冲共聚物。

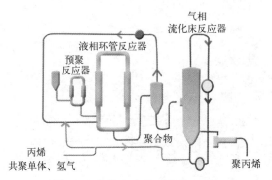

图 2-1 本体法-气相法组合工艺

综上所述，PP 的生产工艺有很多，在消化吸收引进技术的基础上，中国石化成功开发了环管液相本体法 PP 工艺与工程技术。1999 年开发的 20 万 t/a 的 PP 生产工艺，能够生产双峰分布、高性能抗冲共聚物产品。具有国外 Spheripol 工艺技术水平的第二代国产化环管聚丙烯成套工业技术于 2002 年在上海石化建成投产，标志着我国 PP 工艺技术在经过多年引进国外技术之后，国产化技术达到了国外先进水平，具有里程碑式的意义。2014 年，由中国石化北京化工研究院、中国石化武汉分公司和中国石化石家庄炼化分公司共同承担的中国石化"十条龙"攻关项目——"第三代环管 PP 成套技术开发"通过了中国石油化工集团公司组织的技术鉴定。该成套技术以自主开发的催化剂、非对称外给电子体技术和丙丁两元无规共聚技术为基础，研发出了第三代环管 PP 成套技术。该技术可用于生产均聚、乙丙无规共聚、丙丁无规共聚和抗冲击共聚 PP 等。目前，该方法已在浙江绍兴三圆石化、徐州海天石化、呼和浩特石化、湛江东兴、上海石化、茂名石化、青岛炼化、海南炼化等公司进行生产。

工作任务

1. 掌握聚丙烯（PP）的用途、聚合方法及聚合原理。
2. 绘制生产 PP 的 Spheripol 生产工艺流程图，并确定聚合反应的关键设备。
3. 认知 Spheripol 工艺生产聚丙烯（PP）的环管式反应器的结构并说出各部件的作用。

知识点一 管式反应器的应用与分类

一、管式反应器的应用

管式反应器是一种呈管状、长径比很大的连续操作反应器,在化工生产中的应用越来越多,多用于连续操作的气相反应,如低级烃的卤化和氧化反应、石油烃的热裂解反应等,且向大型化和连续化发展。管式反应器一般可用于气相、均相液相、非均相液相、气-液相、气-固相、固相等反应过程。例如,乙酸裂解制乙烯酮、乙烯高压聚合、对苯二甲酸酯化、邻硝基氯苯氨化制备邻硝基苯氨、氯乙醇氨化制备乙醇胺、椰子油加氢制备脂肪醇、石蜡氧化制备脂肪酸、单体聚合反应以及某些固相缩合反应等。在工业生产中,管式反应器的生产装置并不是很多,但烃类的热裂解反应是典型的采用管式反应器的操作。如丙烯二聚反应器的管长常以公里进行计量。

管式反应器的应用与分类

工业采用的催化技术,是将催化剂装入管内,使之成为换热式反应器,也是固定床反应器的一种结构形式,常用于气-固相催化反应过程。

二、管式反应器的分类

1. 按管道连接方式分类

根据管道连接方式的不同,管式反应器可分为多管串联管式反应器和多管并联管式反应器。多管串联管式反应器如图 2-2,一般用于气相反应和气-液相反应,如烃类裂解反应和乙烯液相氧化制乙醛。多管并联管式反应器如图 2-3,一般用于气-固相反应,如气相氯化氢和乙炔在装有固相催化剂的多管并联管式反应器中反应制氯乙烯;氮气和氢气在装有固体铁催化剂的多管并联管式反应器中合成氨。

2. 按管式反应器的结构分类

管式反应器的结构类型多样,常见类型有以下几种。

(1)水平管式反应器 常用于气相或均相液相反应,由无缝钢管与口形管连接,易于加工制造和检修,见图 2-4。高压反应管道采用标准槽对焊钢法兰连接,可承受 1600~10000kPa 的压力。如透镜面钢法兰,承受压力可达 10000~20000kPa。

(2)立管式反应器 常用于液相氨化、液相加氢、液相氧化等工艺中。常见的几种立管式反应器如下:图 2-5(a)为单程立管式反应器,图 2-5(b)为中心插入管立管式反应器,图 2-5(c)为夹套立管式反应器(将一束立管安装在加热套筒内,以节省安装面积)。

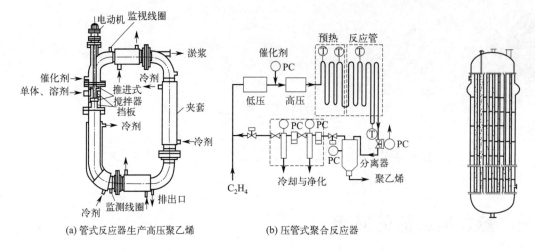

(a) 管式反应器生产高压聚乙烯
(b) 压管式聚合反应器

图 2-2 多管串联管式反应器

图 2-3 多管并联管式反应器

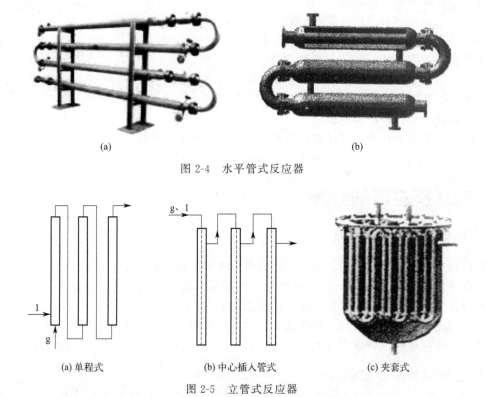

(a)　　　　　　　　　　　(b)

图 2-4 水平管式反应器

(a) 单程式　　(b) 中心插入管式　　(c) 夹套式

图 2-5 立管式反应器

（3）盘管式反应器　盘管式反应器，见图 2-6，设备紧凑，节省空间，但检修和清刷管道比较困难。盘管式反应器由许多水平盘管上下重叠串联组成，每一个盘管由许多半径不同的半圆形管子螺旋相连，中央留出 $\phi 400 mm$ 的空间，便于安装检修。

（4）U 形管式反应器　管内设有多孔挡板或搅拌装置，以强化传质和传热。U 形管的直径大，物料停留时间长，可用于反应速率较慢的反应。如带多孔挡板的 U 形管式反应器，被应用于己内酰胺的聚合反应。带搅拌装置的 U 形管式反应器适用于非均相液体物料或液-

固悬浮物料，如甲苯的连续硝化反应、蒽醌的连续磺化反应等。图 2-7 是一种内部设有搅拌和电阻加热装置的 U 形管式反应器。

图 2-6 盘管式反应器

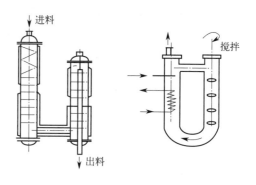

图 2-7 U 形管式反应器

（5）多管并联管式反应器　见图 2-8，一般用于气-固相反应，如气相氯化氢和乙炔在装有固相催化剂的多管并联管式反应器中制氯乙烯，气相氮和氢混合物在装有固相铁催化剂的多管并联管式反应器中合成氨。

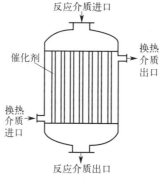

图 2-8 多管并联管式反应器

此外，根据是否存在填充剂可分为空管和填充管式反应器；根据放置方式分为横管式反应器和竖管式反应器。

知识点二
管式反应器的特点、结构与传热方式

一、管式反应器的特点

管式反应器是由很多根细管通过串联或并联而构成的一种反应器。管式反应器的长度和直径之比通常大于 50~100。管式反应器在实际应用中，多采用连续操作，少采用半连续操作，而间歇操作则极为罕见。管式反应器特点如下。

① 由于反应物的分子在管式反应器内的停留时间相等,所以在反应器内任何一点上反应物的浓度和化学反应速度都不随时间变化,只随管长发生变化。

② 管式反应器的容积小、比表面积大、单位容积的传热面积大,适用于热效应较大的反应。

③ 反应物在管式反应器中的反应速度快、流速快,生产效率高。

④ 适用于大型化和连续化的生产,便于计算机集散控制,产品质量有保证。

⑤ 与釜式反应器相比,管式反应器的返混较小,在流速较高的情况下,其管内流体流型接近于理想置换流动。

⑥ 管式反应器适用于液相反应,也适用于气相反应,加压反应尤为合适。

总之,管式反应器的优点是返混小,容积效率(单位容积生产能力)高,对要求较高转化率或有串联副反应的场合尤为适用;且可实现分段的温度控制。缺点是当反应速率很低时所需的管道太长,工业上不易实现。

二、管式反应器的结构

下面以套管式反应器为例介绍管式反应器的结构。

套管式反应器是由长径比很大的细长管和密封环通过连接件的紧固,以串联方式安装在机架上而组成,如图 2-9 所示。包括直管、弯管、密封环、法兰及紧固件、温差补偿器、传热夹套及连接管和机架等几部分。

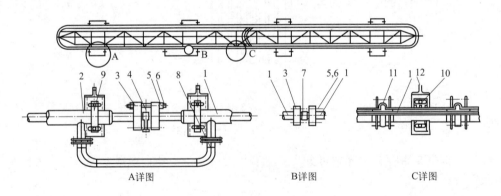

图 2-9 套管式反应器结构

1—直管;2—弯管;3—法兰;4—带接管的"T"形透镜环;5—螺母;6—弹性螺柱;7—圆柱形透镜环;8—连接管;9—支座(抱箍);10—支座;11—补偿器;12—机架

1. 直管

直管的结构如图 2-10 所示,内管长 8m。根据反应段的不同,内管内径通常也不同(如 $\phi 27mm$ 和 $\phi 34mm$)。夹套管采用焊接方式与内管固定。夹套管上对称安装一对不锈钢制成的 Ω 型补偿器,以消除开停车时内外管线膨胀系数不同而附加在焊缝上的拉应力。

反应器预热段夹套管内通蒸汽进行加热,反应段及冷却段通换热介质移去反应热。夹套管两端开孔,并装有连接法兰,以便和相邻夹套管相连通。为安装方便,在整管的中间位置会安装支座。

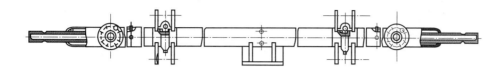

图 2-10 直管结构

2. 弯管

弯管的结构与直管基本相同,如图 2-11 所示。弯头的半径 $R \geqslant 5D \pm 4\%$。由于弯管在机架上的安装方法允许其有足够的伸缩量,故不再另加补偿器。内管总长(包括弯头弧长)也是 8m。

3. 密封环

套管式反应器的密封环为透镜环。透镜环有两种形状:一种是圆柱形,另一种是带接管"T"形。圆柱形透镜环所采用材质与反应器内管相同;带接管的"T"形透镜环用于安装测温、测压元件,如图 2-12 所示。

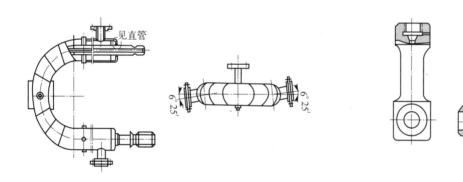

图 2-11 弯管结构　　　　　图 2-12 带接管的"T"形透镜环

4. 管件

反应器的连接必须按规定的紧固力矩进行,因此对法兰、螺柱和螺母都有一定的要求。

5. 机架

反应器的机架采用桥梁钢焊接而成整体结构,地脚螺栓安装在基础桩的柱头上,安装管子支座的部位装有托架,管子采用抱箍与托架进行固定。

三、管式反应器的传热方式

1. 套管传热

套管一般由钢板焊接而成,是套在反应器筒体外面能够形成密封空间的容器,套管内通入载热体进行传热。如图 2-4、图 2-5(a)、图 2-5(b) 等所示反应器。

2. 套筒传热

反应器置于套筒内进行换热，如将一系列管束构成的管式反应器放置于套筒内进行传热。如图2-5（c）、图2-6所示。

3. 短路电流加热

将低电压的交流电直接通到管壁上，利用短路电流产生的热量进行高温加热。具有升温速度快、加热温度高、便于实现遥控和自控的特点。如短路电流加热已应用于邻硝基氯苯的氨化等管式反应器上。

4. 烟道气加热

当反应温度要求较高，可利用煤气、天然气、石油加工废气或燃料油等燃烧时产生的高温烟道气作为热源，通过辐射传热直接加热管式反应器，可达生产过程所需要的数百摄氏度的高温，此方法在石油化工中应用较多，如裂解生产乙烯、乙苯脱氢生产苯乙烯等反应。

一、咨询

学生在教师指导与帮助下解读工作任务要求，了解工作任务的相关工作情境与必备知识，明确工作任务核心要点。

二、决策、计划与实施

根据工作任务要求掌握气-液相反应器的类型、基本结构及流体流动状况；根据聚丙烯（PP）的生产特点初步确定聚合生产工艺；通过分组讨论和学习，进一步学习聚丙烯（PP）聚合反应设备环管式反应器的特点及结构，并说出各部件的作用。具体工作时，可根据生产工艺的特点，确定环管式反应器的直径、高度、物料走向等，了解其内部构件如挡板、换热器、换热介质等的类型。掌握聚丙烯（PP）的工艺流程、聚合反应原理等。

三、检查

教师通过检查各小组的工作方案与听取小组研讨汇报，及时掌握学生的工作进展，适时归纳讲解相关知识与理论，并提出建议与意见。

四、实施与评估

学生在教师的检查指导下继续修订与完善任务实施方案，并最终完成初步方案。教师对各小组完成情况进行检查与评估，及时进行点评、归纳与总结。

 知识拓展

大型聚丙烯装置环管反应器的结构[1]

聚丙烯是由丙烯聚合而制得的一种热塑性树脂，目前其生产方法主要有五大类，分别是溶液法、淤浆法、本体法、气相法和本体-气相组合工艺。其中，本体-气相组合工艺的主反应器就是环管反应器，环管反应器工艺的生产成本更低，流程也相对简单。随着各行业生产装置的规模化和大型化，对设备生产能力的需求愈来愈高，丙烯装置产量达几十万吨以上，反应器体量也随之增大。

一、结构

环管反应器有 8 根（L1、L2、…、L7、L8）直筒体，长 55m、直径 800mm，外层套有夹套（图 2-13）。顶部有 4 个（A1、A2、A3、A4）180°弯头，底部 2 个（B1、B2）180°弯管组件，中间 4 个（C1、C2、C3、C4）连通管组件，底部 2 个（D1、D2）90°弯管组件，2 个（E1、E2）短管组件。依次通过法兰、轴流泵连接，形成一个整体循环。

在 8 根直管上还分布着 14 层连接梁，采用工字钢制作，将直管两两连接形成一层平台，其主要作用是固定整个装置以及系统其他辅助设备的安装平台。设备总高度约 62m，总重量约 840t。该设备属于Ⅲ类压力容器，其设计参数主要有：容器内筒压力 5.34MPa，夹套压力 0.85MPa；内筒温度 -45~150℃，夹套温度 180℃。

二、材质

① 内管及弯头采用 SA-671 Class 22 C70 有缝钢管，为进口材料，其中 SA-671 Class 22 C70 中的碳、磷、硫应分别小于 0.25%、0.025% 和 0.012%。弯头为热弯成形，成形后再进行正火处理，并取试样来模拟弯头的热成型和正火热处理或冷成型的消除应力热处理。

② 法兰采用 16MnⅡ锻件，凸缘采用 09MnNiDRⅢ锻件，夹套材料为 Q345R、采用

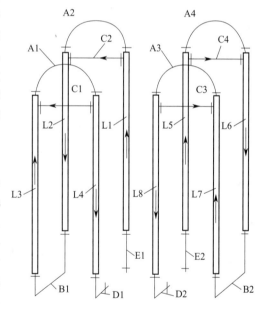

图 2-13 环管反应器的结构

板材卷制成型。钢板符合 GB 713—2014《锅炉和压力容器用钢板》要求，正火、表面须做抛光处理。

③ 环管反应器承压零部件的所有焊接材料必须选用低氢型。

---

[1] 摘自吴坤，张玉，吴卫伟，等.大型聚丙烯装置环管反应器的制造[J].设备管理与维修，2022（10）：100-101.

任务二
操作与维护管式反应器

本任务以环管反应器生产聚丙烯为载体进行管式反应器的仿真操作。为了保证生产顺利、安全、有序地进行,需要对管式反应器进行日常维护。管式反应器在生产过程中有一些常见故障,了解管式反应器常见故障及处理方法,可减少事故的发生,增加生产时间。

1. 了解聚丙烯的生产方法,确定环管聚丙烯生产的反应原理及关键工艺参数。
2. 绘制环管生产聚丙烯工艺流程图。
3. 完成环管聚丙烯的冷态开车、正常停车、事故处理等仿真操作。
4. 分析判断管式反应器常见的异常现象有哪些,掌握故障现象处理方法。

知识点一
技术交底

一、反应原理

一般来说,丙烯聚合反应的机理可以划分为四个基本反应步骤:活化反应、形成活性中心、链引发、链增长及链终止。

以 $TiCl_3$ 催化剂为例。首先单体与过渡金属配位,形成 Ti 配合物,减弱了 Ti—C 键,然后单体插入过渡金属和碳原子之间。随后空位与增长链交换位置,下一个单体又在空位上继续插入。如此反复进行,丙烯分子上的甲基就依次按照一定方向在主链上有规则地排列,即发生阴离子配位定向聚合，形成等规或间规聚丙烯（PP）。对于等规 PP 来说，每个单体单元等规插入的立构化学是由催化剂中心的构型控制的，间规单体插入的立构化学则是由链终端控制的。

链终止的方式有以下几种：瞬时裂解终止（自终止、向单体转移终止、向助引发剂 AlR_3 转移终止）、氢解终止。氢解终止是工业常用的方法，不但可以获得饱和聚丙烯产物，还可以调节产物的分子量。

二、工艺流程

来自界区的烯烃在液位控制下和经烯烃回收单元回收的烯烃一并进入 D201 烯烃原料罐，混合后的烯烃经进料泵 P200A/B 送进反应器系统。为了保证 D201 压力稳定，通过改变经过烯烃蒸发器 E201 的烯烃量来控制 D201 的压力。

来自 P200A/B 的烯烃进入反应系统，反应系统主要由两个串联的环管反应器 R201 和 R202 组成。来自界区的催化剂在流量控制下，进入第一个环管反应器 R201。来自界区的氢气在流量控制下，分两路分别进入 R201 和 R202。烯烃在催化剂作用下发生聚合反应，反应温度控制在 70℃，反应压力控制在 3.4～3.5MPa。

两个环管反应器内浆液的温度是通过其反应器夹套中闭路循环的脱盐水系统来控制的。反应器冷却系统包括板式换热器 E208 和 E209，循环泵 P205 和 P206，整个系统与氮封下的 D203 相连。若夹套水需要冷却，则使水进入板式换热器 E208/E209，通过 E208/E209 的冷却，降低夹套水的温度，以进一步降低环管反应温度，从而移走反应中所产生的热量。在装置开停车期间，为了维持环管温度恒定在 70℃，夹套水须通过 E204/E205 用蒸汽加热。夹套的第一次注水和补充水用脱盐水或蒸汽冷凝水。D203 上的两个液位开关控制夹套水的补充。

反应压力是在一定的进出物料的情况下，通过反应器平衡罐 D202 来控制的，因为该罐是与聚合反应器相连通的容器；而 D202 的压力是通过 E203 加热蒸发烯烃得到的，烯烃蒸发量越大，压力就越高。通过聚合反应，外管反应器中的浆液浓度维持在 50% 左右（浆液密度 $560kg/m^3$），未反应的液态烯烃用作输送流体。两个反应器配有循环泵 P201 和 P202，通过该泵将环管中的物料连续循环。循环泵对保持反应器内温度和密度的均匀具有重要作用。

烯烃经 P200A/E 送入 R201，其流量是基于外管反应器内的浆液密度进行串级控制的，亦即环管中的浆液浓度是通过调节到反应器的烯烃进料量来控制的。环管反应器中的聚合物浆液连续不断地送到聚合物闪蒸及烯烃回收单元，以把物料中未反应的烯烃单体蒸发分离出来。从环管反应器来的浆液的排料是在反应器平衡罐 D202 的液位控制下进行的。

催化剂的供给对反应速率以及生成的聚烯烃量有非常重要的影响，在生产中一定要按要求控制平稳，催化剂的中断会使反应停止。将 H_2 加入环管反应器以控制聚合物的熔融指数，根据操作条件如密度、烯烃流量、聚烯烃产率等改变 H_2 的补充量，若 H_2 中断，须终止环管反应。环管反应器设置了一个使反应器内催化剂失活的系统，当反应必须立即停止时，系统把含有 2% CO 的 N_2 加进环管反应器中以使催化剂失去活性。环管反应器工艺流程见图 2-14。

第二环管反应器 R202 排出的聚合物浆液进入闪蒸罐 D301，烯烃单体与聚合物在此分离，单体经烯烃回收系统回收后返回到 D201。闪蒸操作是从环管反应器排料阀出口处开始进行的，聚合物浆液自 R202 经闪蒸管线流到 D301，其压力由 3.4～3.5MPa（表压）降到 1.8MPa（表压），使烯烃汽化，为了确保烯烃完全汽化和过热，在 R202 和 D301 之间设置了闪蒸线，在闪蒸线外部设置蒸汽夹套，通过 D301 气相温度控制器串级设定通入夹套的蒸汽压力。如果 D301 出现故障，R202 排出的物料可通过 D301 前的二通阀切送至排放系统而不进 D301。

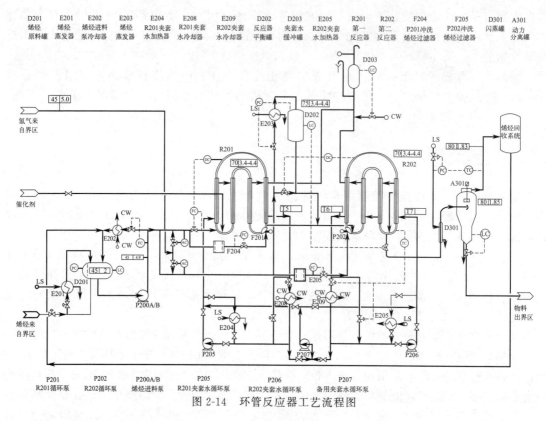

图 2-14　环管反应器工艺流程图

聚合物和汽化烯烃进入 D301，聚合物落到 D301 底部，并在料位控制下送至下一工序，气相烯烃则从 D301 顶部回收，在 D301 顶部有一个特殊设计的动力分离器，它能将气相烯烃中携带的聚合物粉末进一步分离回到 D301。

三、主要仪表位号及控制指标

主要仪表位号及控制指标见表 2-1。

表 2-1　主要仪表位号及控制指标

仪表位号	说明	正常值	仪表位号	说明	正常值
AIC201	进 R201 烯烃中氢气/(μL/L)	876	LIC231	D202 液位/%	70
AIC202	进 R202 烯烃中氢气/(μL/L)	780	PIC231	D202 压力/MPa	3.8
FIC201C	去 R201 的氢气流量/(kg/h)	1.17	DIC241	R201 浆液密度/(kg/m^3)	560
FIC202C	去 R202 的氢气流量/(kg/h)	0.584	PIC241	R201 压力(表压)/MPa	3.8
FIC203	去 R201 的烯烃流量/(kg/h)	27235	TIC241	R201 温度/℃	70
FIC205	催化剂的流量/(kg/h)	34.1	TIC242	R201 夹套水温度/℃	55
LIC201	D201 液位/%	80	DIC251	R202 浆液密度/(kg/m^3)	560
PIC201	D201 压力/MPa	2	PIC251	R202 压力(表压)/MPa	3.5
TI201	D201 的温度/℃	45	TIC251	R202 温度/℃	70
FIC231	去 R202 的烯烃流量/(kg/h)	17000	TIC252	R202 夹套水温度/℃	55

四、仿真界面

环管反应器 R201、R202 的 DCS 图如图 2-15、2-16 所示。

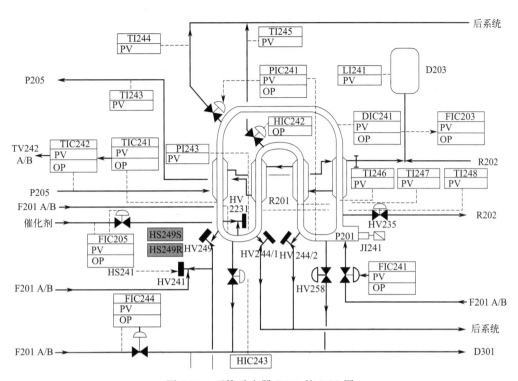

图 2-15 环管反应器 R201 的 DCS 图

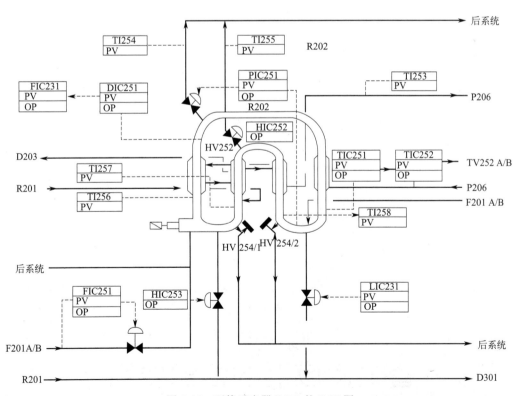

图 2-16 环管反应器 R202 的 DCS 图

知识点二
管式反应器的故障处理方法

连续操作管式反应器常见故障及处理方法见表 2-2。

表 2-2　管式反应器常见故障与处理方法

序号	故障现象	故障原因	处理方法
1	密封泄漏	①安装密封面受力不均 ②振动引起紧固件松动 ③滑动部件受阻造成热胀冷缩导致局部不均匀 ④密封环材料处理不符合要求	停车修理： ①按规范要求重新安装 ②拧紧紧固螺栓 ③检查、修正相对活动部位 ④更换密封环
2	放出阀泄漏	①阀杆弯曲度超过规定值 ②阀芯、阀座密封面受伤 ③装配不当引起油缸行程不足；阀杆与油缸锁紧螺母不紧；密封面光洁度差；装配前清洗不够 ④阀体与阀杆相对密封面过大，密封比压减小 ⑤油压系统故障造成油压降低 ⑥填料压盖螺母松动	停车修理： ①更换阀杆 ②阀芯、阀座密封面研磨 ③解体检查重装，并作动作试验 ④更换阀门 ⑤检查并修理油压系统 ⑥拧紧螺母或更换
3	爆破片爆破	①膜片存在缺陷 ②爆破片疲劳损坏 ③油压放出阀连续失灵，造成压力过高 ④超温超压，发生分解反应	①注意安装前爆破片的检验 ②按规定定期更换 ③查油压放出阀联锁系统 ④分解反应爆破后，应作下列各项检查：接头箱超声波探伤；相接邻近超高压配管超声波探伤；经检查不合格接头箱及高压配管应更新
4	反应管胀缩卡死	①安装不当使弹簧压缩量大，调整垫板厚度不当 ②机架支托滑动面相对运动受阻 ③支承点固定螺栓与机架上的长孔位置不正	①重新安装；控制碟形弹簧压缩量；选用适当厚度的调整垫板 ②检查清理滑动面 ③调整反应管位置或修正机架孔
5	套管泄漏	①套管进出口因管径变化引起气蚀，穿孔套管定心柱处冲刷磨损穿孔 ②套管进出接管结构不合理 ③套管材料差 ④接口及焊接存在缺陷 ⑤接管法兰紧固不均匀	①停车局部修理 ②改造套管进出接管结构 ③选用合适的套管材料 ④焊口按规范修补 ⑤重新安装连接管，更换垫片

知识点三
管式反应器的维护要点

管式反应器与釜式反应器相比，由于没有搅拌器一类的转动部件，具有密封可靠，振动小，管理、维护、保养简便等特点。但是，经常性巡回检查仍是必不可少的。若在运行过程中出现故障时，必须及时处理，不能马虎了事。管式反应器的维护要点如下。

1. 管式反应器的振动幅度

引起管式反应器振动的来源一是超高压压缩机的往复运动造成的压力脉动传递；二是管式反应器末端压力调节阀的频繁运作而引起的压力脉动。

管式反应器振幅较大时要检查反应器入口、出口配管接头箱固定螺栓及本体抱箍是否有松动，若有松动应及时紧固。接头箱紧固螺栓的紧固只能在停车后才能进行。同时要注意碟形弹簧垫圈的压缩量，一般为允许压缩量的50%，以保证管子热膨胀时伸缩自由。管式反应器的振幅须控制在0.1mm以下。

2. 经常检查钢结构地脚螺栓是否有松动、焊缝部分是否有裂纹等

3. 开停车时要检查管子伸缩是否受到约束、位移是否正常

除直管支架处碟形弹簧垫圈不应卡死外，弯管支座的固定螺栓也不应该压紧，以防止反应器伸缩时的正常位移受到阻碍。

技能点一
冷态开车

开工前全面大检查、处理完毕，设备处于良好的备用状态，排放系统及火炬系统应已正常，机、电、仪正常。

一、反应器开车前准备

1. 反应器供料罐 D201 的操作

打开烯烃蒸发器 E201 蒸汽进口阀；打开进料泵循环冷却器 E202 冷却水进口阀；用液态烯烃对 D201 装料，手动打开 FIC201 阀，开 50%~100% 接收烯烃，调节 PIC201 使烯烃经 E201 缓慢供到 D201 顶部，直至 D201 压力达到 1.5MPa，同时控制 PIC201 为 1.7~1.85MPa；LIC201 液位为 0~70%，当 LIC201 达到 40%~50% 时，启动 P200A 或 B 循环烯烃回至 D201，通过调节 FIC202 控制回流量。

2. D301 罐的操作（操作前检查 D301 伴管通蒸汽）

首先打开蒸汽疏水器旁路，待管子加热后关闭蒸汽疏水器旁路，打通闪蒸线夹套蒸汽系统，打开 PIC301 阀，控制 PIC301 在 0.2MPa；通过 FIC224 加入液相烯烃，当 D301 压力

为 5MPa 时，启动 A301。手动控制 PIC301，使 TIC301 温度为 70～80℃。控制 PIC302 在 1.8～1.9MPa；视情况投自动，将 FIC244 调整到 4200kg/h，这可保证环管反应器出料受阻时，有足够的冲洗烯烃进入闪蒸罐，当开始向环管进催化剂时，要打开 D301 底部阀 LIC301 以便不断出空初期生成的聚合物粉料，排放到界区回收。D301 的料位在开车初期通常保持在零位，这种操作要一直持续到环管反应器的浆液密度达到 $450kg/m^3$。反应接近正常后，控制 LIC301 到 50%，投自动，完成 D301 的料位建立。

3. 反应器夹套水系统投用

打开夹套水循环管线上的手动切断阀。打开换热器 E208、E209 的冷却水。通过 LV241 将夹套循环水系统充满脱盐水，待 LI241 有液位时，夹套已充满。夹套充满水后，启动夹套水循环泵 P205、P206。打开到加热器 E204、E205 的蒸汽加热夹套水阀；将夹套水的温度控制器 TIC242、TIC252 控制在 40～50℃，将 D202 和第二反应器 R202 连通。手动关闭 LIC231 及其下游切断阀。

二、反应器系统开车

开车前必须将聚合反应器 R201、R202 串联，并与平衡罐 D202 连通。

1. 建立烯烃循环

打开 E201 到 D202 管线上的切断阀。用气相烯烃给 D202 充压，同时打开 D202 至 R201、R202 的气相充压管线。当 D202 和 R201、R202 的压力升至 1.0MPa 以上后，关闭 E201 和 D202 之间管线上的切断阀。当压力达到 1.5～1.8MPa（表压）时，检查泄漏。给环管反应器 R201、R202 中注入液态烯烃。建立烯烃循环，使烯烃经过冲洗管线至闪蒸管线、D301、烯烃回收系统回到 D201。

2. 反应器进料

把到反应器的烯烃管线上的所有的流量控制器都置于手动关闭状态。打开到反应器的烯烃管线上的所有流量控制器的上、下游切断阀。并确认旁通阀是关闭状态。确认夹套水冷却温度 40℃；PIC231 的压力为 2.5MPa 左右。通过各反应器的控制阀向环管反应器进烯烃，最大流量为量程的 80%。同时调节 PIC231 使 D202 的压力逐渐增加到 3.4～3.6MPa。控制 LIC231 在 40%～60%。

当环管充满液相烯烃，压力将上升时，检查环管各腿顶部的液相烯烃充满情况。打开环管反应器顶部放空阀，开度为 10%～15%，观察相应的下游温度指示器，当温度急剧降至零摄氏度以下时，表明这条腿已充满了液相烯烃。控制到 R201 的烯烃流量（FIC203）为 1000kg/h。到 R202 的烯烃流量（FIC231）为 5500kg/h。

3. 准备反应

检查并调整好环管反应器循环泵 P201、P202，然后启动循环泵 P201、P202。将 FIC232 控制在 200kg/h，开始向闪蒸罐线通冲洗烯烃。以 4～6℃/5min 的升温速度缓慢提高环管反应器 R201、R202 温度至 70℃（由于液相烯烃受热膨胀，致使烯烃从环管反应器中排出并回收到 D201 中，所以，在外管反应器充满液相烯烃而未升温之前，D201 的液位要保持在 30%）。同时调整各反应器的进料量至正常流量，使烯烃系统建立大循环（D201—

R201—R202—D301—烯烃回收单元—D201），并将反应器的压力、温度调整至正常，D202 的压力、液位调整至正常。为进催化剂做好准备。

4. 反应开始

打开催化剂进料阀，开始加入催化剂，为防止反应急剧加速，要逐步增加催化剂量，使外管反应器中的浆液密度逐步上升到 550~565kg/m³。为防止密度超过设定值，堵塞管线，当浆液密度达到设定值且操作平稳时，将每个反应器进料烯烃量与该反应器密度控制投串级，即用 DIC241 串级控制 FIC203、DIC251 串级控制 FIC231。DIC241 与 FIC203 投串级后，控制正常生产要求，调节催化剂量至正常。在调整催化剂的同时，控制正常生产要求，调节进入两个反应器的氢气量至正常。

主催化剂进环管反应器后，烯烃开始反应，并释放热量，反应速率愈快，释放的热量就愈多。随着反应的进行，要及时减少夹套水加热器的蒸汽量，以使环管反应器的温度保持在 70℃；随着反应的加速，很快就需要完全关闭蒸汽，并且启用 E208 和 E209。

从 R201 到 R202 的排料有两种形式——桥连接和带连接，分别采用两根不同的管线。正常生产采用桥连接，带连接是桥连接的备用。

技能点二
正常停车

一、环管反应器的停车

1. 降温降压、停止反应

停主催化剂的加入，关闭催化剂 FIC205 阀门。解除 DIC241 与 FIC203 串级及 DIC251 与 FIC231 串级，逐渐将 FIC203 减至 18000kg/h，逐渐将 FIC231 减至 7000kg/h。当密度到 450kg/m³ 时，停 H_2 进料 FIC201C 和 FIC202C。注意：在 FIC203、FIC231 降量的过程中，适当提高 FIC244 流量不低于 8000kg/h。

当 E208、E209 完全旁通时，则启用反应器夹套水加热器 E204、E205 来加热夹套水，打开 E204、E205 蒸汽线上的手阀，通过调节控制阀 HV272、HV273 来维持环管温度在 70℃。

继续稀释环管，直至密度达到此温度下的烯烃密度。将环管内的浆液经 HV301 向 D301 排放。当浆液密度降至 414kg/m³ 时，如需要停 P201、P202，关 FIC203、FIC231、FIC241、FIC251 及 FIC232。环管中的物料排至 D301，烯烃气经烯烃回收系统后送 D201。

2. 反应器排料

当环管反应器腿中的液位低于夹套时，用来自 E203 的烯烃蒸气从反应器顶部排气口对环管加压。排空环管底部烯烃的操作如下：

关反应器顶部排放管线上的手动切断阀，开充烯烃蒸汽截止阀。打开每个环管顶部自动阀（PIC241、HV242、PIC251、HV252）以平衡 D202 气相和环管顶部压力。通过 PIC231

控制 D202 的压力为 3.4MPa。将环管夹套水温度保持在 70℃，以免烯烃蒸气冷凝。可通过 HV301 切向排放系统。环管和 D202 的液体倒空后，手动关闭 PIC231，使带压烯烃排向 D301，使之尽可能回收，最后剩余气排火炬。当环管中的压降到 1MPa 时，切断夹套水加热器 E204、E205 的蒸汽。设定 TIC242 和 TIC252 为 40℃，将夹套水冷却至 40℃，停水循环泵 P205、P206（或 P207）。

二、 D201 罐的停车

一旦供给工艺区的烯烃停止，D201 将进行自身循环，此时烯烃进料系统就可安全停车。

将 LIC201 置于手动，并处于关闭状态。手动关闭 FIC201 使 D201 的压力处于较低状态。如须倒空 D201 内的烯烃，缓慢打开 P200A/B 出口管线上后系统的烯烃截止阀。

三、 D301 的停车

保持 D301 出口气相流量控制器（PIC302）设定值不变，它控制着 D301 进料管线的液相冲洗烯烃量。当聚合物流量降低时，料位继续保持 D301 料位的自动控制，直到出料阀的开度≤10%，则 LIC301 调手动，并且逐渐把聚合物的料位降为零。当环管中浆液密度达到 450kg/m³ 时，将 HV301 转换至低压排放，把剩余的聚合物推至后系统。当聚合物的流量为零（即环管中浆液密度降至 400kg/m³），且 D301 无料积存时，手动关闭 LIC301。

技能点三
紧急停车

当反应系统发生紧急情况时，环管反应器必须立即停车。此时应立即启用反应阻聚剂 CO 直接注入环管中以使催化剂失活。CO 几乎能立即终止聚合反应。CO 的注入方式是直接向 R201、R202 各支管上部注入，浓度为 2%。

操作步骤：关闭催化剂进料阀 FIC205，分别打开至 R201、R202 的 CO 钢瓶的手动截止阀。关闭通往火炬的排气阀 HV261 和 HV265。打开 CO 总管上的阀门 HV262 和 HV264。当终止反应后，关闭反应器底部 CO 注入阀（HV262、HV264），它同时也关闭 CO 总管上的通往排放系统的排气阀（HV261、HV265）。

注意：一旦 CO 已被加入环管反应器中，并使催化剂失活，从而停止了环管反应器内的聚合反应，下一步要采取的措施要视具体情况而定。

如果是原料中断，则需要将聚合物及单体排料切至后系统。

除非反应器中的密度降低到 414kg/m³，否则不得中断反应器循环系统的烯烃冲洗。如果循环泵必须停掉的话，那么环管反应器的密度必须从 550kg/m³ 降低到小于 414kg/m³，当达到这一密度时，反应器循环泵可安全停车，到环管的所有烯烃也可完全停掉。

如果环管反应器循环泵由于某一循环泵的机械或电力故障导致停车，那么反应器的浆液密度不可能在停泵之前稀释到 414kg/m³。在这种情况下，环管反应器内的物料不能循环，则必须将阻聚剂直接加到环管中去。

技能点四 事故处理

事故现象及相应处理方法见表 2-3。

表 2-3 事故现象及处理方法

事故原因	事故现象	处理方法
蒸汽故障	PIC301 压力为 0；D301 温度降低	终止反应，按正常停车步骤停车
冷却水停	TIC242 温度升高；TIC252 温度升高	按紧急停车步骤处理
烯烃原料中断	FIC201 流量为 0	按正常停车步骤停车
桥连接阀门故障	R201 反应器压力增加；R202 反应器压降低；反应温度降低	快速恢复带连接阀，调节反应器压力，调节反应器温度
P205 泵故障	去 R201 的冷却水中断；R201 反应温度上升；DIC241 密度下降	快速启动备用泵 P207，调整反应器温度
氢气进料故障	FIC202C 流量为 0；FIC201C 流量为 0	观察反应，按正常停车步骤停车
P201 机械故障	R201 反应温度下降；R201 反应密度急速下降；R201 反应压力下降	按紧急停车步骤处理

 知识拓展

环管反应器压力系统控制❶

聚丙烯装置反应对压力温度较敏感，因而反应器压力系统的稳定调节就尤为重要。采用 Spheripol 工艺生产聚丙烯，生产过程中需要将环管反应器系统的压力控制在 3.4MPa(G) 左右，若环管压力出现波动，必须保证将环管的压力控制在 3.1MPa(G) 以上，因为丙烯在 70℃ 时的饱和蒸气压是 3.1MPa，如果环管压力低于 3.1MPa(G)，环管反应器中的液态丙烯将出现汽化情况，造成反应器系统产生气体，反应器系统内形成气穴，造成反应器系统波动，影响装置安全稳定运行。

一、环管反应器系统压力波动原因

(1) 环管反应器自身问题引起

① 出料阀 LV231 故障（阀门不动作、不间断电源 UPS 掉电、阀门定位器膜片故障等）。

② 出料阀门 LV231 卡料（造成环管出料困难）。

③ 环管之间的连通管堵塞或不畅（造成环管系统局部憋压）。

④ 环管反应器进料的大幅波动（造成环管短时升压或降压）。

⑤ 环管温度的波动（造成环管压力上升或下降）。

⑥ 仪表问题（指示故障等）。

(2) 缓冲罐 D202 系统问题引起

① E203 加热量问题。E203 加热介质使用 140~150℃ 的低压蒸汽，如果低压蒸汽压力低、温度低、含水量大以及控制阀 PV233 故障等都会造成 E203 加热量不足问题，进而影响

---

❶ 摘自王高生，郑大智，宿相泽. 环管反应器压力系统控制 [J]. 当代化工，2022 (11)：2682-2687.

D202 系统的压力。

② PV231 的控制问题。PV231 的开度一旦超过某个数值 50%，通过的液态丙烯量过大，此时 E203 壳程低压蒸汽提供的热量就不能将这些丙烯全部汽化，于是液态的丙烯进入 D202，造成 D202 的液位迅速上升，从而导致 LV231 进一步开大，环管压力下降加剧。

③ 仪表问题（指示故障等）。

二、判断压力波动原因的先后顺序及处理方法

① 确认 PV231 开度。在正常情况下，PV231 的开度应该在 35% 左右，如果开度过大说明汽化热量不足，通过 PV231 的液态丙烯没有完全汽化。目前 E203 能力不能将 PV231 在 100% 开度下的丙烯完全汽化，目前要求 PV231 阀门开度不超过 55%，确保通过 PV231 的液态丙烯完全汽化，如果 PV231 的开度达到 60% 时，要迅速将 PV231 的开度手动调整到 50% 以下，等环管压力上升趋势变缓后再将 PV231 缓慢关小，直到环管压力恢复正常，这个过程要缓慢进行，操作过快会导致环管压力波动过大；现场确认 PV231 阀门开度，如果不正确，通过调整 PV231 旁路阀控制 D202 压力稳定后，联系仪表迅速处理正常后，PV231 恢复自动控制；确认 PT232 是否正常，若 PV232 故障造成 I226 启动，导致 PV231 关闭，现场用 PV231 旁路调整 D202 压力，迅速联系仪表处理 PT232。

② 如果 PV231 的问题被排除则接下来检查环管出料阀门 LV231 的状态，如果整个环管系统压力都升高，说明 LV231 堵料或者卡料，这时应该开大 LV231，看看能否将 LV231 冲开，同时打开环管的辅助出料阀门 HV251 进行辅助出料，现场用冲洗丙烯多次反冲洗 LV231 后，确认 LV231 出料正常。

③ 如果环管的压力升高是区域型的，那么可根据情况判断，若只有 R200 压力上升，说明 Z211C 堵塞，此时应关 Z211C 手阀排放 R200，处理 Z211C；若是 R200、R201 压力同时上升，说明桥路堵塞，则应启动 I219 联锁，打开带式连接出料，维持装置正常生产，待停车时处理桥路。

④ 如果是进料大幅的波动引起，则可以立即调整进料大小，将 LV231 打手动控制，确保环管反应器系统压力正常，待系统稳定后再恢复自动控制。

⑤ 确认环管反应器系统温度是否正常。若出现温度升高，立即调整反应器温度恢复到正常，压力将随着温度稳定进而达到稳定状态。

⑥ 确认各相关仪表完好。排除以上原因后，逐步排查相关仪表是否故障，引起假显示造成系统压力波动，及时发现问题仪表，纠正错误参数显示，恢复系统稳定。

任务三
设计管式反应器

在理想间歇操作管式反应器中用己二酸和己二醇为原料，以等摩尔比进料进行缩聚反应

生产醇酸树脂，硫酸做催化剂，在 343K 下进行缩聚反应。由实验测得其动力学方程式为：$(-r_A)=kc_A^2$[kmol/(L·min)]，其中，反应速率常数 $k=3.283\times10^{-5}$ m³/(kmol·s)，反应物己二酸的初始浓度 $c_{A0}=0.004$kmol/L，若每天处理己二酸 2400kg，求转化率为 0.9 时所需的空时时间和反应器的体积（已知己二酸的分子量 $M=146$）。

1. 掌握管式反应器的流体的流动状况，能说出什么是理想的流动模型。
2. 能说出管式反应器的特点。
3. 会对恒温恒容管式反应器进行设计计算。
4. 能对单个釜式与管式反应器进行比较。
5. 能对复杂反应进行比较。

知识点一
管式反应器的流体流动

前面已经提到过为便于反应器的设计，根据反应器内流体的流动状况，可建立两种理想的流动模型：理想置换流动模型和理想混合流动模型。搅拌十分剧烈的连续操作釜式反应器内的流体流动可近似看作理想混合流动模型；长径比较大和流速较高的连续操作管式反应器内的流体流动可近似看作理想置换流动模型。

一、理想置换流动模型

理想置换流动模型又称作平推流或活塞流模型，如图 2-17 所示。它是流体在反应器内的高速湍动的基础上提出来的，是一种返混量为 0 的极限流动模型。指流体如同汽缸活塞一样向前移动。特点是沿流体流动方向的物料参数会发生变化，而垂直于流体流动方向的任一截面上的物料的所有参数都相同。这些参数包括物料的浓度、温度、压力、流速等，所有物料质点在反应器内都有相同的停留时间。

图 2-17　理想置换流动示意图

二、理想置换流动模型的停留时间描述

对于理想置换流动模型，所有流体粒子的停留时间都相等，且等于平均停留时间。所以，无论以何种形式输入的示踪剂都将在 $t=\bar{t}$ 时以同样的形式输出。因此，理想置换流动模型的停留时间分布函数 $F(t)$ 与停留时间分布密度函数 $E(t)$ 如图 2-18 所示。

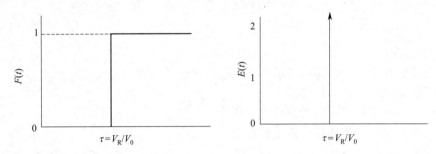

图 2-18　理想置换流动模型停留时间分布函数和停留时间分布密度函数

停留时间分布函数 $F(t)$：

$$\begin{array}{llll} F(t)=0 & t<\bar{t} & F(\theta)=0 & \theta<1 \\ F(t)=1 & t\geqslant\bar{t} & \text{或} & F(\theta)=1 & \theta\geqslant1 \end{array} \quad (2\text{-}1)$$

停留时间分布密度函数 $E(t)$：

$$\begin{array}{llll} E(t)=0 & t\neq\bar{t} & E(\theta)=0 & \theta\neq1 \\ E(t)\to\infty & t=\bar{t} & \text{或} & E(\theta)\to\infty & \theta=1 \end{array} \quad (2\text{-}2)$$

停留时间分布特征值，方差：$\sigma_t^2=0$，$\sigma_\theta^2=0$ (2-3)

平均停留时间：$\bar{t}=\tau=V_R/V_0\quad \bar{\theta}=1$ (2-4)

三、管式反应器内的流体流动模型

非理想流动模型中的轴向扩散模型是由于分子扩散、涡流扩散及流速分布不均匀等原因造成的，主要适用于返混程度比较小的管式反应器、固定床反应器和塔式反应器。

轴向扩散模型实际上是在平推流模型的基础上叠加了一个轴向扩散的校正。假设有 3 点：①流体以恒定的流速 u 通过系统，垂直于流体流动方向的任一截面上径向浓度分布均匀，径向混合速度达到最大；②由于湍流、分子扩散以及流速分布等因素产生的扩散，仅发生在流体流动方向（轴向），并以轴向扩散系数 D_a 来表示这些因素的综合作用，用菲克定律加以描述；③在同一反应器内轴向扩散系数不随时间及位置变化，数值大小与反应器的结构、操作条件及流体性质有关。

轴向扩散模型中的主要参数是佩克莱数 Pe：

$$Pe=\frac{uL}{D_a}=\frac{\text{主体流动速率}}{\text{轴向扩散速率}} \quad (2\text{-}5)$$

佩克莱数 Pe 表示主体流动速率与对流扩散速率的相对大小，反映了返混程度的大小。其倒数 $1/Pe=D_a/uL=D_z$ 称为分散准数，其值是轴向扩散程度的量度。L 为特征长度，对于管式反应器，L 为管长，对于固定床反应器，L 为所填充的固体催化剂的直径。

Pe 越大，返混程度越小；Pe 越小，返混程度越大。当 $Pe\to 0$ 时，对流流动速率比轴

向扩散速率慢得多，认为是全混流；当 $Pe \rightarrow \infty$ 时，轴向扩散系数 D_a 接近于 0，认为是平推流。

用轴向扩散模型对该系统进行示踪剂的物料衡算，可得出停留时间分布的特征值为：

$$\bar{\theta} = 1 \tag{2-6}$$

$$\sigma_\theta^2 = \frac{2}{Pe} - \frac{2}{Pe^2}(1 - e^{-Pe}) \tag{2-7}$$

对实际流动系统作停留时间分布的实验测定，得到停留时间分布函数与停留时间分布密度函数，并计算数学期望和方差，根据上式就可得到该系统的轴向扩散模型参数 Pe，进而判断返混的大小。

知识点二
管式反应器的基础设计方程

在化工生产中，连续操作的长径比较大的管式反应器可近似看作是理想置换流动反应器。它既适用于液相反应，又适用于气相反应。当用于液相反应和反应前后无物质的量变化的气相反应时，可视为恒容过程；当用于反应前后有物质的量变化的气相反应时，视为变容过程。如果在反应过程中利用适当的调节手段使温度基本维持不变，则为恒温过程，否则即为非恒温过程。非恒温操作又分为绝热式和换热式两种。当反应热效应不大，反应选择性受温度影响较小时，可采用没有换热措施的绝热操作。这样可使设备结构大为简化，此时只要将反应物加热到所要求的温度送入反应器即可。如果反应过程放热，放出的热量将使反应物料温度升高。如反应过程吸热，则随着反应的进行，物料温度逐渐降低。当反应热效应较大时，必须采用换热式，以便通过载热体及时供给或移走反应热。管式反应器多数采用连续操作，少数采用半连续操作，间歇操作则极为罕见。本项目只讨论第一种连续操作情况，目的在于提供此类反应器的计算、分析和操作基本方法。

一、连续操作管式反应器的特点

① 正常情况下为连续稳态操作，反应器各处截面上的参数（物料浓度、温度、反应速率）不随时间发生变化。

② 反应器内浓度、温度等参数随轴向位置变化，故反应速率随轴向位置变化（在与流动方向呈垂直的截面上没有流速分布）。

③ 流体流动方向不存在流体质点间的混合，即无返混现象。

二、连续操作管式反应器的基础设计方程

根据物料衡算方程，连续操作管式反应器的流体流动处于稳定状态，没有物料的积累。由于物料在反应器内的流动过程中同时进行反应，反应器内各点的浓度、反应速率都不随时间变化，但随管长发生变化，因此，在对组分 A 作物料衡算时，必须从反应器内的微元体积 dV 来进行，如图 2-19。

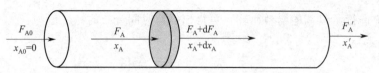

图 2-19　连续操作管式反应器物料衡算示意

连续操作管式反应器的基础设计方程

对 dV 微元容积列出组分 A 的衡算式：

$$\begin{bmatrix} 微元时间内 \\ 进入微元体 \\ 积的反应物量 \end{bmatrix} - \begin{bmatrix} 微元时间内 \\ 离开微元体 \\ 积的反应物量 \end{bmatrix} - \begin{bmatrix} 微元时间微元 \\ 体积内转化掉 \\ 的反应物量 \end{bmatrix} = \begin{bmatrix} 微元时间微 \\ 元体积内反 \\ 应物的积累量 \end{bmatrix}$$

$$F_A \Delta\tau \qquad (F_A + dF_A)\Delta\tau \qquad (-r_A)\Delta\tau dV_R \qquad 0$$

$$F_A \Delta\tau - (F_A + dF_A)\Delta\tau - (-r_A)\Delta\tau dV_R = 0$$

即
$$dF_A + (-r_A)dV_R = 0 \tag{2-8}$$

由于 $F_A = F_{A0}(1 - x_A)$，则 $dF_A = -F_{A0} dx_A$，代入物料衡算式(2-8)，得

$$(-r_A)dV_R = F_{A0} dx_A \tag{2-9}$$

式中，F_{A0} 为反应组分 A 进入反应器的摩尔流量，kmol/h；F_A 为反应组分 A 进入微元体积的摩尔流量，kmol/h。式(2-9) 即为连续操作管式反应器的基础计算方程式。积分后可得反应器的有效体积和物料在反应器内的停留时间：

$$V_R = F_{A0} \int_{x_{A0}}^{x_{Af}} \frac{dx_A}{-r_A} \tag{2-10}$$

由于 $F_{A0} = c_{A0} V_0$，式(2-10) 又可写成：

$$V_R = c_{A0} V_0 \int_{x_{A0}}^{x_{Af}} \frac{dx_A}{-r_A} \tag{2-11}$$

反应器中的停留时间

$$\tau = \frac{V_R}{V_0} = c_{A0} \int_{x_{A0}}^{x_{Af}} \frac{dx_A}{-r_A} \tag{2-12}$$

式中，τ 为物料在连续操作管式反应器中的停留时间，h；V_0 为物料进口处体积流量，m^3/h。

需要注意的是由于反应过程中物料的密度可能发生变化，体积流量也将随之变化，因此，只有在恒容过程时称 τ 为物料在反应器中的停留时间才是准确的。

任务实施

技能点一
恒温恒容管式反应器的设计

连续操作管式反应器在恒温恒容过程操作时，可结合恒温恒容条件，计算出达到一定转

化率所需要的反应体积或物料在反应器中的停留时间。

一、一级不可逆反应

其动力学方程为 $(-r_A)=kc_A$，在恒温条件下 k 为常数，在恒容条件下 $c_A=c_{A0}(1-x_A)$，将其代入式(2-12)可得

$$V_R = V_0\tau = c_{A0}V_0\int_{x_{A0}}^{x_{Af}}\frac{\mathrm{d}x_A}{kc_A} = c_{A0}V_0\int_{x_{A0}}^{x_{Af}}\frac{\mathrm{d}x_A}{kc_{A0}(1-x_A)} = \frac{V_0}{k}\ln\frac{1}{1-x_{Af}} \quad (2\text{-}13)$$

二、二级不可逆反应

其动力学方程为 $(-r_A)=kc_A^2$，在恒温条件下 k 为常数，若 $x_{A0}=0$，将其代入式(2-12)可得

$$V_R = V_0\tau = c_{A0}V_0\int_{x_{A0}}^{x_{Af}}\frac{\mathrm{d}x_A}{kc_A^2} = c_{A0}V_0\int_{x_{A0}}^{x_{Af}}\frac{\mathrm{d}x_A}{kc_{A0}^2(1-x_A)^2} = \frac{V_0 x_{Af}}{kc_{A0}(1-x_{Af})} \quad (2\text{-}14)$$

若反应动力学方程式相当复杂或不能用函数表达式表示时，则可用图解法进行计算，如图 2-20。

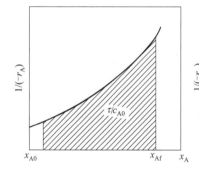
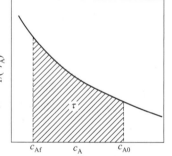

恒温恒容管式反应器的设计

图 2-20　连续操作管式反应器恒温过程图解计算

将物料在间歇操作釜式反应器的反应时间与在连续操作管式反应器的停留时间计算公式相比，可看出在恒温恒容过程时是完全相同的，即在相同的条件下，同一反应达到相同的转化率时，在两种反应器中的反应时间相等。因为在这两种反应器中反应物的浓度经历了相同的变化过程，在间歇操作釜式反应器中浓度随时间变化，在连续操作管式反应器中浓度随位置变化。因此，仅就反应过程而言，两种反应器具有相同的效率，只是因为间歇操作釜式反应器存在非生产时间，即辅助时间，故其生产能力低于连续操作管式反应器。

【例 2-1】为提高乙酸丁酯的生产效率，某企业计划引进一套连续操作管式反应器，操作条件与产量同【例 1-4】，试计算所需连续操作管式反应器的有效体积。

解：由已知条件可得：$c_{A0}=1.8\mathrm{kmol/m^3}$，$V_0=0.979\mathrm{mol/h}$，$k=0.0174\mathrm{m^3/(kmol\cdot min)}$，$x_{Af}=0.5$，代入式(2-14)可得：

$$V_R = V_0\frac{x_{Af}}{kc_{A0}(1-x_{Af})} = 0.979\times\frac{0.5}{0.0174\times 60\times 1.8\times(1-0.5)} = 0.521(\mathrm{m^3})$$

技能点二
恒温变容管式反应器的设计

在反应过程中，因反应温度变化，会发生物料密度的改变，或物料分子总数的改变，导致物料体积发生变化。通常情况下，液相反应可近似看作恒容过程处理，但当反应过程密度变化较大而又要求准确计算时，就需要把容积变化考虑进去。对于气相总分子数变化的反应，容积的变化更应考虑。

根据变容过程的基本概念可知，对于变容反应体系，反应前后物料关系为：

$$V_t = V_0(1 + y_{A0}\varepsilon_A x_A), F_t = F_0(1 + y_{A0}\varepsilon_A x_A)$$

$$c_A = c_{A0}\frac{1-x_A}{1+y_{A0}\varepsilon_A x_A}, P_A = P_{A0}\frac{1-x_A}{1+y_{A0}\varepsilon_A x_A}, y_A = \frac{1-x_A}{1+y_{A0}\varepsilon_A x_A}$$

式中，F_0 为总进料量的摩尔流量，kmol/h；F_t 为反应系统在操作压力为 p、温度 T、转化率为 x_A 时的物料的总摩尔流量，kmol/h；ε_A 为膨胀因子；y_{A0} 为进料中反应物 A 占总物料的摩尔分数，$y_{A0} = F_{A0}/F_0$；y_A 为反应系统在操作压力为 p、温度 T、转化率为 x_A 时反应物 A 占总物料的总摩尔分数；V_t 为反应系统在操作压力为 p、温度 T、转化率为 x_A 时物料的总体积流量，m³/h。

一、一级不可逆反应

对于等温变容过程，达到一定转化率所需空时为：

$$\tau = \frac{V_R}{V_0} = c_{A0}\int \frac{dx_A}{-r_A} = \int_0^{x_{Af}} \frac{1+y_{A0}\varepsilon_A x_A}{k(1-x_A)}dx_A \tag{2-15}$$

二、二级不可逆反应

对于等温变容过程，达到一定转化率所需空时为：

$$\tau = \frac{V_R}{V_0} = c_{A0}\int \frac{dx_A}{-r_A} = \int_0^{x_{Af}} \frac{(1+y_{A0}\varepsilon_A x_A)^2}{kc_{A0}(1-x_A)^2}dx_A \tag{2-16}$$

【例 2-2】在一管径为 12.6m 的管式反应器中进行气体的热分解反应：A ⟶ R+S。该反应为恒温恒压反应。$(-r_A) = kc_A$，其中 $k = 7.8 \times 10^9 \exp(-\frac{19220}{T})(s^{-1})$，原料为纯气体，反应压力为 5atm，反应温度为 500℃，要求 A 的转化率为 90%，原料气体处理量为 1.55kmol/h，试求所需反应器的长度和空时。

解：因进料为纯组分 A，所以 $y_{A0} = 1.0$，$F_0 = F_A$，膨胀因子 $\varepsilon_A = \frac{2-1}{1} = 1$，则

$$c_A = c_{A0}\frac{1-x_A}{1+y_{A0}\varepsilon_A x_A} = c_{A0}\frac{1-x_A}{1+x_A}$$

反应气体可近似看作理想气体：$pV_0 = F_0 RT$

反应气体入口体积流量：

$$V_0 = \frac{F_0 RT}{p} = \frac{1.55 \times 8.314 \times (500+273)}{5 \times 1.01 \times 10^2} = 19.73 (\text{m}^3/\text{h})$$

空时：

$$\tau = c_{A0} \int_0^{x_{Af}} \frac{\mathrm{d}x_A}{-r_A} = c_{A0} \int_0^{x_{Af}} \frac{\mathrm{d}x_A}{kc_A} = c_{A0} \int_0^{x_{Af}} \frac{\mathrm{d}x_A}{kc_{A0}\frac{1-x_A}{1+x_A}} = \frac{1}{k} \int_0^{x_{Af}} \frac{(1+x_A)\mathrm{d}x_A}{1-x_A}$$

$$= \frac{1}{k}\left(2\ln\frac{1}{1-x_A} - x_{Af}\right) = \frac{1}{7.8 \times 10^9 \exp(-\frac{19220}{500+273})} \times \left(2\ln\frac{1}{1-0.9} - 0.9\right)$$

$$= 29.86(\text{s}) = 0.0083(\text{h})$$

所需反应器体积 $V_R = V_0 \tau = 19.73 \times 0.0083 = 0.1638 (\text{m}^3)$

所需反应器长度 $L = \dfrac{4V_R}{\pi d^2} = \dfrac{4 \times 0.1638}{3.14 \times 0.126^2} = 13.14(\text{m})$

技能点三
非等温管式反应器的设计

当反应的热效应较大，而反应热不能及时传递时，反应器内的温度就会发生变化。对于可逆放热反应，为了使反应速率达到最大，也经常人为地调节反应器内的温度分布，使之接近最适宜的温度分布。因此许多管式反应器是在非等温条件下进行的。管式反应器内的非等温操作可分为绝热式和换热式两种。当反应的热效应不大、反应的选择性受温度影响较小时，可采用没有换热措施的绝热操作，以简化设备。此时只要将反应温度加热到所要求的温度送入反应器即可。如反应放热，放出的热量靠反应后物料温度的升高带走；如反应吸热，随反应的进行，物料温度逐渐降低。若反应热效应较大，必须采用换热式操作，通过载热体及时移走或供给反应热。

当进行非等温理想管式反应器的计算时，反应速率不仅是转化率的函数，也是温度的函数。因此，须对反应体系列出热量衡算式，然后与物料衡算式、反应动力学方程式联立求解，计算反应器内沿管长方向温度和转化率的分布，并求得为达到一定转化率所需要的反应器体积。对于变温管式反应器，根据热量衡算方程可得：

$$\begin{bmatrix} 微元时间 \\ 内进入微 \\ 元体积的 \\ 物料所带 \\ 走的热量 \end{bmatrix} - \begin{bmatrix} 微元时间 \\ 内离开微 \\ 元体积的 \\ 物料所带 \\ 走的热量 \end{bmatrix} + \begin{bmatrix} 微元时间 \\ 微元体积 \\ 内由于反 \\ 应产生的 \\ 热量 \end{bmatrix} - \begin{bmatrix} 微元时间 \\ 微元体积 \\ 传递至环 \\ 境或载热 \\ 体的热量 \end{bmatrix} = \begin{bmatrix} 微元时间 \\ 微元体积 \\ 内积累的 \\ 热量 \end{bmatrix}$$

$$F_t' \overline{M'} \overline{c_p'}(T' - T_b)\mathrm{d}\tau - F_t \overline{M} \overline{c_p}(T - T_b)\mathrm{d}\tau + (-r_A)\mathrm{d}V_R(-\Delta H_r)_{A,T}\mathrm{d}\tau \\ - K\mathrm{d}A(T - T_S)\mathrm{d}\tau = 0 \tag{2-17}$$

式中　F_t'，F_t——进入、离开微元体积的总摩尔流量，kmol/h；

$\overline{M'}$，$\overline{M}$——进入、离开微元体积的平均摩尔质量，kg/kmol；

T'，T——进入、离开微元体积的温度，K；

T_b——选定的基准温度，K；

$\overline{c_p'}, \overline{c_p}$——进入、离开微元体积的物料在 $T_b \sim T'$ 和 $T_b \sim T$ 温度范围内的平均比热容，kJ/(kg·K)；

$(-\Delta H_r)_{A,T}$——以反应物 A 计算的反应热，kJ/kmol；

K——物料至载热体的总给热系数，kJ/(m²·K·h)；

dA——微元体积的传热面积，m²；

T_S——载热体平均温度，K。

将管式反应器的物料衡算式 $(-r_A)dV_R = F_{A0}dx_A$ 代入式（2-17）则得：

$$F_t \overline{M'} \overline{c_p'}(T'-T_b)d\tau - F_t \overline{M}\, \overline{c_p}(T-T_b)d\tau + F_{A0}dx_A(-\Delta H_r)_{A,T}d\tau \\ - KdA(T-T_S)d\tau = 0 \tag{2-18}$$

在衡算体积 dV_R 内，$T-T'=dT$，$F_t'\overline{M'}\overline{c_p'}$ 与 $F_t\overline{M}\,\overline{c_p}$ 之间差别很小，则上式简化为：

$$F_t \overline{M}\, \overline{c_p} dT = F_{A0}dx_A(-\Delta H_r)_{A,T} - KdA(T-T_S) \tag{2-19}$$

根据过程的焓变取决于过程的初始和终了状态，而与过程途径无关的特点，将绝热过程简化为：在进口温度 T_0 下进行等温反应，转化率从 $x_{A0} \longrightarrow x_A$，然后使转化率为 x_A 的物料温度由 $T_0 \longrightarrow T$。这样在计算时 $(-\Delta H_r)_{A,T}$ 应取 T_0 时的值，而 F_t、$\overline{M}$ 则按出口物料组成计算，$\overline{c_p}$ 为 $T_0 \longrightarrow T$ 范围内的平均值。

一、绝热非等温管式反应器

绝热管式反应器是绝热操作，与外界没有热交换。因此热量衡算式中传递给环境或载热体的热量为零。即 $KdA(T-T_S)=0$，则式（2-19）可变为

$$F_t \overline{M}\, \overline{c_p} dT = F_{A0}dx_A(-\Delta H_r)_{A,T}$$

积分得

$$\int_{T_0}^{T} dT = \frac{F_{A0}(-\Delta H_r)_{A,T_0}}{F_t \overline{M}\, \overline{c_p}} \int_{x_{A0}}^{x_{Af}} dx_A$$

$$T-T_0 = \frac{F_{A0}(-\Delta H_r)_{A,T_0}}{F_t \overline{M}\, \overline{c_p}}(x_{Af}-x_{A0}) \tag{2-20}$$

式（2-20）即为绝热管式反应器温度与转化率之间的函数关系式，$T-T_0$ 为达到出口转化率 x_{Af} 时反应器的最大温差。结合前述管式反应器基础方程式与反应动力学方程，则可计算出绝热管式反应器达到一定转化率所需要的有效体积或物料在反应器中的停留时间。

若反应过程中无物质的量的变化，即 $F_t=F_0$，取 $T_b=T_0$，则式（2-20）变为

$$T-T_0 = \frac{y_{A0}(-\Delta H_r)_{A,T_0}}{\overline{M}\, \overline{c_p}}(x_{Af}-x_{A0}) \tag{2-21}$$

设 $\lambda = \dfrac{y_{A0}(-\Delta H_r)_{A,T_0}}{\overline{M}\, \overline{c_p}}$，则

$$T-T_0 = \lambda(x_{Af}-x_{A0}) \tag{2-22}$$

式（2-22）即为绝热过程中温度与转化率的关系。可知：绝热过程中温度和转化率呈线性关系。当 $x_{A0}=0$，$x_{Af}=1$ 时，$T-T_0=\lambda$，因此 λ 定义为反应物 A 转化率达到 100% 时，反应体系升高或降低的温度，简称绝热升温或绝热降温，是体系温度上升或下降的极限。由式（2-22）以转化率 x_A 对温度 T 作图可得一条直线，直线的斜率为 $1/\lambda$。当 $\lambda=0$ 时，为等

温反应；当 λ>0 时，为放热反应；当 λ<0 时，为吸热反应。因此，对于绝热管式反应器，一般情况下，选择较高的进料温度对反应是有利的。而对于可逆反应，因为可逆放热反应存在一最佳的温度曲线。当反应温度低于最佳温度时，反应速率随温度的升高而增加，而当反应温度高于最佳温度时，反应速率随着温度的升高而降低。因此对于可逆放热反应来说，存在一最佳的进料温度。

从式(2-22)还可以得出，其与项目一中间歇操作釜式反应器和连续操作釜式反应器的绝热方程表达式的形式是完全一样的，都反映了绝热过程中温度与转化率之间的函数关系。区别在于对于管式反应器，它反映的是在不同轴向位置上温度与转化率间的关系；对于间歇操作釜式反应器，反映的是不同时间反应物料转化率与温度的关系；而对于连续操作釜式反应器，无论其与外界是否存在热交换，均为等温反应，因此，式(2-22)反映的是绝热条件下与连续操作釜式反应器出口转化率相对应的操作温度。

二、非绝热非等温管式反应器

非绝热非等温管式反应器的热量衡算式为：

$$F_t \overline{M} \, \overline{c_p} dT = (-r_A) dV_R (-\Delta H_r)_{A,T_0} - K dA (T - T_S) \tag{2-23}$$

式中，dV_R 为微元体积，$dV_R = \dfrac{\pi}{4} d_t^2 dl$；$dA$ 为微元面积，$dA = \pi d_t dl$；d_t 表示反应器直径，m；dl 表示反应器的微元长度，m。式(2-23)还可以写成：

$$F_t \overline{M} \, \overline{c_p} dT = (-r_A) \dfrac{\pi}{4} d_t^2 dl (-\Delta H_r)_{A,T_0} - K \pi d_t dl (T - T_S) \tag{2-24}$$

技能点四
釜式与管式反应器的比较

化学反应过程的技术目标有：反应速率、选择性与能量消耗。由于能量消耗是把整个车间甚至整个工厂作为一个系统而加以考虑的，所以下面以反应速率（即反应器生产能力）和选择性两个目标加以讨论。

反应速率——涉及设备尺寸，亦即设备投资费用。

选择性——涉及生产过程的原料消耗费用。

能量消耗——生产过程操作费用的重要组成部分。

为使工业反应过程获得最大的经济效益，在实际开发过程中既要以化学反应动力学特性和反应器特性作为开发依据，同时还要结合原料、产品、能量的价格，设备和操作费用，生产规模，三废处理等因素综合地进行方案选择与优化。

从工程角度看，优化就是如何进行反应器型式、操作方式和操作条件的选择并从工程上予以实施，以实现温度和浓度的最优条件，提高反应过程的速率和选择性。反应器型式包括管式和釜式反应器及返混特性；操作条件包括物料的初始浓度、转化率、反应温度或温度分布；操作方式则包括间歇操作、连续操作、半连续操作以及加料方式的分批或分段加料等。

反应器的选型,就是根据不同的反应特性,选择适合这种反应特性的反应器型式和操作方式。对某个具体反应,主要考虑化学反应本身的特性及反应器的特性。而对于不同型式的反应器主要从两个方面进行比较:生产能力和反应的选择性。对于简单反应,不存在选择性的问题,只需要考虑生产能力。对于复杂反应,不仅要考虑反应器的大小,还要考虑反应的选择性。因为副产物的多少,直接影响原料的消耗量、分离流程的选择和分离设备的大小。因此反应的选择性往往是复杂反应的主要矛盾。

根据现代工业发展统计表明,原料费用在产品成本中占有极大比重,可达 70% 以上。而反应器设备和催化剂一般在产品成本中仅占很少份额,2%~5%。因此对于复杂反应,选择性比反应速率的影响重要得多,选择性是主要技术目标。选择性的本质是反应生成目的产物的主反应速率与生成副产物的副反应速率的相对比值,所以影响主副反应速率的因素也是影响选择性的主要因素,即也取决于反应物浓度和反应温度。

一、反应器生产能力的比较

反应器的生产能力,即单位时间、单位体积反应器所能得到的产物量。换言之,生产能力的比较就是指得到同等产物量时,所需反应器体积大小的比较;或者说是在不同型式而体积相同的反应器中所能达到转化率大小的比较。下面我们以三种基本类型的反应器间歇操作釜式反应器(BR)、连续操作釜式反应器(CSTR)和连续操作管式反应器(PFR)进行比较。这可以通过反应器设计计算公式或图解法得出。

1. 单个反应器

对于同一恒容反应,若初始浓度和反应温度都相同,$x_{A0}=0$,则达到相同转化率 x_{Af} 时反应时间或反应体积的比较如下。

(1) 间歇操作釜式反应器与连续操作管式反应器的比较

根据间歇操作釜式反应器反应时间的计算公式(1-76)可得:

$$\tau_m = c_{A0} \int_0^{x_A} \frac{dx_A}{-r_A} \tag{2-25}$$

式中,τ_m 为间歇操作釜式反应器的反应时间,h。

根据连续操作管式反应器反应时间的计算公式(2-12)可得:

$$\tau_p = \frac{V_{R_p}}{V_0} = c_{A0} \int_0^{x_A} \frac{dx_A}{-r_A} \tag{2-26}$$

式中,τ_p 为连续操作管式反应器的反应时间,h;V_{R_p} 为连续操作管式反应器的有效体积,m^3。

根据式(2-25)和式(2-26)可知,$\tau_m = \tau_p$。因此,仅就反应时间而言,间歇操作釜式反应器与连续操作管式反应器所需的反应时间是相同的。但由于间歇操作需要辅助时间,操作周期为 $\tau_m + \tau_{辅}$,因此,所需反应器体积比连续操作管式反应器的体积要大。连续操作管式反应器不存在辅助时间,也不存在装料系数的问题。

(2) 连续操作釜式反应器与连续操作管式反应器的比较

① 解析法。根据连续操作釜式反应器反应时间的计算公式(1-86)可得:

$$\tau_c = \frac{V_{R_c}}{V_0} = \frac{c_{A0} x_A}{-r_A} \tag{2-27}$$

则
$$\frac{\tau_c}{\tau_p} = \frac{V_{R_c}}{V_{R_p}} = \frac{\dfrac{x_A}{(-r_A)}}{\displaystyle\int_0^{x_A} \dfrac{dx_A}{-r_A}} \tag{2-28}$$

式中，τ_c 为连续操作釜式反应器的反应时间，h；V_{R_c} 为连续操作釜式反应器的有效体积，m^3。

将反应速率和具体操作条件代入式(2-28)便可计算使用两种类型反应器有效体积大小比较关系。如恒容恒温过程幂指数型动力学方程 $(-r_A) = kc_A^n$ 有：

$$\frac{\tau_c}{\tau_p} = \frac{V_{R_c}}{V_{R_p}} = \frac{(n-1)x_{Af}}{(1-x_{Af})-(1-x_{Af})^n} \quad (n \neq 1) \tag{2-29}$$

或

$$\frac{\tau_c}{\tau_p} = \frac{V_{R_c}}{V_{R_p}} = \frac{x_{Af}}{(x_{Af}-1)\ln(1-x_{Af})} \quad (n=1) \tag{2-30}$$

将上式作图可得有效体积比随不同反应达到不同转化率时的变化关系，如图 2-21。从图中可以看出：当转化率趋于 0 时，连续操作釜式反应器与连续操作管式反应器的体积比等于 1，即 $V_{R_c} = V_{R_p}$，$\tau_c = \tau_p$；随转化率的增加，体积比相差越来越显著。因此，对于反应级数较高、转化率要求较高的反应，应优先选择连续操作管式反应器。

② 图解法。由单台连续操作釜式反应器与连续操作管式反应器空时的函数关系式：

$$\tau_c = \frac{V_{R_c}}{V_0} = \frac{c_{A0}x_A}{-r_A}, \quad \tau_p = \frac{V_{R_p}}{V_0} = c_{A0}\int_0^{x_A}\frac{dx_A}{-r_A}$$

可知，对同一反应达到相同的转化率，图 2-22 说明了两种反应器的体积比。图 2-22 中矩形面积为 τ_c/c_{A0}，曲线下面的积分面积为 τ_p/c_{A0}，显然，τ_c/τ_p，即 V_{R_c}/V_{R_p}，即单台连续操作釜式反应器的体积大于连续操作管式反应器的有效体积。

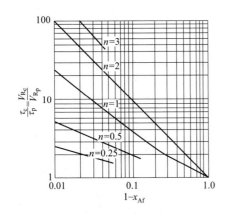

图 2-21 n 级反应在恒温恒容单个反应器中的性能比较

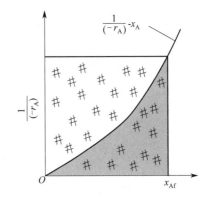

图 2-22 单台连续操作釜式反应器与连续操作管式反应器的比较

2. 多釜串联连续操作釜式反应器

多台连续操作釜式反应器其中一台釜的计算公式

$$\tau_{ci} = \frac{V_{Rci}}{V_0} = \frac{c_{A0}(x_{Ai}-x_{Ai-1})}{(-r_A)_i} \tag{2-31}$$

由图 2-23 可知：同一反应达到同样的转化率使用多台连续操作釜式反应器和连续操

管式反应器，各个小矩形面积之和比单釜时大矩形面积小得多，且串联釜数 n 越多，需总反应器的体积越小。当串联釜数 n 无限多时，则和连续操作管式反应器体积相同。

综上所述，对同一正级数的简单反应，在相同操作条件下，为达到相同转化率，连续操作管式反应器所需的有效体积最小，连续操作釜式反应器所需有效体积最大。生产能力的大小为：PFR＞n-CSTR＞CSTR。这是由于反应器内浓度变化不同造成的。在 CSTR 反应器中，反应物的浓度是不变的，且等于出口处的浓度 c_A；而在 PFR 中，反应物的浓度随着反应器的轴向位置逐渐由 c_{A0} 降至 c_A；在 n-CSTR 中，每个釜反应物的浓度等于其出口浓度，但只有最后一个釜的浓度等于最终的出口浓度 c_A。需要注意的是：间歇操作釜式反应器与连续操作管式反应器的空时均为曲线下阴影部分的面积，反应器的浓度变化规律是相同的，只是一个随反应器的轴向位置改变，另一个随反应时间改变。但两种反应器的生产能力是不同的，因为间歇操作釜式反应器存在非生产时间，因此其生产能力较连续操作管式反应器低。

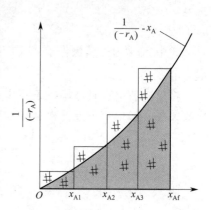

图 2-23 多釜串联操作釜式反应器与连续操作管式反应器的比较

3. 组合反应器的优化

（1）多釜串联连续操作釜式反应器的优化　不同大小的多只连续操作釜式反应器进行串联操作时，若最终转化率已给定，如何确定其最优组合？下面我们只介绍两只反应釜的串联情况。

图 2-24 表示两只反应釜交替排列，两者都达到相同的最终转化率，为使体积最小，应选择最优的 x_{A1}，即图中 B 点的位置，使矩形 $ABCD$ 的面积最大。发现只有当 B 点正好处于曲线上斜率等于矩形对角线 AC 的斜率时矩形面积最大。因此，对于 $n>0$ 的幂指数函数动力学，正好有一个"最优点"，如图 2-25 所示。

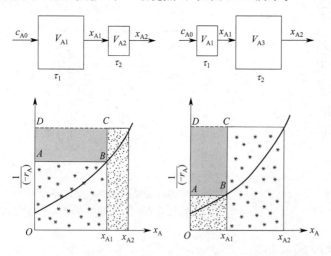

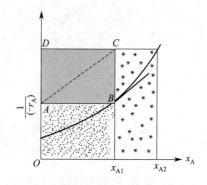

图 2-24　不同大小双釜串联比较　　　图 2-25　矩形面积法求最优中间转化率

对于"最优点" x_{A1} 的求取，按多只串联连续操作釜式反应器的计算公式

$$\tau_1 = \frac{c_{A0} x_{A1}}{(-r_A)_1}; \tau_2 = \frac{c_{A0}(x_{A2}-x_{A1})}{(-r_A)_2}$$

两釜串联操作时,两台釜的总停留时间等于两台釜各自停留时间之和,即

$$\tau=\tau_1+\tau_2=\frac{c_{A0}x_{A1}}{(-r_A)_1}+\frac{c_{A0}(x_{A2}-x_{A1})}{(-r_A)_2}=\frac{c_{A0}x_{A1}}{k_1f(x_{A1})}+\frac{c_{A0}(x_{A2}-x_{A1})}{k_2f(x_{A2})}$$

当两釜串联中进行的为一级不可逆反应,且两釜反应温度相同时,令 $\frac{d\tau}{dx_{A1}}=0$,可得

$$x_{A1}=1-(1-x_{A2})^{1/2} \tag{2-32}$$

可见,对于一级反应,各釜大小相同时最优。对于反应级数 $n\neq 1$,当 $n>0$ 时,较小的反应器在前面;当 $n<0$ 时,应先用较大的反应器。不同情况应具体分析。

【例 2-3】 在两台串联操作的连续操作釜式反应器中进行二级不可逆等温液相反应:A⟶P,反应速率方程为 $(-r_A)=kc_A^2$,$k=9.92\text{m}^3/(\text{kmol}\cdot\text{s})$,$V_0=0.278\text{m}^3/\text{s}$,$c_{A0}=0.08\text{kmol/m}^3$,$x_{A2}=0.875$。求:①两台反应釜最小总有效体积;②两台釜体积大小相等时的总有效体积。

解: ① 两台反应釜最小总有效体积

由 $\tau=\tau_1+\tau_2=\dfrac{c_{A0}x_{A1}}{(-r_A)_1}+\dfrac{c_{A0}(x_{A2}-x_{A1})}{(-r_A)_2}=\dfrac{c_{A0}x_{A1}}{kc_{A0}^2(1-x_{A1})^2}+\dfrac{c_{A0}(x_{A2}-x_{A1})}{kc_{A0}^2(1-x_{A1})^2}$

取 $\dfrac{d\tau}{dx_{A1}}=0$,可得 $\dfrac{1+x_{A1}}{(1-x_{A1})^3}=\dfrac{1}{(1-x_{A2})^2}$

将 $x_{A2}=0.875$ 代入,可得 $x_{A1}=1-\left(\dfrac{1+x_{A1}}{64}\right)^{1/3}$

通过迭代法可得 $x_{A1}=0.7015$,则

$$V_{R1}=\frac{V_0 x_{A1}}{kc_{A0}(1-x_{A1})^2}=\frac{0.278\times 0.7015}{9.92\times 0.08\times(1-0.7015)^2}=2.76(\text{m}^3)$$

$$V_{R2}=\frac{V_0(x_{A2}-x_{A1})}{kc_{A0}(1-x_{A2})^2}=\frac{0.278\times(0.875-0.7015)}{9.92\times 0.08\times(1-0.875)^2}=3.89(\text{m}^3)$$

$$V_R=V_{R1}+V_{R2}=2.76+3.89=6.65(\text{m}^3)$$

② 当两台釜的体积大小相等时,$V_{R1}=V_{R2}$,则

$$\frac{V_0 c_{A0}x_{A1}}{kc_{A0}^2(1-x_{A1})^2}=\frac{V_0 c_{A0}(x_{A2}-x_{A1})}{kc_{A0}^2(1-x_{A1})^2}$$

采用试差法可得 $x_{A1}=0.725$,$V_{R1}=V_{R2}=3.36(\text{m}^3)$

$$V_R=V_{R1}+V_{R2}=3.36+3.36=6.72(\text{m}^3)$$

通过比较可知,所需总体积相差很小,因此取两台釜体积相等时为宜。

(2) 自催化反应过程的优化 自催化反应是指反应产物本身具有催化作用,能加速反应速率的反应过程。如生化反应的发酵、废水生化处理都具有自催化反应特征。自催化反应可表示为:A+P⟶P+P,其反应速率方程表示为

$$(-r_A)=kc_A c_P \tag{2-33}$$

对于自催化反应,如果原料中一点产物也不存在时,反应速率应为零,反应不能进行,因此,通常将少量反应产物加入原料中。

在反应初期,虽然反应物 A 的浓度高,但此时作为催化剂的反应产物 P 的浓度很低,因此反应速率较低。随着反应的进行,反应产物 P 的浓度逐渐增加,反应速率加快。在反应后期,虽然产物 P 的浓度很高,但因反应物 A 的不断消耗,其浓度大大降低,此时反应速率又下降。由此可见,自催化反应过程的基本特征是存在一个最大的反应速率,如图2-

26 所示。自催化反应虽然有其独特性,但它在反应器中的反应结果仍可以采用简单反应的处理方法进行计算。

根据自催化反应存在最大反应速率的特征,反应器在选型时,可根据不同转化率要求选用不同的反应器及其组合类型,以减小反应器体积。下面以图解法进行讨论。如图 2-27 所示,以 x_A 对 $1/(-r_A)$ 作图。如果自催化反应要求转化率小于或等于 x_{A1},如图 2-27(a) 所示,为达到相同转化率,连续操作釜式反应器所需反应器体积显然比连续操作管式反应器的体积要小,表明返混是有利的,在较低转化率时反应器内也有较高的产物浓度,得到较高的反应速率。相反,当要求较高转化率时,如图 2-27(b) 所示,返混使整个反应器处于低原料浓度,反应速率很低,因此,为达到相同转化率,连续操作釜式反应器所需体积大于连续操作管式反应器。当反应处于中等转化率时,如图 2-27(c) 所示,两类反应器无多大差别。

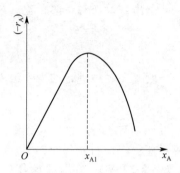

图 2-26　自催化反应速率规律示意

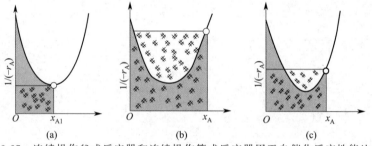

图 2-27　连续操作釜式反应器和连续操作管式反应器用于自催化反应性能比较

为了使反应器总体积最小,可选用一个连续操作釜式反应器,使反应器保持在最高速率点处进行反应;为了充分利用反应原料,达到较高的转化率,可在连续操作釜式反应器后串联一个连续操作管式反应器。因此,这里的最优反应器组合是先用一个连续操作釜式反应器,控制在最大速率点处操作,然后串联一个连续操作管式反应器,达到高转化率,其组合如图 2-28(a) 所示。也可以在连续操作釜式反应器的出口处连接一个分离装置,在反应器出口处进行物料分离,原料返回反应器,如图 2-28(b) 所示。

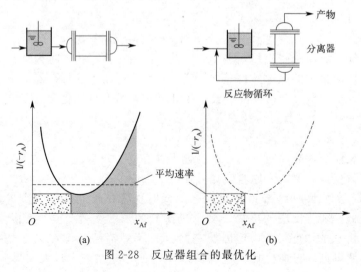

图 2-28　反应器组合的最优化

二、复杂反应选择性的比较

复杂反应的种类很多,在选择反应器类型和操作方法时,对复杂反应过程必须考虑反应的选择性问题。

1. 平行反应

(1) 一种反应物生成一种主产物和一种副产物

$$A \underset{k_2}{\overset{k_1}{\rightleftarrows}} \begin{array}{l} R\text{主产物} \\ S\text{副产物} \end{array}$$

此类平行反应为得到较多目的产物 R 所采用的反应器类型和操作方式可通过动力学进行分析。它们的反应动力学方程为:

$$r_R = \frac{dc_R}{d\tau} k_1 c_A^{\alpha_1}, r_S = \frac{dc_S}{d\tau} k_2 c_A^{\alpha_2}$$

定义选择性

$$S_p = \frac{r_R}{r_S} = \frac{k_1}{k_2} c_A^{\alpha_1 - \alpha_2} \tag{2-34}$$

可见,要想提高选择性,可增大 r_R/r_S,即得到较多的主产物 R。对于一定的反应系统和温度,k_1、k_2、α_1、α_2 均为常数,故只要调节反应物浓度 c_A,就可以得到较高的选择性。根据式(2-34)得到的结论如下:

① 当 $\alpha_1 > \alpha_2$ 时,反应物浓度 c_A 提高,则可增大 r_R/r_S。因为连续操作管式反应器内反应物的浓度较连续操作釜式反应器高,故宜采用连续操作管式反应器,其次采用间歇釜式反应器或连续多釜串联反应器。

② 当 $\alpha_1 < \alpha_2$ 时,降低反应物浓度 c_A 则可增大 r_R/r_S。因此,宜采用连续操作釜式反应器。但连续操作釜式反应器所需反应器的体积较大,故须全面分析再做选择。

③ 当 $\alpha_1 = \alpha_2$ 时,$S_p = \frac{r_R}{r_S} = \frac{k_1}{k_2} =$ 常数,反应物浓度的改变对选择性无影响。

根据上述分析可知,对于平行反应,提高反应物的浓度有利于反应级数较高的化学反应,降低反应物的浓度有利于反应级数较低的化学反应。

除选择反应器类型外,还可以采用适当的操作条件以提高反应的选择性。如果主反应的级数高,可采用浓度较高的原料(对于气相反应可采用增加压力)以提高反应器内反应物的浓度。反之则应降低反应物的浓度,目的是提高反应选择性。此外,还可以通过改变反应体系的温度来改变 k_1/k_2,从而提高反应的选择性。

$$\frac{k_1}{k_2} = \frac{A_1 \exp(-E_1/RT)}{A_2 \exp(-E_2/RT)} = \frac{A_1}{A_2} \exp[-(E_1 - E_2)/RT] \tag{2-35}$$

当主反应的活化能大于副反应,即 $E_1 > E_2$ 时,升高温度有利于提高 k_1/k_2,有利于提高反应的选择性;当主反应的活化能小于副反应,即 $E_1 < E_2$ 时,降低温度有利于提高反应的选择性。总之,升高温度有利于活化能高的反应,降低温度有利于活化能低的反应。

此外,更有效的方法就是开发或选择具有高选择性的催化剂。

【例 2-4】分解反应 $\begin{array}{l} A \longrightarrow R \text{(目的产物)}, r_R = c_A^2 [\text{mol}/(L \cdot \text{min})] \\ A \longrightarrow S \text{(目的产物)}, r_S = 2c_A [\text{mol}/(L \cdot \text{min})] \end{array}$ 在一连续流动的管式

反应器中进行。其中 $c_{A0}=4.0\mathrm{mol/L}$，$c_{R0}=c_{S0}=0$，进料体积流量为 5.0L/min，求当转化率为 80% 时，反应器的体积为多少？目的产物 R 的选择性为多少？

解： 根据管式反应器的基础设计方程：$\tau=\dfrac{V_R}{V_0}=c_{A0}\int_{x_{Af}}^{x_{Af}}\dfrac{\mathrm{d}x_A}{-r_A}=-\int_{c_{A0}}^{c_{Af}}\dfrac{\mathrm{d}c_A}{(-r_A)}$

由于该分解反应为一复杂反应，反应物 A 的动力学方程为 $(-r_A)=c_A^2+2c_A$

所以：$\tau=\dfrac{V_R}{V_0}=-\int_{c_{A0}}^{c_{Af}}\dfrac{\mathrm{d}c_A}{c_A^2+2c_A}=\dfrac{1}{2}\ln\dfrac{c_{A0}}{c_{Af}}+\dfrac{1}{2}\ln\dfrac{2+c_{Af}}{2+c_{A0}}$

由于 $c_{Af}=c_{A0}(1-x_{Af})=4.0\times(1-0.8)=0.8(\mathrm{mol/L})$

则 $\tau=\dfrac{1}{2}\ln\dfrac{4}{0.8}+\dfrac{1}{2}\ln\dfrac{2+0.8}{2+4}=0.4(\mathrm{min})$

反应器的有效体积 $V_R=V_0\tau=5.0\times0.4=2(\mathrm{L})$

选择性为 $S_p=\dfrac{r_R}{r_S}=\dfrac{c_{Af}^2}{2c_{Af}}=\dfrac{0.8^2}{2\times0.8}=0.4$

(2) 两种反应物生成一种主产物和一种副产物

$$A+B\xrightarrow{k_1}R\text{ 主产物},\quad A+B\xrightarrow{k_2}S\text{ 副产物}$$

其动力学方程为：$r_R=k_1c_A^{\alpha_1}c_B^{\beta_1}$，$r_S=k_2c_A^{\alpha_2}c_B^{\beta_2}$

反应选择性 S_p 为：$S_p=\dfrac{r_R}{r_S}=\dfrac{k_1}{k_2}c_A^{\alpha_1-\alpha_2}c_B^{\beta_1-\beta_2}$

为了使选择性亦即 r_R/r_S 最大，对反应物浓度的高、低或高低结合完全取决于竞争反应动力学。这些浓度的控制可以按进料方式和反应器类型调整。

表 2-4 和表 2-5 表示了存在两个反应物的平行反应在间歇和连续操作时保持竞争浓度使之适应竞争反应动力学要求的情况。

表 2-4　间歇操作不同竞争反应动力学下的操作方式

动力学特点	$\alpha_1>\alpha_2,\beta_1>\beta_2$	$\alpha_1<\alpha_2,\beta_1<\beta_2$	$\alpha_1>\alpha_2,\beta_1<\beta_2$
浓度控制要求	c_A、c_B 都高	c_A、c_B 都低	c_A 高、c_B 低
操作示意图			
加料方法	瞬间加入所有的 A 和 B	缓慢加入 A 和 B	先把 A 全部加入，然后缓缓加 B

表 2-5　连续操作不同竞争反应动力学下的操作方式及其浓度分布

动力学特点	$\alpha_1>\alpha_2,\beta_1>\beta_2$	$\alpha_1<\alpha_2,\beta_1<\beta_2$	$\alpha_1>\alpha_2,\beta_1<\beta_2$
控制浓度要求	c_A、c_B 都高	c_A、c_B 都低	c_A 高、c_B 低
操作示意图			

续表

动力学特点	$\alpha_1 > \alpha_2, \beta_1 > \beta_2$	$\alpha_1 < \alpha_2, \beta_1 < \beta_2$	$\alpha_1 > \alpha_2, \beta_1 < \beta_2$
浓度分布图	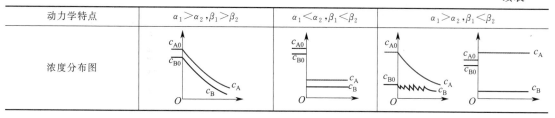		

【例 2-5】平行反应
$$A+B \xrightarrow{k_1} R \text{（主反应）}, r_R = k_1 c_A^{0.5} c_B^{1.5}$$
$$A+B \xrightarrow{k_2} S \text{（副反应）}, r_S = k_2 c_A^{1.4} c_B^{0.8}$$
，已知主反应的活化能 E_1 大于副反应的活化能 E_2，若要提高主反应的选择性，试定性确定合适的温度、反应器类型及操作方式。

解： 根据选择性定义 $S_p = \dfrac{r_R}{r_S} = \dfrac{k_1}{k_2} c_A^{0.5-1.4} c_B^{1.5-0.8} = \dfrac{k_1}{k_2} c_A^{-0.9} c_B^{0.7}$

要想提高主反应的选择性，则要提高 k_1/k_2，且要求反应物 A 的浓度 c_A 低、反应物 B 的浓度 c_B 高。由于 $E_1 > E_2$，若想提高 k_1/k_2 应选择高温条件下进行操作，高温操作优先选择管式反应器。为了满足反应物浓度的要求，反应物的进料方式有所不同。反应物 B 应从管式反应器的入口处加入，反应物 A 须沿着管长分几处连续加入。

2. 连串反应

由于连串反应更为复杂，下面只讨论一级连串反应。

$$A \xrightarrow{k_1} R \xrightarrow{k_2} S$$

其动力学方程为

$$r_R = \frac{dc_R}{d\tau} = k_1 c_A - k_2 c_R, \quad r_S = \frac{dc_S}{d\tau} = k_2 c_R$$

选择性为

$$S_p = \frac{r_R}{r_S} = \frac{k_1 c_A - k_2 c_R}{k_2 c_R} \tag{2-36}$$

由式(2-36)可知：如 R 为目的产物，当 k_1、k_2 一定时，为提高选择性 S_p，应使 c_A 高、c_R 低，宜采用连续操作管式反应器、间歇操作釜式反应器和多釜串联连续操作釜式反应器；反之，若 S 为目的产物，则应 c_A 低、c_R 高，宜采用连续操作釜式反应器。需要注意的是：连串反应 R 的生成有利于 S 的生成（特别是当 $k_1 \ll k_2$ 时），因此，当以 R 为目的产物时，应保持较低的单程转化率。当 $k_1 \gg k_2$ 时，可保持较高的反应转化率，这样可使选择性降低较少，但反应后的分离负荷却可以大为减轻，如图 2-29 所示。

由图 2-29 可知：①连续操作管式反应的选择性高于连续操作釜式反应器；②连串反应的选择性随反应转化率的增大而下降；③选择性与速率常数之比 k_2/k_1 密切相关，比值越大，其选择性随转化率的增加而下降的趋势越严重。

综上，对于连串反应，控制转化率十分重要，不能盲目追求高转化率。在工业生产中经常使反应在低转化率下操作，以获得较高的选择性。把未反应的原料经分离后返回反应器内循环使用，此时应以反应-分离系统的优化经济目标来确定最适宜的反应转化率。

【例 2-6】等温一级不可逆连串反应 $A \longrightarrow P \longrightarrow R$ 在一连续操作釜式反应器中进行，反

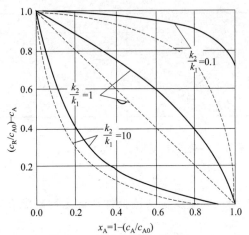

图 2-29　连续操作管式和釜式反应器选择性比较
----连续操作管式反应器；——连续操作釜式反应器

应釜有效体积为 $2m^3$，进料体积流量为 $2m^2/min$，反应物 A 的初始浓度为 $2mol/m^3$，反应速率常数 $k_1=0.5min^{-1}$，$k_2=0.25min^{-1}$。求产物 P 的选择性。

解：$V_R=2m^3$，$\tau=V_R/V_0=2/2=1$

对组分 A 做物料衡算：$c_{A0}V_0-c_{Af}V_0-(-r_A)V_R=0$

得：$c_{Af}=\dfrac{c_{A0}}{1+k_1\tau}=\dfrac{2}{1+0.5\times 1}=1.33$

同理，对组分 P 做物料衡算：$c_{P0}V_0-c_PV_0-r_PV_R=0$

即：$c_P=\dfrac{k_1\tau c_{Af}}{1+k_2\tau}=\dfrac{0.5\times 1\times 1.33}{1+0.25\times 1}=0.53$

产物 P 的选择性为：$S_P=\dfrac{r_P}{-r_A}=\dfrac{k_1 c_{Af}-k_2 c_P}{k_1 c_{Af}}=\dfrac{0.5\times 1.33-0.25\times 0.53}{0.5\times 1.33}=0.80$

3. 复合复杂反应

$$A+B\xrightarrow{k_1}R$$
$$R+B\xrightarrow{k_2}S$$
$$A\xrightarrow{k_3}R\xrightarrow{k_4}S$$

上式即为典型的复合复杂反应。其中 B 为平行反应，对 A、R、S 而言则为连串反应。在处理复合复杂反应时，<u>应根据具体情况分别处理</u>。如果以解决 B 的转化率为主，则把复合复杂反应以平行反应处理；如果以解决 A 的转化率为主，以连串反应处理。

 知识拓展

高压聚乙烯的生产

高压聚乙烯采用本体聚合法生产，反应压力 100～350MPa、温度为 423～573K。乙烯高压聚合时有以下特点：①在聚乙烯分子上生成许多侧链，而其他烯烃聚合时很少发生类似情况。侧链的多少直接影响聚合物的性能，不同型式的反应器对侧链的生成量有很大影响。

②聚合热大，约为108kJ/mol。因此，有效地去除反应热，控制反应温度是聚合过程中的重要问题，若反应热不能及时移走，反应器内温度上升至623K以上，会发生爆炸性分解。温度对聚合反应的影响主要表现在聚合速率及反应器壁上聚合物黏附量的多少。为降低反应器壁聚合物的黏附量，一般要求聚合温度不低于483K。③单程转化率低，一般只有15%～30%。反应物料的流速很高，在反应器中的停留时间仅为数十秒至数分钟。

按聚合反应器来看，高压聚乙烯有管式与釜式两种生产方法。

一、管式法

原料乙烯（纯度99.9%以上）和氧（作引发剂）压缩至200～300MPa以上进入管式反应器。物料在反应器内的停留时间为30～50s，反应温度一般在473～573K，单程转化率为20%～30%。反应器直径为0.03～0.05m，长径比为250～40000。目前大型管式反应器直径已达0.05m以上，管长达1300m以上。

为降低粘壁量，提高传热效率，防止局部过热，实际生产中可采取以下措施。

① 为适应高温高压操作，反应器的管壁很厚，因此传热阻力增加。为提高传热效率，应使物料维持在很高的流速，一般可达到十几米每秒。另一方面提高流速可使物料在管中的流型更接近平推流。使径向浓度与温度分布更趋于均匀，粘壁物减少，产品质量提高。

② 操作运行时，为尽可能降低粘壁物，可采用压力脉冲技术，即使管内压力周期性地突然下降7～10MPa，然后再逐渐恢复到原来的压力。当压力脉冲在管内传递时，会引起流速突然增大，进而能将黏附于管壁上的积存物冲刷下来，从而减少热阻，改善传热性能。

③ 为防止转化率太高而导致高温引起乙烯分解，可在反应管的不同部位补加乙烯和氧。因聚合反应在数秒内完成，补加的物料必须迅速与管内物料混合均匀，若浓度分布不均匀会造成局部过热，分段引入的反应物料也可使各段维持在较高的反应速率。

④ 管式反应器依靠夹套来传递热量，由于物料黏度受温度影响很大，因此冷却剂温度不能太低，否则会造成管壁处物料黏度变大，粘壁量增加，进而造成传热恶化。

二、釜式法

反应一般在100～200MPa，423～573K的条件下进行。乙烯连续进入搅拌釜式反应器，在高速搅拌下，由注射泵不断向反应器内注入适量的引发剂（有机过氧化物）使乙烯聚合，乙烯停留时间一般为25～40s，单程转化率为15%～20%。

釜式反应器的长径比在2～20间。不同长径比的反应器物料的返混程度不一样，长径比小返混大，长径比大返混小。为尽可能降低反应物料的浓度梯度和促进物料温度均一，釜式反应器需要有效的搅拌。局部混合强度和物料的停留时间分布能影响聚合物的聚合度分布。

为满足一套釜式反应器能生产出多种不同牌号的产品，釜式反应器已由单区聚合演变为双区、三区、四区和多区聚合，实质上是把反应釜用挡板分隔成多段，使之成为一个每段都带搅拌的多级串联釜，流动型态接近于平推流。在不同反应区注入不同类型的引发剂，控制不同的反应温度和压力，可使乙烯的单程转化率由17%提高至21.3%。可生产60多种牌号的产品以满足市场的需要。

釜式反应器的除热主要依靠原料乙烯的吸热升温。因反应釜基本上是在绝热情况下操作的，原料乙烯上升到反应温度所需的热量基本上可与反应热平衡。目前釜式反应器的容积已由原来的250L扩大到1000L，甚至1600L，单线生产能力由年产1.5万吨增加到10万吨，甚至可达15万～17.5万吨。

据统计，目前全世界高压聚乙烯生产中管式法约占55%，釜式法约占45%，二者各有优缺点。管式反应器操作非常稳定，而釜式反应器常有不稳定倾向，易发生分解反应。釜式反应器管壁上的沉积问题比管式反应器小得多。从产品质量上看，采用釜式反应器所得产物的聚合度分布窄，支化度大，微粒凝胶少，而采用管式反应器则相反。随着工艺的不断改进，二者在质量上的差异会越来越小。

随着科学技术的不断发展与完善，利用数学模型来研究乙烯的高压聚合过程已取得一定进展。研究者利用乙烯聚合动力学、物料及热量衡算，求得计算模型。随后用计算机来模拟釜式反应器的多区聚合过程，以开发新的聚合工艺和生产方法。为使物料在反应器内达到最佳的流体流动状态，提出了改善混合方式的观点，并重新设计了管式和釜式反应器的结构，并因此增加了生产能力，改进了产品质量，降低了生产成本。有研究者探索了聚乙烯的物理性能与反应器大小、结构、反应条件间的关系，以得到的关联式来重新设计搅拌装置，并根据所需要的聚乙烯性能来确定反应条件，通过计算预知乙烯的单程转化率和引发剂的单耗，大大提高了生产的经济性。

课外思考与阅读

 安全生产

安全生产责任重于泰山——聚合釜闪爆事故分析

企业生产安全事关广大员工的切身利益。依靠科技进步，加强内部管控，强化责任担当，提升员工安全生产素养，切实把"以人民为中心的发展思想"落到实处，是广大企业履行社会责任的必然要求和不二使命。

1. 事故经过

1997年10月4日，辽宁锦州石化公司某化工厂聚丙烯车间聚合工段三班操作工，发现正在生产的7号聚合釜内有异声。停车分析原因是釜内搅拌轴下沉使下部带式搅拌叶与釜底部接触摩擦所致。10月6日上午检修人员进入釜内检查，确认是搅拌轴下填料箱备帽螺栓松动，并进行了复位。为防止今后出现这种现象，车间决定将备帽螺栓焊死。10月8日12时30分左右，车间联系油品站分析工对该釜取样分析，在釜内距人孔1.5m取样，结果为釜内可燃气含量0.4%，氧含量20%，允许入釜作业。14时40分检修车间焊工准备电焊作业。为保险起见，先做明火试验，将一点燃的纸团从人孔扔入釜内，未发生异常。于是焊工顺着人孔下到釜内，当头部与人孔边缘几乎同高时，釜内突然发生闪爆。焊工被气浪冲出，头部撞在上层铁平台上，当场死亡。

2. 闪爆原因分析

（1）可燃气的来源　7号聚合釜自10月4日停产以来，曾在釜上部加了4块盲板，分别与系统的丙烯、高压瓦斯、活化剂和回收系统隔开，氢气管线断开一段解下放在一边。分析结果表明，丙烯就是通过不严密的2通电磁阀从4号闪蒸釜串入了7号聚合釜，在釜底积存下来的。事故发生后，采样分析4号阀蒸釜丙烯浓度为12%。

（2）点火源的存在　目击者证实，焊工在进入釜前已经将点燃的纸团从人孔扔入釜内进行明火试验，为什么没有当即发生闪爆，而是约20s后，恰好在焊工进入釜内刚刚站稳时发生闪爆呢？这是因为，该釜内螺带式搅拌叶宽度 200mm，且螺带坡度平缓，焊工做明火试验的纸团只是落在了带式搅拌叶上，当焊工进入后，未燃尽的纸团受到振动而掉到釜底，引燃爆炸性混合气发生闪爆。

(3) 采样的失误　车间有关人员在委托分析采样时，没有明确釜内采样部位，委托单上采样部位一栏只是填上"釜内"字样，分析工在釜内距人孔 1.5m 处取样，这个样并没有真实地反映出整个釜内可燃气的分布情况。丙烯相对空气密度 1.48，少量的丙烯又恰恰是从釜底部串入的，只是沉积于釜的底部，并未充满整个釜内空间。

3. 事故教训

① 对可燃气的置换要彻底。
② 盲板的作用不容忽视。按照该釜的检修管理规定，在处理完可燃气后，应插 5 块盲板，而此次检修时关键的 1 块与闪蒸釜隔断的盲板未插，给这次闪爆事故种下了祸根。
③ 采样要有代表性。采样具有代表性，才能真实地反映整个容器内可燃气的分布情况，才能给动火提供可靠的科学依据。
④ 改进设备结构，减少故障率。

专创融合

思考：查文献探究具有国际先进水平的"第三代环管 PP 成套技术"是怎样开发出来的？科研工作者需要具备哪些基本的工程伦理和科学精神？

项目总结

一、管式反应器的分类与结构

(1) 根据管道连接方式的不同分类　多管串联管式反应器和多管并联管式反应器。
(2) 根据管式反应器的结构分类　水平管式反应器、立管式反应器、盘管式反应器、U 形管式反应器、多管并联管式反应器。
(3) 管式反应器的特点
①反应物分子在管内的停留时间相等；②容积小、比表面积大、单位容积的传热面积大，适用于热效应较大的反应；③反应速度快、流速快，生产效率高；④适用于大型化和连续化的生产；⑤返混较小，管内流体流型近似接近于理想置换流动；⑥适用于液相反应，也适用于气相反应，加压反应尤为合适。
(4) 套管式反应器的结构　直管、弯管、密封环、法兰及紧固件、温差补偿器、传热夹套及连接管和机架等。
(5) 传热方式　套管传热、套筒传热、短路电流加热、烟道气加热。

二、流体的流动模型

理想置换流动模型的停留时间分布
(1) 停留时间分布函数 $F(t)$

$$F(t)=0 \quad t<\bar{t} \qquad F(\theta)=0 \quad \theta<1$$
$$F(t)=1 \quad t\geq\bar{t} \qquad F(\theta)=1 \quad \theta\geq1$$

或

(2) 停留时间分布密度函数 $E(t)$

$$E(t)=0 \quad t\neq \bar{t} \quad \text{或} \quad E(\theta)=0 \quad \theta\neq 1$$
$$E(t)\rightarrow \infty \quad t=\bar{t} \quad \quad E(\theta)\rightarrow \infty \quad \theta=1$$

(3) 停留时间分布特征值，方差 $\sigma_t^2=0 \quad \sigma_\theta^2=0$

(4) 平均停留时间 $\bar{t}=\tau=V_R/V_0 \quad \bar{\theta}=1$

三、管式反应器的设计

(1) 管式反应器物料衡算方程 $(-r_A)dV_R=F_{A0}dx_A$

(2) 管式反应器的体积 $V_R=F_{A0}\int_{x_{A0}}^{x_{Af}}\dfrac{dx_A}{-r_A}=c_{A0}V_0\int_{x_{A0}}^{x_{Af}}\dfrac{dx_A}{-r_A}$

(3) 管式反应器的停留时间 $\tau=\dfrac{V_R}{V_0}=c_{A0}\int_{x_{A0}}^{x_{Af}}\dfrac{dx_A}{-r_A}$

(4) 恒温恒容管式反应器的设计

① 一级不可逆反应，动力学方程为 $(-r_A)=kc_A$，在恒温条件下 k 为常数，在恒容条件下 $c_A=c_{A0}(1-x_A)$，反应器体积：$V_R=V_0\tau=c_{A0}V_0\int_{x_{A0}}^{x_{Af}}\dfrac{dx_A}{kc_A}=c_{A0}V_0\int_{x_{A0}}^{x_{Af}}\dfrac{dx_A}{kc_{A0}(1-x_A)}=\dfrac{V_0}{k}\ln\dfrac{1}{1-x_{Af}}$

② 二级不可逆反应，动力学方程为 $(-r_A)=kc_A^2$，在恒温条件下 k 为常数，若 $x_{A0}=0$，反应器体积：$V_R=V_0\tau=c_{A0}V_0\int_{x_{A0}}^{x_{Af}}\dfrac{dx_A}{kc_A^2}=c_{A0}V_0\int_{x_{A0}}^{x_{Af}}\dfrac{dx_A}{kc_{A0}^2(1-x_A)^2}=\dfrac{V_0 x_{Af}}{kc_{A0}(1-x_{Af})}$

四、釜式与管式反应器的比较

① 单个间歇釜与管式反应器比较：由 $\tau_m=\tau_p$，可知间歇操作釜式反应器与连续操作管式反应器所需的反应时间是相同的。但由于间歇操作需要辅助时间，操作周期为 $\tau_m+\tau_{辅}$，因此，所需反应器体积比连续操作管式反应器的体积要大。

② 单台连续釜与管式反应器比较：当转化率趋于 0 时，连续操作釜式反应器与连续操作管式反应器的体积比等于 1，即 $V_{R_c}=V_{R_p}$，$\tau_c=\tau_p$；随转化率的增加，体积比相差越来越显著。因此，对于反应级数较高，转化率要求较高的反应，应优先选择连续操作管式反应器。

③ 多台连续操作釜式反应器与连续操作管式反应器比较：同一反应达到同样的转化率使用多台连续操作釜式反应器和连续操作管式反应器，可得各个小矩形面积之和比单釜时大矩形面积小得多，且串联釜数 n 越多，需总反应器的体积越小。当串联釜数 n 无限多时，则和连续操作管式反应器体积相同。

④ 多釜串联连续操作釜式反应器的优化：对于一级反应，各釜大小相同时最优。对于反应级数 $n\neq 1$，当 $n>0$ 时，较小的反应器在前面；当 $n<0$ 时，应先用较大的反应器。

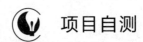

项目自测

一、判断题

1. 管式反应器在流速较低的情况下，其管内流体流型接近于理想置换流动。（ ）
2. 管式反应器单位反应器体积具有较大的换热面积，特别适用于热效应较大的反应。

(　　)

3. 管式反应器适用于大型化和连续化的生产，便于计算机集散控制，产品质量有保证。（　　）

4. 管式反应器适用于反应速率较慢的反应。（　　）

5. 管式反应器是一种呈管状、长径比很大的、多用于连续操作的反应器。（　　）

6. 连续操作管式反应器内的浓度随位置不发生变化。（　　）

7. 连续操作管式反应器属于连续定态操作，反应器各处截面上过程参数不随时间发生变化。（　　）

8. 管式反应器多采用连续操作。（　　）

9. 对于简单反应过程，不存在选择性的问题，唯一的技术目标是反应速率。（　　）

10. 对同一简单反应，在相同操作条件下，为达到相同转化率，连续操作釜式反应器所需有效体积最小。（　　）

11. 对同一简单反应，在相同操作条件下，为达到相同转化率，连续操作管式反应器所需有效体积最小。（　　）

12. 恒温恒容条件下，间歇釜式反应器计算反应时间与平推流反应器计算空时的公式相同，因此两者的生产能力相同。（　　）

二、单选题

1. 间歇操作釜式反应器生产能力（　　）连续操作管式反应器。
   A. 高于　　　　　B. 低于　　　　　C. 等于　　　　　D. 无关于

2. 对于长径比较大，流速较高的管式反应器可视为（　　）反应器。
   A. 理想置换流动　B. 理想混合流动　C. 全混流流动　　D. 非理想流动

3. 化学反应过程的技术目标不包括（　　）。
   A. 反应速率　　　B. 选择性　　　　C. 能量消耗　　　D. 转化率

4. 连续操作管式反应器的反应时间 τ_p（　　）连续操作釜式反应器的反应时间 τ_c。
   A. 大于　　　　　B. 小于　　　　　C. 等于　　　　　D. 无关于

5. 间歇操作釜式反应器的反应时间 τ_m（　　）连续操作管式反应器的反应时间 τ_p。
   A. 大于　　　　　B. 小于　　　　　C. 等于　　　　　D. 无关于

6. 间歇反应器的一个生产周期不包括（　　）。
   A. 设备维修时间　B. 反应时间　　　C. 加料时间　　　D. 出料时间

7. （　　）表达了主副反应进行程度的相对大小，能确切反映原料利用是否合理。
   A. 转化率　　　　B. 选择性　　　　C. 收率　　　　　D. 生产能力

8. 对于反应级数 $n>0$ 的不可逆等温反应，为降低反应器容积，应选用（　　）。
   A. 平推流反应器　　　　　　　　　B. 全混流反应器
   C. 循环操作的平推流反应器　　　　D. 全混流串接平推流反应器

9. 在间歇反应器中进行等温二级反应：$A \longrightarrow B$。$-r_A = 0.01 c_A^2 [\text{mol}/(L \cdot s)]$，当 $c_{A0}=1\text{mol/L}$ 时，求反应至 $c_A=0.01\text{mol/L}$ 所需时间 $t=$（　　）s。
   A. 8500　　　　　B. 8900　　　　　C. 9000　　　　　D. 9900

10. 对于自催化反应，要求高转化率，最合适的反应器为（　　）。
    A. 全混流反应器　　　　　　　　　B. 平推流反应器
    C. 全混流串平推流反应器　　　　　D. 平推流串全混流反应器

11. 气相反应 $4A+B \longrightarrow 3R+S$ 进料时无惰性气体，A 与 B 以 3∶1 的摩尔比进料，则

膨胀因子 δ_A =（　　）。
  A. 1/4   B. 2/3   C. -1/4   D. -2/3

12. 对于反应级数 $n<0$ 的不可逆等温反应，为降低反应器容积，应选用（　　）。
  A. 平推流反应器   B. 全混流反应器
  C. 循环操作的平推流反应器   D. 全混流串接平推流反应器

13. 平行反应 A $\longrightarrow$ P（主）、A $\longrightarrow$ S（副）均为一级不可逆反应，若一主一副，提高选择性 S_p 应（　　）。
  A. 增大反应物浓度   B. 降低反应物浓度
  C. 提高反应温度   D. 降低反应温度

14. 平行反应 A $\longrightarrow$ P（主）、A $\longrightarrow$ S（副）均为一级不可逆反应，若一主一副，选择性 S_p 与浓度无关，仅是（　　）的函数。
  A. 温度   B. 浓度   C. 压力   D. 活化能

15. 下列不属于平推流反应器特点的是（　　）。
  A. 某一时刻反应器轴向反应速率相等   B. 物料在反应器内的停留时间相等
  C. 反应器径向上物料浓度相等   D. 反应器内不存在返混现象

16. 对于反应级数 $n<0$ 的不可逆等温反应，为降低反应器容积，应选用（　　）。
  A. 平推流反应器   B. 全混流反应器
  C. 平推流串接全混流反应器   D. 全混流串接平推流反应器

17. 对反应级数大于零的单一反应，对同一转化率，其反应级数越小，平推流反应器与全混流反应器的体积比（　　）。
  A. 不变   B. 越大   C. 越小   D. 不确定

18. 对反应级数大于零的单一反应，随着转化率的增加，所需平推流反应器与全混流反应器的体积比（　　）。
  A. 不变   B. 增加   C. 减小   D. 不确定

19. 在活塞流反应器中进行等温、恒密度的一级不可逆反应，纯反应物进料，出口转化率可达到 96%，现保持反应条件不变，但将该反应改在具有相同体积的全混流反应器中，所能达到的转化率为（　　）。
  A. 0.85   B. 0.76   C. 0.91   D. 0.68

20. 下列反应器中，（　　）的返混程度最大。
  A. 平推流反应器   B. 全混流反应器   C. 间歇反应器   D. 固定床反应器

三、填空题

1. 在不考虑辅助时间的情况下，对于反应级数大于 0 的反应，间歇操作釜式反应器 ＿＿＿＿ 连续操作釜式反应器。（优于/差于）

2. 对于反应级数 >0 的反应，多个全混流反应器串联的反应效果 ＿＿＿＿ 全混流反应器。（优于/差于）

3. 对于反应级数 >0 的反应，平推流反应器的反应效果 ＿＿＿＿ 全混流反应器。（优于/差于）

4. 对于反应级数 <0 的反应，多个全混流反应器串联的反应效果 ＿＿＿＿ 全混流反应器。（优于/差于）

5. 对于反应级数 <0 的反应，平推流反应器的反应效果 ＿＿＿＿ 全混流反应器。（优于/差于）

6. 平推流反应器的 σ_θ^2 = ＿＿＿＿，而全混流反应器的 σ_θ^2 = ＿＿＿＿。

7. 对于管式反应器，流速越 ＿＿＿＿ 越接近平推流；管子越 ＿＿＿＿ 越接近平推流。

8. 为使管式反应器接近平推流可采取的方法有 ＿＿＿＿ 和 ＿＿＿＿。

9. 在相同条件下，平推流反应器中反应物的浓度 c_A _____ 全混流反应器的浓度。

10. 对于同一反应的反应阶段，间歇釜与连续操作管式反应器的生产能力_____。

四、计算题

1. 在管式反应器中进行恒温恒容一级液相反应，出口转化率为 90%，现将该反应转入全混流反应器中，其他操作条件不变，求该反应在全混流反应器中的出口转化率。

2. 在连续操作釜式反应器中进行恒温恒容一级反应，出口转化率为 70%，若其他条件不变，求该反应在体积相同的下列反应器中的转化率。(1) 管式反应器；(2) 间歇操作釜式反应器；(3) 2-CSTR ($V_{R1}=V_{R2}$)。

3. 在一恒温间歇操作釜式反应器中进行某一级液相不可逆反应，13min 后转化率为 70%，若把该反应转移到 (1) 连续操作管式反应器；(2) 连续操作釜式反应器中进行，为达到相同转化率，所需的空时、空速各为多少？

4. 某二级液相反应 A+B══C，已知在间歇全混流釜式反应器中，转化率 $x_A=0.99$ 所需的反应时间为 10min，问：(1) 在平推流反应器中进行时，空时 τ 为多少？(2) 在全混流反应器中进行时，空时 τ 为多少？

五、思考题

1. 管式反应器与釜式反应器有哪些差异？
2. 管式反应器可采用的加热与冷却方式有哪些？
3. 管式反应器的组成结构是什么？
4. 常见管式反应器的类型有哪些？
5. 管式反应器在操作时应注意哪些问题？
6. 管式反应器常见故障有哪些？产生的原因是什么？如何排出？
7. 如何控制环管反应器的温度？
8. 反应过程中使用的阻聚剂是什么？何时使用？
9. 如何建立烯烃系统的循环过程？
10. 聚合物的密度如何控制？
11. 怎样操作才能使烯烃原料罐 D201 的压力稳定？
12. PFR、CSTR、n-CSTR 反应器内浓度是如何变化的？
13. 试定性分析 PFR、CSTR、n-CSTR 生产能力的大小？
14. 对于复杂反应体系，如何选择反应器的型式和操作方式？
15. 非等温、非绝热理想连续操作管式流动反应器如何计算反应器的体积？
16. 反应器的容积效率如何定义？它与反应级数、转化率和串联的釜数有何关系？

项目三

固定床反应器

学习目标

素质目标

- 具备节能、环保、降耗等工程技术观念。
- 树立安全生产、节能减排的意识。
- 增强运用理论知识解决实际问题的能力。
- 具备家国情怀与社会主义核心价值观等素养。

知识目标

- 了解气-固相反应器在化学工业中的作用与发展趋势。
- 掌握气-固相反应器分类方法。
- 掌握固定床反应器的基本结构及其作用。
- 掌握固定床反应器类型选择方法。
- 掌握催化剂基本概念。
- 理解气-固相反应动力学基本概念。
- 掌握固定床反应器工艺设计方法。
- 掌握固定床反应器操作和控制规律。

<< 项目三 固定床反应器

能力目标

- 能认识气-固相反应器特点与结构。
- 能认识催化剂的组成和作用。
- 能对固定床反应器进行操作与控制。
- 能判断和分析常见固定床反应器故障并做应急处理。
- 能够根据生产要求选择合适的固定床反应器。

思维导图

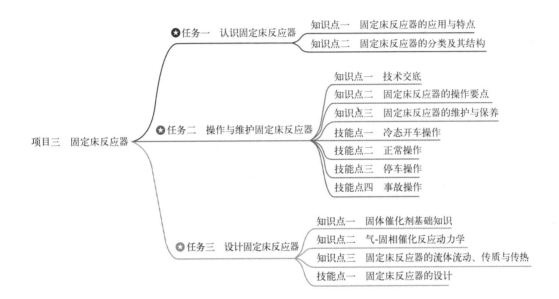

项目背景

固定床反应器是指在反应器内装填颗粒状固体催化剂或固体反应物，形成一定高度的堆积床层，气体或液体物料通过颗粒间隙流过静止固定床层发生非均相反应。其特点是充填在设备内的固体颗粒固定不动，又称填充床反应器。滑流床反应器也可归属于固定床反应器，气、液相并流向下通过床层，呈气-液-固相接触。

固定床反应器在气-固相反应和液-固相反应过程中广泛应用。固定床反应器在化学工业中应用广泛，例如石油炼制工业中的裂化、重整、异构化、加氢精制；无机化学工业中的合成氨、合成硫酸、天然气转化；有机化学工业中的乙烯氧化制环氧乙烷、乙烯水合制乙醇、乙苯脱氢制苯乙烯、苯加氢制环己烷等等。

任务一
认识固定床反应器

聚醚胺（PEA）是一类具有柔软聚醚骨架，末端活性官能团为氨基的聚合物，化学式为 $C_{3n+3}H_{6n+10}O_nN_2$。其是通过聚乙二醇、聚丙二醇或者乙二醇/丙二醇共聚物在高温高压下氨化得到的。通过选择不同的聚氧化烷基结构，可调节聚醚胺的反应活性、韧性、黏度以及亲水性等一系列性能，而氨基提供给聚醚胺与多种化合物反应的可能性。其特殊的分子结构赋予了聚醚胺优异的综合性能，能够很好地替代聚醚，在聚脲喷涂、大型复合材料制成以及环氧树脂固化剂和汽车汽油清净剂等众多领域得到了广泛应用。

20 世纪 60 年代，美国的 Jefferson 公司发明该产品，并在 20 世纪 70 年代初正式实现工业化生产。之后经过 Texaco（今 Huntsman）公司不断地开发新产品和推广市场，聚醚胺以其优异的性能逐渐被市场接受。

当今国际上最大的生产商为美国的 Huntsman 公司，BASF 为第二大生产商，两者占据了 90% 以上的市场份额。因为产品对于很多重要应用领域的重要性，中国从 20 世纪 80 年代即开始立项进行相关的研发工作，2003 年，常州涂料化工研究院开发了间歇法的生产工艺，实现了分子量为 2000 的聚醚胺的产业化，现国内有几家企业采用该工艺生产，但是生产规模较小，且产品质量与国外产品存在较大差距，无法完全替代。

聚醚胺的合成工艺包括间歇法和连续法两种工艺，相比于连续式生产，间歇式工艺设备投资小，方便不同产品种类切换，但是生产效率较低，成本较高，同时产品质量与连续法相比也存在一定差距。Huntsman 采用的生产工艺为连续的固定床工艺，利用负载在载体上的金属催化剂，其生产设备和工艺先进，催化剂效率高，因此产品转化率高，副反应少，生产成本低而且性能稳定。

1. 了解固定床反应器的基本结构及各部件的作用。
2. 掌握气-固相反应器分类方法。
3. 掌握聚醚胺（PEA）用途、聚合方法及聚合原理。

知识点一
固定床反应器的应用与特点

气-固相固定床反应器又称填充床反应器,是用以实现多相反应过程的一种反应器,即流体通过不动的固体物料形成的床层面进行反应。它与流化床反应器及移动床反应器的区别在于固体颗粒处于静止状态。固定床反应器主要用于实现气-固相催化反应,如氨合成塔、二氧化硫接触氧化器、烃类蒸汽转化炉等。当其用于气-固相或液-固相非催化反应时,床层则填装固体反应物。

固定床反应器的优点主要表现为:

① 轴向返混少,气体在床层内的流动接近理想置换流动(活塞流),因而反应速率快,完成同样生产能力催化剂用量少,设备体积小。

② 从设计和操作上可以严格控制气体停留时间和调节床层温度分布,有利于提高转化率和选择性。

③ 固体催化剂机械损耗小,可以较长时间连续使用。

固定床反应器的缺点是:

① 传热差,当反应放热量很大时,通常在换热式反应器的轴向存在一个最高的温度点,称为"热点"。如设计或操作不当,则在强放热反应时,床内热点温度会超过工艺允许的最高温度,甚至失去控制而出现"飞温",将对反应的选择性、催化剂的性能以及设备产生不利影响甚至产生安全隐患。

② 细粒催化剂易造成流体阻力增大,不能正常操作,催化剂的活性内表面得不到充分利用。

③ 操作过程中催化剂不能更换,催化剂需要频繁再生的反应一般不宜使用。

针对以上缺点,固定床反应器可在结构和操作上进行改造。例如催化剂不限于颗粒状,网状、蜂窝状、纤维状催化剂已被广泛使用。

知识点二
固定床反应器的分类及其结构

固定床反应器按照反应过程中是否与环境发生热交换,可分为绝热式和换热式。

一、绝热式固定床反应器

绝热式固定床反应器与外界无热量交换，床层温度沿物料的流动方向改变。根据反应器床层的段数多少又可分为单段绝热式和多段绝热式。

1. 单段绝热式反应器

单段绝热式反应器是在中空圆筒底部安装一块支承板（搁板），在支承板上装填固体催化剂。预热后的反应气体经反应器上部通入，经过气体预分布器均匀进入催化剂层进行化学反应，反应后的气体由下部出口引出，如图3-1所示。这类反应器结构简单，生产能力大，但是移热效果比较差。对于反应热效应不大或反应过程对温度要求不是很严格的反应过程，常采用此类反应器。如乙苯脱氢制苯乙烯、天然气为原料的大型氨厂中的一氧化碳中（高）温变换及低温变换甲烷化反应。

固定床反应器
的结构

单段绝热式
固定床反应器

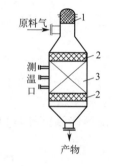

图3-1 绝热式固定床反应器
1—矿渣棉；2—瓷环；3—催化剂

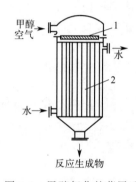

图3-2 甲醇氧化的薄层反应器
1—催化剂；2—冷却器

此外，对于热效应较大且反应速率很快的化学反应，只需要薄薄的催化剂床层即可达到所需转化率，此薄层为薄绝热床层。例如甲醇在银或铜催化剂上用空气氧化制甲醛，如图3-2所示。反应物料在该薄层进行化学反应时不进行热交换，薄床层下段为一列管式换热器，用来降低反应物料的温度，防止甲醛进一步氧化或分解。

2. 多段绝热式反应器

多段绝热床中，固体颗粒床层分为多层，原料气通过第一段绝热床反应，温度和转化率升高，此时，将反应气体通过换热冷却至远离平衡温度曲线的状态，然后再进行下一段的绝热反应。反应和冷却（或加热）过程间隔进行。根据不同化学反应的特征，一般有二段、三段或四段绝热床。

根据段间反应气体的冷却或加热方式，多段绝热床又分为中间间接换热式和中间直接冷激式。

中间间接换热式是在段间装有换热器，用热交换器使冷、热流体通过管壁进行热交换，其作用是将上一段的反应气冷却，同时利用此热量将未反应的气体预热或通入外来载热体取出多余反应热，如图3-3所示。水煤气转化、二氧化硫氧化、乙苯脱氢等过程常用多段间接换热式。

中间直接冷激式是用冷流体直接与上一段出口气体混合，以降低反应温度。若是非关键组分的反应物作冷激气，称为非原料气冷激，如图3-3(d)所示；如用尚未反应的原料气作冷激气，称为原料气冷激式，如图3-3(e)所示。

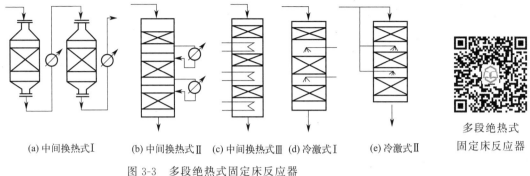

(a) 中间换热式Ⅰ　(b) 中间换热式Ⅱ　(c) 中间换热式Ⅲ　(d) 冷激式Ⅰ　(e) 冷激式Ⅱ

图 3-3　多段绝热式固定床反应器

中间直接冷激式反应器内无冷却盘管，结构简单，便于装卸催化剂。一般适用于大型催化反应固定床中，如大型氨合成塔、一氧化碳和氢合成甲醇。

总体而言，绝热式固定床反应器结构相对简单，同样大小装置所容纳的催化剂较多，且反应效率高，广泛适用于大型、高温高压的反应。

二、换热式固定床反应器

当反应热效应较大时，为了维持适宜的反应温度，必须采用换热的方法把反应热及时移走或对反应供给热量。按换热方式不同，可分为对外换热式固定床反应器和自热式固定床反应器。

1. 对外换热式固定床反应器

对外换热式固定床反应器多为列管式结构，如图 3-4 所示。在管内装填催化剂，管外通入载热体。根据反应热和允许温度选定管径，反应的热效应很大时，需要传热面积大，通常采用 25～30mm 的小管径，有利于强放热反应。列管式反应器的传热效果好，易控制催化剂床层温度，又因管径较小，流体流速较大，在催化床内的流动可视为理想置换流动，故反应速率快，选择性高。缺点是结构较复杂，造价较高。

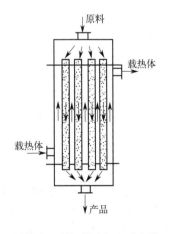

图 3-4　列管式固定床反应器

列管式固定床反应器

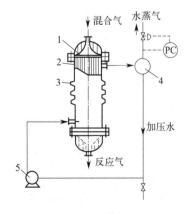

图 3-5　以加压热水作载体的固定床反应器示意图
1—列管上花板；2—反应列管；3—膨胀阀；
4—汽水分离器；5—加压热水泵

列管式固定床反应器中,合理选择载热体及其温度控制是保持反应稳定进行的前提条件。工业生产中,根据不同的反应温度要求选择不同的换热介质。

图3-5为以加压热水作载热体的反应装置。乙烯氧化制环氧乙烷、乙酰基氧化制乙酸乙烯都可采用这样的反应装置。以加压热水作载热体,主要借水的汽化移走反应热,传热效率高,有利于催化床层温度控制,提高反应的选择性。加压热水的进出口温差一般只有2℃,利用反应热直接产生高压(或中压)水蒸气。但反应器的外壳要承受较高的压力,故设备投资费用较大。

图3-6是用有机载热体导生油带走反应热的反应装置,反应器外设置载热体冷却器,利用载热体移出的反应热副产中压蒸汽。

图3-7所示是以熔盐为载体且冷却装置安装在器内的反应装置,用于丙烯固定床氨氧化制备丙烯腈。在反应器的中心设置载热体冷却器和推进式搅拌器,搅拌器使熔盐在反应区域和冷却区域间不断进行强制循环,减小反应器上下部熔盐的温差(4℃左右)。熔盐移走反应热后,即在冷却器中冷却并产生高压水蒸气。

换热介质的温度与反应温度的温差宜小,但必须移走反应过程中释放出的大量热量,这就要求有大的传热面积和传热系数。一般反应温度在240℃以下宜采用加压热水作载热体;反应温度在250~300℃可采用挥发性低的导热油作载热体,如26.5%联苯和73.5%二苯醚的混合物;反应温度在300℃以上的则须用熔盐作载热体,如53% KNO_3、7% $NaNO_3$、40% $NaNO_2$ 的混合物。

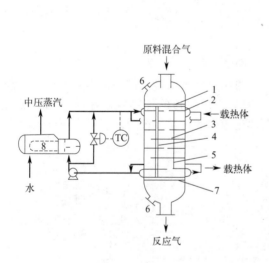

图3-6 以导生油作载热体的固定床反应装置示意图
1—列管上花板;2,3—折流板;
4—反应列管;5—折流板固定棒;
6—人孔;7—列管下花板;8—载热体冷却器

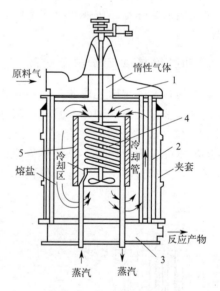

图3-7 以熔盐为载热体的反应装置示意图
1—上头盖;2—催化剂列管;3—下头盖;
4—搅拌器;5—笼式冷却器

对于强放热的反应,如氧化反应,径向和轴向都有温差。如催化剂的导热性能良好,而气体流速又较快,则径向温差较小。轴向的温度分布主要决定于沿轴向各点的放热速率和管外载热体的移热速率。一般沿轴向温度分布都有一最高温度,称为热点,如图3-8所示。在热点以前放热速率大于移热速率,因此出现轴向床层温度升高,热点以后恰恰相反,故沿床层温度逐渐降低。热点温度过高,使反应选择性降低,催化剂变劣,甚至使反应失去稳定性而产生飞温。所以,控制热点温度是使反应能顺利进行的关键。热点出现的位置及高度与反应条件的控制、传热和催化剂的活性有关。随着催化剂的逐渐老化，热点温度逐渐下移，其高度也逐渐降低。

热点温度的出现，使整个催化床层中只有一小部分催化剂是在所要求的温度条件下操作，影响了催化剂效率的充分发挥。为了降低热点温度，减少轴向温差，使沿轴向大部分催化剂床层能在适宜的温度范围内操作，工业生产上所采取的措施有：①在原料气中带入微量抑制剂，使催化剂部分毒化；②在原料气入口处附近的反应管上层放置一定高度

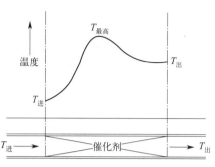

图 3-8　列管式固定床反应器的温度分布

为惰性载体稀释的催化剂，或放置一定高度已部分老化的催化剂，这两点措施目的是降低入口处附近的反应速率，以降低放热速率，使其与移热速率尽可能平衡；③采用分段冷却法，改变移热速率，使与放热速率尽可能平衡等。

由于有些反应具有爆炸危险性，在设计反应器时必须考虑防爆装置，如设置安全阀、防爆膜等。操作时则和流化床反应器不同，原料必须充分混合后再进入反应器，原料组成受爆炸极限的严格限制，有时为了安全须加水蒸气或氮气作为稀释剂。

2. 自热式固定床反应器

自热式固定床反应器是利用反应热来加热原料气，使原料气的温度达到要求的温度，同时降低反应物料的温度，使反应温度控制在适宜范围。它只适用于热效应不太大的放热反应和原料气必须预热的系统。这种反应器本身能达到热量平衡，不须外加换热介质来加热和冷却反应器床层。

绝热层中反应气体迅速升温，冷却层中反应气体被冷却而接近最佳温度曲线，未反应气体经过床外换热器和冷管预热到一定温度而进入催化床。图 3-9 是三套管并流式催化床气体温度分布及操作状况图。冷管是三重套管，外冷管是催化床的换热面，内冷管内衬有内衬管，内冷管与内衬管之间的间距为 1mm，形成隔热的滞气层而使内、外冷管之间的传热可以不计。这类反应器显然只适用于放热反应，较易维持一定温度分布。然而，该反应器结构复杂，造价高，适用于热效应不大的高压反应过程，如中小型合成氨反应器。这些反应要求高压容器的催化剂装载系数较大和反应器的生产能力或空时收率较高。

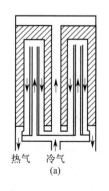 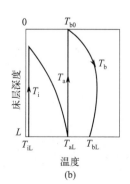 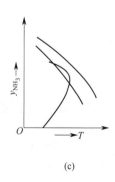

图 3-9　三套管并流式催化床气体温度分布及操作状况

气-固相固定床催化反应器除以上几种主要类型外，近年来又发展了径向反应器。按照

反应气体在催化床中的流动方向，固定床反应器可分为轴向流动与径向流动。轴向流动反应器中气体流向与反应器的轴平行；径向流动催化床中气体在垂直于反应器轴的各个横截面上沿半径方向流动，如图 3-10 所示。径向流动催化床的气体流道短，流速低，可大幅度地降低催化床压降，为使用小颗粒催化剂提供了条件。径向流动反应器的设计关键是合理设计流道以使各个横截面上的气体流量均等，对分布流道的制造要求较高，且要求催化剂有较高的机械强度，以免催化剂破损而堵塞分布小孔，破坏流体的均匀分布。

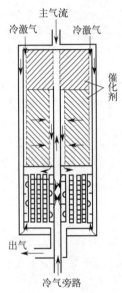

径向固定床反应器

图 3-10　径向固定床催化反应器示意图

一、咨询

学生在教师指导与帮助下解读工作任务要求，了解工作任务的相关工作情境与必备知识，明确工作任务核心要点。

二、决策、计划与实施

根据工作任务要求掌握固定床反应器的类型、基本结构；根据聚醚胺（PEA）的生产特点初步确定聚合反应设备的类型；通过分组讨论和学习说出反应器各部件的作用。具体工作时，可根据生产工艺的特点，确定关键设备，了解换热器、换热介质等的类型，并绘制固定床工艺法生产聚醚胺（PEA）的生产工艺流程图。

三、检查

教师通过检查各小组的工作方案与听取小组研讨汇报,及时掌握学生的工作进展,适时归纳讲解相关知识与理论,并提出建议与意见。

四、实施与评估

学生在教师的检查指导下继续修订与完善任务实施方案,并最终完成初步方案。教师对各小组完成情况进行检查与评估,及时进行点评、归纳与总结。

知识拓展

固定床反应器安装要点

① 催化剂可以由反应器的顶部加入或用真空抽入,装料口离操作台 800mm 左右,超过 800mm 时要设置工作平台。

② 反应器上部要留出足够净空,供检修或吊装催化剂篮筐用;在反应器顶部可设单轨吊车或吊柱。

③ 催化剂如从反应器底部(或侧面出料口)卸料时,应根据催化剂接收设备的高度,留有足够的净空。当底部离地面大于 1.5m 时,应设置操作平台,底部离地面最小距离不得小于 50mm。

④ 多台反应器应布置在一条中心线上,周围留有放置催化剂盛器与必要的检修场地。

⑤ 操作阀门与取样口应尽量集中在一侧,并与加料口不在同一侧,以免相互干扰。

任务二
操作与维护固定床反应器

固定床反应器日常保养与维护是生产顺利、安全、有序进行的前提保证,了解固定床反应器的操作要点,掌握釜式反应器的异常现象及应急处理方法,以便能够更快地适应生产操作。

乙烯精制中,乙炔加氢脱除原料中的乙炔的工艺是典型的固定床反应器生产过程。通过等温加氢反应器除掉乙炔,反应器温度由壳侧中的制冷剂控制。

工作任务

1. 掌握乙烯加氢脱乙炔的反应原理及关键工艺参数,并写出反应方程式。
2. 绘制乙烯加氢脱乙炔的生产工艺流程图。
3. 能正确实施固定床反应器的开车准备、正常开车、正常停车及紧急停车等操作。
4. 能分析固定床反应器的不正常操作工况,并及时调整消除。
5. 能对固定床进行正确维护与保养。

技术理论

知识点一 技术交底

一、反应原理

主反应: $$nC_2H_2 + 2nH_2 \longrightarrow (C_2H_6)_n$$
副反应: $$2nC_2H_4 \longrightarrow (C_4H_8)_n$$

二、工艺流程

冷却介质为液态丁烷,通过丁烷蒸发带走反应器中的热量,丁烷蒸气通过冷却水冷凝。

反应原料分两股,一股为约 $-15℃$ 的以 C2 为主的烃原料,进料量由流量控制器 FIC1425 控制;另一股为 H_2 与 CH_4 的混合气,温度约为 $10℃$,进料量由流量控制器 FIC1427 控制。FIC1425 与 FIC1427 为比例控制;两股原料按一定比例在管线中混合后经原料气反应器换热器(EH423)预热,再经原料气预热器(EH424)预热到 $38℃$,进入固定床加氢反应器(ER424A/B)。预热温度由温度控制器 TIC1466 通过调节预热器 EH424 加热蒸汽(S3)的流量来控制。

ER424A/B 中的反应原料在 2.523MPa、$44℃$ 下反应生成 C_2H_6。当温度过高时会发生 C_2H_4 聚合生成 C_4H_8 的副反应。反应器中的热量由反应器壳侧循环的加压 C4 制冷剂蒸发带走。C4 蒸汽在冷凝器 EH429 中由冷却水冷凝,而 C4 制冷剂的压力由压力控制器 PIC1426 通过调节 C4 蒸汽冷凝回流量来控制,从而保持 C4 制冷剂的温度。固定床反应器的 PID 工艺流程图如图 3-11 所示。

FFI1427 为一比值调节器。根据 FIC1425(以 C2 为主的烃原料)的流量,按一定的比例，相应地调整 FIC1427（H_2）的流量。

比值调节：工业上为了保持两种或两种以上物料的比例为一定值的调节。对于比值调节系统，首先是要明确哪种物料是主物料，而另一种物料随主物料来配比。本单元中，FIC1425（以 C2 为主的烃原料）为主物料，而 FIC1427（H_2）的量是随主物料（C2 为主的烃原料）的量的变化而改变。

为了生产安全，本单元设有联锁，联锁动作是：①关闭 H_2 进料，FIC 设手动；②关闭预热器 EH424 蒸汽进料，TIC1466 设手动；③闪蒸罐冷凝回流控制 PIC1426 设手动，开度 100%；④自动打开电磁阀 XV1426。另该联锁有一复位按钮，联锁发生后，在联锁复位前，应首先确定反应器温度降回正常，同时处于手动状态的各控制点的设定应设成最低值。

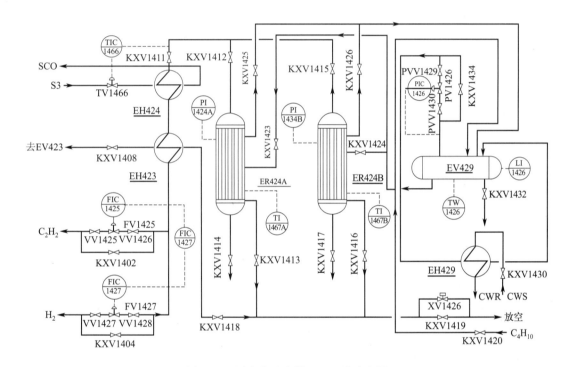

图 3-11 固定床反应器 PID 工艺流程图

三、主要设备、仪表和阀件一览表

1. 主要设备

主要设备见表 3-1。

表 3-1 主要设备

设备位号	设备名称	设备位号	设备名称
EH423	原料气/反应气换热器	ER424A/B	加氢反应器
EH424	原料气预热器	EV429	C4 闪蒸罐
EH429	C4 蒸汽冷凝器		

2. 主要仪表

仪表及报警信息见表 3-2。

表 3-2 仪表及报警信息

设备位号	说明	类型	单位	量程高限	量程低限	高报	低报
PIC1426	EV429 罐压力控制	PID	MPa	1.0	0.0	0.70	无
TIC1466	EH423 出口温度	PID	℃	80.0	0.0	43.0	无
FIC1425	C_2H_2 流量控制	PID	kg/h	700000.0	0.0	无	无
FIC1427	H_2 流量控制	PID	kg/h	300.0	0.0	无	无
TI1467A	ER424A 温度	PV	℃	400.0	0.0	48.0	无
TI1467B	ER424B 温度	PV	℃	400.0	0.0	48.0	无
PI1424A	ER424A 压力	PV	MPa				
PI1424B	ER424B 压力	PV	MPa		0.0		
LI1426	EV429 液位	PV	%	100	0.0	80.0	20.0
TI1426	EV429 温度	PV	℃	80.0	0.0	43.0	无
AT1428	ER424 出口氢浓度	PV	mg/kg	200000.0	90.0	无	无
AT1429	ER424A 出口乙炔浓度	PV	mg/kg	1000000.0	无	无	无
AT1430	ER424B 出口氢浓度	PV	mg/kg	200000.0	90.0	无	无
AT1431	ER424B 出口乙炔浓度	PV	mg/kg	1000000.0	无	无	无

3. 阀件

各类阀件见表 3-3。

表 3-3 各种阀件

位号	名称	位号	名称
VV1425	调节阀 FV1425 前阀	KXV1416	ER424B 反应物出口阀
VV1426	调节阀 FV1425 后阀	KXV1417	ER424B 排污阀
VV1427	调节阀 FV1427 前阀	KXV1418	ER424A/B 反应物出口阀
VV1428	调节阀 FV1427 后阀	KXV1419	反应物放空阀
VV1429	调节阀 FV1426 前阀	KXV1420	EV429 的 C4 进料阀
VV1430	调节阀 FV1426 后阀	KXV1423	ER424A 的 C4 冷剂入口阀
KXV1402	调节阀 FV1425 旁路阀	KXV1424	ER424B 的 C4 冷剂入口阀
KXV1404	调节阀 FV1427 旁路阀	KXV1425	ER424A 的 C4 冷剂气出口阀
KXV1408	EH423 反应物入口阀	KXV1426	ER424B 的 C4 冷剂气出口阀
KXV1411	EH424 原料气出口阀	KXV1430	EV429 冷却水阀
KXV1412	ER424A 原料气入口阀	KXV1432	ER429 排污阀
KXV1413	ER424A 反应物出口阀	KXV1434	调节阀 PV1426 旁通阀
KXV1414	ER424A 排污阀	XV1426	电磁阀
KXV1415	ER424B 原料气入口阀	TV1466	蒸汽进料阀

四、仿真界面

固定床 DCS 图如图 3-12 所示，间歇反应釜现场图如图 3-13 所示。

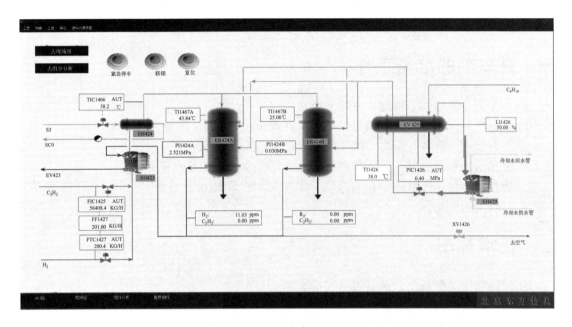

图 3-12　固定床 DCS 图

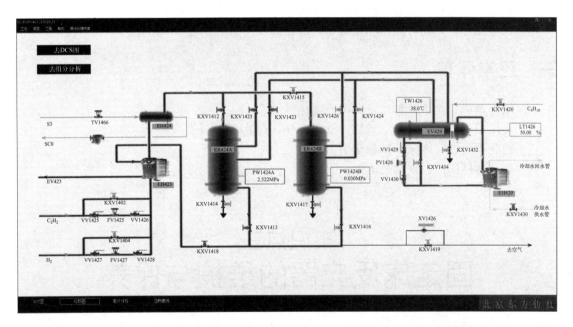

图 3-13　固定床现场图

知识点二
固定床反应器的操作要点

一、开车前的准备工作

① 熟悉设备的结构、性能,并熟悉设备操作规程。
② 检查所有设备、管道、阀门试压合格,清洗吹扫干净,符合安全要求。
③ 所有温度、流量、压力、液位等仪表要正确无误。
④ 生产现场包括主要通道无杂物乱堆乱放,符合安全技术的有关规定。
⑤ 检查燃料气、燃料油、动力空气、水蒸气、冷冻盐水、循环水、电、生产原料等符合要求,处于备用状态。

二、正常开车

① 投运公用工程系统、仪表和电气系统。
② 通入氮气置换反应系统。
③ 按工艺要求先对床层升温直至合适温度,进行催化剂的活化。
④ 逐渐通入气体物料,适时打开换热系统,按要求控制好反应温度。
⑤ 调节反应原料气流量、反应器操作压力、操作温度到规定值。
⑥ 反应运行中,随时做好相应记录,发现异常现象时及时采取措施。

三、正常停车

① 减小负荷,关小原料气量,调节换热系统。
② 关闭原料气。打开放空系统,改通氮气,充氮气。
③ 钝化催化剂,降温,卸催化剂。
④ 关闭各种阀门、仪表、电源。

知识点三
固定床反应器的维护与保养

一、常见故障及处理方法

固定床反应器常见的故障有温度偏高或者偏低、压力偏高或者偏低、进料管或者出料管被堵塞等。当温度偏高时可以增大移热速率或减小供热速率，当温度偏低时可减小移热速率或增大供热速率。压力与温度关系密切，当压力偏高或者偏低时，可通过温度调节，或改变进出口阀开度；当压力超高时，打开固定床反应器前后放空阀。当加热剂阀或冷却剂阀卡住时，打开蒸汽或冷却水旁路阀；当进料管或出料管被堵塞时，用蒸汽或者氮气吹扫等。固定床反应器的常见故障、原因分析及操作处理方法见表3-4。

表 3-4　固定床反应器的常见故障、原因分析及操作处理方法

序号	异常现象	原因分析及判断	操作处理方法
1	炉顶温度波动	① 燃料波动 ② 仪表失灵 ③ 烟囱挡板滑动至炉膛负压波动 ④ 蒸汽流量波动 ⑤ 喷嘴局部堵塞 ⑥ 炉管破裂（烟囱冒黑烟）	① 调节并稳定燃料供应压力 ② 检查仪表，切换手控 ③ 调整挡板至正常位置 ④ 调节并稳定流量 ⑤ 清理堵塞喷嘴后，重新点火 ⑥ 按事故处理，不正常停车
2	一段反应器进口温度波动	① 物料量波动 ② 过热水蒸气波动 ③ 仪表失灵	① 调整物料量 ② 调整并稳定水蒸气过热温度 ③ 检修仪表，切换手控
3	反应器压力升高	① 催化剂固定床阻力增加 ② 水蒸气流量加大 ③ 进口管堵塞 ④ 盐水冷凝器出口冻结	① 检查床层催化剂烧结或粉碎，限期更换 ② 调整流量 ③ 停车清理，疏通管道 ④ 调节或切断盐水冷凝，严重时用水蒸气冲刷解冻
4	火焰突然熄灭	① 燃料气或燃料油压力下降 ② 燃料中含有大量水分 ③ 喷嘴堵塞 ④ 管道或过滤器堵塞	① 调整压力或按断燃料处理 ② 油储罐放水后重新点火 ③ 疏通喷嘴 ④ 清洗管道或过滤器
5	炉膛回火	① 烟挡板突然关闭 ② 熄火后，余气未抽净又点火 ③ 炉膛温度偏低 ④ 炉顶温度仪表失灵 ⑤ 燃料带水严重	① 调节挡板开启角度并固定 ② 抽净余气，分析合格后，再点火 ③ 提高炉膛温度 ④ 检查仪表 ⑤ 排净存水

二、维护要点

1. 生产期间维护

要严格控制各项工艺指标，防止超温、超压运行，循环气体应控制在最佳范围，应特别注意有毒气体含量不得超过指标。升、降温度及升、降压力速率应严格按规定执行。调节催化剂层温度，不能过猛，要注意防止气体倒流。定期检查设备各连接处及阀门管道等，消除跑、冒、滴、漏及振动等不正常现象。在操作、停车或充氮气期间均应检查壁温，严禁塔壁超温。运行期间不得进行修理工作，不许带压紧固螺栓，不得调整安全阀，按规定定期校验压力表。主螺栓应定期加润滑剂，其他螺栓和紧固件也应定期涂防腐油脂。

2. 停车期间维护

无论短期停产还是长期停产，都需要进行以下维护：
① 检查和校验压力表。
② 用超声波检测厚度仪器测定与容器相连的管道、管件的壁厚。

③ 检查各紧固件有无松动现象；检查反应器外表面、防腐层是否完好，对表面的锈蚀情况（深度、分布位置），要绘制简图予以记载。

④ 短期停车时，反应器必须保持正压，防止空气流入烧坏催化剂。

⑤ 长期停车检修，还必须定期进行停反应器所做的各项检查。

技能点一 冷态开车操作

装置的开工状态为反应器和闪蒸罐都处于已进行过氮气冲压置换后，保压在 0.03MPa 状态，可以直接进行实气冲压置换。

一、EV429 闪蒸罐充丁烷

① 确认 EV429 压力为 0.03MPa。
② 打开 EV429 回流阀 FV1426 的前后阀 VV1429、VV1430。
③ 调节 FV1426（PIC1426）阀开度为 50%。
④ 打开 KXV1430，开度为 50%，EV429 通冷却水。
⑤ 打开 EV429 的丁烷进料阀门 KXV1420，开度 50%。
⑥ 当 EV429 液位到达 50% 时，关进料阀 KXV1420。

二、ER424A 反应器充丁烷

1. 确认事项

① 确认反应器 ER424A 的压力为 0.03MPa。
② 确认 EV429 的液位达到 50%。

2. 充丁烷

① 打开丁烷冷剂进 ER424A 壳层的阀门 KXV1423，有液体流过，充液结束。
② 打开出 ER424A 壳层的阀门 KXV1425。

三、ER424A 启动

1. 启动前准备工作

① ER424A 壳层有液体流过。
② 打开 S3 蒸汽进料控制阀 TIC1466，开度 30%。

③ 调节 PIC1426 压力控制，设定在 0.4MPa，投自动。

2. ER424A 充压、实气置换

① 打开 FIC1425 的前后阀 VV1425、VV1426 和 KXV1412。
② 打开阀 KXV1418，开度 50%。
③ 微开 ER424A 出料阀 KXV1413，开度 5%。
④ 缓慢打开丁烷进料控制阀 FIC1425（手动），慢慢增加进料，提高反应器 ER424A 的压力，充压至 2.523MPa，将 FIC1425 的值控制在 56186.8kg/h 左右。
⑤ 缓慢调节 ER424A 出料阀 KXV1413 至 50%，充压至压力平衡。
⑥ 当 FIC1425 的值稳定在 56186.8kg/h 左右时，将乙炔进料控制阀 FIC1425 投自动，设定值为 56186.8kg/h。

3. ER424A 配氢，调整丁烷冷剂压力

① 待反应器入口温度 TIC1466 在 38.0℃ 左右时，将 TIC1466 投自动，设定值为 38.0℃。
② 当反应器 ER424A 温度 TI1467 大于 32℃ 后，准备配氢。打开 FV1427 的前后阀 VV1427、VV1428。
③ 缓慢打开 FV1427，使氢气流量稳定在 80kg/h 左右 2min，氢气进料控制 FIC1427 投自动，设定值为 80kg/h。
④ 观察反应器温度变化，当氢气量稳定后，FIC1427 设手动。
⑤ 缓慢增加氢气量，注意观察反应器温度变化。
⑥ 氢气流量控制阀开度每次增加不超过 5%。
⑦ 当氢气量最终增加至 200kg/h 左右，此时 $H_2/C_2H_2=2.0$，将 FIC1427 投串级。
⑧ 控制反应器温度 44.0℃ 左右。

技能点二
正常操作

一、正常工况下工艺参数

① 正常运行时，反应器温度 TI1467A：44.0℃，压力 PI1424A 控制在 2.523MPa。
② FIC1425 设自动，设定值 56186.8kg/h，FIC1427 设串级。
③ PIC1426 压力控制在 0.4MPa，EV429 温度 TI1426 控制在 38.0℃。
④ TIC1466 设自动，设定值 38.0℃。
⑤ ER424A 出口氢气浓度低于 50ppm，乙炔浓度低于 200ppm。
⑥ EV429 液位 LI1426 为 50%。

二、ER424A 与 ER424B 间切换

① 关闭氢气进料。

② ER424A 温度下降低于 38.0℃ 后,打开 C4 冷剂进 ER424B 的阀 KXV1424、KXV1426,关闭 C4 冷剂进 ER424A 的阀 KXV1423、KXV1425。

③ 开 C_2H_2 进 ER424B 的阀 KXV1415,微开 KXV1416。关 C_2H_2 进 ER424A 的阀 KXV1412。

三、ER424B 的操作

ER424B 的操作与 ER424A 操作相同。

技能点三 停车操作

一、正常停车

① 关闭氢气进料阀
  a. 关 VV1427、VV1428。
  b. FIC1427 设手动,设定值为 0%。
  c. 关闭阀门 FV1427。
② 关闭加热器 EH424 蒸汽进料阀 TIC1466
  a. 将蒸汽进料阀 TIC1466 设手动,开度 0%。
  b. 关闭加热器 EH424 蒸汽进料阀 TV1466。
③ 全开闪蒸罐冷凝回流阀,将 PIC1426 设手动,开度 100%。
④ 逐渐关闭乙炔进料阀 FV1425
  a. 将 FIC1425 改成手动控制。
  b. 逐渐关闭乙炔进料阀 FV1425。
  c. 关闭阀门 VV1425、VV1426。
⑤ 逐渐开大 EH429 冷却水进料阀 KXV1430。
⑥ 逐渐降低反应器温度 TI1467A、压力 PI1424A,至常温、常压。
⑦ 逐渐降低闪蒸罐 TI1426 温度、压力,至常温、常压。

二、紧急停车

① 与停车操作规程相同。
② 也可按急停车按钮(在现场操作图上)。

技能点四
事故操作

一、氢气进料阀卡住

① 原因：FIC1427 卡在 20% 处。
② 现象：氢气量无法自动调节。
③ 处理：降低 EH429 冷却水的量。用旁路阀 KXV1404 手工调节氢气量。

二、预热器 EH424 阀卡住

① 原因：TIC1466 卡在 70% 处。
② 现象：换热器出口温度超高。
③ 处理：增加 EH429 冷却水的量。减少配氢量。

三、闪蒸罐压力调节阀卡

① 原因：PIC1426 卡在 20% 处。
② 现象：闪蒸罐压力、温度超高。
③ 处理：增加 EH429 冷却水的量。用旁路阀 KXV1434 手工调节。

四、反应器漏气

① 原因：反应器漏气，KXV1414 卡在 50% 处。
② 现象：反应器压力迅速降低。
③ 处理：停工。

五、EH429 冷却水停

① 原因：EH429 冷却水供应停止。
② 现象：闪蒸罐压力、温度超高。
③ 处理：停工。

六、反应器超温

① 原因：闪蒸罐通向反应器的管路有堵塞。

② 现象：反应器温度超高，会引发乙烯聚合的副反应。
③ 处理：增加 EH429 冷却水的量。

 知识拓展

列管式反应器温度控制[1]

列管式反应器进行强放热反应时在反应器轴向存在一个温度的最高点，称为"热点"。为降低热点温度，工业生产中采取的措施主要有三种：调节催化剂活性、优化反应器设计和优化操作参数。下面重点介绍第三种。

原料浓度、温度和流速等操作参数直接影响列管式固定床反应器的反应速率，进而影响放热速率、热点位置和反应器内的温度的分布；冷却介质的热容量和操作方式决定了移热速率，因此各个主要操作参数对列管式固定床反应器的温度分布和飞温的影响，即对反应器的热稳定性和参数敏感性的影响具有重要的作用。

一、原料浓度的影响

原料浓度是影响化学反应速率和反应器生产能力的重要因素，在一定的条件下表现出参数的敏感性。由于参数敏感性的影响，进料浓度不得不被限制在一定的范围内以确保反应系统稳定而安全地生产。

为降低原料浓度但又保证产品收率不变，可采用多个反应器串联和分开进料的方法，从而达到降低反应物浓度，有效控制温度的目的。如果将反应产物经过换热器冷却后，与冷的原料混合进入下一个反应器反应，控温效果更好。

二、原料入口温度的影响

对于放热量和反应速率大的反应，原料温度降低，反应速率减缓，放热速率下降，反应器前半部分热点位置后移，并且热点温度降低。

三、空速的影响

空速是一个比较敏感的参数，空速的提高可以明显地降低热点温度。这是因为空速的提高增大了原料的线速度，从而增大了床层内侧传热系数，降低了床层内部的热阻。由于反应热主要经由径向传热移出，而径向传热的阻力主要集中在床层内侧，因此空速对降低热点温度有较大的影响。空速对收率也有一定的影响：空速较小时，一方面，流体在反应器中的流速较慢，停留时间较长，反应程度必然加深，随着副反应的加剧选择率下降；另一方面，空速小，管内热阻大，反应热不能及时移出，热点温度随之上升，同样也造成选择率下降。随着空速的增大，反应气在管内的线速度加快，管内热阻减小，反应热能及时地移走，副反应减少，选择率增大，收率也增大。但是，若空速过大，热点温度下降幅度很大，反应不够完全，导致反应转化率下降。

四、冷却介质的影响

管间冷却介质温度越低，传热推动力越大，有利于移去反应热；但是若冷却介质温度过低，会造成催化剂床层沿管壁处过冷，催化剂活性下降，也会失去操作状态的热稳定性。因此，管式反应器床层反应温度和管间冷却介质温度有其最大温差的限制。在列管式固定床反应器中，冷却介质是影响固定床催化反应器参数敏感性的一个重要因素。冷却介质的热容

---

[1] 肖建良，万双华，尹胜华，等．列管式反应器温度控制方法［J］．广州化工，2013（02）：3.

量、操作方式等与反应器的参数敏感性密切相关。反应热主要通过壳程中的冷却介质循环冷却移去，而化学反应速率通常对温度十分敏感。

任务三
设计固定床反应器

环氧乙烷是以乙烯为原料的石油化工产品之一，是最简单的环状醚。世界乙烯总产量的16%用来生产环氧乙烷，环氧乙烷是乙烯工业衍生物中仅次于聚乙烯的第二位的重要化工产品。环氧乙烷（EO）在外科领域（消毒、杀菌）、电子、纺织等行业发挥着越来越重要的作用，是化工行业中广泛应用的精细化工中间体和有机化工原料。

目前，世界上环氧乙烷的工业化生产装置几乎全部采用的是以银为催化剂的乙烯直接氧化法，采用的反应设备为固定床反应器。试设计一台固定床反应器，采用以银为催化剂的乙烯直接氧化法，要求年产量为1000t环氧乙烷。

1. 掌握催化剂的组成与作用。
2. 能够掌握气-固相反应过程、吸附模型。
3. 能够说出气-固相反应动力学方程类型、固定床反应器的传质与传热特点。

知识点一
固体催化剂基础知识

一、催化作用的定义与基本特征

1. 催化作用定义

根据IUPAC（国际纯粹与应用化学联合会）于1981年提出定义，催化剂是一种物质,它能够加速化学反应的速率而不改变该反应的标准自由焓的变化,这种作用称为催化作用。在催化反应中,催化剂与反应物发生化学作用,改变了反应途径,从而降低了反应的活化能,这是催化剂能够提高反应速率的原因。如化学反应 $A+B \longrightarrow AB$,所需活化能为 E,加入催化剂 K 后,反应分两步进行,所需活化能均小于 E,如图 3-14 所示。

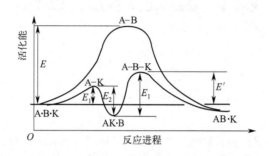

图 3-14　催化剂对反应活化能的影响

2. 基本特征

① 催化剂能够加快化学反应速率,但它本身并不进入化学反应的计量。由于催化剂在参与化学反应的中间过程后又恢复到原来的化学状态而循环起作用,所以一定量的催化剂可以促进大量反应物起作用,生成大量的产物。例如氨合成采用熔铁催化剂,1 吨催化剂能生产出约 2 万吨氨。应该注意,在实际反应过程中,催化剂并不能无限期地使用。因为催化作用不仅与催化剂的化学组成有关,亦与催化剂的物理状态有关。例如,在使用过程中,由于高温受热而导致反应物的结焦,使得催化剂的活性表面被覆盖,致使催化剂的活性失活。

② 催化剂对反应具有选择性,即催化剂对反应类型、反应方向和产物的结构具有选择性。例如,以合成气为原料,可用四种不同催化剂完成四种不同的反应。

③ 催化剂只能加速热力学上可能进行的化学反应,而不能加速热力学上无法进行的反应。因此,在开发一种新的化学反应催化剂时,首先要对该反应系统进行热力学分析,看它在该条件下是否属于热力学上可行的反应。

④ 催化剂只能改变化学反应的速率,而不能改变化学平衡的位置(平衡常数)。即在一定外界条件下某化学反应产物的最高平衡浓度受热力学变量的限制。换言之,催化剂只能改变达到(或接近)这一极限值所需要的时间,而不能改变这一极限值的大小。

⑤ 催化剂不改变化学平衡,意味着既能加速正反应,也能同样程度地加速逆反应,这样才能使其化学平衡常数保持不变。因此,某催化剂如果是某可逆反应正反应的催化剂,必然也是其逆反应的催化剂。例如合成甲醇反应:

$$CO+2H_2 \longrightarrow CH_3OH$$

该反应需在高压下进行。在早期研究中,利用常压下甲醇的分解反应来初步筛选合成甲醇的催化剂,就是利用上述的原理。

二、催化剂组成与功能

早期使用的催化剂为单组分固体催化剂,例如乙醇氧化制乙醛的银催化剂、乙醇脱水制乙烯的氧化铝催化剂只有一种组分。随着现代工业的发展,催化剂的产量和品种也与日俱增,绝大部分工业固体催化剂都是由多种化合物构成,也称为多组元催化剂。绝大多数工业催化剂可分为三个组分,即活性组分、助催化剂、载体。催化剂组分与功能关系图如图3-15。

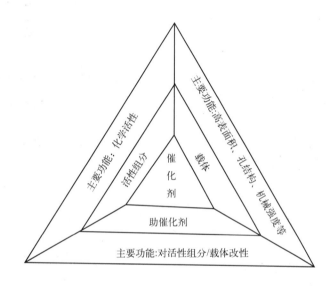

图 3-15 催化剂组分与功能关系图

1. 活性组分

活性组分(或主催化剂)是对一定反应具有一定催化活性的主要成分,是起催化作用必备的根本性物质。没有活性组分,就不存在催化作用。催化剂活性组分并不局限于一种,有时由一种物质组成,如乙烯氧化制环氧乙烷的银催化剂,活性组分就是银单一物质;有时则由多种物质组成,如裂解用的催化剂 SiO_2-Al_2O_3 都是活性组分。活性组分是催化剂的核心,催化剂活性的好坏主要是由活性组分决定的。

2. 助催化剂

助催化剂本身没有活性或活性很小,但添加少量于催化剂之中(一般小于催化剂总量的10%)会明显提高催化剂活性、选择性或稳定性。例如,乙烯氧化制环氧乙烷的催化剂,除活性组分 Ag 外,添加 BaO、$CaCO_3$ 等助催化剂,可以增加银离子的分散度,达到提高催化剂活性的目的。助催化剂的类型分为结构型和调变型。结构型助催化剂一般不影响活性组分的本性;调变型助催化剂可以调节和改变活性组分的本性。

3. 载体

载体是固体催化剂所特有的组分，是负载催化剂活性组分、助催化剂的物质。它具有大比表面积、足够的机械强度，使得催化剂在存储、运输、装卸和使用中不易被破碎或粉化，即可以起增大表面积、提高耐热性和机械强度的作用，有时还能多少担当助催化剂的角色。它与助催化剂的不同之处在于，一般是载体在催化剂中的含量远大于助催化剂。

载体是催化活性组分的分散剂、黏合物或支撑体，是负载活性组分的骨架。将活性组分、助催化剂组分负载于载体上所制得的催化剂，称为负载型催化剂。负载催化剂的载体，其物理结构和性质往往对催化剂有决定性影响。载体的种类很多，可以是天然的，也可以是人工合成的。

4. 抑制剂

有时，过高的催化活性反而有害，它会影响反应器移热而导致"飞温"，或者导致副反应加剧，选择性下降，甚至引起催化剂积炭失活。如果在活性组分中添加少量的物质，使活性组分的催化活性适当调低，甚至在必要时大幅度地下降，则这样的少量物质称为抑制剂。抑制剂的作用正好与助催化剂相反。此外，一些催化剂配方中添加抑制剂是为了使工业催化剂的诸性能达到均衡匹配，整体优化。

几种催化剂的抑制剂举例如表 3-5 所示。

表 3-5　几种催化剂的抑制剂

催化剂	反应	抑制剂	作用效果
Fe	氨合成	Cu,Ni,P,S	降低活性
Al_2O_3、SiO_2	柴油裂化	Na	中和酸点,降低活性
Ag	乙烯环氧化	1,2-二氯乙烷	降低活性,抑制深度氧化

三、催化剂性能与标志

一种良好的催化剂不仅能选择地催化所要求的反应，同时还必须具有一定的机械强度；有适当的形状，以使流体阻力减小并能均匀地通过；在长期使用后（包括开停车）仍能保持其活性和力学性能。即必须具备高活性、合理的流体流动性质及长寿命这三个条件。对理想催化剂的要求如图 3-16 所示。

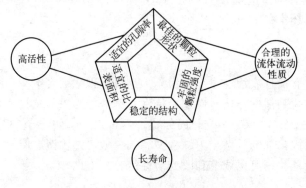

图 3-16　理想催化剂的要求

但是往往这些要求之间有些是相互矛盾的，一般难以完全满足。活性和选择性是首先应当考虑的方面。影响催化剂活性和选择性的因素很多，但主要由催化剂的化学组成和物理结构决定。

1. 活性

催化剂的活性是指催化剂改变反应速率的能力，即加快反应速率的程度。它反映了催化剂在一定工艺条件下催化性能的最主要指标，直接关系到催化剂的选择、使用及制造。催化剂的活性不仅取决于催化剂的化学本性，还取决于催化剂的物理结构等性质。活性可以用下面几种方法表示。

（1）比活性　非均相催化反应是在催化剂表面上进行的。在大多数情况下，催化剂的表面积愈大，催化活性愈高，因此可用单位表面积上的反应速率即比活性来表示活性的大小。

比活性在一定条件下又取决于催化剂的化学本性，而与其他物理结构无关，所以用它来评价催化剂是比较严格的方法。但是反应速率方程式比较复杂，特别是在研究工作初期探索催化剂阶段，常不易写出每一种反应的速率方程式，因而很难计算出反应速率常数。

（2）转化率　用转化率表示催化剂的活性，是在一定反应时间、反应温度和反应物料配比的条件下进行比较的。转化率高则催化活性高，转化率低则催化活性低。此种表示方法比较直观，但不够确切。

（3）空时收率　空时收率是指单位时间内单位催化剂（单位体积或单位质量）上生成目的产物的数量，常表示为：$kg(目的产物)/[cm^3(催化剂) \cdot h]$ 或 $kg(目的产物)/[kg(催化剂) \cdot h]$。这个量直接给出生产能力，生产和设计部门使用最为方便。在生产过程中，常以催化剂的空时收率来衡量催化剂的生产能力，它也是工业生产中经验计算反应器的重要依据。

2. 选择性

催化剂的选择性是指催化剂促使反应向所要求的方向进行而得到目的产物的能力。它是催化剂的又一个重要指标。催化剂具有特殊的选择性，说明不同类型的化学反应需要不同的催化剂；同样的反应物，选用不同的催化剂，则获得不同的产物。选择性的计算如下：

$$选择性 = \frac{生产目的产物所消耗的原料量}{参加反应所转化掉的原料量} \times 100\%$$

3. 使用寿命

催化剂的使用寿命是指催化剂在反应条件下具有活性的使用时间，或活性下降经再生而又恢复的累计使用时间。它也是催化剂的一个重要性能指标。催化剂寿命愈长，使用价值愈大。所以高活性、高选择性的催化剂还需要有长的使用寿命。催化剂的活性随运转时间而变化。各类催化剂都有它自己的"寿命曲线"，即活性随时间变化的曲线，可分为三个时间段，如图3-17所示。

成熟期在一般情况下，当催化剂开始使用时，其活性逐渐有所升高，可以看成是活化过程的延续，直至达到稳定的活性，即催化剂已经成熟。

稳定期催化剂活性在一段时间内基本上保持稳

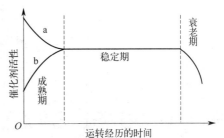

图3-17　催化剂活性随时间变化曲线
a—起始活性很高，很快下降达到老化稳定；
b—起始活性很低，经一段诱导达到老化稳定定。这段时间的长短与使用的催化剂种类有关，可以从很短的几分钟到几年，这个稳定期越长越好。

衰老期随着反应时间的增长，催化剂的活性逐渐下降，即开始衰老，直到催化剂的活性降低到不能再使用，此时必须再生，重新使其活化。如果再生无效，就要更换新的催化剂。

4. 机械强度和稳定性

在化工生产中，大多数催化反应都采用连续操作流程，反应时有大量原料气通过催化剂层，有时还要在加压下运转，催化剂又需定期更换，在装卸、填装和使用时都要承受碰撞和摩擦，特别在流化床反应器中，对催化剂的机械强度要求更高，否则会造成催化剂的破碎，增加反应器的阻力降，甚至物料将催化剂带走，造成催化剂的损失。更严重的还会堵塞设备和管道，被迫停车，甚至造成事故。所以，机械强度是催化剂活性、选择性和使用寿命之后的又一个评价催化剂质量的重要指标。

影响催化剂机械强度的因素也很多，主要有催化剂的化学组成、物理结构、制备成型方法及使用条件等。

工业上表示催化剂机械强度的方法也很多，并随反应器的要求而定。固定床反应器主要考虑压碎强度，流化床反应器则主要考虑磨损强度。

工业催化剂还需要耐热稳定性及抗毒稳定性好。固体催化剂在高温下，较小的晶粒可以重结晶为较大的晶粒，使孔半径增大，表面积降低，因而导致催化活性降低，这种现象称作烧结作用。催化剂的烧结多半是由操作温度的波动或催化剂床层的局部过热造成。所以，制备催化剂时一定要尽量选用耐热性能好、导热性能强的载体，以阻止容易烧结的催化活性组分相互接触，防止烧结发生，同时有利于散热，避免催化剂床层过热。催化剂在使用过程中，有少量甚至微量的某些物质存在，就会引起催化剂活性显著下降。因此在制备催化剂过程中从各方面都要注意增强催化剂的抗毒能力。

此外，催化剂的物理状态对催化剂的性质也有重要影响。如形状尺寸、比表面积、孔容积、孔径分布、孔隙率、空隙率、真密度、表观密度、堆积密度等。这些性质中，表面积直接与催化活性、选择性等有关，其他性质则常与宏观动力学和工程问题有关。例如催化剂的形状、大小将影响反应器中的流体力学条件；颗粒大小分布、催化剂的密度在流化床反应系统中有重要的意义；孔容积、孔径分布等是对传递过程极为重要的因素；堆积密度直接影响反应器的利用率。所以在催化剂的设计、制造和使用中对于这些性质必须重视。

知识点二
气-固相催化反应动力学

一、气-固相催化反应动力学的基础

1. 气-固相催化反应速率

前面已经学过化学反应速率定义式为：

$$\text{反应速率} = \frac{\text{反应量}}{\text{反应区域} \times \text{反应时间}}$$

对于气-固相催化反应过程,上式中的反应区域可以选择催化剂质量、催化剂体积、催化剂床层体积,所以对应的反应速率为:

$$(-r_A) = \frac{1}{m} \times \frac{dn_A}{dt} \qquad (-r_A)' = \frac{1}{V_p} \times \frac{dn_A}{dt} \qquad (-r_A)'' = \frac{1}{V_b} \times \frac{dn_A}{dt} \tag{3-1}$$

式中,$(-r_A)$ 为以催化剂质量为基准的反应速率,kmol/[kg(催化剂)·h];$(-r_A)'$ 为以催化剂体积为基准的反应速率,kmol/[m³(催化剂)·h];$(-r_A)''$ 为以催化剂床层体积为基准的反应速率,kmol/[m³(催化剂床层)·h];m 为催化剂质量,kg;V_p 为质量 m(kg)的催化剂颗粒体积,m³;V_b 为质量 m(kg)的催化剂床层体积,m³。

三种反应速率的关系为

$$(-r_A) = (-r_A)' \rho_p = (-r_A)'' \rho_B$$

式中,ρ_p 为催化剂颗粒密度,kg/m³;ρ_B 为催化剂堆积密度,kg/m³。

2. 气-固相催化反应的过程

如图 3-18 所示,气-固相催化反应过程由以下几个步骤构成:
① 反应组分从流体主体向固体催化剂外表面传递(外扩散过程);
② 反应组分从催化剂外表面向催化剂内表面传递(内扩散过程);
③ 反应组分在催化剂表面的活性中心吸附(吸附过程);
④ 在催化剂表面上进行化学反应(表面反应过程);
⑤ 反应产物在催化剂表面上脱附(脱附过程);
⑥ 反应产物从催化剂内表面向催化剂外表面传递(内扩散过程);

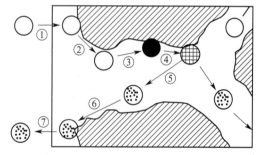

图 3-18 气-固相催化反应过程

⑦ 反应产物从催化剂外表面向流体主体传递(外扩散过程)。

在上述七个步骤中,第①和第⑦步是气相主体通过气膜与颗粒外表面进行物质传递的过程,称为外扩散过程;第②和第⑥步是流体通过颗粒内部的孔道从外表面向内表面的传质,称为内扩散过程;第③和第⑤步是在颗粒表面上进行化学吸附和化学脱附的过程;第④步是在颗粒表面上进行的表面反应动力学过程。通常把③④⑤总称为表面过程。

由此可见,气-固相催化反应过程是个多步骤过程。如果过程中某一步骤的速率与其他各步的速率相比要慢得多,以致整个反应速率取决于这一步的速率,该步骤就称为速率控制步骤。所谓控制步骤是指对反应动力学起关键作用的那一步。当反应过程达到定态时,各步骤的速率应该相等,且反应过程的速率等于控制步骤的速率。这一点对于分析和解决实际问题非常重要。

气-固相催化反应的控制步骤主要有以下三种可能:
① 外扩散控制。即内扩散过程的阻力很小,表面过程的速率很快。反应过程的速率取决于外扩散的速率。
② 内扩散控制。即反应过程的传质阻力主要存在于催化剂的内部孔道,表面过程的速率和外扩散的速率很快。

③ 动力学控制。即传质过程的阻力可以忽略，反应速率主要取决于表面过程。

由于外扩散过程是借助于流体流动的扩散过程，这就造成其扩散速度要比内扩散快得多，因此扩散控制以内扩散控制更为常见。

3. 化学吸附与脱附

化学吸附被认为是由于电子的共用或转移而发生相互作用的分子与固体间电子重排，气体分子与固体之间相互作用力具有化学键的特征。化学吸附与物理吸附明显不同，前者在吸附过程中有电子的转移和重排，而后者不发生此类现象，固体物质和气体分子之间作用力仅为范德瓦尔斯力。

催化作用的部分奥秘无疑是化学吸附现象。气体反应物在催化剂表面上进行反应时，首先发生的是催化剂表面活性部位对反应分子的化学吸附，从而削弱了其中的某些化学键，活化了反应分子并降低了反应活化能，大大加快了反应速率。

4. 化学吸附速率的一般表达式

由于化学吸附只能发生于固体表面那些能与气相分子起反应的原子上，通常把该类原子称为活性中心，用符号"σ"表示。由于化学吸附类似于化学反应，则气相中 A 组分在活性中心上的吸附用如下吸附式表示：$A + \sigma \longrightarrow A\sigma$

组分 A 的覆盖率 θ_A：固体催化剂表面被 A 组分覆盖的活性中心数与总的活性中心数之比值。

$$\theta_A = \frac{\text{被 A 组分覆盖的活性中心数}}{\text{总的活性中心数}} \tag{3-2}$$

空位率 θ_V：固体催化剂表面尚未被气相分子覆盖的活性中心数与总的活性中心数之比值。

$$\theta_V = \frac{\text{未被 A 组分覆盖的活性中心数}}{\text{总的活性中心数}} \tag{3-3}$$

设 θ_i 为 i 组分的覆盖率，则有

$$\sum \theta_i + \theta_V = 1 \tag{3-4}$$

对于吸附过程，吸附速率可以写成

$$r_a = k_a p_A \theta_V = A_{a0} \exp(-E_a/RT) p_A \theta_V \tag{3-5}$$

式中，r_a 为吸附速率，Pa/h；E_a 为吸附活化能，$kJ/kmol$；p_A 为 A 组分在气相中的分压，Pa；θ_V 为空位率；k_a 为吸附速率常数，h^{-1}；A_{a0} 为吸附指前因子，h^{-1}。

吸附过程是可逆的，即在同一时间内系统中既存在有吸附过程也存在有脱附过程，一般脱附式可以写成 $A\sigma \longrightarrow A + \sigma$

则脱附速率为：

$$r_d = k_d \theta_A = A_{d0} \exp(-E_d/RT) \theta_A \tag{3-6}$$

式中，r_d 为脱附速率，Pa/h；E_d 为脱附活化能，$kJ/kmol$；θ_A 为组分 A 的覆盖率；k_d 为脱附速率常数，h^{-1}；A_{d0} 为脱附指前因子，h^{-1}。

吸附过程的净速率 r 为吸附速率与脱附速率之差：

$$r = r_a - r_d = k_a p_A \theta_V - k_d \theta_A \tag{3-7}$$

$$r = A_{a0} \exp(-E_a/RT) p_A \theta_V - A_{d0} \exp(-E_d/RT) \theta_A \tag{3-8}$$

当吸附速率与脱附速率相等时，净吸附速率值为零，此时吸附过程已达到平衡：

$$r = r_a - r_d = 0 \tag{3-9}$$

即 $r_a = r_d$，则得

$$p_A = \frac{A_{d0}}{A_{a0}} \times \frac{\theta_A}{\theta_V} \exp\left(\frac{E_a - E_d}{RT}\right) \tag{3-10}$$

与化学反应类似，脱附活化能与吸附活化能之差为吸附热，用符号 q 表示：

$$q = E_d - E_a \tag{3-11}$$

代入式(3-10)，可得

$$p_A = \frac{A_{d0}}{A_{a0}} \times \frac{\theta_A}{\theta_V} \exp\left(\frac{-q}{RT}\right) \tag{3-12}$$

式(3-12) 称为吸附平衡方程。

上述吸附速率方程式(3-5) 与吸附平衡方程式(3-12) 在具体应用时存在一定困难，很多学者对此提出一些简化模型，使得方程能在实践中得到应用。较著名的模型有朗缪尔吸附模型、焦姆金吸附模型和弗罗因德利希吸附模型。

5. 朗缪尔 (Langmuir) 吸附模型

朗缪尔吸附模型包括以下四个基本假设：
① 催化剂表面各处的吸附能力是均匀的，各吸附位具有相同的能量；
② 被吸附物仅形成单分子层吸附；
③ 吸附的分子间不发生相互作用，也不影响分子的吸附作用；
④ 所有吸附的机理是相同的。

上述各个假设与实际情况显然是有差异的，朗缪尔吸附模型实际上是一种理想情况，因此该模型也称为理想吸附模型。

6. 焦姆金 (TeMKHW) 吸附模型

不满足理想吸附条件的吸附，都称为真实吸附。以焦姆金和弗罗因德利希为代表提出不均匀表面吸附理论，真实吸附模型认为固体表面是不均匀的，各吸附中心的能量不等，有强有弱。吸附时吸附分子首先占据强的吸附中心，放出的吸附热大。随后逐渐减弱，放出的吸附热也愈来愈小。由于催化剂表面不均匀，因此吸附活化能 E_a 随覆盖率的增加而线性增加，脱附活化能 E_d 则随覆盖率的增加而线性降低。

7. 弗罗因德利希 (Freundlich) 吸附模型

弗罗因德利希吸附模型与焦姆金吸附模型类似，认为吸附活化能、脱附活化能以及吸附热随覆盖率的不同而有差异，但弗罗因德利希吸附模型认为活化能与覆盖率之间并非线性关系，而是对数函数关系。

根据不同的吸附模型导出的不同的吸附速率方程和吸附等温方程，在具体应用时，必须考虑所研究的系统是否符合或者接近所选用模型的假设条件。

二、本征动力学方程

如前所述，气-固相催化反应过程往往由吸附、反应和脱附过程串联组成。因此动力学方程式推导方法可归纳为如下几个步骤。
① 假定反应机理，即确定反应所经历的步骤。
② 决定速率控制步骤，该步骤的速率即为反应过程的速率。
③ 由非速率控制步骤达到平衡，列出吸附等温式。如为化学平衡，则列出化学平衡式。

④ 将上述平衡关系得到的等式代入控制步骤速率式,并用气相组分的浓度或分压表示,即得到动力学表达式。

由于吸附速率的关系式有各种不同的类型,所以本征动力学方程也将有不同的型式。

1. 双曲线型本征动力学方程

双曲线型本征动力学方程是基于侯根-瓦特森(Hougen-Watson)模型演算而得,该模型的基本假设如下。

① 在吸附—反应—脱附三个步骤中必然存在一个控制步骤,该控制步骤的速率便是本征反应速率。

② 除了控制步骤外,其他步骤均处于平衡状态。

③ 吸附和脱附过程属于理想过程,即吸附和脱附过程可用朗缪尔吸附模型加以描述。

对于不同的控制步骤,采用侯根-瓦特森模型进行处理,可得相应的本征动力学方程。

应当指出,对某一反应而言,由假设的各种反应机理与控制步骤可以得到多个反应速率表达式。即使通过实验数据关联得到了相符的动力学模型,也不能说明所设的机理步骤是正确的。这是因为双曲线模型包含的参数太多,参数的可调范围较大。因此一般总是能够从众多模型和众多参数的拟合中获得精度相当高的动力学模型。甚至对同一反应,可以有多个动力学模型均能达到所需的误差要求。

2. 幂函数型本征动力学方程

幂函数型本征动力学方程是认为吸附与脱附过程不遵循朗缪尔吸附模型,而是遵循焦姆金吸附模型或弗罗因德利希吸附模型。下面以焦姆金吸附模型为例简单介绍幂函数型本征动力学方程。

焦姆金吸附模型认为:由于催化剂表面具有不均匀性,因此吸附活化能 E_a 与脱附活化能 E_d 都与表面覆盖程度有关。

事实上,在实际应用中常常以幂函数型来关联非均相动力学参数,由于其准确性并不比双曲线方程差,因而得到了广泛应用。而且幂函数型仅有反应速率常数,不包含吸附平衡常数,在进行反应动力学分析和反应器计算中更能显示其优越性。

知识点三
固定床反应器的流体流动、传质与传热

固定床反应器内进行催化反应时,经常同时发生传热和传质过程,传递过程又与流体在床层内的流动状况有密切关系。因此,在进行固定床反应器设计前应了解固定床内的流体流动特征以及传质和传热规律。

一、固定床反应器内的流体流动

固定床内流体是通过催化剂颗粒构成的床层而流动,因此,首先要了解与流动有关的催化剂床层的性质。

1. 催化剂颗粒的直径和形状系数

催化剂颗粒可为各种形状,如球形、圆柱形、片状、环状、无规则等。催化剂的粒径大小,对于球形颗粒可以方便地用直径表示;对于非球形颗粒,习惯上常用与球形颗粒作对比的相当直径表示,用形状系数 φ 表示其与圆球形的差异程度。通常有以下三种相当直径。

(1) 体积相当直径 d_v 即采用体积相同的球形颗粒直径来表示非球形颗粒直径。

$$d_v = (6V_P/\pi)^{1/3} \tag{3-13}$$

式中,V_P 为非球形颗粒的体积,m^3。

(2) 面积相当直径 d_a 即采用外表面积相同的球形颗粒直径来表示非球形颗粒的直径。

$$d_a = (A_p/\pi)^{1/2} \tag{3-14}$$

式中,A_p 为非球形颗粒的比表面积,m^2。

(3) 比表面积相当直径 d_s 即采用比表面积相同的球形颗粒直径来表示非球形颗粒的直径。

非球形颗粒比表面积 $S_v = A_p/V_p$,比表面积等于 S_v 的球形颗粒有如下关系式:

$$d_s = 6/S_v = 6V_p/A_p \tag{3-15}$$

在固定床的流体力学研究中,非球形颗粒的直径常常采用体积相当直径。在传热传质的研究中,常常采用面积相当直径。

(4) 形状系数 φ 非球形颗粒的外表面积一定大于等体积的圆球的外表面积。因此,引入一个无量纲系数,称为颗粒的形状系数 φ_s,其值如下:

$$\varphi_s = A_s/A_p \tag{3-16}$$

式中,A_s 为与非球形颗粒等体积圆球的外表面积,m^2。$A_s = \pi d_v^2$。φ_s 即与非球形颗粒体积相等的圆球的外表面积与非球形颗粒的外表面积之比。对于球形颗粒,$\varphi_s = 1$;对于非球形颗粒,$\varphi_s < 1$。形状系数说明了颗粒与圆球的差异程度。

2. 混合颗粒的平均直径及形状系数

当催化剂床层由大小不一、形状各异的颗粒组成时,就有一个如何计算混合颗粒的平均粒度及形状系数的问题。

对于大小不等的混合颗粒,如果颗粒不太细(大于 0.075mm),平均直径可以由筛分分析数据来决定。将混合颗粒用标准筛组进行筛分,分别称量留在各号筛上的颗粒质量,然后根据颗粒的总质量分别算出各种颗粒所占的分数。在某一号筛上的颗粒,其直径 d_i 通常为该号筛孔净宽及上一号筛孔净宽的几何平均值(即两相邻筛孔净宽乘积的平方根)。如混合颗粒中,直径为 d_1、d_2、$\cdots$、d_n 的颗粒的质量分数分别为 x_1、x_2、$\cdots$、x_n,则混合颗粒的平均直径用算术平均直径法计算为

$$\overline{d}_p = \sum_{i=1}^{n} x_i d_i \tag{3-17}$$

若以调和平均法计算,则为:

$$\frac{1}{\overline{d}_p} = \sum_{i=1}^{n} \frac{x_i}{d_i} \tag{3-18}$$

在固定床和流化床的流体力学计算中,用调和平均直径较为符合实验数据。大小不等且形状也各异的混合颗粒,其形状系数由待测颗粒组成的固定床压降来计算。同一批混合颗粒,平均直径的计算方法不同,计算出来的形状系数也不同。

3. 床层空隙率及径向流速分布

空隙率是催化剂床层的重要特性之一，它对流体通过床层的压降、床层的有效热导率及比表面积都有重大的影响。

空隙率是催化剂床层的空隙体积与催化剂床层总体积之比，可用下式计算：

$$\varepsilon = 1 - \frac{\rho_b}{\rho_s} \tag{3-19}$$

式中，ε 为床层空隙率；ρ_b 为催化剂床层堆积密度，即单位体积催化剂床层具有的质量，kg/m^3；ρ_s 为催化剂的表观密度，即单位体积催化剂颗粒具有的质量，kg/m^3。

床层空隙率 ε 的大小与下列因素有关：颗粒形状、颗粒的粒度分布、颗粒表面的粗糙度、充填方式、颗粒直径与容器直径之比等。

紧密填充固定床的床层空隙率低于疏松填充固定床，反应器中充填催化剂时应以适当方式加以震动压紧，床层的压降虽较大，但装填的催化剂可较多。

固定床中同一截面上的空隙率也是不均匀的，近壁处空隙率较大，而中心处空隙率较小。图 3-19 中纵坐标为固定床的局部空隙率，其值随径向距离而变化；横坐标是按 d_p 数目计算的离壁距离。固定床由均匀球形颗粒乱堆在圆形容器中组成。由图 3-19 可见，近壁处 0～1 个颗粒直径处局部床层空隙率变化较大。由于床层径向空隙率分布不均，因此固定床中存在流速的不均匀分布。以径向距离 r 处局部流速 $u(r)$ 与床层平均流速 u 之比表示的径向流速分布，以 0～1 个颗粒直径处变化最大，如图 3-20 所示。器壁对空隙率分布的这种影响及由此造成对流动、传热和传质的影响，称为壁效应。由图 3-19 及图 3-20 可见，距壁 4 个颗粒直径处床层空隙率和流速分布趋平坦，因此一般工程上认为当 d_t/d_p 达 8 时可不计壁效应，故工业上通常要求 $d_t > 8d_p$。

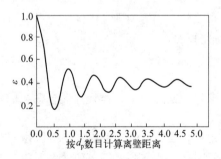

图 3-19 孔隙率分布
$d_t = 75.5mm$，$d_p = 7.035$

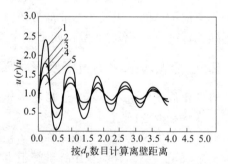

图 3-20 不同雷诺数下的流速分布
1—$Re = 1.8$；2—$Re = 58.9$；3—$Re = 117.9$；
4—$Re = 589.2$；5—$Re = 1178.5$

如果固定床与外界换热，床层非恒温，存在着径向温度分布，则床层中径向流速分布的变化比恒温时还要大；当管内 Re 数增大时，径向流速分布要趋向平坦，如图 3-20 所示。管式催化床内直径一般为 25～40mm，而催化剂颗粒直径一般为 5～8mm，即管径与催化剂颗粒直径比 d_t/d_p 相当小，此时壁效应对床层中径向空隙率分布和径向流速分布及催化反应性能的影响必须考虑。

4. 流体在固定床中流动的特性

流体在固定床中的流动情况较之在空管中的流动要复杂得多。固定床中流体是在颗粒间的空隙中流动，颗粒间空隙形成的孔道是弯曲的、相互交错的，孔道数和孔道截面沿流向也在不断改变。空隙率是孔道特性的一个主要反映。如前所述，在床层径向，空隙率分布不均匀造成流速分布的不均匀性，流速的不均匀造成物料停留时间和传热情况的不均匀性，最终影响反应的结果。但是由于固定床内流动的复杂性，至今难以用数学解析式来描述流速分布，工艺计算中常采用床层平均流速的概念。

此外，流体在固定床中流动时，由于本身的湍流、对催化剂颗粒的撞击、绕流以及孔道的不断缩小和扩大，造成流体的不断分散和混合，这种混合扩散现象在固定床内并非各向同性，因而通常把它分成径向混合和轴向混合两个方面进行研究。径向混合可以简单理解为由于流体在流动过程中不断撞击到颗粒上，发生流股的分裂而造成，如图3-21所示。轴向混合可简单地理解为流体沿轴向依次流过一个由颗粒间空隙形成的串联着的"小槽"，在进口处，由于孔道收缩，流速增大，进到"小槽"后，由于突然扩大而减速，形成混合。因此，固定床中的流体流动可以用简单扩散模型进行模拟，即认为流动由两部分合成：一部分为流体以平均流速沿轴向作理想置换式的流动；另一部分为流体的径向和轴向的混合扩散，包括分子扩散（层流时为主）和涡流扩散（湍流时为主）。

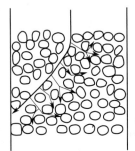

图 3-21 固定床内径向混合示意图

根据不同的混合扩散程度，将两个部分叠加。

5. 流体流过固定床层的压降

流体流过固定床层的压降，主要是由流体与颗粒表面间的摩擦阻力和流体在孔道中的收缩、扩大和再分布等局部阻力引起的。当流动状态为滞流时，以摩擦阻力为主；当流动状态为湍流时，以局部阻力为主。计算压降的公式很多，常用的一个是仿照流体在空管中流动的压降公式而导出的埃冈（Ergun）式。

固定床的压降可表示为

$$\Delta p = f_M \frac{\rho_f u_0^2}{d_s} \times \frac{(1-\varepsilon)}{L\varepsilon^3} \tag{3-20}$$

式中，Δp 为压降，Pa；f_M 为修正摩擦系数；L 为管长，m；ρ_f 为流体密度，kg/m³；u_0 为流体空床平均流速，即以床层空截面积计算的流体平均流速，m/s；d_s 为催化剂颗粒的比表面积相当直径。

经实验测定，修正摩擦系数 f_M 与修正雷诺数 Re_M 的关系可表示如下：

$$f_M = \frac{150}{Re_M} + 1.75 \tag{3-21}$$

$$Re_M = \frac{d_s \rho_f u_0}{\mu_f} \times \frac{1}{1-\varepsilon} = \frac{d_s G}{\mu_f} \times \frac{1}{1-\varepsilon} \tag{3-22}$$

式中，μ_f 为流体的黏度，Pa·s；G 为流体的质量流速，kg/(m²·s)。

当 $Re_M < 10$ 时，流体处于层流状态，式(3-22)中 $\frac{150}{Re_M} \geqslant 1.75$，即式(3-20)可简化为

$$\Delta p = 150 \frac{\mu_f u_0}{d_s^2} \times \frac{(1-\varepsilon)^2}{\varepsilon^3} L \tag{3-23}$$

当 $Re_M > 1000$ 时，流体处于湍流状态，式(3-22)中 $\frac{150}{Re_M} \ll 1.75$，即式(3-20)可简化为

$$\Delta p = 1.75 \frac{\rho_f u_0^2}{d_s} \times \frac{1-\varepsilon}{\varepsilon^3} L \qquad (3\text{-}24)$$

如果床层中催化剂颗粒大小不一，用式(3-23)、式(3-24)时，应采用颗粒的平均相当直径 $\bar{d}_s$。

$\bar{d}_s$ 可按下式计算：

$$\bar{d}_s = \frac{6}{\sum x_i S_{vi}} = \frac{1}{\sum \left(\frac{x_i}{d_{si}}\right)} \qquad (3\text{-}25)$$

式中，$\bar{d}_s$ 为平均比表面积相当直径，m；x_i 为颗粒 i 筛分所占的体积分数（如果各筛分颗粒的密度相同，则体积分数亦为质量分数）；S_{vi} 为颗粒 i 筛分的比表面积，m^2/m^3。如果各种粒度颗粒的形状系数相差不大，$\bar{d}_s$ 即为按式(3-18)计算的调和平均直径与平均形状系数的乘积。由式(3-23)、式(3-24)可知：增大流体空床平均流速 u_0、减少颗粒直径 d 以及减小床层空隙率 ε 都会使床层压降增大，其中尤以空隙率的影响最为显著。

二、固定床反应器内的传质与传热

1. 固定床反应器中的传质

固定床反应器中的传质过程包括外扩散、内扩散和床层内的混合扩散。因为气-固相催化反应发生在催化剂表面，所以反应组分必须到达催化剂表面才能发生化学反应。而在固定床反应器中，由于催化剂粒径不能太小，故常常采用多孔催化剂以提供反应所需要的表面积。因此反应主要在内表面进行，内扩散过程则直接影响着反应过程的宏观速率。

（1）外扩散过程　流体与催化剂外表面间的传质过程以下式表示：

$$N_A = k_{cA} S_e \varphi (c_{GA} - c_{SA}) \qquad (3\text{-}26)$$

式中，N_A 为组分 A 的传递速率，$kmol/(h \cdot m^3)$；k_{cA} 为以浓度差为推动力的外扩散传质系数，m/h；S_e 为催化剂床层（外）比表面积，m^2/m^3；c_{GA} 为组分 A 在气流主体中的浓度，$kmol/m^3$；c_{SA} 为组分 A 在催化剂外表面处浓度，$kmol/m^3$；φ 为外表面积校正系数，考虑颗粒间存在接触时对外表面积的影响，球形 $\varphi=1$，圆柱形、无定形 $\varphi=0.9$，片状 $\varphi=0.81$。

对于气体又常以下式表示：

$$N_A = k_{GA} S_e \varphi (p_{GA} - p_{SA}) \qquad (3\text{-}27)$$

式中，k_{GA} 为以分压差为推动力的外扩散传质系数，$kmol/(h \cdot m^2 \cdot Pa)$；$p_{GA}$ 为组分 A 在气流主体中的分压，Pa；p_{SA} 为组分 A 在催化剂外表面处的分压，Pa。如气体可当作理想气体，则有

$$kG_A = k_{cA}/RT$$

外扩散传质系数的大小，反映了主流体中的涡流扩散阻力和颗粒外表面层流膜中的分子扩散阻力的大小。它与扩散组分的性质、流体的性质、颗粒表面形状和流动状态等因素有关。增大流速可以显著地提高外扩散传质系数。外扩散传质系数在床层内随位置而变，通常是对整个床层取同一平均值。

在工业生产过程中，固定床反应器一般都在较高流速下操作。主流体与催化剂外表面之间的压差很小，一般可以忽略不计，因此外扩散的影响也可以忽略。

(2) 内扩散过程　由于催化剂颗粒内部微孔的不规则性和扩散要受到孔壁等因素影响，使催化剂微孔内扩散过程十分复杂。催化剂微孔内的扩散过程对反应速率有很大的影响。反应物进入微孔后，边扩散边反应。如扩散速率小于表面反应速率，沿扩散方向反应物浓度逐渐降低，以致反应速率也随之下降。采用催化剂有效系数 η 对此进行定量说明：

$$\eta = \frac{实际催化反应速率}{催化剂内表面与外表面温度、浓度相同时的反应速率} = \frac{r_P}{r_S} \quad (3-28)$$

催化剂有效系数 η 可通过实验测定。方法为首先测得颗粒实际反应速率 r_P，然后将颗粒逐次压碎，使内表面暴露为外表面，在相同条件下测定反应速率。当颗粒变小而反应速率不变时，测得的就是消除了内扩散影响的反应速率 r_S 两者之比即为 η。当 $\eta \approx 1$ 时，反应过程为动力学控制；当 $\eta < 1$ 时，反应过程为内扩散控制。

内扩散不仅影响反应速率，而且影响复杂反应的选择性。如平行反应中，对于反应速率快、级数高的反应，内扩散阻力的存在将降低其选择性。又如连串反应以中间产物为目的产物时，深入微孔中的扩散将增加中间产物进一步反应的机会而降低其选择性。

固定床反应器内常用的是直径 3～5mm 的大颗粒催化剂，一般难以消除内扩散的影响。实际生产中采用的催化剂，其有效系数为 0.01～1。因而工业生产上必须充分估计内扩散的影响，采取措施尽可能减少其影响。在反应器的设计计算中，则应采用考虑了内扩散影响因素在内的宏观动力学方程式。

判明内扩散的影响，就可以选用工业上适宜的催化剂颗粒尺寸。当必须采用细颗粒时，可以考虑改用径向反应器或流化床反应器。此外也有从改变催化剂结构入手，如制造双孔分布型催化剂，把具有小孔但消除了内扩散影响的细粒挤压成型为大孔的粗粒，既提供了足够的表面积，又减少了扩散阻力。还有把活性组分浸渍或喷涂在颗粒外层的表面薄层催化剂等。

(3) 床层内的混合扩散　固定床内的混合扩散包括径向和轴向混合扩散，可仿照斐克定律，用有效扩散系数来描述。研究表明，在工业反应器通常流速下，当反应器长度和催化剂粒径之比大于 100 倍时，轴向混合的影响可以忽略不计。一般反应器都能满足这个条件，故固定床反应器通常不考虑轴向混合的影响。

2. 固定床反应器中的传热

床层的传热性能对于床内的温度分布，进而对反应速率和物料组成分布都具有很大影响。由于反应是在催化剂颗粒内进行的，因此固定床的传热实质上包括了颗粒内的传热、颗粒与流体之间的传热以及床层与器壁的传热等几个方面。

固定床催化反应器内的催化剂往往是热的不良导体，而且固体颗粒较大，导热性能不好，因此床层传热性能很差，在床层形成甚为复杂的温度分布。在反应器中不仅轴向温度分布不均，而且径向也存在着显著的温度梯度。

固定床反应器内的传热过程，以换热式反应器进行放热反应为例：
① 反应热由催化剂内部向外表面传递；
② 反应热由催化剂外表面向流体主体传递；
③ 反应热少部分由反应后的流体沿轴向带走，主要部分由径向通过催化剂和流体构成的床层传递至反应器器壁，由载热体带走。

如多数情况下，可以把催化剂颗粒看成是恒温体，而不考虑颗粒内的传热阻力。除了快速强放热反应外，也可以忽略催化剂表面和流体之间的温度差。床层内的传热阻力是不能忽视的。为了确定反应器的换热面积和了解床层内的温度分布，必须进行床层内部和床层与器壁之间的传热计算。针对不同的要求也有不同的计算方法。如为了计算反应器的换热面积，可以不计算床层内径向传热，而采用包括床层传热阻力在内的床层对壁传热系数计算；为了了解床层径向温度分布，必须采用床层有效热导率和表观壁膜传热系数相结合计算床层径向传热。各种传热计算中必需的热传递系数，可由实验测定，或采用由传热机理分析加以实验验证所确定的计算公式来进行计算。现将传热计算中最常采用的床层对壁传热系数讨论如下。

若只需要计算固定床与外界换热所需的传热面积时，将床层的径向传热与通过床层内壁的层流边界层的传热合并成整个固定床对壁的传热，即假设床层在径向不存在温度梯度，这时就要以固定床中同一截面处流体的平均温度 T_m 与换热面内壁温度 T_w 之差作为传热推动力，而相应的传热系数就称为固定床对壁传热系数 α_t。此时，传热速率方程可表示如下：

$$d_Q = \alpha_t d_{A_i}(T_m - T_w) = \alpha_t \pi d_t dl(T_m - T_w) \tag{3-29}$$

式中，Q 为传热速率，kJ/h；α_t 为床层对壁传热系数，kJ/(m²·h·K)；A_i 为管内壁面积，m²；d_t 为管内径，m；l 为管长，m；T_m 为床层平均温度，K；T_w 为管内壁温度，K。

以上是类似均相反应器中的传热过程，但因固定床内充填催化剂，促进了流体内的涡流扩散，这使靠近管壁处的层流膜变薄，并使流体内的径向传热加快，故在相同的气速下固定床床层对壁传热系数 α_t 较管内无填充物时的传热系数要大几倍。

常用的简便计算 α_t 的关联式为利瓦（Leva）提出。

床层被加热时：

$$\frac{\alpha_t d_t}{\lambda_f} = 0.813 \left(\frac{d_p G}{\mu_f}\right)^{0.9} \exp\left(-6\frac{d_p}{d_t}\right) \tag{3-30}$$

床层被冷却时：

$$\frac{\alpha_t d_t}{\lambda_f} = 3.5 \left(\frac{d_p G}{\mu_f}\right)^{0.7} \exp\left(-4.6\frac{d_p}{d_t}\right) \tag{3-31}$$

式中，λ_f 为流体热导率，kJ/(m·h·K)；G 为流体表观质量流速，kg/(m²·h)；μ_f 为流体黏度，kg/(m·h)。

技能点
固定床反应器的设计

固定床反应器的设计计算，一般包括催化剂用量、反应器床层高度和直径、传热面积及床层压降的计算等。固定床反应器的工艺计算，主要有经验法和数学模型法。

一、经验法

经验法是取用实验室、中间试验装置或工厂现有生产装置中最佳条件下测得的一些数据，如空速、催化剂空时收率及催化剂负荷等作为工艺计算的依据。空速、催化剂空时收率及催化剂负荷的定义如下。

1. 空速

单位体积的催化剂在单位时间内所通过的标准状态下原料体积流量，称为空间速率，简称空速。即

$$S_V = \frac{V_0^\theta}{V_R} \tag{3-32}$$

式中，S_V 为空速，h^{-1}；V_0^θ 为标准状态下原料气体积流量，m^3/h；V_R 为催化剂堆积体积，m^3。

2. 催化剂空时收率

单位质量（或体积）的催化剂在单位时间内所获得的目的产物量。即

$$S_W = \frac{w_W}{W_S} \tag{3-33}$$

式中，S_W 为催化剂空时收率，$kg/(kg \cdot h)$ 或 $kg/(m^3 \cdot h)$；w_W 为目的产物量，kg/h；W_S 为催化剂用量，kg 或 m^3。

3. 催化剂负荷

单位质量的催化剂在单位时间内所处理的原料量。即

$$S_G = \frac{w_G}{W_S} \tag{3-34}$$

式中，S_G 为催化剂负荷，$kg/(kg \cdot h)$；w_G 为单位时间内处理的原料量，kg/h。

经验法工艺计算的前提是新设计计算的反应器也能保持与提供数据的装置相同的操作条件，如催化剂性质、粒度、原料组成、流体流速、温度和压力等。由于规模的改变，要做到全部相同是困难的，尤其是温度条件。因此这种方法虽能在缺乏动力学数据的情况下简单方便地估算出催化剂体积，但因对整个反应系统的反应动力学、传质、传热等特性缺乏真正的了解，因而是比较原始的、不精确的，不能实现高倍数的放大。

【例3-1】环氧乙烷被广泛地用于洗涤、制药、印染等行业，在化工相关产业可作为清洁剂的起始剂。世界上环氧乙烷工业化生产装置几乎全部采用以银为催化剂的乙烯直接氧化法，反应原理如下：

$$C_2H_4 + \frac{1}{2}O_2 \longrightarrow C_2H_4O \quad \Delta H_1 = -103.38 kJ/mol, 298K [A]$$

$$C_2H_4 + 3O_2 \longrightarrow 2CO_2 + 2H_2O \quad \Delta H_2 = -1323.1 kJ/mol, 298K [B]$$

要求：年产环氧乙烷1000t，采用二段空气氧化法，试根据中试经验，取用下列数据估算第一反应器尺寸。

① 进入第一反应器的原料气组成为：

组分	C_2H_4	O_2	CO_2	N_2	C_2H_4Cl
体积分数/%	3.5	6.0	7.7	82.8	微量

② 第一反应器进料温度为483K，反应温度为523K，反应压力为0.98MPa，转化率为20%，选择性为66%，空速为5000h^{-1}。

③ 第一反应器采用列管式固定床反应器，列管直径 $\phi 27mm \times 2.5mm$，管长6m，催化

剂的填充高度 5.7m。

④ 管间采用导生油进行强制的外循环换热。导生油进口温度 503K，出口温度 508K，导生油对管壁的传热系数 α_0 可取 $2717kJ/(m^2 \cdot h \cdot K)$。

⑤ 催化剂为球形，直径 d_p 为 5mm，床层空隙率 ε 为 0.48。

⑥ 反应器年运行 7200h，反应后分离、精制过程回收率为 90%，第一反应器所产环氧乙烷占总产量的 90%。

⑦ 在 523K、0.98MPa 条件下，反应混合物的有关物性数据为：热导率 $\lambda_f = 0.1273kJ/(m \cdot h \cdot K)$、黏度 $\mu_f = 2.6 \times 10^{-5} Pa \cdot s$、密度 $\rho_f = 7.17 kg/m^2$，各组分在 298～523K 范围内的平均气体比热容 C_f 为：

组分	C_2H_4	O_2	N_2	CO_2	H_2O	C_2H_4O
$C_f/[J/(kg \cdot K)]$	1.968	0.963	1.047	0.963	1.963	1.382

解：

(1) 根据物料衡算，年产 1000t 环氧乙烷，考虑过程损失后应生产环氧乙烷量为：

$$\frac{1000 \times 1000}{0.90 \times 7200} = 154.32 (kg/h)$$

第一反应器生成环氧乙烷的量为

$$154.32 \times 0.9 = 139(kg/h) = 3.16(kmol/h)$$

第一反应器应加入乙烯量为

$$\frac{3.16}{0.66 \times 0.20} = 23.94(kmol/h)$$

按原料气组成，求得原料气中其余各组分量为

O_2： $23.94 \times \frac{6.0}{3.5} = 41.04(kmol/h)$

CO_2： $23.94 \times \frac{7.7}{3.5} = 52.67(kmol/h)$

N_2： $23.94 \times \frac{82.8}{3.5} = 566.35(kmol/h)$

根据乙烯的转化率 20%、选择性 66%，按照化学计量学的关系，计算反应器出口气体中各组分量：

根据反应方程式 [A]

① 消耗乙烯量：$23.94 \times 0.2 \times 0.66 = 3.16(kmol/h)$

② 消耗氧气量：$3.16 \times 0.5 = 1.58(kmol/h)$

③ 生成环氧乙烷量：$3.16 kmol/h$

根据反应方程式 [B]

① 消耗乙烯的量：$23.94 \times 0.2 \times 0.34 = 1.63(kmol/h)$

② 消耗氧气的量：$1.63 \times 3 = 4.89(kmol/h)$

③ 生成二氧化碳的量：$1.63 \times 2 = 3.26(kmol/h)$

④ 生成水的量：$1.63 \times 2 = 3.26(kmol/h)$

因此，反应器出口气体中各组分量为

① C_2H_4：$23.94 - (3.16 + 1.63) = 19.15(kmol/h)$

② O_2：$41.04 - (1.58 + 4.89) = 34.57(kmol/h)$

③ CO_2：$52.67 + 3.26 = 55.93(kmol/h)$

④ N_2：566.35kmol/h
⑤ C_2H_4O：3.16kmol/h
⑥ H_2O：3.26kmol/h

根据物料衡算计算结果，列表如下：

组分	进料		出料	
	F_0/(kmol/h)	W_0/(kg/h)	F/(kmol/h)	W/(kg/h)
C_2H_4	23.94	670.32	19.15	536.2
O_2	41.04	1313.28	34.57	1106.24
CO_2	52.67	2317.48	55.93	2460.92
N_2	566.35	15857.80	566.35	15857.80
C_2H_4O	—	—	3.16	139.04
H_2O	—	—	3.26	58.68
总计	684.00	20158.88	682.42	20158.88

(2) 计算催化剂床层的体积 V_R

进入反应器的总气体流量 $F_{t0}=684$ kmol/h，给定空速 $S_V=5000\text{h}^{-1}$。

所以 $V_R = \dfrac{V_0^\theta}{S_V} = \dfrac{684 \times 22.4}{5000} = 3.06(\text{m}^3)$

(3) 反应器的管数 n

给定管子直径 $\phi 27\text{mm} \times 2.5\text{mm}$，故管内径 d_t 为 0.022m，管长 6m，催化剂的充填高度 L 为 5.7m，因此

$$n = \dfrac{V_R}{\dfrac{\pi}{4}d_t^2 L} = \dfrac{3.06}{0.785 \times 0.022^2 \times 5.7} = 1413$$

当采用正三角形排列，实取管数为 1459 根。

(4) 根据热量衡算式（基准温度为298K）

① 原料气带入热量 Q_1

$Q_1 = (670.32 \times 1.968 + 1313.28 \times 0.963 + 2317.48 \times 0.963 + 15857.8 \times 1.047) \times (483 - 298)$
$= 396.2 \times 10^4 (\text{kJ/h})$

② 反应后气体带走热量 Q_2

$Q_2 = (536.2 \times 1.968 + 1106.24 \times 0.963 + 2460.92 \times 0.963 + 15857.8 \times 1.047 + 139.04 \times 1.382 + 58.68 \times 1.968) \times (523 - 298) = 481.5 \times 10^4 (\text{kJ/h})$

③ 反应放出热量 Q_r

$Q_r = 3.16 \times 10^3 \times 103.38 + 1.63 \times 10^3 \times 1323.1 = 248.3 \times 10^4 (\text{kJ/h})$

④ 传给导生油的热量 Q_C

$Q_C = Q_1 + Q_r - Q_2 = (396.2 + 248.3 - 481.5) \times 10^4 = 163 \times 10^4 (\text{kJ/h})$

⑤ 核算换热面积

床层对壁传热系数按式(3-31)计算为

$$\alpha_t = \dfrac{\lambda_f}{d_t} \times 3.5 \times \left(\dfrac{d_p G}{\mu_f}\right)^{0.7} \exp\left(-4.6\dfrac{d_p}{d_t}\right)$$

$$G = \dfrac{20158.88}{1459 \times \dfrac{\pi}{4} \times 0.022^2} = 36366 [\text{kg}/(\text{m}^2 \cdot \text{h})]$$

$$\dfrac{d_p G}{\mu_f} = \dfrac{0.005 \times 36366}{2.6 \times 10^{-5} \times 3600} = 1943$$

因此,

$$\alpha_t = \frac{0.1273}{0.022} \times 3.5 \times 1943^{0.7} \times \exp\left(-4.6 \times \frac{0.005}{0.022}\right) = 1426.8 [\text{kJ}/(\text{m}^2 \cdot \text{h} \cdot \text{K})]$$

查得碳钢管的热导率 $\lambda = 167.5 \text{kJ}/(\text{m} \cdot \text{h} \cdot \text{K})$；对于较干净的壁面污垢热阻 $R_{st} = 4.78 \times 10^{-5} \text{m}^2 \cdot \text{h} \cdot \text{K}/\text{kJ}$

代入总传热系数 K_t 的计算式，得

$$K_t = \frac{1}{\frac{1}{\alpha_t} + \frac{\delta}{\lambda} \times \frac{d_t}{d_m} + \frac{1}{\alpha_0} \frac{d_t}{d_0} + R_{st}}$$

$$= \frac{1}{\frac{1}{1426.8} + \frac{0.0025}{167.5} \times \frac{0.022}{0.0245} + \frac{1}{2717.0} \times \frac{0.022}{0.027} + 4.78 \times 10^{-5}}$$

$$= 942 [\text{kJ}/(\text{m}^2 \cdot \text{h} \cdot \text{K})]$$

因转化率低，故整个反应器床层可近似看成恒温，均为 523K。传热推动力的温差为

$$\Delta t_m = \frac{(523-503)+(523-508)}{2} = 17.5(\text{K})$$

所需传热面积为 $A_\text{需} = \frac{Q_C}{K_t \Delta t_m} = \frac{163 \times 10^4}{942 \times 17.5} = 98.9(\text{m}^2)$

实际传热面积为 $A_\text{实} = \pi d_t L n = 3.14 \times 0.022 \times 5.7 \times 1459 = 574.49(\text{m}^2)$

可知 $A_\text{实} > A_\text{需}$，能满足传热要求。

(5) 床层压降计算

$$Re_M = \frac{d_s G}{\mu_f} \times \frac{1}{1-\varepsilon} = 1942 \times \frac{1}{1-0.48} = 3735 (>1000, \text{属湍流})$$

$$\Delta p = 1.75 \times \frac{\rho_f u_0^2}{d_s} \times \frac{1-\varepsilon}{\varepsilon^3} L = 1.75 \frac{G^2}{d_s \rho_f} \times \frac{1-\varepsilon}{\varepsilon^3} L$$

$$= 1.75 \times \frac{(36366/3600)^2}{0.005 \times 7.17} \times \frac{1-0.48}{0.48^3} \times 5.7$$

$$= 133.5 \times 10^3 (\text{Pa}) = 133.5 (\text{kPa})$$

二、数学模型法

数学模型法是 20 世纪中期发展起来的先进方法，它建立在对反应器内全部过程的本质规律有一定认识的基础上，用数学方程式来比较真实地描述实际过程——即建立过程的数学模型，运用计算机可以进行高倍数放大的工艺计算。当然，数学模型的可靠性和基础物性数据测定的准确性是正确计算的关键。在讨论固定床反应器内流体流动、传热和传质过程的基础上，可以建立固定床反应器内传递过程的数学模型，结合反应动力学的数学模型，就能得到描述固定床反应器内全部过程的数学模型。目前，固定床反应器的数学模型被认为是反应器中比较成熟可靠的模型。它不仅用于设计计算，也用于检验现有反应器的操作性能，以寻求技术改造的途径和实现最优控制。

处理具体问题时，一定要针对具体反应过程及反应器的特点进行分析，选用合适的模型。如果通过检验认为可以进行合理的假设而选用简化模型时，则采用简化模型进行模拟计算和模拟放大。具体可参考相关资料手册。

知识拓展

小试与中试

（1）小试与中试的区别　区别不仅在投料、所用设备的大小上面，而且两者要完成不同时段的不同任务。小试主要研究的是化学反应的本质、量的多少。中试还需要考虑化学反应和传质共同的影响。

小试主要是探索、开发性的工作，小试解决了所定化学的反应、分离过程和所涉及物料的分析，目的是拿出合格的产品，并且收率、选择性等经济技术指标达到要求，才可以转入中试阶段。

中试过程解决的问题：如何采用工业手段、设备完成小试的全流程，并达到小试的各项经济技术指标。该过程也可以有新的创新、优化小试的过程。

中试实验阶段是进一步研究在一定规模的装置中各步化学反应条件的变化规律，并解决实验室中所不能解决或发现的问题。虽然化学反应的本质不会因实验的不同而改变，但各步化学反应的最佳反应工艺条件，则可能随实验规模和设备等外部条件的不同而改变。因此，中试过程很重要。如：小试将一种物料从一个容器定量地移入另一容器，往往是举手之劳，但中试中就要解决选用什么类型、什么规格、何种材质的设备，如何计量及所涉及的安全、环保等一系列问题。中试就是要解决诸如此类的采用工业装置与手段过程中所碰到的问题；不仅包含小试中的物料衡算，也包括小试中不大在意的热量、动量的衡算问题等，为进一步扩大规模，实现真正工业意义的经济规模的大生产提供可靠的流程手段及数据基础。

（2）什么时候可以进行中试
① 小试过程中收率稳定、选择性高，产物质量可靠。
② 工艺条件已确定，产品、中间体的分析检验方法已确定。
③ 设备和管道材质耐腐蚀实验已进行，并有所需的一般设备。
④ 进行物料衡算，三废问题已有处理方法。
⑤ 已有明确的原材料的规格和原料单耗。
⑥ 已提出安全生产的要求。

（3）中试过程的放大方法
① 经验放大法：凭借经验通过逐级放大（小试装置→中试装置→中型装置→工业化装置）来摸索反应过程特征。
② 相似放大法：主要是利用相似原理进行放大。该方法有一定局限性，只适用于物理过程，化学过程的放大有一定困难。
③ 模拟放大法：应用计算机技术的放大法，是今后发展的方向。此外，微型中间装置的发展也很迅速，即采用微型中间装置替代大型中间装置，为工业化装置提供精确的设计数据。它的优点是费用低廉，建设快。

课外思考与阅读

 榜样人物

产业元勋，点燃未来——中国催化剂之父闵恩泽

"中国催化剂之父"——闵恩泽（1924年2月8日—2016年3月7日），四川成都人，

石油化工催化剂专家，中国科学院院士、中国工程院院士、第三世界科学院院士、英国皇家化学会会士，2007年度国家最高科学技术奖获得者，感动中国2007年度人物之一，是中国炼油催化应用科学的奠基者，石油化工技术自主创新的先行者，绿色化学的开拓者。

闵恩泽主要从事石油炼制催化剂制造技术领域的研究，20世纪60年代初，他参加并指导完成了移动床催化裂化小球硅铝催化剂、流化床催化裂化微球硅铝催化剂、铂重整催化剂和固定床烯烃叠合磷酸硅藻土催化剂制备技术的消化吸收再创新和产业化，打破了中国之外的其他国家技术封锁，满足了国家的急需，为中国炼油催化剂制造技术奠定了基础。

20世纪70年代，闵恩泽指导开发成功的Y-7型低成本半合成分子筛催化剂获1985年国家科技进步奖二等奖，还开发成功了渣油催化裂化催化剂及其重要活性组分超稳Y型分子筛、稀土Y型分子筛，以及钼镍磷加氢精制催化剂，使中国炼油催化剂迎头赶上世界先进水平，并在多套工业装置推广应用，实现了中国炼油催化剂跨越式发展。

20世纪80年代后，闵恩泽从战略高度出发，重视基础研究，亲自组织指导了多项催化新材料、新反应工程和新反应的导向性基础研究工作，是中国石油化工技术创新的先行者。经过多年努力，在一些领域已取得了重大突破。其中，他指导开发成功的ZRP分子筛被评为1995年中国十大科技成就之一，支撑了"重油裂解制取低碳烯烃新工艺（DCC）"的成功开发，满足了中国炼油工业的发展和油品升级换代的需要。

在国家需要的时候，闵恩泽站出来燃烧自己，照亮能源产业。把创新当成快乐，让混沌变得清澈，他为中国制造了催化剂，点石成金，引领变化，永不失活，他就是中国科学的催化剂！

专创融合

目前国内采用的DAVY径向水冷合成塔工艺，已建成及在建的大型甲醇装置总产能高达4000万t，合成催化剂大部分还在使用进口催化剂，每年需要花费大量经费，并且存在供货周期长、关键技术受制于人的风险。近年来，西南化工研究设计院有限公司立足国家和行业需求，紧跟世界甲醇合成工艺和催化剂技术发展前沿，持续进行甲醇合成工艺和催化剂性能提升。2022年12月16日至19日，国家能源集团180万t/a煤制甲醇装置采用西南化工研究院自主研发的XNC-98-5型甲醇合成催化剂，顺利完成72h性能考核；12月26日，装置负荷提升到108%，MTO级甲醇产量达到259t/h，各项工艺指标全部满足工艺要求。在相同负荷下，单程转化率优于国外催化剂，粗甲醇选择性更高，标志着大型煤制甲醇装置合成催化剂国产化取得重大突破。未来，西南化工研究院将继续坚持"科学至上"的理念，在甲醇合成催化剂的研发、制备、应用领域持续发力、深入钻研，努力推进大型甲醇合成催化剂国产化工作，为国内煤化工行业作出更大贡献。

思考：什么是"科学至上"理念？奋战在行业生产一线的广大化工技术技能人才在面对生产任务与产品质量、生产安全、上级主管意志之间的矛盾冲突时，怎样坚持做到"科学至上"？

项目总结

一、固定床反应器的分类、结构与特点

1. 固定床的分类

固定床分为绝热式、换热式。

2. 催化剂的性质
(1) 催化剂的组成　活性组分、载体、助催化剂、抑制剂（可有可无）。
(2) 催化剂的性质　活性、选择性、寿命与机械强度。
(3) 物理结构　比表面积、孔容积、孔径分布、孔隙率、真密度、假密度。
(4) 制备方法　沉淀法、浸渍法、混合法、离子交换法、熔融法等。

二、固定床反应器的流体流动、传质与传热
1. 流体流动
① 气体分布的均匀性、催化剂大小要均一保证催化剂床层各个部位阻力相同，消除气流初始动能，使气流均匀流入反应器床层。
② 床层压降：$\Delta p = f_M \dfrac{\rho_f u_0^2}{d_s} \times \dfrac{(1-\varepsilon)}{L\varepsilon^3}$

2. 传质和传热
(1) 气-固相催化过程　外扩散、内扩散、表面反应、内扩散、外扩散。
(2) 传质　外扩散和内扩散，反应器的轴向扩散和径向扩散过程。
(3) 传热　传热方式——流体间辐射和导热、颗粒接触导热、颗粒表面流体膜内的导热、颗粒间的辐射传热、颗粒内部的导热、流体内的对流和混合扩散传热。
传热系数计算：

床层被加热：$\dfrac{\alpha_t d_t}{\lambda_f} = 0.813 \left(\dfrac{d_p G}{\mu_f}\right)^{0.9} \exp\left(-6\dfrac{d_p}{d_t}\right)$

床层被冷却：$\dfrac{\alpha_t d_t}{\lambda_f} = 3.5 \left(\dfrac{d_p G}{\mu_f}\right)^{0.7} \exp\left(-4.6\dfrac{d_p}{d_t}\right)$

三、固定床反应器的设计计算
1. 经验法
依据主要来自实验室、中间试验装置或工厂实际生产装置的数据进行计算。
(1) 催化剂用量　依据空间速度、接触时间、空时收率、催化剂负荷、床层线速度与空床速度等经验数据进行计算。
(2) 反应器床层结构尺寸的计算　催化剂床层高度、催化剂床层直径、催化剂床层换热面积。
2. 数学模型法
(1) 动力学方程
① 气-固相催化反应本征动力学
a. 理想吸附模型：朗缪尔吸附模型。
b. 真实吸附模型：焦姆金吸附模型、弗罗因德利希（Freundlich）吸附模型。
② 内扩散作控制步骤的宏观动力学。
③ 外扩散作控制步骤的宏观动力学。
(2) 数学模型　拟均相一维活塞流模型。

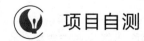

项目自测

一、判断题
1. 绝热式反应器绝热措施良好，无热量损失，且与外界无热量交换。（　　）

2. 固定床反应器按反应器中流体流动方向，分为轴向流动固定床和径向流动固定床。（ ）

3. 固定床反应器传热好，温度均匀，易控制，返混小。（ ）

4. 催化剂能够加快化学反应速率，参与化学反应，进入化学反应的计量。（ ）

5. 催化剂可以加快反应速度但不改变化学平衡并对催化反应具有选择性。（ ）

6. 催化剂的有效系数是球形颗粒的外表面与体积相同的非球形颗粒的外表面之比。（ ）

7. 气-固相催化反应动力学控制过程包括吸附、化学反应、脱附；扩散控制过程包括外扩散、内扩散。（ ）

8. 为了降低热点温度，减少轴向温差，工业上可采用在原料气中加入微量抑制剂，使催化剂部分毒化。（ ）

二、单选题

1. 气-固系统常见的流化状态为（ ）。
   A. 散式流化   B. 沟流   C. 聚式流化   D. 大气泡和腾涌

2. 固定床与流化床反应器相比，相同操作条件下，流化床的（ ）较好一些。
   A. 传热性能   B. 反应速率   C. 单程转化率   D. 收率

3. 固定床反应器（ ）。
   A. 原料气从床层上方经分布器进入反应器
   B. 原料气从床层下方经分布器进入反应器
   C. 原料气可以从侧壁均匀地分布进入
   D. 反应后的产物也可以从床层顶部引出

4. 固定床反应器具有反应速率快、催化剂不易磨损、可在高温高压下操作等特点，床层内的气体流动可看成（ ）。
   A. 湍流   B. 对流   C. 理想置换流动   D. 理想混合流动

5. 固定床反应器内流体的温差比流化床反应器（ ）。
   A. 大   B. 小   C. 相等   D. 不确定

6. 球形颗粒的形状系数（ ）。
   A. 大于1   B. 小于1   C. 等于1   D. 小于等于1

7. 壁效应的存在造成器壁对流体流动、传热和传质有影响，工业上为了消除壁效应，通常要求床层直径与催化剂直径比大于（ ）
   A. 5   B. 8   C. 10   D. 100

8. 下面哪个吸附模型属于理想的吸附模型？（ ）
   A. 朗缪尔吸附模型   B. 焦姆金吸附模型
   C. 弗罗因德利希吸附模型   D. 双曲线模型

9. 化学吸附发生于固体表面能与气相分子起反应的原子，称为活性中心，用（ ）表示。
   A. α B. δ C. θ D. σ

10. 气-固相催化反应过程不属于扩散过程的步骤是（ ）。
    A. 反应物分子从气相主体向固体催化剂外表面传递
    B. 反应物分子从固体催化剂外表面向催化剂内表面传递
    C. 反应物分子在催化剂表面上进行化学反应
    D. 反应物分子从催化剂内表面向外表面传递

三、填空题

1. 固定床反应器可分为_____和_____。
2. 绝热式固定床反应器分为_____和_____。
3. 根据段间反应气体的冷却或加热方式,多段绝热床分为_____和_____。
4. 载热体有_____、_____和_____。
5. 衡量催化剂的性质指标有_____、长寿命和_____。
6. 催化剂的组成为_____、_____、_____。
7. 活性的表示方法有_____、_____、_____。
8. 催化剂的制备方法有_____、_____、_____、_____。
9. 吸附模型有_____、_____、_____。
10. 固定床反应器的传质过程为_____、_____、_____。

四、计算题

1. 推导公式:$d_s = \varphi_s d_v = \varphi_s^{3/2} d_a$
2. 某固定床反应器所采用催化剂颗粒的堆积密度与颗粒表观密度分别为 828kg/m³ 和 1300kg/m³,该床层的空隙率是多少?
3. 在管内径 $d_0 = 50$mm 的列管内装有 $L = 4$m 高的催化剂,形状系数 $\varphi_s = 0.65$,床层空隙率 ε=0.44,催化剂颗粒的粒度分布如下表。

粒径 d_{Vi}/mm	3.40	4.60	6.90
质量分数 x_i/%	60	25	15

在反应条件下,气体的密度 $\rho_f = 2.46$kg/m³,气体黏度 $\mu_f = 2.3 \times 10^{-5}$Pa·s。
如果气体以 $G = 6.2$kg/(m²·s) 的质量流速通过床层,求床层压降。

4. 工业生产苯酐采用列管式固定床反应器,列管内径 $d_t = 25$mm,催化剂粒径 $d_p = 5$mm,气体热导率 $\lambda_f = 5.199 \times 10^{-5}$ kJ/(m·s·K),黏度 $\mu_f = 0.033 \times 10^{-3}$Pa·s,密度 $\rho_f = 0.53$kg/m³,气体表观质量流速 $G = 9200$kg/(m²·h)。试计算床层对流传热系数 α_t。

5. 计算直径 3mm,高 6mm 的圆柱形固体离子的当量直径 d_v,d_a,d_s 和形状系数 φ_s。

五、思考题

1. 简述气-固相催化反应过程。
2. 催化剂的基本特征有哪些?
2. 简述 Langmuir 等温吸附方程的基本特点?
3. 固定床反应器开车前的准备有哪些?
4. 固定床反应器的停车期间维护工作有哪些?
5. 为什么是根据乙炔的进料量调节配氢气的量;而不是根据氢气的量调节乙炔的进料量?

项目四

流化床反应器

学习目标

 素质目标

- 具备科学的思维方法和实事求是的工作作风。
- 具备工匠精神、团队协作精神等职业素养。
- 具备安全生产、规范操作、节能降耗、质量意识等工程理念。

 知识目标

- 掌握流化床反应器的特点及应用。
- 了解流化床反应器的基本结构及各部件的作用。
- 了解反应器内的气泡及其行为。
- 理解反应器稳定操作的重要性及方法。
- 掌握流化床反应器的操作与控制规律。
- 理解流化床反应器中传质和传热的基本规律。
- 掌握流化床反应器的工艺设计方法。

项目四　流化床反应器　**207**

能力目标

- 能认识流化床反应器各部件并说出其作用。
- 能对流化床反应器进行操作与控制。
- 能判断和分析常见流化床反应器故障并做应急处理。
- 能进行流化床反应器的冷态开车、正常停车及事故处理等仿真操作。
- 能够根据生产要求选择合适的流化床反应器。
- 能根据生产过程中的异常现象进行事故判断与处理。

思维导图

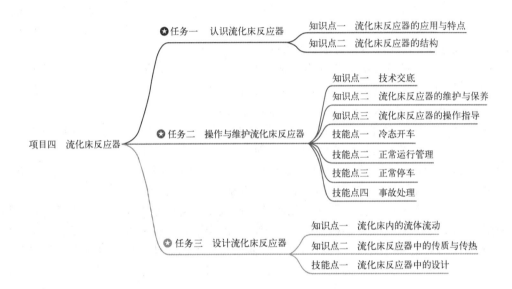

项目背景

　　流化床反应器的固体颗粒物料在气流（或液流）作用下，在设备内呈悬浮运动状态（即流化状态）。流化状态下的固体颗粒层具有液体的特性，例如，悬浮的固体颗粒层像水一样能保持一定水平界面并具有静压力和浮力，像水一样具有流动性等。也将这种技术称为气固流态化技术。

　　气体流经固体颗粒构成的床料层，当气体流速比较低时，固体没有相对运动，气体流经颗粒之间的间隙流过床层，这时的气固接触形式称为固定床。在此基础上进一步提高气体流速，气体对颗粒的曳力（及气体流进颗粒表面的摩擦力）和浮力之和超过了颗粒的重力，颗粒被悬浮起来，颗粒之间不再有作用力，气固体系具备了流体的性质，固体被流化，这时处于初始流态化状态。若进一步提高气体的流速，床层不断膨胀。当更多的气体进入体系，超过初始流态化需要的气体流速的气体，以气泡的形式穿越床层，这就是鼓泡流态化。随着气速的进一步增加，床表面有大量的颗粒被夹带离开床层，床表面的界面不再清晰，此时对应的是湍流床。利用气固接触的鼓泡床或湍流床形式进行气固反应的反应器，称之为流化床反应器。

流化床反应器在用于气固系统时，又称沸腾床反应器。流化床现象最早是德国人 Fritz Winkler 发现的，在现代工业中的早期应用为 20 世纪 20 年代出现的粉煤气化炉，这就是著名的温克勒炉；其大规模工业应用是 40 年代麻省理工学院的 Warren Lewis 等的石油催化裂化。目前，流化床反应器已在化工、石油、冶金、核工业等部门得到广泛应用。

按流化床反应器的应用可分为两类：一类的加工对象主要是固体，如矿石的焙烧，称为固相加工过程；另一类的加工对象主要是流体，如石油催化裂化、酶反应过程等催化反应过程，称为流体相加工过程。

流化床反应器的结构有两种形式：①有固体物料连续进料和出料装置，用于固相加工过程或催化剂迅速失活的流体相加工过程。例如催化裂化过程，催化剂在几分钟内即显著失活，须用上述装置不断予以分离后进行再生。②无固体物料连续进料和出料装置，用于固体颗粒性状在相当长时间（如半年或一年）内，不发生明显变化的反应过程。

与固定床反应器相比，流化床反应器的优点是：①可以实现固体物料的连续输入和输出；②流体和颗粒的运动使床层具有良好的传热性能，床层内部温度均匀，而且易于控制，特别适用于强放热反应；③便于进行催化剂的连续再生和循环操作，适于催化剂失活速率高的过程的进行，石油馏分催化流化床裂化的迅速发展就是这一方面的典型例子。然而，由于流态化技术的固有特性以及流化过程影响因素的多样性，对于反应器来说，流化床又存在很明显的局限性：①由于固体颗粒和气泡在连续流动过程中的剧烈循环和搅动，无论气相或固相都存在着相当广的停留时间分布，导致不适当的产品分布，降低了目标产物的收率；②反应物以气泡形式通过床层，减少了气-固相之间的接触机会，降低了反应转化率；③由于固体催化剂在流动过程中的剧烈撞击和摩擦，使催化剂加速粉化，加上床层顶部气泡的爆裂和高速运动、大量细粒催化剂的带出，造成明显的催化剂流失；④床层内的复杂流体力学、传递现象，使过程处于非正常条件下，难以揭示其统一的规律，也难以脱离经验放大、经验操作。

近年来，细颗粒和高气速的湍流流化床及高速流化床均已有工业应用。在气速高于颗粒夹带速度的条件下，通过固体的循环以维持床层，由于强化了气固两相间的接触，特别有利于相际传质阻力居重要地位的情况。但另一方面由于大量的固体颗粒被气体夹带而出，需要进行分离并再循环返回床层，因此，对气固分离的要求也就很高了。

任务一
认识流化床反应器

聚丙烯简称 PP，是丙烯通过加聚反应而成的聚合物。系白色蜡状材料，外观透明而轻。

化学式为 $(C_3H_6)_n$，密度为 $0.89\sim0.91\text{g}/\text{cm}^3$，易燃，熔点 189℃，在 155℃ 左右软化，使用温度范围为 $-30\sim140$℃。在 80℃ 以下能耐酸、碱、盐液及多种有机溶剂的腐蚀，能在高温和氧化作用下分解。聚丙烯是一种性能优良的热塑性合成树脂，为无色半透明的热塑性轻质通用塑料，具有耐化学性、耐热性、电绝缘性、高强度力学性能和良好的高耐磨加工性能等，广泛应用于服装和毛毯等纤维制品、医疗器械、汽车、自行车、零件、输送管道、化工容器等生产，也用于食品、药品包装。

聚丙烯的生产工艺主要包括溶液法、浆液法、本体法、气相法、本体-气相法五种聚合工艺。其中气相法的工艺特点是：①系统不引入溶剂，丙烯单体以气相状态在反应器中进行气相本体聚合；②流程简短，设备少、生产安全，生产成本低；③聚合反应器有流化床、立式搅拌床及卧式搅拌床。采用气相本体法的典型代表是 DOW 化学公司 Unipol 气相工艺。Unipol 气相聚丙烯工艺是美国联碳公司（UCCP）和壳牌公司于 20 世纪 80 年代开发的一种气相流化床聚丙烯工艺，是将应用在聚乙烯生产上的流化床工艺移植到聚丙烯生产中，并获得成功。该工艺采用高效催化剂体系，主催化剂为高效载体催化剂，助催化剂为三乙基铝、给电子体。

Unipol 气相聚丙烯工艺流程图如图 4-1 所示。该工艺具有简单、灵活、经济和安全的特点；该工艺只用很少的设备就能生产出包括均聚物、无规共聚物和抗冲共聚物在内的全范围产品，可在较大操作范围内调节操作条件而使产品性能保持均一。因为使用的设备数量少而使维修工作量小，装置的可靠性提高。流化床反应动力学本身的限制，加上操作压力低使系统中物料的贮量减小，使得该工艺比其他工艺操作安全，不存在事故失控时设备超压的危险。此工艺没有液体废料排出，排放到大气的烃类也很少，因此对环境的影响非常小，与其他工艺相比，该工艺更容易达到环保、健康和安全的各种严格规范。该工艺的另一显著特点是可以配合超冷凝态操作，即所谓的超冷凝态气相流化床工艺（SCM）。该技术通过将反应器内液相的比例提高到 45%，可使现有的生产能力提高 200%。由于液体含量多少不是流化

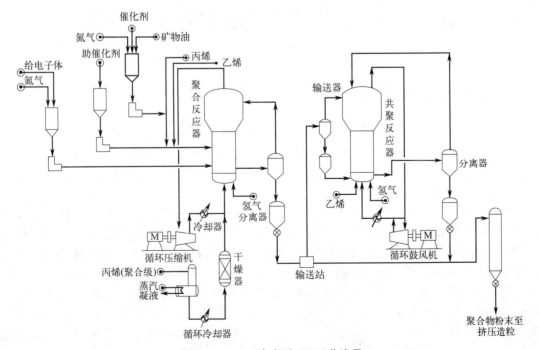

图 4-1　Unipol 气相法 PP 工艺流程

床不稳定、形成聚合物结块的基本因素，因此该技术关键的操作变量是膨胀床的密度及膨胀松密度与沉降松密度的比例。由于超冷凝态操作能够最有效地移走反应热，它能使反应器在体积不增加的情况下提高2倍以上的生产能力，对于投资的节省是非常可观的。抗冲共聚产品的乙烯含量可高达17%（橡胶含量大于30%）。该工艺的核心设备为气相流化床反应器、循环气压缩机、循环气冷却器和挤压造粒机组。流化床反应器是空心式容器，其顶部带有扩大段，底部带有分布器，第一反应器操作压力为3.5MPa，温度67℃，第二反应器操作压力为2.1MPa，温度70℃；循环气压缩机为单级、恒速、离心式压缩机。

工作任务

1. 掌握流化床反应器的基本结构及各部件的作用。
2. 掌握聚丙烯（PP）用途、聚合方法及聚合原理。
3. 掌握流化床反应器的特点。
4. 能说出流化床反应器的结构。

技术理论

知识点一
流化床反应器的应用与特点

一、流化床反应器的应用

流化床反应器比较适用于下述过程：热效应大的放热或吸热反应；要求有均一的催化剂温度（等温反应）和需要精确控制温度的反应；催化剂寿命短，操作较短时间就需要更换的反应；有爆炸危险的反应。对于那些能够比较安全地在高浓度下操作的氧化反应，可以提高生产能力，减少分离和精制的负担。

流化床反应器一般不适用于要求一次转化率高的反应和要求催化剂有最佳温度分布的情况。现在我国流化床催化反应器已应用于丁二烯、丙烯腈、苯酐的生产，乙烯氧氯化制二氯乙烷、气相法聚乙烯与聚丙烯等有机合成以及石油加工中的催化裂化等。固体流态化技术除应用于催化反应过程外，还可应用于矿石焙烧，如硫酸生产中黄铁矿的焙烧、纯碱生产中石灰石的焙烧等。循环流化床燃烧技术是近30年来发展起来的新一代燃烧技术，被认为是煤炭燃烧技术的革新，已在世界范围内得到了广泛应用。流化床干燥器、流化床分离器在化工生产中被广泛使用。此外，流化床干燥器还常应用于冶金工业中的矿石浮选等工业部门。

二、流化床反应器的特点

流化床内的固体粒子像流体一样运动,由于流态化的特殊运动形式,使这种反应器具有如下特点。

1. 流化床反应器的优点

① 由于可采用细粉颗粒,并在悬浮状态下与流体接触,流固相界面积大(可高达3280~16400m^2/m^3),有利于非均相反应的进行,提高了催化剂的利用率。

② 由于颗粒在床内混合激烈,使颗粒在全床内的温度和浓度均匀一致,床层与内浸换热表面间的传热系数很高[200~400W/(m^2·K)],全床热容量大,热稳定性高,这些都有利于强放热反应的等温操作,这是许多工艺过程的反应装置选择流化床的重要原因之一。

③ 流化床内的颗粒群有类似流体的性质,可以大量地从装置中移出、引入,并可以在两个流化床之间大量循环。这使得一些反应-再生、吸热-放热、正反应-逆反应等反应耦合过程和反应-分离耦合过程得以实现,使得易失活催化剂能在工程中使用。

④ 流体与颗粒之间传热、传质速率也较其他接触方式高。

⑤ 由于流-固体系中孔隙率的变化可以引起颗粒曳力系数的大幅度变化,以致在很宽的范围内均能形成较浓密的床层。所以流态化技术的操作弹性范围宽,单位设备生产能力大,设备结构简单、造价低,符合现代化大生产的需要。

2. 流化床反应器的缺点

① 气体流动状态与理想转换流偏离较大,气流与床层颗粒发生返混,以致在床层轴向没有温度差及浓度差。加之气体可能以大气泡状态通过床层,使气固接触不良,使反应的转化率降低。因此流化床一般达不到固定床的转化率。

② 催化剂颗粒间相互剧烈碰撞,造成催化剂的破碎,增加了催化剂的损失和除尘的困难。

③ 由于固体颗粒的磨蚀作用,管道和容器的磨损严重。

虽然流化床反应器存在着上述缺点,但优点是主要的。

流态化操作的总经济效果是不错的,特别是传热和传质速率快、床层温度均匀、操作稳定的突出优点,对于热效应很大的大规模生产过程特别有利。

但流化床反应器一般不适用要求高转化率的反应和要求催化剂层有温度分布的反应。

知识点二
流化床反应器的结构

流化床反应器的结构型式很多,根据固体颗粒在系统中是否发生内循环可分为非循环操作(单器)流化床和循环操作(双器)流化床。单器流化床在工业上应用最为广泛,多用于催化剂使用寿命较长的气固催化反应过程,如丙烯氨氧化反应器、乙烯氧化反应器等,其结构如图 4-2、图 4-3 所示。双器流化床反应器多用于催化剂使用寿命较短容易再生的气固相催化反应过程。如石油加工中的催化裂化装置,其结构型式参见图 4-4。重质油在流化床中的硅铝催化剂上发生裂化反应的同时发生积炭反应,失活后的积炭催化剂在流化床再生器中用空气与炭进行放热的烧炭反应,再生后的催化剂将烧炭反应热带入反应器,提供裂化所需的热量。

流化床的结构型式较多,但无论什么型式,一般都由流化床反应器主体、气体分布装置、内部构件、换热装置、气固分离装置等组成。图 4-5 是有代表性的带挡板的单器流化床反应器,本文以该设备对流化床反应器的结构进行介绍。

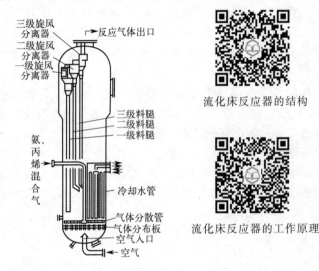

图 4-2 丙烯氨氧化反应器

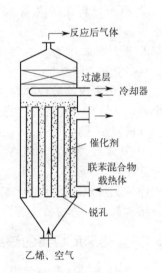

图 4-3 乙烯氧化反应器

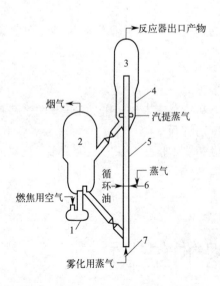

图 4-4 石油催化裂化双器流化床反应器
1—空气预热器;2—再生器;3—旋风分离器;4—汽提段;
5—提升管反应器;6—上部进料管;7—下部进料管

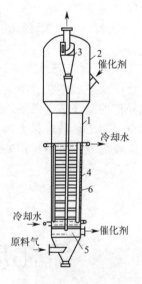

图 4-5 带挡板的单器流化床反应器
1—壳体;2—扩大段;3—旋风分离器;
4—换热管;5—气体分布器;6—内部构件

一、流化床反应器主体

流化床反应器主体的作用主要是保证流化过程局限在一定的范围内进行，对于强吸热或放热反应，保证热量不散失或少散失。主体部分一般由三层组成，由内向外，内层为耐火层，通常由耐火砖构成；中间为保温层，由耐火纤维和矿渣棉等材料组成；外层为钢壳，有的在钢壳外还设有保温层。耐火层和保温层的材料选择和厚度要根据结构和传热进行设计计算确定，对于常温过程，一般只需一层钢壳即可。流化床反应器主体按床层中介质的密度分布分为浓相段（有效体积）和稀相段，底部设有锥底，有些流化床的上部还设有扩大段，用以增强固体颗粒的沉降。

二、气体分布装置

气体分布装置包括设置在锥底的气体预分布器和气体分布板两部分。

1. 气体预分布器

气体预分布器由外壳和导向板组成，是连接鼓风设备和分布板的部件。气体预分布器的作用是使气体的压力均匀分布，使气体均匀进入分布板，从而减少气体分布板在均匀分布气体方面的负荷。气体预分布器相较于分布板处于次要地位。常用气体预分布器的结构型式如图 4-6 所示。

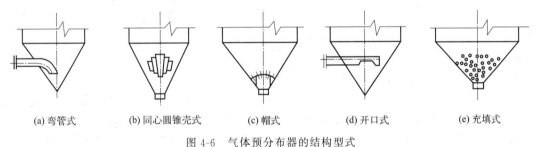

(a) 弯管式　　(b) 同心圆锥壳式　　(c) 帽式　　(d) 开口式　　(e) 充填式

图 4-6　气体预分布器的结构型式

2. 气体分布板

气体分布板的作用：①使气体均匀分布，以形成良好的初始流化条件；②支承固体催化剂或其他固体颗粒；③导向，抑制气固系统恶性的聚式流化，保证床层的稳定性。

流化床的气体分布板是保证流化床具有良好而稳定流态化的重要构件，它应该满足下列基本要求。①具有均匀分布气流的作用，同时其压降要小。这可以通过正确选取分布板的开孔率或分布板压降与床层压降之比，以及选取适当的预分布手段来达到。②能使流化床有一个良好的起始流态化状态，避免形成"死角"。这可以从气体流出分布板的一瞬间的流型和湍动程度，从结构和操作参数上予以保证。③操作过程中不易被堵塞和磨蚀。

分布板对整个流化床的直接作用范围仅 0.2～0.3m，然而它对整个床层的流态化状态却具有决定性的影响。在生产过程中，常会由于分布板设计不合理，气体分布不均匀，造成沟流和死区等异常现象。工业生产所使用的气体分布板的型式很多，主要有：密孔板，直流式、侧流式和填充式分布板，旋流式喷嘴和分枝式分布器等。每一种类型又有多种不同的结构。

(1) 密孔板　又称烧结板，被认为是气体分布均匀、初生气泡细小、流态化质量最好的一种分布板。但因其易被堵塞，并且堵塞后不易排出，加上造价较高，所以在工业中较少使用。

(2) 直流式分布板　结构简单，易于设计制造，但气流方向正对床层，易使床层形成沟流，小孔易于堵塞，停车时又易漏料。所以，除特殊情况外，一般不使用直流式分布板。图4-7所示的是三种结构的直流式分布板。

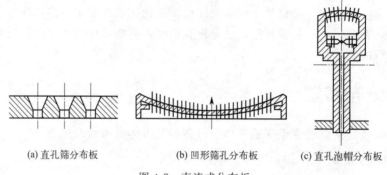

(a) 直孔筛分布板　　(b) 凹形筛孔分布板　　(c) 直孔泡帽分布板

图 4-7　直流式分布板

(3) 填充式分布板　是在多孔板（或栅板）和金属丝网上间隔地铺上卵石、石英砂、卵石，再用金属丝网压紧，如图4-8所示。其结构简单，制造容易，并能达到均匀布气的要求，流态化质量较好。但在操作过程中，固体颗粒一旦进入填充层就很难被吹出，容易造成烧结。另外，经过长期使用后，填充层常有松动，造成移位，降低了布气的均匀程度。

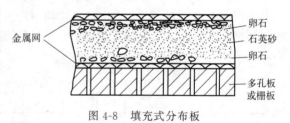

图 4-8　填充式分布板

(4) 侧流式分布板　如图4-9所示，它是在分布板孔中装有锥形风帽，气流从锥帽底部的侧缝或锥帽四周的侧孔流出，是应用最广、效果较好的一种分布板。其中侧缝式锥帽因其不会在顶部形成小的死区，气体紧贴分布板板面吹出，适当气速下也可以消除板面上的死区，从而大大改善床层的流态化质量，避免发生烧结和分布板磨蚀现象，因此应用更广。

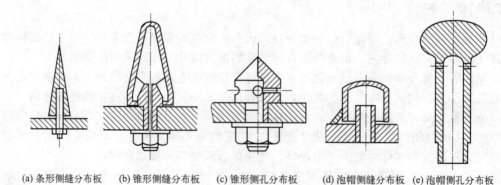

(a) 条形侧缝分布板　(b) 锥形侧缝分布板　(c) 锥形侧孔分布板　(d) 泡帽侧缝分布板　(e) 泡帽侧孔分布板

图 4-9　侧流式分布板

(5) 无分布板的旋流式喷嘴　如图4-10所示。气体通过六个方向上倾斜10°的喷嘴喷出，托起颗粒，使颗粒激烈搅动。中部的二次空气喷嘴均偏离径向20°～25°，造成向上旋转的气流。这种流态化方式一般应用于对气体产品要求不严的粗粒流态化床中。

（6）短管式分布板 是在整个分布板上均匀设置若干根短管，每根短管下部有一个气体流入的小孔，如图4-11所示。孔径为9～10mm，为管径的1/4～1/3，开孔率约0.2%。短管长度约为200mm。短管及其下部的小孔可以防止气体涡流，有利于均匀布气，使流化床操作稳定。

（7）多管式气流分布器 是近年来发展起来的一种新型分布器，由一个主管和若干带喷射管的支管组成，如图4-12所示。由于气体向下射出，可消除床层死区，也不存在固体泄漏问题，并且可以根据工艺要求设计成均匀布气或非均匀布气的结构。另外分布器本身不同时支撑床层质量，可做成薄型结构。

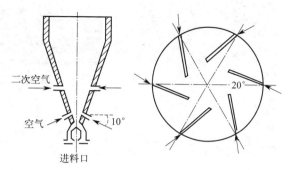

图4-10 无分布板的旋流式喷嘴

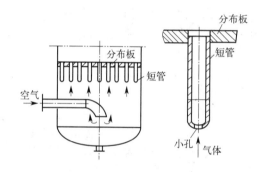

图4-11 短管式分布板图

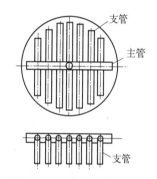

图4-12 多管式气流分布器

三、内部构件

内部构件一般设置在浓相段，主要用来破碎气体在床层中产生的大气泡，增大气固相间的接触机会；减少返混，从而增加反应速率和提高转化率。内部构件包括挡网、挡板和填充物等。在气流速率较低、催化反应对于产品要求不高时，可以不设置内部构件。

1. 斜片挡板的结构与特性

工业上采用的百叶窗式斜片挡板分为单旋导向挡板和多旋导向挡板两种，见图4-13。在气速较低（<0.3m/s）的流化床层，采用挡板或挡网的效果差别不大。由于挡板的导向作用使气固两相剧烈搅动，使得催化剂的磨损较大，故在气速较低且催化剂硬度不高时，多采用挡网。

（1）单旋导向挡板 单旋导向挡板使气流只有一个旋转中心，随着斜片倾斜方向的不同，气流分别产生向心和离心两种旋转方向。单旋挡板使粒子在床层中的分布不均匀，因向心斜片使粒子分布为床中心稀而近壁处浓，离心斜片使粒子的分布为在半径的二分之一处浓度小，床中心和近壁处浓度大。这种现象在较大床径中更为显著。因此，对于大直径的流化床都采用多旋导向挡板。

（2）多旋导向挡板 气流通过多旋导向挡板后产生几个旋转中心，使气固两相充分接触

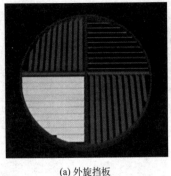 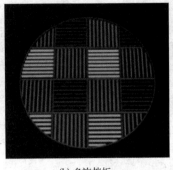 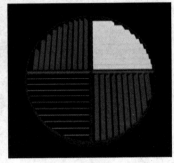

(a) 外旋挡板　　　　　　　　(b) 多旋挡板　　　　　　　　(c) 内旋挡板

图 4-13　挡板

与混合，并使粒子的径向浓度分布趋于均匀，提高了反应转化率。但多旋导向挡板较大地限制了催化剂的轴向混合，因而增大了床层的轴向温度差。多旋导向挡板结构复杂，加工不便。

2. 挡板、挡网的配置

工业上，挡网、挡板在流化床层中的配置方式有以下几种：向心挡板或离心挡板分别使用；向心挡板和离心挡板交错使用；挡网单独使用；挡板、挡网重叠使用。其中以单旋导向挡板向心排列的流化床反应器较多。

四、换热装置

换热装置的作用是用来取出或供给反应所需要的热量。由于流化床反应器的传热速率远远高于固定床，因此同样反应所需的换热装置要比固定床中的换热装置小得多。根据需要分为外夹套换热器和内管换热器，也可采用电感加热。

常见的流化床内部换热器如图 4-14 所示。列管式换热器是将换热管垂直放置在床层内浓相或床面上稀相的区域中。常用的有单管式和套管式两种，根据传热面积的大小排成一圈或几圈。鼠笼式换热器由多根直立支管与汇集横管焊接而成，这种换热器可以安排较大的传热面积，但焊缝较多。管束式换热器分立式和横排两种，但横排管束式换热器常用于流化质量要求不高而换热量很大的场合，如沸腾燃烧锅炉等。U 形管式换热器是经常采用的种类，具有结构简单、不易变形和损坏、催化剂寿命长、温度控制十分平稳的优点。蛇管式换热器也具有结构简单、不存在热补偿问题的优点，但也存在同水平管束式换热器相类似的问题，即换热效果差，对床层流态化质量有一定的影响。

五、气固分离装置

由于流化床内的固体颗粒不断地运动，引起粒子间及粒子与器壁间的碰撞而磨损，使上升气流中带有细粒和粉尘。气固分离装置用来回收这部分细粒，使其返回床层，并避免带出粉尘影响产品的纯度。常用的气固分离装置有旋风分离器和过滤管。

旋风分离器是一种靠离心作用把固体颗粒和气体分开的装置，结构如图 4-15 所示。含有催化剂颗粒的气体由进气管沿切线方向进入旋风分离器内，在旋风分离器内作回旋运动而产生离心力，催化剂颗粒在离心力的作用下被抛向器壁，与器壁相撞后，借重力沉降到锥底，而气体则由上部排气管排出。为了加强分离效果，有些流化床反应器在设备中把三个旋风分离器串联起来使用，催化剂颗粒按大小不同先后沉降至各级分离器锥底。

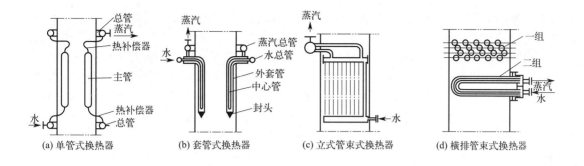

(a) 单管式换热器　(b) 套管式换热器　(c) 立式管束式换热器　(d) 横排管束式换热器

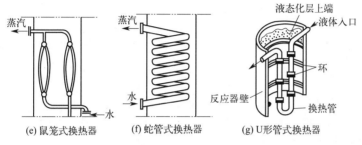

(e) 鼠笼式换热器　(f) 蛇管式换热器　(g) U形管式换热器

图 4-14　流化床常用的内部换热器

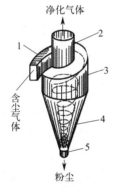

图 4-15　旋风分离器结构示意图
1—矩形进口管；2—螺旋状进口管；3—筒体；4—锥体；5—灰斗

旋风分离器的工作原理

旋风分离器分离出来的催化剂靠自身重力通过料腿或下降管回到床层，此时料腿出料口有时能进气造成短路，使旋风分离器失去作用。因此，在料腿中加密封装置，防止气体进入。密封装置种类很多，如图 4-16 所示。

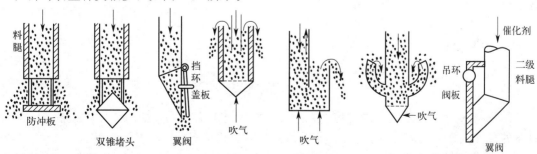

图 4-16　各种密封料腿示意图

双锥堵头是靠催化剂本身的堆积防止气体窜入，当堆积到一定高度时，催化剂就能沿堵头斜面流出。第一级料腿用双锥堵头密封。第二级和第三级料腿出口常用翼阀密封。翼阀内装有活动挡板,当料腿中积存的催化剂的重量超过翼阀对出料口的压力时,此活动板便打开,催化剂自动下落。料腿中催化剂下落后,活动挡板又恢复原样,密封了料腿的出口。翼阀的动作在正常情况下是周期性的,时断时续,故又称断续阀。也有的采用在密封头部送入外加的气流,有时甚至在料腿上、中、下处都装有吹气管和测压口,以掌握料面位置和保证细粒畅通。料腿密封装置是生产中的关键,要经常检修,保持灵活好使。

任务实施

一、咨询

学生在教师指导与帮助下解读工作任务要求,了解工作任务的相关工作情境与必备知识,明确工作任务核心要点。

二、决策、计划与实施

根据工作任务要求掌握流化床反应器的基本结构及各部件的作用;通过分组讨论掌握聚丙烯(PP)的用途、聚合方法及聚合原理;绘制 Unipol 气相法聚丙烯工艺的生产工艺流程图,并确定聚合反应的关键设备。

三、检查

教师通过检查各小组的工作方案与听取小组研讨汇报,及时掌握学生的工作进展,适时归纳讲解相关知识与理论,并提出建议与意见。

四、实施与评估

学生在教师的检查指导下继续修订与完善任务实施方案,并最终完成初步方案。教师对各小组完成情况进行检查与评估,及时进行点评、归纳与总结。

 知识拓展

流化床反应器安装要点

① 要求基本与固定床反应器相同,此外,应同时考虑与其相配的流体输送设备、附属设备的布置位置。设备间的距离在满足管线连接安装要求下,应尽可能缩短。

② 催化剂进出反应器的角度,应能使得固体物料流动通畅,有时还应保持足够的料封。

③ 对于体积大、反应压力较高的流化床反应器,应该采用坚固的结构支承。

④ 反应器支座(或裙座)应有足够的散热长度,使支座与建筑物或地面的接触面上的

温度不致过高。反应器支座或支耳与钢筋混凝土构件和基础接触处的温度不得超过100℃，钢结构上不宜超过150℃，否则应作隔热处理。

任务二
操作与维护流化床反应器

本任务以高抗冲乙烯丙烯共聚物生产为载体进行流化床反应器的冷态开车、正常停车、事故处理等仿真操作。为了确保生产顺利、安全、有序地进行，需要对流化床反应器进行日常保养与维护。流化床反应器的生产操作过程有一些共性，针对不同的生产工况，介绍流化床反应器的操作要点，以便能够更快地适应生产操作，熟悉流化床反应器的开、停车操作，掌握流化床反应器的异常现象及应急处理方法，能对流化床反应器进行基础的维护与保养。

1. 了解高抗冲乙烯丙烯共聚物本体聚合生产原理，写出相应反应方程式。
2. 熟悉高抗冲乙烯丙烯共聚物本体聚合工艺流程，绘制工艺流程图。
3. 完成流化床反应器的冷态开车、正常停车、事故处理等仿真操作。
4. 分析判断流化床反应器出现不同的异常现象可能会造成哪些危害。

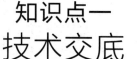

知识点一
技术交底

一、高抗冲乙烯丙烯共聚物生产原理

在70℃、1.35MPa的工艺条件下，乙烯、丙烯以及反应混合气三股原料通过具有剩余活性的干均聚物（聚丙烯）的引发，在流化床反应器中进行反应，生成高抗冲共聚物。反应过程中同时加入氢气，用以改善共聚物的本征黏度。反应机理如下：

$$nC_2H_4 + nC_3H_6 \longrightarrow \{C_2H_4-C_3H_6\}_n$$

主要原料：乙烯，丙烯，具有剩余活性的干均聚物（聚丙烯），氢气。
主产物：高抗冲共聚物（具有乙烯和丙烯单体的共聚物）。
副产物：无。

二、高抗冲乙烯丙烯共聚物本体聚合工艺流程

具有剩余活性的干均聚物（聚丙烯），在压差作用下自闪蒸罐 D301 流入气相共聚反应器 R401，聚合物从顶部进入流化床反应器，落在流化床的床层上。在气体分析仪的控制下，氢气被加到乙烯进料管道中，以改进聚合物的本征黏度，满足加工需要。

来自乙烯汽提塔 T402 的回收气与反应器 R401 出口的未反应的循环单体汇合进入冷却器 E401 换热，移热后的循环物料进入压缩机 C401 的吸入口。补充的物料，氢气由 FC402、乙烯由 FC403、丙烯由 FC404 分别控制流量，三者混合后加入压缩机 C401 排出口。以上物料通过一个特殊设计的栅板进入反应器，整个过程的氢气和丙烯的补充量根据工业色谱仪的分析结果进行调节，丙烯进料量以保证反应器的进料气体满足工艺要求为准。

由反应器底部出口管路上的控制阀 LV401 来维持聚合物的料位，聚合物料位决定了停留时间，也决定了聚合反应的程度。为了避免过度聚合的鳞片状产物堆积在反应器壁上，反应器内配置转速较慢的刮刀 A401，以使反应器壁保持干净。

栅板下部夹带的聚合物细末，用一台小型旋风分离器 S401 除去，并送到下游的袋式过滤器处理。

共聚物的反应压力约为 1.4MPa（表），反应温度 70℃，由于系统压力位于闪蒸罐压力和袋式过滤器压力之间，从而在整个聚合物管路中形成一定压力梯度，以避免容器间物料的返混并使聚合物向前流动。

流化床反应器 DCS 流程图如图 4-17 所示，流化床反应器现场图如图 4-18 所示。

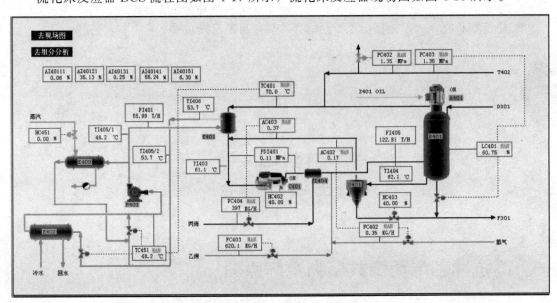

图 4-17　流化床反应器 DCS 流程图

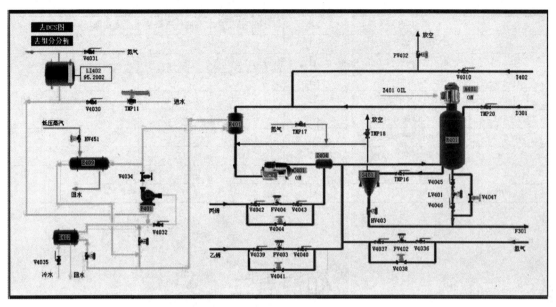

图 4-18 流化床反应器现场图

三、主设备及各类仪表

1. 主设备

主设备如表 4-1 所示。

表 4-1 主设备一览表

设备位号	设备名称	设备位号	设备名称
R401	共聚物反应器	E401	R401 循环料冷却器
A401	R401 刮刀	E402	冷却器
S401	R401 旋风分离器	E409	加热器
C401	R401 循环压缩机	P401	开车加热泵
Z401	物料混合器		

2. 各类仪表

各类仪表如表 4-2 所示。

表 4-2 各类仪表一览表

位号	说明	类型	目标值	量程高限	量程低限	工程单位
FC402	氢气进料流量	PID	0.35	5.0	0.0	kg/h
FC403	乙烯进料流量	PID	567.0	1000.0	0.0	kg/h
FC404	丙烯进料流量	PID	400.0	1000.0	0.0	kg/h
PC402	R401 压力	PID	1.40	3.0	0.0	MPa
PC403	R401 压力	PID	1.35	3.0	0.0	MPa
LC401	R401 液位	PID	60.0	100.0	0.0	%
TC401	R401 循环物料的温度	PID	70.0	150.0	0.0	℃
TC451	调节温度	PID	50	150.0	0.0	℃
LI402	水罐液位	AI	95.2	100.0	0.0	%

续表

位号	说明	类型	目标值	量程高限	量程低限	工程单位
FI401	E401 循环水流量	AI	36.0	80.0	0.0	T/h
FI405	R401 气相进料流量	AI	120.0	250.0	0.0	T/h
TI403	E401 出口温度	AI	65.0	150.0	0.0	℃
TI404	R401 入口温度	AI	75.0	150.0	0.0	℃
TI405/1	E401 入口循环水温度	AI	60.0	150.0	0.0	℃
TI405/2	E401 出口循环水温度	AI	70.0	150.0	0.0	℃
TI406	E401 出口循环水温度	AI	70.0	150.0	0.0	℃
AC402	反应物料 H_2/C_2	AI	0.18			
AC403	反应物料 $C_2/(C_3+C_2)$	AI	0.38			

知识点二
流化床反应器的维护与保养

流化床反应器有结构形式多样和种类多的特点，但都由气体分布装置、内部构件、换热装置、气固分离装置组成。流化床反应器的操作维护主要是围绕组成部件进行。

一、气体分布装置的维护

气体分布装置位于流化床的底部，是保证流化床具有良好的流化效果的重要构件，作用是支撑床层上的催化剂或者其他固体反应物颗粒，均匀分布气流，改善起始流化条件，有利于保证床层的稳定。

为了使气流在反应器内整个截面上均匀分布，一般采取如下办法保证气体均匀分布进入流化床：防止气体分布器生锈，流化床内固体颗粒不能太小，防止小孔堵塞。

二、内部构件的维护

流化床内部构件能够抑制气泡的长大，改善气体在床内的停留时间分布，强化气泡相和乳浊相之间的质量交换，从而提高反应的转化率，这是人们所熟知的事实，并早已广泛地应用于生产装置的设计中。但是流化床反应器内部构件容易磨损是最大的障碍，进行挡网、挡板的合理配置是消除磨损的关键。

三、换热装置的维护

流化床反应温度发生动荡或者反应温度变动，可能是换热装置所引起的，换热系统冷热物流受阻，目前应用最广的是夹套换热器和内管式换热器。

四、气固分离装置的维护

气固分离装置最常见的是旋风分离器,与其他设备的故障维修相同,若旋风分离器出现故障时,最好的助手就是对设备需要有非常清楚的了解,并具备设备维护保养的常识。有了这些知识和常识及以下指导(见表 4-3),绝大多数的旋风分离器故障都可以被发现,并予以解决。

表 4-3 流化床维修故障指南

故障名称	故障现象	解决方法
压降过高	由管道系统或鼓风机初始,设计不恰当而导致的气流速率过高	除非这种情况引起工艺过程中也出现故障,否则,可以不用管它。若为后一种情况时,可改变鼓风机操作方式或增加额外的流速限制设施,以降低流速以及旋风分离器的压降
	在气流到达旋风分离器的过程中,可能有气体泄漏进系统中	对管道系统或收尘罩的泄漏之处进行修理
	旋风分离器内部阻塞	清理内部阻塞
	旋风分离器设计不合理	重新设计或更换旋风分离器
压降过低	由管道系统或鼓风机初始,设计不恰当而导致气流速率过低	改变鼓风机操作方式或用大一点的鼓风机替换
	气体泄漏进旋风分离器装置中	修理
	空气泄漏进下游系统部件中	修理
效率过低	初始设计不合理	若要求的性能改善幅度较小和/或更高压降情况可接受时,可以对现有的旋风分离器进行重新设计。若要更高的压降不可行和/或需要对集尘效率进行大幅度改进时,则需对旋风分离器进行更换
	有气体泄漏进旋风分离器中	对泄漏处进行修理,并确保卸灰阀运转正常并有着合理的密封
	内部故障或堵塞	移除故障。若发生持续堵塞,可考虑重新制造或设法确定出一些根本性的问题和原因,并予以解决,如:结露问题、粉尘排放口直径太小等问题
	管道的入口设计欠妥当	重新设计并予以更换
堵塞	对实际的粉尘负荷,旋风分离器的粉尘排放口太小	以大直径的排放口来重新设计旋风分离器
	若旋风分离器用弧形封头时,可能有物质聚集于封头内部	将弧形封头顶盖以平顶、吊顶顶盖或者采用耐火材料衬里的平顶顶盖替换
	物质的黏性可能太大	以聚四氟乙烯(PTFE)涂层、用电解法等优化处理内部表面 采用振荡器 安装用于清理的入口
	产生结露现象	加隔热层或保温
腐蚀	入口速度过高	降低流速 以较低的流速重新设计入口
	自然腐蚀性微粒	最小化入口流速 采用耐磨蚀性材料制造 确保旋风分离器几何构造适合 设计时保证部件的易修理和/或易更换性

知识点三
流化床反应器的操作指导

流化床反应器可分为催化反应和非催化反应。不论是何种反应，其运行与操作都是通过优化工艺条件，提高转化率和产品质量。这里重点介绍流化床催化反应器的操作。

一、流化床反应器开、停车操作

由粗颗粒形成的流化床反应器，开车启动操作一般不存在问题。而细颗粒流化床，特别是采用旋风分离器的情况下，开车启动操作需按一定的要求来进行。这是因为细颗粒在常温下容易团聚。当用未经脱油、脱湿的气体流化时，这种团聚现象就容易发生，常使旋风分离器工作不正常，导致严重后果。正常的开车程序如下所述。

① 先用被间接加热的空气加热反应器，以便赶走反应器内的湿气，使反应器趋于热稳定状态。对于一个反应温度在300~400℃的反应器，这一过程要达到使排出反应器的气体温度达到200℃为准。必须指出，绝对禁止用燃油或燃煤的烟道气直接加热。因为烟道气中含有大量燃烧生成的水，与细颗粒接触后，颗粒先要经过吸湿，然后随着温度的升高再脱水，这一过程会导致流化床内旋风分离器的工作不正常，造成开车失败。

② 当反应器达到热稳定状态后，用热空气将催化剂由贮罐输送到反应器内，直至反应器内的催化剂量足以封住一级旋风分离器料腿时，才开始向反应器内送入速度超过u_{mf}不太多的热风（热风进口温度应大于400℃），直至催化剂量加到规定量的1/2~2/3时，停止输送催化剂，适当加大流态化热风。对于热风的量，应随着床温的升高予以调节，以不大于正常操作气速为度。

③ 当床温达到可以投料反应的温度时，开始投料。如果是放热反应，随着反应的进行，逐步降低进气温度，直至切断热源，送入常温气体。如果有过剩的热能，可以提高进气温度，以便回收高值热能的余热，只要工艺许可，应尽可能实行。

④ 当反应和换热系统都调整到正常的操作状态后，再逐步将未加入的1/2~1/3催化剂送入床内，并逐渐把反应操作调整到要求的工艺状况。

正常的停车操作对保证生产安全，减少对催化剂和设备的损害，为开车创造有利条件等都是非常重要的。不论是对固相加工或气相加工，正常停车的顺序都是首先切断热源（对于放热反应过程，则是停止送料），随后降温。至于是否需要停气或放料，则视工艺特点而定。一般情况下，固相加工过程有时可以采取停气，把固体物料留在装置里不会造成下次开车启动的困难；但对气相加工来说，特别是对于采用细颗粒而又用旋风分离器的场合，就需要在床温降至一定温度时，立即把固体物料用气流输送的办法转移到贮罐里去，否则会造成下次开车启动的困难。

为了防止突然停电或异常事故的突然发生，考虑紧急地把固体物料转移出去的手段是必需的。同时，为了防止颗粒物料倒灌，所有与反应器连接的管道，如进、出气管，进料管，测压与吹扫气管，都应安装止逆阀门，使之能及时切断物料，防止倒流，并使系统缓慢地泄压，以防事故的扩大。

二、流化床反应器的参数控制

对于一般的工业流化床反应器,需要控制和测量的参数主要有颗粒粒度、颗粒组成、床层压力和温度、流量等。这些参数的控制除了受到所进行的化学反应的限制外,还要受到流态化要求的影响。实际操作中通过安装在反应器上的各种测量仪表了解流化床中的各项指标,以便采取正确的控制步骤使反应器正常工作。

1. 颗粒粒度和组成的控制

如前所述,颗粒粒度和组成对流态化质量和化学反应转化率有重要影响。下面介绍一种简便而常用的控制粒度和组成的方法。

在丙烯氨氧化制丙烯腈的反应器内,采用的催化剂粒度和组成中,为了保持粒径小于 $44\mu m$ 的"关键组分"粒子在 20%~40% 之间,在反应器上安装一个"造粉器"。当发现床层内粒径小于 $44\mu m$ 的粒子小于 12% 时,就启动造粉器。造粉器实际上就是一个简单的气流喷枪,它是用压缩空气以大于 300m/s 的流速喷入床层,黏结的催化剂粒子即被粉碎,从而增加了粒径小于 $44\mu m$ 粒子的含量。在造粉过程中,要不断从反应器中取出固体颗粒样品,进行粒度和含量的分析,直到细粉含量达到要求为止。

2. 压力的测量与控制

压力和压降的测量,是了解流化床各部位是否正常工作较直观的方法。对于实验室规模的装置,U 形管压力计是常用的测压装置,通常压力计的插口需配置过滤器,以防止粉尘进入 U 形管。工业装置上常采用带吹扫气的金属管做测压管。测压管直径一般为 12~25.4mm,反吹风量至少为 $1.7m^3/h$。反吹气体必须经过脱油、去湿方可应用。为了确保管线不漏气,所有连接的部位最后都是焊死的,阀门不得漏气。

由于流化床呈脉冲式运动,需要安装有阻尼的压力指示仪表,如差压计、压力表等。有经验的操作者常常能通过测压仪表的读数预测或发现操作故障。

3. 温度的测量与控制

流化床催化反应器的温度控制取决于化学反应的最优反应温度的要求。一般要求床内温度分布均匀,符合工艺要求的温度范围。通过温度测量可以发现过高温度区,进一步判断产生的原因是存在死区,还是反应过于剧烈,或者是换热设备发生故障。通常由于存在死区造成的高温,可通过及时调整气体流量来改变流化状态,从而消除死区。如果是因为反应过于激烈,可以通过调节反应物流量或配比加以改变。换热器是保证稳定反应温度的重要装置,正常情况下通过调节加热剂或冷却剂的流量就能保证工艺对温度的要求。但是设备自身出现故障的话,就必须加以排除。最常用的温度测量办法是采用标准的热敏元件。如适应各种范围温度测量的热电偶。可以在流化床的轴向和径向安装这样的热电偶组,测出温度在轴向和径向的分布数据,再结合压力测量,就可以对流化床反应器的运行状况有一个全面的了解。

4. 流量控制

气体的流量在流化床反应器中是一个非常重要的控制参数,它不仅影响着反应过程,而且关系到流化床的流化效果。所以作为既是反应物又是流化介质的气体,其流量必须要在保证最优流化状态下,有较高的反应转化率。一般原则是气体达到最优流化状态所需的气速后,应在不超过工艺要求的最高或最低反应温度的前提下,尽可能提高气体流量,以获得最高的生产能力。

气体流量的测量一般采用孔板流量计,要求被测的气体是清洁的。当气体中含有水、油和固体粉尘时,通常要先净化,然后再进行测量。系统内部的固体颗粒流动,通常是被控制的,但一般并不计量。它的调节常常在一个推理的基础上,如根据温度、压力、催化剂活性、气体分析等要求来调整。在许多燃烧操作中,常根据煅烧物料的颜色来控制固体的给料。

技能点一
冷态开车

一、开车准备

准备工作包括:系统中用氮气充压,循环加热氮气,随后用乙烯对系统进行置换(按照实际正常的操作,用乙烯置换系统要进行两次,考虑到时间关系,只进行一次)。这一过程完成之后,系统将准备开始单体开车。

1. 系统氮气充压加热

① 充氮:打开充氮阀 TMP17,用氮气给反应器系统充压,当系统压力达 0.7MPa(表)时,关闭充氮阀。

② 当氮充压至 0.1MPa(表)时,按照正确的操作规程,启动 C401 循环压缩机,将导流叶片(HIC402)定在 40%。

③ 环管充液:启动压缩机后,开进水阀 V4030,给水罐充液,开氮封阀 V4031。

④ 当水罐液位大于 10% 时,开泵 P401 入口阀 V4032,启动泵 P401,调节泵出口阀 V4034 至 60% 开度。

⑤ 打开反应器至旋分器阀 TMP16。

⑥ 手动开低压蒸汽阀 HC451,启动换热器 E409,加热循环氮气。

⑦ 打开循环水阀 V4035。

⑧ 当循环氮气温度达到 70℃时,TC451 投自动,调节其设定值,维持氮气温度 TC401 在 70℃左右。

2. 氮气循环

① 当反应系统压力达 0.7MPa 时,关充氮阀。

② 在不停压缩机的情况下,用 PIC402 和排放阀给反应系统泄压至 0.0MPa(表)。

③ 在充氮泄压操作中,不断调节 TC451 设定值,维持 TC401 温度在 70℃左右。

注：V4031 氮封阀是为了保障循环冷却水的水质而设计的。氮封可以阻止外界氧气及污染物进入密闭系统，同时对系统内循环水还有防垢、缓蚀的作用。

3. 乙烯充压

① 当系统压降至 0.0MPa（表）时，关闭排放阀。

② 由 FC403 开始乙烯进料，乙烯进料量设定在 567.0kg/h 时投自动调节，乙烯使系统压力充至 0.25MPa（表）。

二、干态运行开车

1. 反应进料

① 当乙烯充压至 0.25MPa（表）时，启动氢气的进料阀 FC402，氢气进料设定在 0.102kg/h，FC402 投自动控制。

② 当系统压力升至 0.5MPa（表）时，启动丙烯进料阀 FC404，丙烯进料设定在 400kg/h，FC404 投自动控制。

③ 打开自乙烯汽提塔来的进料阀 V4010。

④ 当系统压力升至 0.8MPa（表）时，打开旋风分离器 S401 底部阀 HC403 至 20% 开度，维持系统压力缓慢上升。

2. 准备接收 D301 来的均聚物

① 再次加入丙烯，将 FC404 改为手动，调节 FC404 为 85%。

② 当 AC402 和 AC403 平稳后，调节 HC403 开度至 25%。

③ 启动共聚反应器的刮刀，准备接收从闪蒸罐（D301）来的均聚物。

三、共聚反应物的开车

① 确认系统温度 TC451 维持在 70℃ 左右。

② 当系统压力升至 1.2MPa（表）时，开大 HC403 开度在 40% 和 LV401 在 20%～25%，以维持流态化。

③ 打开来自 D301 的聚合物进料阀。

④ 停低压加热蒸汽，关闭 HV451。

四、稳定状态的过渡

1. 反应器的液位控制

① 随着 R401 料位的增加，系统温度将升高，及时降低 TC451 的设定值，不断取走反应热，维持 TC401 温度在 70℃ 左右。

② 调节反应系统压力在 1.35MPa（表）时，PC402 自动控制，设定值为 1.35MPa。

③ 手动开启 LV401 至 30%，让共聚物稳定地流过此阀。

④ 当液位达到 60% 时，将 LC401 设置投自动。

⑤ 随系统压力的增加，料位将缓慢下降，PC402 调节阀自动开大，为了维持系统压力

在 1.35MPa，缓慢提高 PC402 的设定值至 1.40MPa（表）。

⑥ 当 LC401 在 60% 投自动控制后，调节 TC451 的设定值，待 TC401 稳定在 70℃ 左右时，TC401 与 TC451 串级控制。

2. 反应器压力和气相组成控制

① 压力和组成趋于稳定时，将 LC401 和 PC403 投串级。
② FC404 和 AC403 串级联结。
③ FC402 和 AC402 串级联结。

技能点二
正常运行管理

冷态开车完成后，应密切注意各工艺参数的变化，维持生产过程运行稳定。正常工况下的工艺参数指标见表 4-4。

表 4-4　正常工况下的工艺参数指标

工位号	正常指标	备注
FC402	0.35kg/h	调节氢气进料量（与 AC402 串级）正常值
FC403	567.0kg/h	单回路调节乙烯进料量正常值
FC404	400.0kg/h	调节丙烯进料量（与 AC403 串级）正常值
PC402	1.4MPa	单回路调节系统压力
PC403	1.35MPa	主回路调节系统压力
LC401	60%	反应器料位（与 PC403 串级）
TC401	70℃	主回路调节循环气体温度
TC451	50℃	分程调节移走反应热量（与 TC401 串级）
AC402	0.18	主回路调节反应产物中 H_2/C_2
AC403	0.38	主回路调节反应产物中 $C_2/(C_3+C_2)$ 正常值

技能点三
正常停车

一、降反应器料位

① 关闭催化剂来料阀 TMP20。
② 手动缓慢调节反应器料位。

二、关闭乙烯进料，保压

① 当反应器料位降至 10%，关乙烯进料。
② 当反应器料位降至 0%，关反应器出口阀。
③ 关旋风分离器 S401 上的出口阀。

三、关丙烯及氢气进料

① 手动切断丙烯进料阀。
② 手动切断氢气进料阀。
③ 排放导压至火炬。
④ 停反应器刮刀 A401。

四、氮气吹扫

① 打开 TMP17，将氮气加入该系统。
② 当压力达 0.35MPa 时关闭 TMP17，放火炬。
③ 停压缩机 C401。

技能点四 事故处理

应注重事故现象的分析、判断能力的培养。处理事故过程中，要迅速、准确。常见事故处理方法见表 4-5。

表 4-5 常见事故处理方法一览表

序号	事故原因	事故现象	处理方法
1	运行泵 P401 停	温度调节器 TC451 急剧上升，然后 TC401 随之升高	① 调节丙烯进料阀 FV404，增加丙烯进料量； ② 调节压力调节器 PC402，维持系统压力； ③ 调节乙烯进料阀 FV403，维持 C_2/C_3
2	压缩机 C401 停	系统压力急剧上升	① 关闭催化剂来料阀 TMP20； ② 手动调节 PC402，维持系统压力； ③ 手动调节 LC401，维持反应器料位
3	丙烯进料阀卡	丙烯进料量为 0.0	① 手动关小乙烯进料量，维持 C_2/C_3； ② 关催化剂来料阀 TMP20； ③ 手动关小 PV402，维持压力； ④ 手动关小 LC401，维持料位

续表

序号	事故原因	事故现象	处理方法
4	乙烯进料阀卡	乙烯进料量为 0.0	① 手动关丙烯进料,维持 C_2/C_3; ② 手动关小氢气进料,维持 H_2/C_2
5	D301 供料阀 TMP20 关	D301 供料停止	① 手动关闭 LV401; ② 手动关小丙烯和乙烯进料; ③ 手动调节压力

任务三 设计流化床反应器

流化床反应器也是化工生产中较多使用的反应器,在进行工艺计算前,必须了解流态化的基本概念,以及流化床反应器内传质和传热规律。

工艺设计或选用流化床反应器首先是选型,再就是确定床高和床径、内部构件,并计算压降等。工业上应用的流化床反应器大多为圆筒形,因为它具有结构简单、制造方便、设备利用率高等优点。除了圆筒形外,还有许多其他结构类型的流化床。

具体选型主要应根据工艺过程的特点来考虑,即化学反应的特点、颗粒或催化剂的性能、对产品的要求以及生产规模。

1. 了解流化态的基本概念,理解不同流速时流化床层的变化,掌握散式流化床和聚式流化床的特点及判别方法。

2. 了解流化床的压降和速度关系,理解临界流化速度、颗粒带出速度以及流化床操作气速的确定方法。

3. 了解流化床中的气泡及其行为,理解流化床中传质和传热的基本规律。

4. 了解流化床反应器直径和高度以及压降的计算原理,理解流化床反应器压降与开孔率的关系。

知识点一
流化床内的流体流动

一、固体流态化现象

在流化床反应器中，大量固体颗粒悬浮于运动的流体中从而使颗粒具有类似于流体的某些宏观特征，这种流固接触状态称为固体流态化。

不同流速时床层的变化如图 4-19 所示。当流体自下而上流过颗粒床层时，如流速较低时，固体颗粒静止不动，颗粒之间仍保持接触，床层的空隙率及高度都不变，流体只在颗粒间的缝隙中通过，此时属于固定床，如图 4-19(a) 所示。如增大流速，当流体通过固体颗粒产生的摩擦力与固体颗粒的浮力之和等于颗粒自身重力时，颗粒位置开始有所变化，床层略有膨胀，但颗粒还不能自由运动，颗粒间仍处于接触状态，此时称为初始或临界流化床，如图 4-19(b) 所示。当流速进一步增加到高于初始流化的流速时，颗粒全部悬浮在向上流动的流体中，即进入流化状态；如果是气固系统，流化床阶段气体以鼓泡方式通过床层，随着流速的继续增加，固体颗粒在床层中的运动也愈激烈，此时气固系统中具有类似于液体的特性，这时的床层称为流化床；在流化床阶段，床层高度发生变化，床层随流速的增加而不断膨胀，床层空隙率随之增大，但有明显的上界面，如图 4-19(c) 所示。当气流速度升高到某一极限值时，流化床上界面消失，颗粒分散悬浮在气流中，被气流带走，这种状态称为气流输送或稀相输送床，如图 4-19(d) 所示。

在流化床阶段，只要床层有明显的上界面，流化床即称为密相流化床或床层的密相段，对于气固系统，气泡在床层中上升，到达床层表面时破裂，由此造成床层中激烈的运动很像沸腾的液体，所以流化床又称为沸腾床。

当流体通过固体颗粒床层时，随着气速的改变，分别经历了固定床、流化床和气流输送三个阶段。

二、散式流化床和聚式流化床

不同的流体，固体流化现象也不同，据此一般可分为散式流化床和聚式流化床（图 4-20）。

1. 散式流化床

对于液固系统，当流速高于最小流化速度时，随着流速的增加，得到的是平稳的、逐渐膨胀的床层，固体颗粒均匀地分布于床层各处，床面清晰可辨，略有波动，但相当稳定，床层压降的波动也很小且基本保持不变。即使在流速较大时，也看不到鼓泡或不均匀的现象。这种床层称为散式流化床，或均匀流化床、液体流化床，如图 4-20(a) 所示。

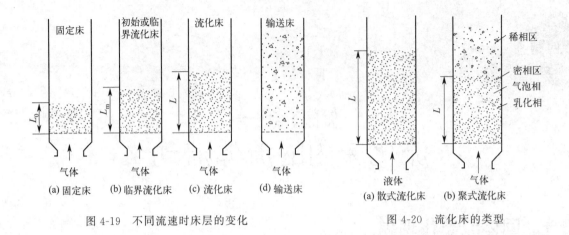

图 4-19 不同流速时床层的变化　　图 4-20 流化床的类型

2. 聚式流化床

当流体为气体时，即气固系统的流化床中，气体流速超过临界流化速度以后，有相当一部分气体以气泡形式通过床层，气泡在床层中上升并相互聚并，引起床层的波动，这种波动随流速的增大而增大。同时床面也有相应的波动，波动剧烈时很难确定其具体位置，这与液固系统中的清晰床面大不相同。由于床内存在气泡，气泡向上运动时将部分颗粒夹带至床面，到达床面时气泡发生破裂，这部分颗粒由于自身重力作用又落回床内。整个过程中气泡不断产生和破裂，所以气固流化床的外观与液固流化床不同，颗粒不是均匀地分散于床层中，而是程度不同地一团一团聚集在一起作不规则运动。在固体颗粒粒度比较小时，这种现象更为明显。因此，气固系统的这种流化床称为聚式流化床，如图 4-20(b) 所示。

3. 两种流化态的判别

颗粒与流体之间的密度差是散式流化和聚式流化之间的主要区别。一般认为液固流化为散式流化，而气固流化为聚式流化。但对于压力较高的气固系统或者用较轻的液体流化较重的颗粒，如水-铅流化系统，这种区别就不明显，此时必须按照相关的定量判别标准进行讨论。

Wilhelm 和郭慕孙首先用弗劳德数来区分这两种流化态。弗劳德数用 Fr 来表示：

$$Fr_{mf} = \frac{u_{mf}^2}{d_p g} \tag{4-1}$$

式中，Fr_{mf} 为临界流化状态的弗劳德数；u_{mf} 为临界流化速度；d_p 为颗粒平均直径；g 为重力加速度。

研究表明，当 $Fr_{mf} < 0.13$ 时，为散式流化床；当 $Fr_{mf} > 0.13$ 时，为聚式流化床。两种流化态的其他定量判别标准还有许多，在此不一一列举。

三、流化床的压降与流速

对一个等截面床层，当流体以空床流速 u（或称表观流速）自下而上通过床层时，床层的压降与流速 u 之间的关系在理想情况下如图 4-21 所示。

固定床阶段，流体流速较低，床层静止不动，气体从颗粒间的缝隙中流过。随着流速的增加，流体通过床层的摩擦阻力也随之增大，即压降 Δp 随着流速 u 的增加而增加，如图 4-

21 中的 AB 段。流速增加到 B 点时，床层压降与单位面积床层质量相等，床层刚好被托起而变松动，颗粒发生振动重新排列，但还不能自由运动，即固体颗粒仍保持接触而没有流化，如图 4-21 中的 BC 段。流速继续增大超过 C 点时，颗粒开始悬浮在流体中自由运动，开始流化，床层随流速的增加而不断膨胀，也就是床层空隙率随之增大，但床层的压降却保持不变，如图 4-21 中 CD 段所示。C 点称为临界流化点，与之对应的速度称为临界流化速度，用 u_{mf} 表示。当流速进一步增大到某一数值时，床层上界面消失，颗粒被流体带走而进入流体输送阶段。D 点流速称为带出速度或最大流化速度，用 u_t 表示。

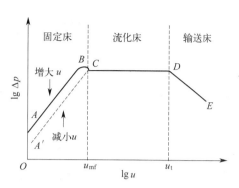

图 4-21 流化床压降-流速关系

床层初始流化状态下，颗粒受力情况如下：向下的重力、向上的浮力及向上的流体阻力。

$$重力(向下)=L_{mf}A(1-\varepsilon_{mf})\rho_s g$$
$$浮力(向上)=L_{mf}A(1-\varepsilon_{mf})\rho_f g$$
$$阻力(向上)=A\Delta p$$

开始流化时，颗粒悬浮静止，此时在垂直方向上受力平衡，即

$$重力=浮力+阻力$$

数学表达式为：

$$L_{mf}A(1-\varepsilon_{mf})\rho_s g=L_{mf}A(1-\varepsilon_{mf})\rho_f g+A\Delta p$$

整理后得：

$$\Delta p=L_{mf}(1-\varepsilon_{mf})(\rho_s-\rho_f)g \tag{4-2}$$

式中，L_{mf} 为开始流化时的床层高度，m；ε_{mf} 为临界床层空隙率；A 为床层截面积，m^2；ρ_s 为固体催化剂颗粒密度，kg/m^3；ρ_f 为流体密度，kg/m^3；Δp 为床层压降，Pa。

临界点时，床层的压降 Δp 既符合固定床的规律，同时又符合流化床的规律，即此点固定床的压降等于流化床的压降。均匀粒度颗粒的固定床压降可用埃冈（Ergun）方程进行计算，具体可参考相关书籍。

从临界点以后继续增大流速，空隙率 ε 也随之增大，导致床层高度 L 增加，但 $L(1-\varepsilon)$ 却不变，所以 Δp 保持不变。在气固系统中，密度相差较大，压降 Δp 可以简化为单位面积床层的质量，即

$$\Delta p=L(1-\varepsilon)\rho_s g=W/A \tag{4-3}$$

对已经流化的床层，如将气速减小，压降则将沿图 4-21 中 CD 线返回到 C 点，固体颗粒开始互相接触而又成为静止的固定床。但继续降低流速，压降不再沿 CB、BA 线变化，而是沿 CA′ 线下降。原因是床层经过流化后重新落下，空隙率增大，压降减小。

实际流化床的关系较为复杂，如图 4-22 所示。

由图 4-22 可看出，在固定床区域 AB 与流化床区域 DE 之间有一个"驼峰"。形成的原因是固定床阶段，颗粒之间由于相互接触，部分颗粒可能有架桥、嵌接等情况，造成开始流化时需要大于理论值的推动力才能使床层松动，即形成较大的压降。一旦颗粒松动到使颗粒刚能悬浮时，压降即下降到水平位置。另外，实际流体中由于颗粒之间的碰撞和摩擦导致有少量能量消耗，使水平线略微向上倾斜。图 4-22 中上下两条虚线表示压降的波动范围。

观察流化床的压降变化可以判断流化质量。正常操作时，压降的波动幅度一般较小，波

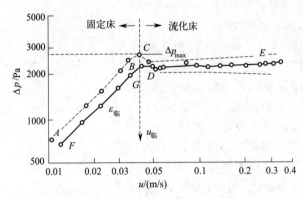

图 4-22 实际流化床的 Δp-u 关系图

动幅度随流速的增加而有所增加。在一定的流速下，如果发现压降突然增加，而后又突然下降，表明床层产生了腾涌现象。形成气栓时压降直线上升，气栓达到表面时料面崩裂，压降突然下降，如此循环下去。这种大幅度的压降波动破坏了床层的均匀性，使气固接触显著恶化，严重影响系统的产量和质量。有时压降比正常操作时低，说明气体形成短路，床层产生了沟流现象。

四、流化速度

1. 临界流化速度 u_{mf}

临界流化速度也称起始流化速度或最低流化速度，是指颗粒层由固定床转为流化床时流体的表观速度，用 u_{mf} 表示。临界流化速度对流化床的研究、计算与操作来说都是一个重要参数，确定其大小是很有必要的。确定临界流化速度最好是用实验测定，也可用公式计算。

计算临界流化速度的经验或半经验关联式很多，下面介绍一种便于应用而又较准确的计算公式，即

$$u_{mf}=0.00923\frac{d_p^{1.82}(\rho_p-\rho_f)^{0.94}}{\mu_f^{0.88}\rho_f^{0.06}} \tag{4-4}$$

式中，d_p 为固体颗粒平均直径，m；ρ_p 为颗粒密度，kg/m³；ρ_f 为流体密度，kg/m³；μ_f 为流体黏度，Pa·s。

式(4-4) 只适用于 $Re_{mf}<10$，即较细的颗粒。如果 $Re_{mf}>10$，则需要再乘以图 4-23 中的校正系数。

由式(4-4) 可以看出，影响临界流化速度的因素有颗粒直径、颗粒密度、流体黏度等。实际生产中，流化床内的固体颗粒总是存在一定的粒度分布，形状也各不相同，因此在计算临界流化速度时要采用当量直径和平均形状系数。另外大而均匀的颗粒在流化时流动性差，容易发生腾涌现象，加剧颗粒、设备和管道的磨损，操作的气速范围也很狭窄。在大颗粒床层中添加适量的细粉有利于改善流化质量，但受细粉回收率的限制，不宜添加过多。颗粒平均直径可以根据实际测得的筛分组成计算。

2. 颗粒带出速度 u_t

颗粒带出速度 u_t（也称终端速度）是流化床中流体速度的上限，也就是气速增大到此值时流体对粒子的曳力与粒子的重力相等，粒子将被气流带走。这一带出速度近似地等于粒

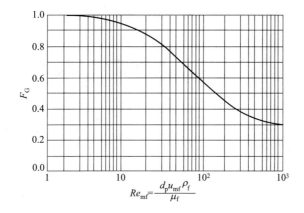

图 4-23 临界流化速度的校正系数

子的自由沉降速度。颗粒在流体中沉降时，受到重力、流体的浮力和流体与颗粒间摩擦力的作用。此时，重力＝浮力＋摩擦阻力。球形颗粒和非球形颗粒的自由沉降速度的计算，可参考相关书籍。

对于细粒子，当 $Re_t < 0.4$ 时，

$$\frac{u_t}{u_{mf}} = 91.6$$

对于细粒子，当 $Re_t > 1000$ 时，

$$\frac{u_t}{u_{mf}} = 8.72$$

式中，$Re_t = \frac{d_p u_t \rho_f}{\mu_f}$ 表示颗粒带出速度下的雷诺数；u_t 为颗粒的带出速度；u_{mf} 为临界流化速度。

一般来说，u_t/u_{mf} 的范围在 10～90 之间，颗粒越细，比值越大，即表示从能够流化起来到被带走为止的这一范围就越广，这说明了为什么在流化床中用细的粒子比较适宜的原因。

3. 流化床的操作气速 u 和流化数

实际生产中，操作气速是根据具体情况确定的。一般认为，流化床的操作速度在临界流化速度和带出速度之间，但实际上颗粒大部分存在于乳化相中，所以有些工业装置尽管操作速度高于带出速度，由于受向下的固体循环速度的影响，使得乳化相中的流速仍然很低，颗粒夹带并不严重。

为了表示操作速度的大小，引入了流化数的概念。流化数是操作速度与临界流化速度之比（u/u_{mf}），用 k 来表示（无量纲）。

流化数 k 一般在 1.5～10 的范围内，也有高达几十甚至几百的。如制苯酐的流化数为 10～40，石油催化裂化流化数为 300～1000。

另外也有按 $u/u_t = 0.1～0.4$ 选取的。通常采用的气速在 0.15～0.5m/s。对热效应不大、反应速率慢、催化剂粒度小、筛分宽、床内无内部构件和要求催化剂带出量少的情况，宜选用较低气速。反之，则宜用较高的气速。

设计流化床时，可以根据计算结果、经验数据并考虑各种因素的影响，经过反复计算和

比较经济效益，方能确定较合适的流化床反应器的实际操作速度。实际生产中的部分流化床操作速度数据见表 4-6。

表 4-6　部分流化床反应器操作速度经验数据

产品	反应温度/K	颗粒直径/目	操作空塔速度/(m/s)
丁烯氧化脱氢制丁二烯	653～773	40～80	0.8～1.2
丙烯氨氧化制丙烯腈	748	40～80	0.6～0.8
萘氧化制苯酐	643	40	0.7～0.8(0.3～0.4)
乙烯制乙酸乙烯	473	24～48	0.25～0.3
石油催化裂化	723～783	20～80	0.6～1.8
砂子炉原油裂解	—	—	1.6

五、流化床反应器中常见异常现象

流化床是均匀的，各处的床层空隙率基本上相同，随着流速增加床层均匀变疏。但是，在化工生产中所用的气-固相反应则多为聚式流态化，其中气体和固体的接触是相当复杂的，经常产生一些不规则状态，常见的不正常现象有以下两种。

1. 沟流

气流通过床层，其流速虽然超过临界流化速度，但床内只形成一条狭窄通道，而大部分床层仍然处在固定状态，这种现象称为沟流，其特征是气体通过床层时形成短路。

沟流有两种情况，如果沟流穿过整个床层称为贯穿沟流；如果沟流仅发生在局部称为局部沟流。如图 4-24 所示。

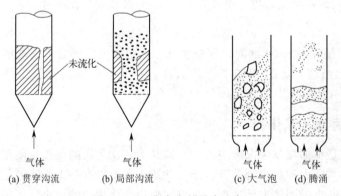

贯穿沟流

局部沟流

图 4-24　流化床中的异常现象

沟流造成床层密度不均匀，有可能产生死床，造成催化剂烧结，降低催化剂使用寿命，降低转化率，缩小生产能力。沟流产生的原因主要有：
① 颗粒很细、潮湿，物料易黏结，床层很薄；
② 气速过低或气流分布不均匀；
③ 分布板结构不合理，开孔太少，床内构件阻碍气体的流动等。

要消除沟流应预先干燥物料并适当加大气速，在床内加内部构件及改善分布板结构等。

2. 大气泡和腾涌

在流化床中，生成的气泡在上升途中不断增大是正常现象，但是如果床层中大气泡很多，由于气泡不断搅动和破裂，而使气固接触极不均匀，床层波动也较大，就是不正常的大气泡现象；如果气速继续增大，则气泡可能增大到接近容器直径，使床内物料呈活塞状向上运动，于是床层被分成一段或几段，当达到某一高度后突然崩裂，颗粒散落而下，这种现象称为腾涌。大气泡和腾涌使床层极不稳定，床层的均匀性被破坏，气固接触不良，从而严重影响产品的收率和质量，增加固体颗粒的机械磨损和带出，降低催化剂的使用寿命，床内构件也易磨损。造成大气泡和腾涌现象的主要原因有：

① 床高和床直径之比较大；
② 颗粒粒度大；
③ 床内气速较大。

消除腾涌的方法：在床内加设内部构件，以防止大气泡的产生，或在可能的情况下减小气速和床层高径比。

知识点二
流化床反应器中的传质与传热

一、流化床反应器中的传质

1. 流化床中的气泡及其行为

作为反应器的流化床，其中的流体流动及传递过程是非常复杂的，并且气体和颗粒在床内的混合是不均匀的。气体经分布板进入床层后，一部分与固体颗粒混合构成乳化相，另一部分不与固体颗粒混合而以气泡状态在床层中上升，这部分气体构成气泡相。气泡在上升中，因聚并和膨胀而增大，同时不断与乳化相间进行质量交换，即将反应物组分传递到乳化相中，使其在催化剂上进行反应，又将反应生成的产物传到气泡相中来，可见其行为自然成为影响反应结果的一个决定性因素。根据研究，不受干扰的单个气泡的顶部呈球形，底部略为内凹，如图 4-25 所示。随着气泡的上升，由于尾部区域的压力较周围低，将部分颗粒吸入，形成局部涡流，这一区域称为尾涡。气泡上升过程中，一部分颗粒不断离开这一区域，另一部分颗粒又补充进来，这样就把床层下部的粒子夹带上去而促进了全床颗粒的循环与混合。图 4-25 还绘出了气泡周围颗粒和气体的流动情况。在气泡较小，气泡上升速度低于乳化相中气速时，乳相中的气流可穿过气泡上流，但当气泡大到其上升速度超过乳化相中

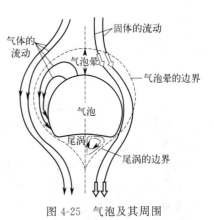

图 4-25 气泡及其周围
气体与颗粒运动情况

的气速时，就会有部分气体从气泡顶部沿气泡周边下降，再循环回气泡内，在气泡外形成了一层不与乳化相气流相混合的区域，即所谓的气泡晕。气泡晕与尾涡都在气泡之外且随气泡一起上升，其中所含颗粒浓度与乳化相中几乎都是相同的。

2. 颗粒与流体间的传质

如前所述，气体进入床层后，部分通过乳化相流动，其余则以气泡形式通过床层。乳化相中的气体与颗粒接触良好，而气泡中的气体与颗粒接触较差，原因是气泡中几乎不含颗粒，气体与颗粒接触的主要区域集中在气泡与气泡晕的相界面和尾涡处。无论流化床用作反应器还是传质设备，颗粒与气体间的传质速率都将直接影响整个反应速率或总传质速率。所以，当流化床用作反应器或传质设备时，颗粒与流体间的传质系数 k_G 是一个重要的参数。可以通过传质速率来判断整个过程的控制步骤。关于传质系数的文献很多，都是经验公式，只在一定的范围内适用，此处不作介绍。

3. 气泡与乳化相间的传质

由于流化床反应器中的反应实际上是在乳化相中进行的，所以气泡与乳化相间的气体交换作用（也称相间传质）非常重要。相间传质速率与表面反应速率的快慢，与选择合理的床型和操作参数都直接相关。图 4-26 所示为相间交换的示意图，从气泡经气泡晕到乳化相的传递是一个串联过程。相间传质速率的计算一般以气泡的单位体积为基准，气泡与气泡晕之间的交换系数 $(k_{bc})_b$、气泡晕与乳化相之间的交换系数 $(k_{ce})_b$ 以及气泡与乳化相之间的总系数 $(k_{be})_b$ 均以 s^{-1} 表示，气泡在经历 dl（时间 $d\tau$）的距离内的交换速率（以组分 A 表示），用单位时间单位气泡体积所传递的组分 A 的物质的量来表示。

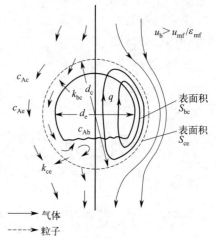

图 4-26 相间交换的示意图

气体交换系数的含义是在单位时间内以单位气泡体积为基准所交换的气体体积。

具体计算方法的文献很多，此处不作介绍。需要说明的是，文献介绍的不同相间的交换系数及关联式是根据不同的物理模型和不同的数据处理方法得出的，引用时必须注意其适用条件。

二、流化床反应器中的传热

由于流化床中流体与颗粒的快速循环，流化床具有传热效率高、床层温度均匀的优点。气体进入流化床后很快达到流化床温度。这是因为气固相接触面积大，颗粒循环速度高，颗粒混合得很均匀以及床层中颗粒比热容远比气体比热容高等原因。研究流化床传热主要是为了确定维持流化床温度所必需的传热面积。在一般情况下，自由流化床是等温的，粒子与流体之间的温差，除特殊情况外，可以忽略不计。重要的是床层与内壁间和床层与浸没于床层中的换热器表面间的传热。流化床中传热的理论和实验研究很多，这里只作简单介绍，详细资料可查阅有关文献。

流化床与外壁的传热系数 α_w 比空管及固定床中都高，如图 4-27 所示。在起始流化速度以上，α_w 随气速的增加而增大到一个极大值，然后下降。极大值的存在可用固体颗粒在流化床中的浓度随流速增加而降低来解释。

流化床与换热表面间的传热是一个复杂过程，传热系数的关联式与流体和颗粒的性质、流动条件、床层与换热面的几何形状等因素有关。目前文献上介绍的流化床换热面的传热系数关联式的局限性很大，准确性也较低。

因为上下排列的水平换热管对颗粒与中部管子的接触起了一定的阻碍作用，所以水平管的传热系数比垂直管低，这就是流化床中尽可能少用水平管和斜管的主要原因。除影响传热外，它们还影响颗粒的流动和气固的接触。此外管束排得过密或有横向挡板的存在，都会使颗粒的运动受阻而降低传热系数。而分布板的结构如何也直接关系到气泡的大小和数量，因此对传热的影响也是显著的。

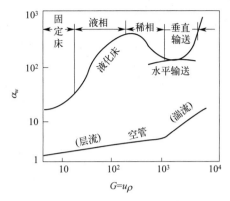

图 4-27 器壁传热系数示例

根据流化床与换热器表面间传热的许多研究结果，可以得出各种参数对传热系数影响的定性规律。颗粒的热导率及床层高度对 $α_w$ 没有多少影响；颗粒的比热容增大，$α_w$ 也增大；粒径增大，$α_w$ 降低；流体的热导率是最主要的影响因素，$α_w$ 与 $λ^n$ 成正比，其中 $n=1/2\sim 2/3$；床层直径的影响较难判定；床内管子的管径小时 $α_w$ 大，因为它上面的颗粒群更易于更替下来；管子的位置对 $α_w$ 的影响不太大，主要应根据工艺上的要求而定，但如管束排列过密，则 $α_w$ 降低；对水平管束来说，错列的影响更大些；横向挡板使可能达到的 $α_w$ 的最大值降低而相应的气速却需要提高；分布板的开孔情况影响气泡的数量和尺寸，在气速小于最优值时，增加孔数和孔径将使与外壁面的 $α_w$ 值降低。

技能点
流化床反应器设计

工艺设计或选用流化床反应器首先是选型，再就是确定床高和床径、内部构件，并计算压降等。工业上应用的流化床反应器大多为圆筒形，因为它具有结构简单、制造方便、设备利用率高等优点。除了圆筒形外，还有许多其他结构类型的流化床。

具体选型主要应根据工艺过程的特点来考虑，即化学反应的特点、颗粒或催化剂的性能、对产品的要求以及生产规模。

一、流化床反应器直径与高度的计算

流化床的床径与床高是工业流化床反应器的两个主要结构尺寸。对于工业中的化学反应，尤其是催化反应所用的流化装置，首先要用实验来确定主要反应的本征速率，然后才可选择反应器,结合传递效应建立数学模型。鉴于模型本身存在不确切性,因此还需要进行中间试验。这里就非催化气固流化床反应器的直径与床高的确定作简要介绍,有关催化流化床可查阅有关资料。

1. 流化床反应器的直径

当生产规模确定后,通过物料衡算得出通过床层的总气量 Q(标准状态)。用前面介绍的方法,根据反应要求的温度、压力和气固物性确定操作气速 u,则

$$Q = \frac{1}{4}\pi D_R^2 u \times 3600 \times \frac{273}{T} \times \frac{p}{1.013 \times 10^5}$$

$$D_R = \sqrt{\frac{4 \times 1.013 \times 10^5 TQ}{273 \times 3600 \pi u p}} = \sqrt{\frac{4.052 TQ}{9.828 \pi u p}} \tag{4-5}$$

式中,Q 为气体(标准状态)的体积流量,m^3/h;D_R 为反应器直径,m;T 为反应时的绝对温度,K;p 为反应时的绝对压力,Pa;u 为以 T、p 计的表观气速,m/s(一般取 1/2 床高处的 p 进行计算)。

为了尽量减少气体中带出的颗粒,一般流化床反应器上部设置扩大段,扩大段直径由不允许吹出粒子的最小颗粒直径来确定。首先根据物料的物性参数与操作条件计算出此颗粒的自由沉降速度,然后按下式计算出扩大段直径 D_L:

$$Q = \frac{1}{4}\pi D_L^2 u_t \times 3600 \times \frac{273}{T} \times \frac{p}{1.013 \times 10^5}$$

$$D_L = \sqrt{\frac{4 \times 1.013 \times 10^5 TQ}{273 \times 3600 \pi u_t p}} = \sqrt{\frac{4.052 TQ}{9.828 \pi u_t p}} \tag{4-6}$$

2. 流化床反应器的高度

一台完整的流化床反应器的高度包括流化床浓相段高度 h_1、稀相段高度 h_2(包括扩大段高度和分离段高度)和锥形底高度 h_3。流化床高度分段示意图见图 4-28。浓相段高度 h_1 可通过临界流化床高度 L_{mf}、膨胀比 R 与稳定段高度 L_D 计算。

临界流化床高度 L_{mf},也称静止床高。对于一定的流化床直径和操作气速,必须有一定的静止床高。在生产过程中,可根据产量要求算出固体颗粒的进料量 $W_F(kg/h)$,然后根据要求的接触时间 $\tau(h)$,求出固体物料在反应器内的装载量 $M(kg)$,继而求出临界流化床高 L_{mf}。即

$$M = W_F \tau$$

$$\tau = \frac{\frac{1}{4}\pi D_R^2 L_{mf} \rho_{mf}}{W_F} = \frac{\frac{1}{4}\pi D_R^2 L_{mf} \rho_p (1-\varepsilon_{mf})}{W_F}$$

$$L_{mf} = \frac{4 W_F \tau}{\pi D_R^2 \rho_p (1-\varepsilon_{mf})} \tag{4-7}$$

式中,D_R 为反应器内径,m;ρ_p 为固体催化剂颗粒密度,kg/m^3。

已知 L_{mf} 后,可根据床层膨胀比 R 求出流化床的床高浓相段高度 h_1。床层的膨胀比定义为:

$$R = h_1/L_{mf} = (1-\varepsilon_{mf})/(1-\varepsilon_m) = \rho_{mf}/\rho_m$$

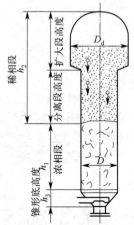

图 4-28 流化床高度分段示意图

式中，ρ_{mf} 和 ρ_m 分别为临界流化状态和实际操作条件下床层的平均密度；ε_{mf} 和 ε_m 分别为临界流化状态和实际操作条件下床层的空隙率。则

$$h_1 = RL_{mf} \tag{4-8}$$

由于气固系统操作的不稳定性，床面有一定的起伏，为使床层稳定操作，一般在计算反应器高度时需考虑在床高上增加一段高度，这一段高度称为稳定段高度，用 L_D 表示。它主要取决于床层的稳定性和操作中浓相段床层的高度变化范围。

具有扩大段的流化床反应器，通常将除尘设备（内旋风分离器或过滤管）设置在扩大段中，因此这一段的高度需视粉尘回收装置的尺寸以及安装和检修的方便来确定。通常扩大段高度与反应器直径 D_R 大约相等，有时还可不设扩大段。

分离高度 TDH 的确定。所谓分离高度是指在床层上面空间有一段高度，在这段高度中，气流内夹带的颗粒浓度随高度而发生变化，而超过这一高度后颗粒浓度趋于一定值而不再减小。即从床层面算起至气流中颗粒夹带量接近正常值处的高度。它是流化床反应器计算中的一个重要参数，所以许多人对此进行了研究。

如 Horio 提出的关联式：

$$TDH/D_R = (2.7D_R^{-0.36} - 0.7)\exp(0.74uD_R^{-0.23}) \tag{4-9}$$

谢裕生等提出的关联式：

$$TDH = (63.5/\eta)\sqrt{d_e/g} \tag{4-10}$$

式中，d_e 为气泡的当量直径，m；$\eta = 4.5\%$；g 为重力加速度。

尽管对 TDH 的研究很多，但由于实验设备的结构、规模及实验条件的差异，使有些研究结果相差甚远，甚至与生产实际也相差甚远，至今尚无公认的较好的关联式。

锥形底高度 h_3，一般根据锥角计算，锥角可取 $60°$ 或 $90°$，计算公式如下

$$h_3 = \frac{D_R}{2\tan\frac{\theta}{2}}$$

式中，D_R 为反应器直径，m；θ 为锥角。

二、流化床反应器压降的计算

流化床反应器的压降主要包括气体分布板压降、流化床压降和分离设备压降。其中流化床压降的计算已在前面讨论过，此处只简单介绍分布板的压降计算。气体分布板的计算重点是确定分布板开孔率和分布板的压降。

1. 分布板的压降和开孔率

分布板开孔率是指板上布孔的截面积与流化床床层截面积之比，以"φ"表示。分布板开孔率的大小，直接影响流化质量、气体的压降以及过程操作的稳定性。

如果分布板开孔率超过一定的数值后，总压降将随流速的增加而减小，总压降减小到一定的数值后又会上升，如图 4-29 中 ADE 线所示。这是因为在流化初期，分布板压降随流速增加而增加的值抵消不了床层压降随流速增加而减小的值，所以总压降开始下降。但压降是随流速的平方值而变化的，所以当流速达到一定的数值后，总压降又会上升。这种能使曲线具有极小点的大开孔率的分布板，称为低压降分布板。

若减小分布板的开孔率，则可以使系统总压降一直随流速增加而上升，且不出现极小值，如图 4-29 中 AFG 线所示。这种分布板称为高压降分布板。

在上述两种开孔率之间,存在着一个值,此时总压降不随气速发生变化,此开孔率称为临界开孔率,以"φ_{mf}"表示,如图 4-29 中 ABC 线所示。

床层保持良好的稳定流化条件,取决于分布板上流化床层的状态。分布板的阻力只有大于气体流股沿整个床截面重排的阻力,起到破坏流股均匀布气的作用,才能克服不稳定的聚式流态化,使已经建立起来的良好的起始流化条件稳定地保持下去。否则,床层布气不均匀,将引起床层流速局部增大,以致相互影响最后使床层形成严重的沟流,破坏了操作的稳定性。所以,一般不宜采用低压降(即开孔率过大)分布板。但压降过大(即开孔率过小),将无益地消耗动力,经济上不合理。因此,最经济最合理的分布板是具有临界开孔率的分布板。

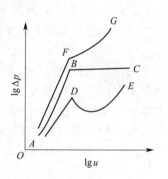

图 4-29 分布板总压降与流速的关系

确定开孔率,实际上就是确定分布板压降 Δp_D 的大小。两者密切相关,其关系式定义为:

$$\Delta p_D = C_D \frac{u^2 \rho_f}{2\varphi^2} \tag{4-11}$$

式中,Δp_D 为分布板压降,Pa;φ 为开孔率;C_D 为阻力系数,其值在 1.5～2.5 之间,对于锥帽侧缝式分布板取 2.0。

2. 分布板的临界压降

临界压降是指分布板能起到均匀分布气体并具有良好稳定性的最小压降,其与分布板下面的气体引入及分布板上的床层状况有关。应当指出,均匀分布气体和良好稳定性这两点,对分布板的临界压降的要求是不一样的。前者是由分布板下面的气体引入状况决定,后者由流态化床层所决定。分布板均匀分布气体是流化床具有良好稳定性的前提,但分布板即使具备了均匀分布气体的条件,流化床也不一定能稳定下来。这两者既有联系,又有区别。因此将分布板的临界压降区分为:分布气体临界压降和稳定性临界压降两种。在设计计算中,分布板的压降应该大于或等于这两个临界压降。

临界开孔率与临界压降有关。在其他条件相同的情况下,增大分布板的压降能起到改善分布气体和增加稳定性的作用。但是压降过大将无谓地消耗动力,这样就引出了分布板临界压降的概念。

应该指出,在设计分布板时,选择分布板临界压降与临界开孔率,应该综合考虑布气临界值和稳定临界值,对压降而言,取较大值作为决定分布板压降的依据,对开孔率而言,取较小值作为决定分布板开孔率的依据。

目前,国内流化床反应器分布板开孔率多取 0.4%～1.4%。一些工业流化床催化反应器的开孔率参见表 4-7。

表 4-7 气体分布板开孔率实例

产品	开孔率/%	备注	产品	开孔率/%	备注
丁烯氧化脱氢	1.4	锥帽以直孔计	苯酐	1.25	以中心管开孔计
异戊二烯	2.87	凹形板,循环流化	苯胺	1.12	以中心管开孔计
石油催化裂化(再生器)	0.46	凹形板,循环流化	三氯氢硅	1.3	以中心管开孔计
苯酐	0.48	以中心管开孔计			

三、旋风分离器尺寸的计算

目前，国内常用的旋风分离器的型号、尺寸及结构见表 4-8，符号标注如图 4-30 所示。

表 4-8　各种型号旋风分离器的结构特性

序号	型号	开孔率/%			排气管尺寸		器身尺寸		
		h/a	a/D	h_1/D	$A/(h+h_1)$	d_1/D	L_1/D	L_2/D	d_2/D
1	蜗旋型	1.15	0.35	0	1.15	0.4	0.9	1.9	0.15～0.25
2	DF 型	3.1	0.27	0.35	0.45	0.575	1.25	2.8	0.23
3	C 型	3.1	0.27	0.735	0.75	0.575	1.8	2.8	0.23

旋风分离器结构尺寸的确定，需要先根据生产工艺的要求选择合适的型号，一般来说，短粗的旋风分离器除尘效率低、流体阻力较小，适用于风量大、阻力低和低净化率的要求，细长的旋风分离器除尘效率高，但阻力大。当型号确定后，就可根据流化床稀相段或扩大段的气体流量选择进口气速 u_g，进而计算出旋风分离器的进口面积：

$$ah = \frac{q_V}{u_g} \tag{4-12}$$

每种型号的旋风分离器的进口高度和宽度都有一定的比例，其他部位的尺寸又与进口高度的宽度呈一定比例，进而可确定各部位的尺寸。然后，再校验中央排气口的气速，应在 3.0～8.0m/s，如果不在此范围，再做适当调整，重新确定结构尺寸。

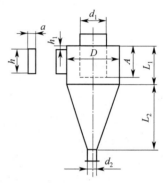

图 4-30　旋风分离器的尺寸

知识拓展

高速流态化技术

流态化技术最早的应用，是在低速鼓泡流化域中操作，近年来则倾向在越来越高的流速下操作，尤其以高速流态化过程如提升管和下行床的研究和应用备受关注。因为高速可使流体通过设备的绝对速度成倍或几十倍增大，从而使流体与固体间相对速度提高，床内保持较高的粉体浓度，加强流体与粉体间的传热和传质。

一、高速流态化的特点

（1）优点

① 气固为无气泡接触，改善了气固接触效果；

② 气固轴向返混减小；

③ 气速高，停留时间可缩短至毫秒级，特别适合于以裂解为代表的快速反应过程；

④ 气固能量大，传热效果好，适合于强吸热或强放热过程，能适应于单台处理能力巨大的工业过程；

⑤ 颗粒的外部循环为催化剂再生提供了场所，可解决催化剂快速失活问题；

⑥ 不存在低速流化床特有的稀相空间，避免了出现大的温度梯度区域；

⑦ 可以实现多段气体进料；

⑧ 固体颗粒团聚倾向减小；

⑨ 设备放大容易。

（2）缺点

① 反应器高度增加；

② 投资增大；

③ 固体颗粒的循环系统增加了设计和操作的复杂性；

④ 颗粒的磨损增加，颗粒性质的允许范围受到一定限制。

二、高速流态化技术的应用

① 气固并流上行提升管催化裂化装置，充分利用了循环流化床返混小和反应与再生分开进行这两大特点，既提高了汽油的收率，又解决了催化剂的连续再生问题。

② 粉煤的高效清洁燃烧。1975年德国Lurgi公司申请了快速循环流化床锅炉专利，将高速流态化引入煤的燃烧。其优点为：a. 强化气固接触，煤种适应性较强，燃烧效率可高达98%；b. 在原煤粉中加入石灰粉，石灰与煤燃烧中生成的SO_2反应生成无水石膏，达到脱除SO_2的目的，这种炉内脱硫费用低，效果好，被称为煤的清洁燃烧；c. 空气分段加入，燃烧温度低，有利于NO_x的还原，减少NO_x的排放量；d. 部分煤粉在炉外换热器中被冷却，锅炉热负荷易调节。

③ 使用循环流化床进行烃类选择性氧化反应。烃类选择性氧化反应特点为：a. 反应为强放热快速过程，反应仅需数秒，应及时移走热量；b. 遵循氧化还原机理，为使催化剂具有较高活性，最好将反应和再生两个过程分开进行；c. 目的产物是反应的中间生成物，为提高目的产物的选择性，应尽量减少反应气体的返混，避免目的产物深度氧化为CO_2和C。循环流化床正好满足上述要求，是该类反应的最佳反应器型式。

④ 气固并流下行管反应器。由于其速度快，接触时间短，故被称为"气固超短接触反应器"。20世纪80年代初美国就将其使用于重质油催化裂化过程。由于气固超短接触在技术思想上采用了顺重力场流态化这一新概念，被誉为"21世纪取代提升管的新型裂解反应器技术"。

由于气固两相流动过程非常复杂，反应器的设计和放大目前仍依赖于经验或半经验。但是高速流态化以其诸多的特点在许多工艺过程中得到应用，取得了较好的结果。它代表近20年来过程工业发展的最新进展和动向，并作为许多工程技术新的突破点。已成为世界各国研究开发的重点技术。高速流态化必将成为21世纪最具生命力的化工技术学科之一。

课外思考与阅读

 节能环保

节能减排——化工生产的可持续发展之路

化学工业在国民经济中占有重要地位，对我国工农业发展及实现人民生活水平的提高具有重要意义。"创新、协调、绿色、开放、共享"的新发展理念，走可持续发展道路，都说明节能减排技术在化工领域的应用十分必要。

一、重视设备更新和维护，保障和提高设备性能

化工产品在提纯过程中，不可避免地要消耗大量的能源，如何降低能耗，提高产品的生产效率显得尤为重要。工欲善其事，必先利其器，好的设备对于化工生产至关重要。例如，高效的传热设备以及新型绝热材料的使用，有利于降低生产过程中的热量损失，提高传热效率。因此，生产者应当重视设备更新和维护，努力提高设备性能，降低生产过程中的能耗，提升能源利用的效率。

二、充分利用余热，提高能源的重复利用率

余热是指生产过程中释放出来的可被利用的热能。为提高能源的重复利用率，降低能耗，减少污染，化工企业应加强对余热的回收和利用。目前热泵管技术在化工行业中得到了广泛的认可和使用，能够切实有效地提高余热的回收利用率。

三、使用高品质的催化剂，提高催化剂活性

催化剂具有加速或减缓化学反应的作用，在生产过程中使用高效催化剂，有利于提高产品转化率，降低能耗，可有效地节约成本和提高资源利用效率。但催化剂在使用过程中受多种因素的影响，会急剧地或缓慢地失去活性，即催化剂失活。催化剂失活的原因主要有：①催化剂活性组分受某些外来成分的作用（中毒）而失去活性，一般是永久性失活。②活性组分被覆盖而逐渐失活，是非永久性失活，如积炭。③错误操作导致催化剂失活，如过高的反应温度、压力，剧烈的波动导致催化剂床层的混乱或粉碎等，一般是永久性失活。因此，化工生产应使用高品质催化剂，并且在生产过程中合理操作，提高催化剂活性。

四、清洁生产，在生产过程中减少污染物

传统化工行业对于污染物往往采取末端治理的方法，由于许多污染物不能被生物降解，因此这样的治理往往达不到预期的效果，甚至会引发"二次污染"。此外，末端治理成本比较高，而且很多没有反应充分的原材料未能得到有效的回收和利用，在一定程度上造成原材料的浪费，不利于降低企业生产成本，提高经济效益。要想从根本上解决化工生产带来的环境污染问题，必须实行清洁生产技术，即注重节约能源和原材料，改进生产设备和生产工艺，对废物和污染物进行再利用并在生产过程中减少它们的数量和毒性，真正减少污染物的排放，提高能源的利用效率和资源的重复利用率，降低成本，增加收益。

 专创融合

兰石重装研制完成首台国产化 N08120 冷氢化流化床反应器，该设备装置的成功研制，一举打破了国外企业对这类装置原材料的垄断，在国内多晶硅等新能源装备制造领域再次实现了零的突破。N08120 是一种固溶强化的耐热合金，具有极高的高温强度、良好的抗渗碳和硫化能力，是多晶硅行业冷氢化流化床反应器制造的选材之一。相比 N08810，在制造成本接近的基础上，N08120 高温强度和抗氧化性更为出色。该材料抗拉强度提升，壁厚减薄，设备重量大幅减轻，装置配套得到减负，可满足多晶硅制造设备大型化、轻量化需求，广泛应用于高温、高压等苛刻工作环境中。据介绍，首台国产化 N08120 冷氢化流化床反应器顺利产出，对继续推进镍基合金特厚板的开发与升级、实现进口材料的全面替代及我国新能源行业的发展具有重要意义。

思考：请从技术与经济方面考量，首台国产化 N08120 冷氢化流化床反应器的研制成功，对我们开展新材料的研发和推广应用、提升大国制造影响力有哪些启示？

 项目总结

一、流化床反应器结构

（1）反应器壳体　保证流化过程在一定的范围内进行，有时要设扩大段。

(2) 气体分布装置　包括气体预分布器和气体分布板两部分，使气体分布均匀。

(3) 内部构件　主要用来破碎气泡，改善气固接触，减少返混。常用的内部构件有挡板和挡网以及垂直管束。

(4) 换热装置　一般采用内换热器。常用的型式有鼠笼式换热器、管束式换热器和蛇管式换热器。

(5) 气固分离装置　用来回收被气流所夹带的催化剂颗粒。常用气固分离装置有旋风分离器和内过滤器两种。

二、流化床反应器的流体流动、传质与传热

(一) 固体流态化

将固体颗粒悬浮于运动的流体中，从而使颗粒具有类似于流体的某些宏观特性，这种流固接触状态称为固体流态化。

1. 流化床压降

2. 不正常流化现象

(1) 沟流现象　气体通过床层时形成短路。沟流现象包括贯穿沟流和局部沟流两种。

(2) 大气泡现象　流化过程中气体形成的大气泡不断搅动和破裂，导致床层波动大，操作不稳定。

(3) 腾涌现象　当气泡直径大到与床径相等时，导致床层分为几段，使得颗粒层被气泡像活塞一样向上推动，达到一定高度后气泡破裂，引起部分颗粒的分散下落。

3. 流化速度

(1) 临界流化速度　颗粒层由固定床转为流化床时流体的表观速度。

(2) 颗粒带出速度　是流化床中流体速度的上限，即此时粒子将被气流带走。

(3) 操作速度　处于临界流化速度和带出速度之间。

(二) 流化床的传质和传热

(1) 传质　颗粒与流体间的传质；床层与浸没物体间的传质；气泡与乳化相间的传质。

(2) 传热　颗粒与颗粒之间的传热；气体与固体颗粒之间的传热；床层与内壁间和床层与浸没于床层中的换热器表面间的传热。

三、流化床反应器的计算

(一) 流化床反应器结构尺寸的计算

1. 流化床直径

(1) 反应器直径

(2) 扩大段直径

2. 流化床高

(1) 浓相段高度

(2) 稀相段高度

(3) 锥形底高度

(二) 流化床反应器压降的计算

 项目自测

一、判断题

1. 流化床中常见的流化现象是沟流和散式流化。（　　）

2. 流化床中常用气体分布板是直孔型分布板。（ ）

3. 流化床反应器中加挡板挡网后，不易形成大气泡，提高了床层对器壁的给热系数。（ ）

4. 流化床反应器对于传质传热速度的提高和催化剂性能的发挥均优于固定床反应器。（ ）

5. 流化床的操作速度处于临界流化速度和带出速度之间。（ ）

6. 大而均匀的颗粒在流化时流动性差，容易发生腾涌现象，添加适量的细粉有利于改善流化质量。（ ）

7. 催化剂床层高度越高，操作气速、流体阻力将越大。（ ）

8. 增加床层管径与颗粒直径比可降低壁效应提高床层径向空隙率的均匀性。（ ）

9. 由于床层内气流与颗粒剧烈搅动混合，所以流化床反应器床层温度分布均匀，有利于催化剂性能的发挥，转化率提高。（ ）

10. 流化床反应器对于传质传热速度的提高和催化剂性能的发挥均优于固定床反应器。（ ）

二、单选题

1. 气流通过床层时，其流速虽然超过临界流化速度，但床内只形成一条狭窄通道，而大部分床层仍处于固定床状态，这种现象称为（ ）。
    A. 沟流   B. 大气泡   C. 节涌   D. 腾涌

2. 对于流化床反应器，当流速达到某一限值，床层刚刚能被托动时，床内粒子就开始流化起来了，这时的流体空线速称为（ ）。
    A. 终端速度   B. 临界流化速率   C. 流化速度   D. 颗粒带出速度

3. 对于液固系统的流化床，流体与粒子的密度相差不大，故起始流化速度一般很小，流速进一步提高时，床层膨胀均匀且波动很小，粒子在床内的分布也比较均匀，故称作（ ）。
    A. 散式流化   B. 沟流   C. 聚式流化   D. 大气泡和腾涌

4. 对于气固系统的流化床反应器的粗颗粒系统，气速超过起始流化速度后，就出现气泡，气速愈高，气泡的聚并及造成的扰动亦愈剧烈，使床层波动频繁，这种流化床称为（ ）。
    A. 散式流化   B. 沟流   C. 聚式流化   D. 大气泡和腾涌

5. 对于气固系统的流化床反应器，气泡在上升过程中聚并并增大占据整个床层，将固体粒子一节节向上推动，直到某一位置崩落为止，这种情况叫（ ）。
    A. 沟流   B. 大气泡   C. 节涌   D. 腾涌

6. 对于流化床反应器，当气速增大到某一定值时，流体对粒子的曳力与粒子的重力相等，则粒子会被气流带出，这一速度称为（ ）。
    A. 起始流化速度   B. 临界流化速率   C. 流化速度   D. 颗粒带出速度

7. 当流体通过固体颗粒床层时，随着气速由无到有、由小到大，床层经历的阶段依次为（ ）。①输送床 ②流化床 ③固定床
    A. ①②③   B. ③①②   C. ①③②   D. ③②①

8. 流化床的实际操作速度显然应（ ）临界流化速度。
    A. 大于   B. 小于   C. 等于   D. 无关

9. 下列典型的工业反应过程采用流化床反应器的是（ ）。
    A. 合成氨   B. 乙苯脱氢   C. 催化裂化   D. 甲醇氧化

10. 流化床反应器通常都由壳体、气体分布装置、内部构件、（ ）、气固分离装置和固体颗粒的加卸装置所构成。
    A. 搅拌器   B. 密封装置   C. 导流筒   D. 换热装置

三、填空题

1. 所谓流态化就是固体粒子像_____一样进行流动的现象。
2. 当气体由下而上流过催化剂床层时，由于气体流速不同，床层经历了_____、_____、_____三个阶段。
3. 在流化床中为了传热或控制气-固相间的接触，常在床内设置内部构件，但很少使用水平构件，它对颗粒和气体的上下流动起一定的阻滞作用，从而导致床内产生明显的___和___梯度。
4. 流化床反应器分为散式流化床和聚式流化床，对于气-固系统常为_____，液-固系统常为_____。
5. 工业上，引进流化数 k 表示操作气速，流化数是指_____与_____之比。
6. 对于气-固相流化床，部分气体是以起始流化速度流经粒子之间的空隙外，多余的气体都以气泡状态通过床层，因此人们把气泡与气泡以外的密相床部分分别称为_____和_____。
7. 在流化床反应器中，当达到某一高度以后，能够被重力分离下来的颗粒都已沉积下来，只有带出速度小于操作气速的那些颗粒才会一直被带上去，故在此以上的区域颗粒的含量就近乎恒定了，这一高度称作_____。
8. 由于气泡运动造成气相和固相都存在严重的返混。为了限制返混，对高径比较大的，常在其内部装置_____以减少返混；而对高径比较小的流化床反应器，则可设置_____为内部构件。

四、计算题

1. 某流化床，已知以下数据：床层空隙率 $\varepsilon_{mf}=0.55$，流化气体为空气，$\rho_f=1.2\text{kg/m}^3$，$\mu_f=18\times10^{-6}\text{Pa}\cdot\text{s}$；固体颗粒（不规则的砂）$d_p=160\mu\text{m}$，球形度 $\phi_s=0.67$，$\rho_s=2600\text{kg/m}^3$，求临界流化速度 u_{mf}。
2. 计算粒径分别为 $10\mu\text{m}$、$100\mu\text{m}$、$1000\mu\text{m}$ 的微球形催化剂在下列条件下的带出速度：颗粒密度 $\rho_p=2500\text{kg/m}^3$，颗粒的球形度 $\phi_s=1$；流体密度 $\rho_f=1.2\text{kg/m}^3$，流体黏度 $\mu_f=1.8\times10^{-5}\text{Pa}\cdot\text{s}$。
3. 计算粒径为 $80\mu\text{m}$ 的球形砂子在 20℃ 空气中的带出速度。砂子的密度为 $\rho_p=2650\text{kg/m}^3$，20℃ 空气的密度 $\rho_f=1.205\text{kg/m}^3$，空气的黏度 $\mu_f=1.85\times10^{-5}\text{Pa}\cdot\text{s}$。
4. 某合成反应的催化剂，其粒度分布如下。

$d_p/(10^6\text{m})$	40.0	31.5	25.0	16.0	10.0	5.0
质量分数/%	4.60	27.05	27.95	30.07	6.19	3.84

已知 $\varepsilon_{mf}=0.55$，$\rho_p=1300\text{kg/m}$，在 120℃、101.3kPa 下，气体的密度 $\rho=1.453\text{kg/m}^3$，$\mu=1.368\times10^{-2}\text{mPa}\cdot\text{s}$，求初始流化速度。

5. 计算粒径为 $80\times10^{-6}\text{m}$ 的球形颗粒在 20℃ 空气中的颗粒带出速度。已知颗粒密度 $\rho_p=2650\text{kg/m}^3$，20℃ 空气的密度 $\rho=1205\text{kg/m}^3$，黏度为 $\mu=1.85\times10^{-2}\text{mPa}\cdot\text{s}$。

五、思考题

1. 何谓流化床反应器？其特点是什么？有哪些优点和缺点？
2. 流化床的基本结构及其作用是什么？
3. 简述流化床反应器的应用范围。
4. 流化床反应器常见异常现象有哪些？产生的原因是什么？如何排除？
5. 流化床正常的开车程序是怎样的？
6. 流化床反应器操作与控制的要点有哪些？

项目五

塔式反应器

学习目标

素质目标
- 具备科学的思维方法和实事求是的工作作风。
- 具备工匠精神、团队协作精神等职业素养。
- 具有分析问题与解决问题的能力。

知识目标
- 了解气液相反应器在化学工业中的地位与作用。
- 掌握气液相反应器分类方法。
- 熟悉鼓泡塔反应器的基本结构及特点。
- 理解气液相反应动力学基本概念。
- 掌握鼓泡塔反应器的工艺设计方法。
- 理解鼓泡塔反应器操作和工艺参数的控制方案。
- 掌握鼓泡塔反应器的操作和控制规律。

能力目标
- 能认识鼓泡塔反应器的各部件并说出其作用。
- 能对鼓泡塔反应器进行操作与控制。
- 能判断和分析常见鼓泡塔反应器的故障并做应急处理。
- 能够根据生产要求选择合适的塔式反应器。

思维导图

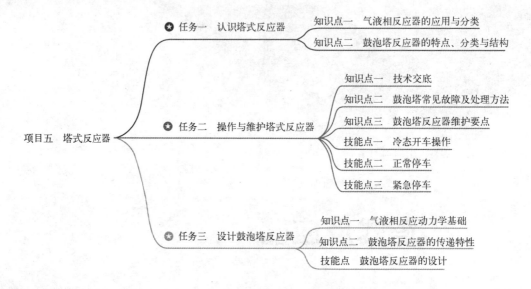

项目背景

在化学工业中,塔式反应器广泛用于精馏、吸收等物理过程,加氢、磺化、卤化、氧化等化学过程。此外,塔式反应器也广泛用于气体的净化、废气及污水处理、好氧性微生物的发酵等气-液非均相反应过程。塔式反应器的外形呈圆筒状,高度一般为直径的数倍至十几倍,内部常设有填料、筛板等构件,用来增大反应混合物料的相际传质面积。常见的有鼓泡塔、填料塔等。

在聚合物的生产中,塔式聚合反应器多用于连续生产,且对物料停留时间有一定要求。在合成纤维工业中,塔式聚合反应器占比约为 30%,主要用于一些缩聚反应。在本体聚合和溶液聚合反应中,塔式反应器应用较广泛。如生产聚己内酰胺的 VK 塔、本体法生产聚苯乙烯的塔式反应器、三塔串联操作的苯乙烯连续本体聚合塔式反应器、生产 PVA 与 PS 所采用的塔式反应器等。

与釜式聚合反应器相比,塔式聚合反应器的构造简单,形式较少。这种反应装置一般用于均相系统处理高黏度反应物料,物料流动接近平推流,返混程度小,可通过调节加料速度控制物料在塔内的停留时间;按工艺要求分段控制温度;在无搅拌装置的塔式反应器内,为减少物料返混,使物料接近平推流,常在反应器内设置各种形式的挡板,挡板间的间隔一般小于 1/2 塔径。塔式反应器在放大时,随着塔径的增加,比表面积减小。为保证传热需要,常在反应器内增加附属传热构件,使得塔式反应器的结构变得十分复杂。

任务一
认识塔式反应器

任务导入

聚酰胺（polyamide，PA）又称为尼龙（nylon），其产量与销量位居世界五大通用工程塑料（聚酰胺、聚碳酸酯、聚甲醛、改性聚苯醚、热塑性聚酯）之首。PA 的品种较多，按主链结构可分为脂肪族聚酰胺、半芳香族聚酰胺、全芳香族聚酰胺、含杂环芳香族聚酰胺和脂环族聚酰胺等，其中产量最大的是聚酰胺 6（PA6）和聚酰胺 66（PA66）。聚酰胺 6 化学名称为聚己内酰胺，又称尼龙 6，俗称卡普隆，是重要的有机化工原料，可制备工程塑料、锦纶纤维、塑料薄膜等。

PA6 的制备方法较多，按聚合机理可分为：水解聚合、固相聚合和离子聚合。因水解聚合所得产品分子量分布窄，分子量适中，目前工业上普遍采用该方法。水解聚合工艺是己内酰胺在 3%～10% 的水或酸的条件下发生的聚合反应。PA6 的水解聚合工艺可分为：一段聚合法、常压连续聚合法和二段聚合法。一段聚合法为高压间歇工艺，现鲜少采用；常压连续聚合法生产的 PA6 切片相对黏度为 2.4～2.6，主要为纤维级 PA 切片；二段聚合法生产的 PA6 切片相对黏度为 2.8～3.6，主要用于生产工程塑料、帘子线。

常压连续生产工艺的关键设备是 VK 塔，见图 5-1。其中开环与加聚反应在 VK 塔上部进行，缩聚和均衡阶段在 VK 塔底部进行，聚合时间一般在 18～20h 之间。现如今 VK 塔逐渐向大型化发展，塔径由原来的 250mm 发展到 2000mm。德国 Zimmer（吉玛）、德国 Kart·Fischer 公司、瑞士 Inventa（伊文达）、意大利 Noy（诺意）等公司所采用的连续聚合工艺基本相同，但 VK 塔的结构不同。生产聚己内酰胺（尼龙 6）的 VK 塔，单体己内酰胺从顶部加入，这时物料黏度较低，缩聚初始阶段生成的水变成气泡从顶部排出，物料沿塔壁下流，依靠壁外夹套加热，物料黏度不太高，依靠重力流动。塔内装有横向碟形挡板，物料返混少，停留时间均一。由于没有搅拌装置，塔中心和塔壁间的温差可达数十摄氏度，影响产品质量。

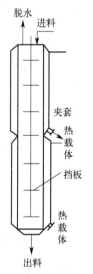

图 5-1　己内酰胺连续缩聚用 VK 塔

1. 了解气液相反应器的基本结构及各部件的作用。
2. 掌握反应器内的流体流动状况。
3. 掌握水解法生产聚己内酰胺（PA6）的工艺流程、聚合反应原理、VK塔的结构等。

知识点一
气液相反应器的应用与分类

一、气液相反应器的应用

1. 气液相反应的定义及特点

气液相反应是指气体在液体中进行的化学反应。气体作为反应物可以是一种或多种；液体可能是反应物，也可能是催化剂的载体。在气-液相反应中，至少有一种反应物在气相，也可能几种反应物都在气相。反应过程是气相中的溶质先扩散传递到气-液相界面上，然后再溶解在液相中进行化学反应，化学反应可以在气-液相界面上进行，也可以在液相中发生。

气液相反应与化学吸收，既有相同点又有不同点。相同点在于它们都研究传质与化学反应之间的关系。不同点在于，化学吸收侧重于研究如何通过化学反应强化传质，以求经济合理地从气体中吸收某些组分，即着眼于传质；气液相反应侧重于研究传质过程对化学反应的转化率、选择性及宏观速率的影响，以求经济合理地利用气体原料生产化学产品，即着眼于化学反应。

2. 气液相反应器的工业应用

化学工业中的气液相反应被广泛用于加氢、磺化、卤化、氧化等过程，有关实例见表5-1。此外，气体产品的净化、废气及污水处理过程，以及好氧性微生物的发酵过程均可用于气液相反应过程。

表 5-1　工业应用气液相反应实例

工业反应类型	工业应用举例
有机物氧化	链状烷烃氧化成酸；对二甲苯氧化生产对苯二酸；环己烷氧化生产环己酮；乙醛氧化制乙酸；乙烯氧化制乙醛
有机物氯化	苯氯化为氯苯；十二烷烃的氯化；甲苯氯化为氯化甲苯；乙烯氯化

续表

工业反应类型	工业应用举例
有机物加氢	烯烃加氢;脂肪酸酯加氢
其他有机反应	甲醇羟基化为乙酸;异丁烯被硫酸吸收;醇被三氧化硫硫酸盐化;烯烃在有机溶剂中聚合
酸性气体吸收	硫酸吸收 SO_3;稀硝酸吸收 NO_2;碱性溶液吸收 CO_2 和 H_2S

二、气液相反应器的分类

气-液相反应的反应器种类很多,根据气-液相接触形态可分为:①气体以气泡形态分布在液相中,如鼓泡塔、搅拌鼓泡釜式反应器和板式塔;②液体以液滴状分散在气相中,如喷雾塔、喷射式和文氏反应器;③液体以膜状运动与气相接触反应,如填料塔、降膜反应器。几种主要的气液相反应器如图 5-2 所示。

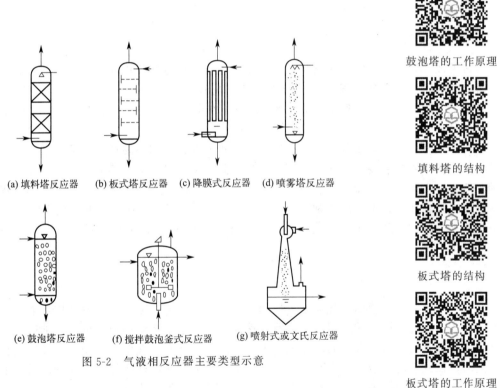

图 5-2 气液相反应器主要类型示意

1. 鼓泡塔

鼓泡塔被广泛用于液相参与反应的中速、慢速和放热量大的反应。例如,各种有机化合物的氧化、各种石蜡和芳烃的氯化、各种生物化学反应、污水处理曝气氧化和氨水碳化生成固体碳酸铵等反应。鼓泡塔反应器具有以下优点。

① 气体以小气泡的形式均匀分布,连续不断地通过气液相反应层,保证了充足的气液接触面积,使气液相充分混合反应良好。

② 结构简单,操作稳定,容易清理,投资和维修费用低。

③ 鼓泡塔具有极高的储液量和相际接触面积,传质和传热效率较高,适用于化学反应缓慢和高放热量的情况。
④ 在塔内、外都可以安装换热装置。
⑤ 与填料塔相比较,鼓泡塔能处理悬浮液体。

鼓泡塔在使用时的缺点,主要表现在以下方面。
① 为保证气体沿截面均匀分布,直径不宜过大,一般在 2~3m 以内。
② 鼓泡塔的液相轴向返混很严重,当高径比不大的情况下,可认为液相处于理想混合状态,因此较难在单一连续反应器中达到较高的液相转化率。
③ 鼓泡塔在鼓泡时所消耗的压降较大。

2. 搅拌鼓泡釜式反应器

搅拌鼓泡釜式反应器是在鼓泡塔的基础上加上机械搅拌以增大传质速率。在机械搅拌的作用下反应器内的气体能较好地分散成细小的气泡,从而增大气液接触面积,但由于机械搅拌使反应器内的液体流动接近全混流,同时能耗较高。釜式反应器适用于慢速反应,尤其适用于高黏性的非牛顿型液体。

3. 填料塔

填料塔被广泛用于气体吸收设备,也可用作气液相反应器。液体沿填料表面下流,在填料表面形成液膜与气相接触发生反应,液相主体量较少,适用于瞬间、快速和中速反应过程。例如,碱吸收 CO_2、水吸收 NO_x 形成硝酸、水吸收 HCl 生成盐酸、水吸收 SO_3 生成硫酸等。

填料塔具有结构简单、压降小、适应于各种腐蚀性介质和不易造成溶液起泡等优点。缺点是:无法从塔体中直接移走热量,当反应热较高时可通过增加液体喷淋量以显热形式带出热量;其次,由于存在最低润湿率问题,很多情况下需采用自循环方式保证填料的基本润湿,但这种自循环破坏了逆流原则。尽管如此,填料塔还是气-液相反应和化学吸收的常用设备。特别是在常压和低压下,当压降为主要矛盾和反应溶剂易起泡时,采用填料塔尤为合适。

4. 板式塔

板式塔的液体是连续相,气体是分散相,气相通过塔板分散成小气泡与塔板上的液体相接触进行化学反应。板式塔适用于快速及中速反应。当采用多层塔板时可以将轴向返混程度降至最低,并且其可以在很小的液体流速下进行操作,从而能在单塔中获得极高的液相转化率。同时,板式塔的气液传质系数较大,可以在塔板上安置冷却或加热元件,以适应维持所需的温度要求。但板式塔具有气相流动压降较大和传质表面较小等缺点。

5. 喷雾塔

喷雾塔的结构简单,液体以细小液滴的形式分散在气体中,气体为连续相,液体为分散相,具有相际接触面积大和气相压降小等优点。适用于瞬间、界面和快速反应,也适用于生成固体的反应。喷雾塔具有持液量小和液相传质系数小,气相和液相返混较为严重的缺点。

6. 降膜式反应器

膜式反应器的结构类似于管壳式换热器,反应管垂直安装,液体在反应管的内壁呈膜状流动，气体和液体以并流或逆流形式相接触并进行化学反应，这样可保证气体和液体沿反应管的径向均匀分布。根据反应器内液膜的流动特点，膜式反应器可分为：降膜式、升膜式和旋转气液流膜式反应器。

降膜式反应器是列管式结构，液体由上管板经液体分布器形成液膜，沿各管内壁均匀向下流动，气体自下而上经气体分布管进入各管，载热体流经管间空隙以排出反应热，因传热面积较大，非常适用于热效应大的化学反应过程。由于液体在反应器的管内停留时间较短，因此必要时可通过液体循环来增加停留时间。当采取气液逆流操作时，管内向上的气体流速为 5~7m/s，以避免下流液体断流和夹带气体。当采取气液并流时，则可允许较大的气体流速。降膜式反应器的气体阻力小，气体和液体都接近于理想流动模型，结构比较简单，操作性能可靠。但当液体中掺杂有固体颗粒时，其工作性能将大大降低。

目前，膜式反应器的工业应用尚不普遍，有待进一步研究与开发。

7. 高速湍动反应器

高速湍动反应器包括喷射反应器、文氏反应器等设备，适用于瞬间反应。此外，由于湍动的影响，加速了气膜传递过程的速率，因而可获得很高的反应速率。

表 5-2 列举了几种常用的气液相反应器的特性参数。

表 5-2 常用气液相反应器的特性参数

类型	反应器	$\dfrac{相界面积}{液相体积}$ /(m²/m³)	$\dfrac{相界面积}{反应器体积}$ /(m²/m³)	液含率
低持液量	填料塔	1200	100	0.08
	板式塔	1000	150	0.15
	喷淋塔	1200	60	0.05
高存液量	鼓泡塔	20	20	0.98
	搅拌釜	200	200	0.90

三、气液相反应器的选择

气液相反应器种类较多，在工业生产上，可根据工艺要求、反应过程的控制因素等进行选择，尽量能满足生产能力大、产品收率高、能量消耗低、操作稳定、检修方便及设备造价低廉等要求。不同的反应类型对反应器的要求也不同。同一反应类型，侧重点也可能不同，对反应器的要求也不同。气液相反应器在选择时一般应考虑以下因素。

1. 具备较高的生产能力

反应器类型应适合反应系统的特性要求，使之达到较高的宏观反应速率。一般情况下，当气液相反应的目的是用于生产化工产品时，如果反应速率极快，可选用填料塔和喷雾塔；如果反应速率极快，同时热效应又很大，可以考虑膜式反应器；如果反应速率极快且处于气膜控制时，可选用喷射和文氏等高速湍动反应器；如果反应速率为快速或中速时，宜选用板式塔和鼓泡塔；对于要求能在反应器内处理大量液体且不要求较高的相界面积的动力学控制过程，选用鼓泡塔和搅拌鼓泡釜式反应器为宜；对于要求有悬浮均匀的固体粒子催化剂存在的气液相反应，一般选用搅拌鼓泡釜式反应器。

2. 产品收率高

反应器的选择应有利于反应选择性提高或抑制副反应的发生。如平行反应中，副反应较主反应慢,则可采用持液量较少的设备,以抑制液相主体发生缓慢的副反应;若副反应为连串反应,则应采用液相返混较少的设备(如填料塔)进行反应,或采用半间歇(液体间歇加入和取出)反应器。

3. 能量消耗低

反应器的选择应考虑能量的综合利用并尽可能降低能耗。若气液反应温度高于室温,则应考虑反应热量的回收;若气液反应在加压下进行,则应考虑压力能的综合利用。此外,为使气液两相分散接触,需消耗一定的动力。研究表明:就比表面积而言,喷射反应器能耗最小,其次是搅拌鼓泡釜式反应器和填料塔,文氏反应器和鼓泡塔的能耗更大。

4. 有利于反应的温度控制

气液相反应绝大部分是放热反应,因此如何移热防止温度过高是经常碰到的实际问题。当气液相反应的热效应很大而又需要综合利用时,降膜反应器是比较合适的。此外,板式塔和鼓泡塔可借助安装冷却盘管来移热。但填料塔移热比较困难,通常只能提高液体喷淋量,以液体显热的形式移除。

5. 能在较少液体流率下操作

为了得到较高的液相转化率,液体流率一般较低,此时可选用鼓泡塔、搅拌鼓泡釜式反应器和板式,不宜选用填料塔、降膜反应器和喷射型反应器。例如,当喷淋密度低于 $3m^3/(m^2 \cdot h)$ 时,填料不会全部润湿,降膜反应器也有类似情况,喷射型反应器在液气比较低时不能提供足够的接触比表面积。

知识点二
鼓泡塔反应器的特点、分类与结构

气体以鼓泡的形式通过催化剂液层进行化学反应的塔式反应器,称作鼓泡塔反应器,简称鼓泡塔。

一、鼓泡塔反应器的特点

1. 鼓泡塔反应器在实际应用中的优点

① 气体以小的气泡的形式均匀分布,连续不断地通过气-液相反应层,保证了气-液接触面积,使气-液两相充分混合,反应良好。

② 结构简单,容易清理,操作稳定,投资和维修费用低。

③ 鼓泡塔具有极高的储液量和相际接触面积,传质和传热效率较高,适用于缓慢和高度放热的化学反应。

④ 鼓泡塔内、外都可安装换热装置。

⑤ 和填料塔相比，鼓泡塔能处理悬浮液体。

2. 鼓泡塔反应器在实际应用中的缺点

① 为保证气体沿截面均匀分布，鼓泡塔直径不宜过大，一般在 2~3m。
② 鼓泡塔的液相轴向返混严重，当高径比相差不太大的情况下，可认为液相处于理想混合流动，因此较难在单一的连续鼓泡塔中达到较高的液相转化率。
③ 鼓泡塔在鼓泡时消耗压降较大。

二、鼓泡塔反应器的分类

化学工业中的鼓泡塔按其结构可分为：空心式、多段式、气提式和液体喷射式。鼓泡塔的换热方式根据热效应的大小可采用不同形式。当反应过程的热效应不大时，可采用夹套式进行换热；热效应较大时，可在塔内增设换热装置如蛇管、垂直管束、横管束等，还可以设置塔外换热器，以加强液体循环，同时也可以利用反应液蒸发的方法带走热量。

1. 简单鼓泡塔

简单鼓泡塔的应用最为广泛，基本结构是内盛液体的空心圆筒，底部装有气体分布器，壳外装有夹套或其他型式的换热器或设有扩大段、液滴捕集器等。见图 5-3。反应气体通过分布器上的小孔鼓泡而入，液体间歇或连续加入，连续加入的液体可以和气体并流或逆流，多采用并流形式。气体在塔内为分散相，液体为连续相，液体返混程度较大。为提高气体分散程度和减少液体的轴向返混，可以在塔内安置水平多孔隔板。简单鼓泡塔内液体流动可近似看作理想混合流动模型，气相可近似视为理想置换模型。其具有结构简单、运行可靠、易于实现大型化，适用于加压操作，在采取防腐措施（如衬橡胶、瓷砖、搪瓷等）后可处理腐蚀性介质等优点。但不能在简单鼓泡塔内处理密度不均一的液体，如悬浊液等。

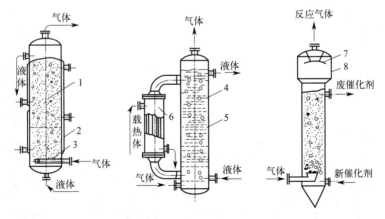

图 5-3　简单鼓泡塔反应器
1—塔体；2—夹套；3—气体分布器；4—塔体；5—挡板；6—塔外换热器；7—液滴捕集器；8—扩大段

2. 空心式鼓泡塔

图 5-4 为空心式鼓泡塔，这类反应器在化学工业上得到了广泛的应用，最适用于缓慢化

学反应或伴有大量热效应的反应系统。若热效应较大，可在塔内或塔外安装热交换元件，图 5-5 为具有塔内热交换单元的鼓泡塔。

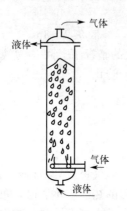 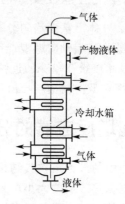

图 5-4　空心式鼓泡塔　　　　图 5-5　具有塔内热交换单元的鼓泡塔

3. 多段式鼓泡塔

为克服鼓泡塔中液相返混严重的现象，当高径比较大时，常采用多段鼓泡塔，见图 5-6。

4. 气体提升式鼓泡塔

为了能够处理密度不均一的液体，强化反应器内的传质过程，对于高黏性物料，如生化工程的发酵、环境工程中的活性污泥处理、有机化工中的催化加氢（含固体催化剂）等情况，常采用气体提升式鼓泡塔（如图 5-7 所示）或液体喷射式鼓泡塔（如图 5-8 所示），利用气体提升和液体喷射形成有规律的循环流动，强化反应器的传质效果，并有利于固体催化剂的悬浮，具有径向气液流动速度均匀，轴向弥散系数较低，传质、传热系数较大，液体循环速度可调节等优点。

 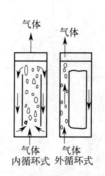 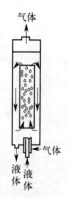

图 5-6　多段式鼓泡塔反应器　　图 5-7　气体提升式鼓泡塔反应器　　图 5-8　液体喷射式鼓泡塔反应器

气体提升式鼓泡塔的结构是塔内装有一根或几根气升管，依靠气体分布器将气体输送到气升管的底部，在气升管中形成气液混合物。由于混合物的密度小于气升管外液体的密度，因此气液混合物向上流动，气升管外的液体向下流动，从而使液体在反应器内循环。因为气升管的操作像一个气体升液器，因此被称作气体提升式鼓泡塔。在这种鼓泡塔中，虽然没有搅拌器，但气流搅动比简单鼓泡塔激烈得多，因此，可用其处理不均一的液体；如果把气升管做成夹套式，内通载热体或冷载体，气升管则同时具有换热作用。在反应过程中，气升管中的气体流动可视为理想置换流动模型，整个反应器内的液体可视为理想混合流动模型。

5. 填料鼓泡塔

为增加气液相接触面积和减少返混，可在塔内液体层中放置填料，称作填料鼓泡塔。其与一般填料塔不同，一般填料塔中的填料不浸泡在液体中，只是在填料表面形成液膜，填料之间的空隙是气体。而填料鼓泡塔中的填料浸没在液体中，填料间的空隙是液体。这种塔的大部分反应空间被填料占据，因此液体在反应器中的平均停留时间很短，虽有利于传质，但传质效率较低，效果不如中间设有隔板的多段鼓泡塔。

三、鼓泡塔反应器的结构

鼓泡塔反应器结构简单、造价低、易控制、易维修、防腐问题易解决，但液体的返混程度大，气泡易产生聚并，反应效率低。鼓泡塔反应器的基本组成部分主要有下述三部分。

1. 气体分布器

塔底部分的分布器结构要求能使气体均匀地分布在液层中；分布器鼓气管端的直径大小要使鼓出来的气体泡小，使液相中的气含率增加，液层内搅动激烈，有利于气液相传质过程。常见气体分布器结构如图 5-9 所示。

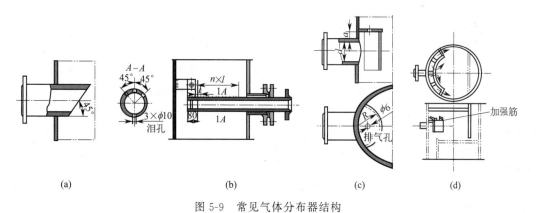

图 5-9　常见气体分布器结构

2. 筒体部分

筒体部分主要指气液鼓泡层，是反应物进行化学反应和物质传递的气液层。若需要加热或冷却，可在筒体外部加上夹套，或在气液层中加上蛇管。

3. 气液分离器

气液分离器位于塔顶部的扩大部分，内装液滴捕集装置，可分离气体中夹带的液滴，达到净化气体和回收反应液的作用。常见的气液分离器如图 5-10 所示。

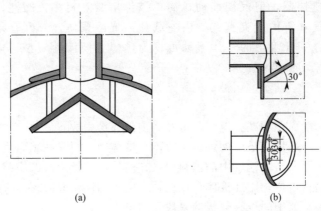

图 5-10　气液分离器

任务实施

一、咨询

学生在教师指导与帮助下解读工作任务要求，了解工作任务的相关工作情境与必备知识，明确工作任务核心要点。

二、决策、计划与实施

根据工作任务要求掌握气液相反应器的类型、基本结构及流体流动状况；根据聚己内酰胺（PA6）的生产特点初步确定聚合反应设备的类型；通过分组讨论和学习，进一步学习聚己内酰胺（PA6）聚合反应设备 VK 塔的特点及结构，并说出各部件的作用。具体工作时，可根据生产工艺的特点，确定 VK 的直径、高度、物料走向等，了解其内部构件如挡板、换热器、换热介质等的类型。其次掌握水解法生产聚己内酰胺（PA6）的工艺流程、聚合反应原理等。

三、检查

教师通过检查各小组的工作方案与听取小组研讨汇报，及时掌握学生的工作进展，适时归纳讲解相关知识与理论，并提出建议与意见。

四、实施与评估

学生在教师的检查指导下继续修订与完善任务实施方案，并最终完成初步方案。教师对各小组完成情况进行检查与评估，及时进行点评、归纳与总结。

知识拓展

气-液-固三相反应器简介

气-液-固三相反应指反应过程同时存在气体、液体、固体三种不同相态的非均相反应。例如许多矿石的湿法加工过程中固相为矿石的三相反应，石油加工和煤化工中固相做催化剂的三相催化反应等。根据气、液、固三相物料在反应物系中的作用，可将气液固反应器分为下列几种类型：①反应器中同时存在三相物质，各相不是反应物就是生成物，如氨水和二氧化碳反应生成碳酸氢铵结晶的反应就属于气体和液体反应生成固体；②固相为催化剂的气-液催化反应，如煤的加氢催化液化、石油馏分加氢脱硫等；③气、液、固三相中有一相为惰性物料，虽然有一相不参与化学反应，但从工程角度考虑仍属于三相反应，如采用惰性气体搅拌的液固反应、采用固体填料的气液反应等。根据床层在反应器中的状况，工业上常用的气液固三相反应器可分为两种类型：固体处于固定床、固体处于悬浮床。下面进行详细介绍。

一、固定床气-液-固三相反应器

固定床气-液-固三相反应器指固体静止不动，气液流动的气-液-固三相反应器。根据气体和液体流向的不同，可分为三种操作方式：气液并流向下流动、气液并流向上流动以及气液逆流（通常液体向下流动，气体向上流动）。不同的流动方式下，反应器中的流体力学、传质和传热条件都有很大区别。

三相反应器中液体向下流动，在固体催化剂表面形成一层很薄的液膜，和与其并流或逆流的气体发生接触，这种反应器称为滴流床或涓流床。在正常操作过程中，大多采用气流和液流并流向下流动的方式。滴流床反应器使用广泛，具有许多优点：整个操作处于置换流动状态，催化剂被充分润湿，可获得较高的转化率；反应器操作液固比很小，能够使均相反应的影响降至最小；因滴流床中液层很薄，液层的传热和传质阻力都很小，并流操作不会造成液泛；此外滴流床反应器压降较鼓泡塔反应器小。但滴流床反应器在直径较大时容易出现低液速操作时液流径向分布不均，造成催化剂润湿不完全，径向温度分布不均匀，局部过热，催化剂迅速失活和液层过量汽化的问题。且催化剂颗粒不能太小，但大颗粒催化剂又存在明显的内扩散影响。

二、悬浮床气-液-固三相反应器

气-液-固三相反应器中，当固体在反应器内以悬浮状态存在时，称为悬浮床三相反应器。其使用固体颗粒较细，根据固体颗粒的悬浮方式可将其分为：①机械搅拌悬浮式；②不带搅拌的悬浮床三相反应器，如用气体鼓泡来搅拌，又称为鼓泡淤浆反应器；③不带搅拌的气液两相并流向上且颗粒不被带出的三相流化床反应器；④不带搅拌的气液两相并流向上而颗粒随液体带出的三相输送床反应器，又称三相携带床反应器；⑤具有导流筒的内环流反应器。其中机械搅拌悬浮三相反应器适用于小规模生产和开发研究，而鼓泡淤浆三相反应器适合大规模生产，具有导流筒的内环流反应器常用于生物反应工程。

由于悬浮床气-液-固三相反应器中液体量大，热容大，传热系数也大。这对回收反应余热，控制床层温度非常有利；对防止超温，维持恒温反应提供了保证。但增加了气相反应组分通过液相的扩散阻力，催化剂耐磨性要求提高等问题。此外，三相流化床和三相携带床在使用时须解决相应的液-固分离问题和淤浆输送问题。

三、滴流床三相反应器

滴流床反应器与气固相催化反应固定床反应器类似。区别是后者只有单相流体在床层内流动，而前者床层内则为两相流体（气体和液体）。显然，两相流体流动状况要比单相流体复杂。原则上，在滴流床中气液两相既可并流也可逆流操作，但在实际操作中以并流操作为主。并流操作可分为向上并流和向下并流两种形式。流向的选择取决于物料处理量、热量回收以及传质和化学反应的推动力。逆流操作时流速会受到液泛现象的限制，而并流无此限制，可允许采用较大的流速。因此，滴流床反应器是一种气液固三相固定床反应器。由于液体流量小，在床层中形成滴流状或涓涓细流，故称为滴流床或涓流床反应器。

滴流床反应器一般都是绝热操作。如果是放热反应，轴向有温升，为防止温度过高，一般是使气体或部分冷却后的产物进行循环操作。

常用的气液并流向下的滴流床反应器，由于滴流床内气液两相并流向下的流动状态很复杂，受气液流速、催化剂颗粒大小与性质、流体性质等因素的影响，且直接影响滴流床的持液量和返混等反应器性能，因此，确定床层的流动状态是研究滴流床反应器性能的基础。一般按气液不同的表观质量流速 $[kg/(m^2 \cdot h)]$ 或表观体积流速 $[m^3/(m^2 \cdot h)]$ 把气液并流向下滴流床内的流动状态大致分为四个区：滴流区、过渡流动区、脉冲流动区、分散鼓泡区。不同区域的最大气速与液体流速有关，液体流速越大，越易形成脉冲区与鼓泡区。

滴流床反应器是固体处于固定床的三相反应器，而固体处于悬浮床的三相反应器，根据固体悬浮作用力的不同又分为四种类型：机械搅拌釜、环流反应器、鼓泡塔和三相流化床反应器。

① 机械搅拌釜及鼓泡塔在结构上与气液反应器的使用没有原则上的区别，只是在液相中多了悬浮着的固体催化剂的颗粒而已。

② 环流反应器的特点是内装导流筒，使流体在高速下于器内进行循环，一般速度在 20m/s 以上，大大强化了质量传递。

③ 三相流化床反应器中液体从下部的分布板进入，使催化剂颗粒处于流化状态。与气固流化床一样，随着液速的增加，床层膨胀，床层上部存在一清液区，清液区与床层间具有清晰的界面。气体的加入较之单独使用液体时的床层高度要低。液速小时，增大气速也不可能使催化剂颗粒流化。三相流化床中气体的加入使固体颗粒的运动加剧，床层上界面变得不清晰。

任务二
操作与维护塔式反应器

乙酸是许多有机物的良好溶剂，能与水、醇、酯和氯仿等溶剂以任意比例相混合。乙酸除用作溶剂外，还有广泛的用途，在化学工业中占有重要的位置，其用途遍及乙酸乙烯、乙酸纤维素、乙酸酯类等多个领域。乙酸是重要的化工原料，可制备多种乙酸衍生物如乙酸

酐、氯乙酸、乙酸纤维素等，适用于生产对苯二甲酸、纺织印染、发酵制氨基酸，也可作为杀菌剂。在食品工业中，乙酸作为防腐剂；在有机化工中，乙酸裂解可制得乙酸酐，而乙酸酐是制取乙酸纤维的原料。另外，由乙酸制得聚酯类，可作为油漆的溶剂和增塑剂；某些酯类可作为进一步合成的原料。在制药工业中，乙酸是制取阿司匹林的原料。利用乙酸的酸性，可作为天然橡胶制造工业中的胶乳凝胶剂，照相的显像停止剂等。

乙酸的生产具有悠久的历史，早期乙酸是由植物原料加工而获得或者通过乙醇发酵的方法制得，也有通过木材干馏而获得的。目前，国内外已经开发出了乙酸的多种合成工艺，包括烷烃、烯烃及其酯类的氧化，其中应用最广的是乙醛氧化法制备乙酸。

塔式反应器的操作即完成乙醛氧化制乙酸生产工艺控制。为了确保生产顺利、安全、有序地进行，需要对鼓泡塔反应器进行日常维护。针对不同的生产工况，介绍鼓泡塔反应器的操作要点，以便能够更快地适应生产操作，熟悉鼓泡塔反应器的开、停车操作，掌握鼓泡塔反应器的异常现象及应急处理方法，能对鼓泡塔反应器进行基础的操作与维护。

1. 能正确实施鼓泡塔反应器的开车准备、冷态开车、正常停车及紧急停车等操作。
2. 能分析鼓泡塔反应器的不正常操作工况，并及时调整消除。
3. 能对鼓泡塔进行正确维护与保养。

知识点一
技术交底

一、反应原理

乙醛首先与空气或氧气氧化成过氧乙酸，而过氧乙酸很不稳定，在乙酸锰的催化下发生分解，同时使另一分子的乙醛氧化，生成二分子乙酸。氧化反应是放热反应。

$$CH_3CHO + O_2 \longrightarrow CH_3COOOH$$
$$CH_3COOOH + CH_3CHO \longrightarrow 2CH_3COOH$$

总的化学反应方程式为：

$$CH_3CHO + \frac{1}{2}O_2 \longrightarrow CH_3COOH \quad +292.0 kJ/mol$$

在氧化塔内，还有一系列的氧化反应，主要副产物有甲酸、甲酯、二氧化碳、水、乙酸甲酯等。

二、工艺流程

1. 装置流程简述

乙醛氧化法生产乙酸的反应工段工艺流程总图见图 5-11。

该反应装置系统采用双塔串联氧化流程，主要装置有第一氧化塔 T101、第二氧化塔 T102、尾气洗涤塔 T103、氧化液中间贮罐 V102、碱液贮罐 V105。其中 T101 是外冷式反应塔，反应液由循环泵从塔底抽出，进入换热器中以水带走反应热，降温后的反应液再由反应器的中上部返回塔内；T102 是内冷式反应塔，它是在反应塔内安装多层冷却盘管，管内以循环水冷却。

乙醛和氧气首先在全返混型的反应器——第一氧化塔 T101 中反应（催化剂溶液直接进入 T101 内），然后到第二氧化塔 T102 中，通过向 T102 中加氧气，进一步进行氧化反应（不再加催化剂）。第一氧化塔 T101 的反应热由外冷却器 E102A/B 移走，第二氧化塔 T102 的反应热由内冷却器移除，反应系统生成的粗乙酸送往蒸馏回收系统，制取乙酸成品。

蒸馏采用先脱高沸物，后脱低沸物的流程。

粗乙酸经氧化液蒸发器 E201 脱除催化剂，在脱高沸塔 T201 中脱除高沸物，然后在脱低沸塔 T202 中脱除低沸物，再经过成品蒸发器 E206 脱除铁等金属离子，得到产品乙酸。

从低沸塔 T202 顶出来的低沸物去脱水塔 T203 回收乙酸，含量 99% 的乙酸又返回精馏系统，脱水塔 T203 中部抽出副产物混酸，T203 塔顶出料去甲酯塔 T204。甲酯塔塔顶产出甲酯，塔釜排出废水去中和池处理。

2. 氧化系统流程简述

乙醛和氧气按配比流量进入第一氧化塔（T101），氧气分两个入口入塔，上口和下口通氧量比约为 1∶2，氮气通入塔顶气相部分，以稀释气相中氧和乙醛。

乙醛与催化剂全部进入第一氧化塔，第二氧化塔不再补充。氧化反应的反应热由氧化液冷却器（E102A/B）移去，氧化液从塔下部用循环泵（P101A/B）抽出，经过冷却器（E102A/B）循环回塔中，循环比（循环量∶出料量）110～140∶1。冷却器出口氧化液温度为 60℃，塔中最高温度为 75～78℃，塔顶气相压力 0.2MPa（表），出第一氧化塔的氧化液中乙酸浓度在 92%～95%，从塔上部溢流去第二氧化塔（T102）。

第二氧化塔为内冷式，塔底部补充氧气，塔顶也加入氮气，塔顶压力 0.1MPa（表），塔中最高温度约 85℃，出第二氧化塔的氧化液中乙酸含量为 97%～98%。

第一氧化塔和第二氧化塔的液位显示设在塔上部，显示塔上部的部分液位（全塔高 90% 以上的液位）。

出氧化塔的氧化液一般直接去蒸馏系统，也可以放到氧化液中间贮罐（V102）暂存。中间贮罐的作用是：正常操作情况下做氧化液缓冲罐，停车或事故时存氧化液，乙酸成品不合格需要重新蒸馏时，由成品泵（P402）送来中间贮存，然后用泵（P102）送蒸馏系统回炼。

两台氧化塔的尾气分别经循环水冷却的冷却器（E101）冷却，冷凝液主要是乙酸，带少量乙醛，回到塔顶，尾气最后经过尾气洗涤塔（T103）吸收残余乙醛和乙酸后放空，洗涤塔采用下部为新鲜工艺水，上部为碱液，分别用泵（P103、P104）循环。洗涤液温度为常温，洗涤液所含乙酸达到一定浓度后（70%～80%），送往精馏系统回收乙酸，碱洗段定期排放至中和池。

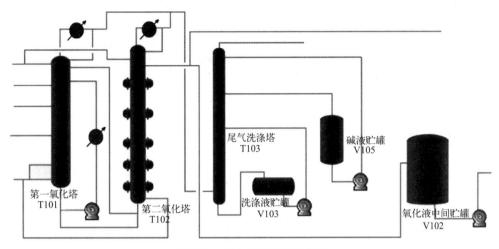

图 5-11 氧化工段流程图总图

三、工艺技术指标

1. 控制指标

工艺控制指标见表 5-3。

表 5-3 工艺控制指标

序号	名称	仪表信号	单位	控制指标	备注
1	T101 压力	PIC109A/B	MPa	0.19 ±0.01	
2	T102 压力	PIC112A/B	MPa	0.1 ±0.02	
3	T101 底温度	TI103A	℃	77 ±1	
4	T101 中温度	TI103B	℃	73 ±2	
5	T101 上部液相温度	TI103C	℃	68 ±3	
6	T101 气相温度	TI103E	℃	与上部液相温差大于 13℃	
7	E102 出口温度	TIC104A/B	℃	60 ±2	
8	T102 底温度	TI106A	℃	83 ±2	
9	T102 温度	TI106B	℃	70～85	
10	T102 温度	TI106C	℃	70～85	
11	T102 温度	TI106D	℃	70～85	
12	T102 温度	TI106E	℃	70～85	
13	T102 温度	TI106F	℃	70～85	
14	T102 温度	TI106G	℃	70～85	
15	T102 气相温度	TI106H	℃	与上部液相温差大于 15℃	
16	T101 液位	LIC101	%	35 ±15	
17	T102 液位	LIC102	%	35 ±15	
18	T101 加氮量	FIC101	m³/h	150 ±50	
19	T102 加氮量	FIC105	m³/h	75 ±25	

2. 分析项目

分析项目见表 5-4。

表 5-4 分析项目

序号	名称	位号	单位	控制指标	备注
1	T101 出料含乙酸	AIAS102	%	92～95	
2	T101 出料含乙醛	AIAS103	%	<4	
3	T102 出料含乙酸	AIAS104	%	>97	

续表

序号	名称	位号	单位	控制指标	备注
4	T102 出料含醛	AIAS107	%	<0.3	
5	T101 尾气含氧	AIAS101A、B、C	%	<5	
6	T102 尾气含氧	AIAS105	%	<5	
7	T103 中含乙酸	AIAS106	%	<80	

四、仿真界面

乙醛氧化工段各单元 DCS 及现场图仿真界面中第一氧化塔 DCS 图见图 5-12、第一氧化塔现场图见图 5-13、第二氧化塔 DCS 图见图 5-14、第二氧化塔现场图见图 5-15、尾气洗涤 DCS 图见图 5-16、尾气洗涤现场图见图 5-17。

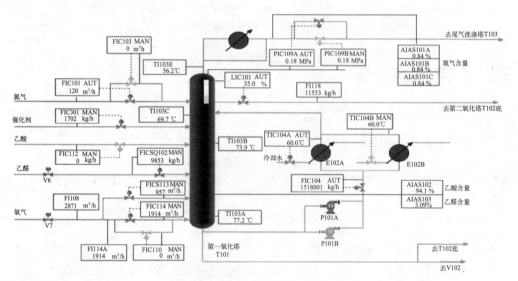

图 5-12　第一氧化塔 DCS 图

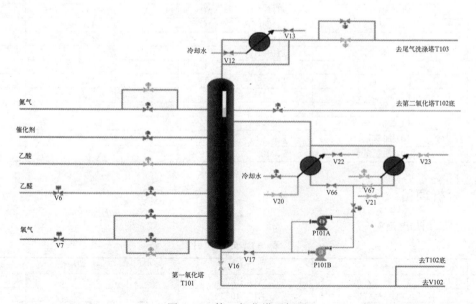

图 5-13　第一氧化塔现场图

项目五 塔式反应器

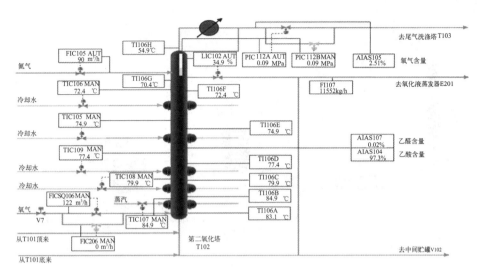

图 5-14　第二氧化塔 DCS 图

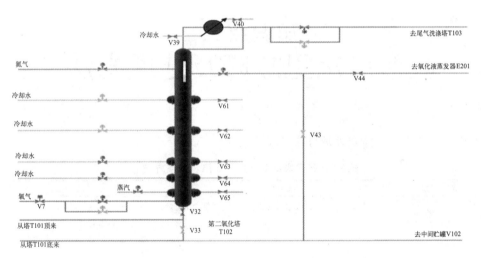

图 5-15　第二氧化塔现场图

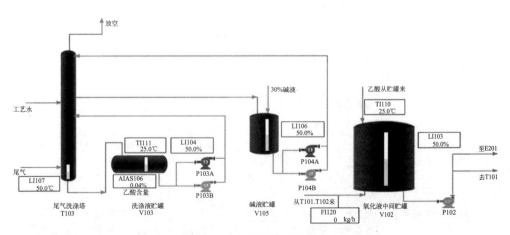

图 5-16　尾气洗涤 DCS 图

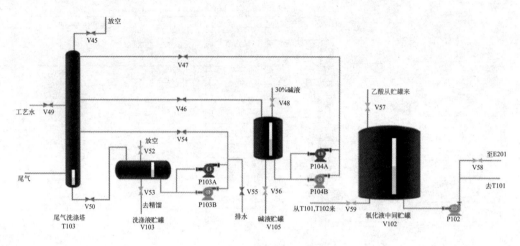

图 5-17 尾气洗涤现场图

知识点二
鼓泡塔常见故障及处理方法

鼓泡塔反应器常见故障及处理方法见表 5-5。

表 5-5 鼓泡塔反应器常见故障及处理方法

序号	故障现象	故障原因	处理方法
1	塔体变形	①塔体局部腐蚀或过热使材料强度降低,引起设备变形 ②开孔无补强或焊缝处的应力集中,使材料内应力超过屈服极限而发生塑性变形 ③受外压设备,当工作压力超过临界工作压力时,设备失稳变形	①防止局部腐蚀产生 ②矫正变形或切割下严重变形处,焊上补板 ③正常稳定操作
2	塔体裂缝	①局部变形加剧 ②焊接的内应力 ③封头过渡圆弧弯曲,半径太小或未经退火便弯曲 ④水力冲击作用 ⑤结构材料缺陷 ⑥振动与温差影响	裂缝修理
3	塔板越过稳定操作区	①气相负荷减小或增大,液相负荷减小 ②塔板不水平	①控制气相、液相流量。调整降液管、出入口堰的高度 ②调正塔板水平度
4	鼓泡元件脱落和腐蚀	①安装不牢 ②操作条件被破坏 ③泡罩材料不耐腐蚀	①重新调整 ②改善操作,加强管理 ③选择耐蚀材料,更新泡罩

知识点三
鼓泡塔反应器维护要点

一、停车检查

塔设备停止生产时，要卸掉塔内压力，放出塔内所有物料，然后向塔内吹入蒸汽进行清洗。打开塔顶大盖（或塔顶气相出口）进行蒸煮、吹除、置换、降温，然后自上而下打开塔体的人孔。检修前，要做好防火、防爆和防毒等安全措施，既要将塔内的可燃性或有毒性介质彻底清洗吹净，又要对设备内及塔周围的气体进行化验分析，使其能够达到安全检修要求。

二、塔体检查

① 每次检修都要检查各附件（压力表、安全阀与放空阀、温度计、单向阀、消防蒸汽阀等）是否灵活、准确。
② 检查塔体腐蚀、变形、壁厚减薄、裂纹及各部分焊接情况，进行超声波测厚和理化鉴定，并作详细记录，以备进行研究改进或作为下次检修的依据。经检查鉴定，如果认为对设计允许强度有影响时，可进行水压试验，其值参阅有关规定。
③ 检查塔内污垢和内部绝缘材料。

三、塔内外检查

① 检查塔板各部件的结焦、污垢、堵塞等情况，检查塔板、鼓泡塔构件和支承结构的腐蚀及变形情况。
② 检查塔板上各部件（出口堰、受液盘、降液管）的尺寸是否符合图纸及标准。
③ 检查各种塔板、鼓泡构件等部件的紧固情况，是否有松动现象。
④ 对于浮阀塔板，检查其浮阀的灵活性，是否有卡死、变形、冲蚀等现象，浮阀孔是否有堵塞。

任务实施

技能点一
冷态开车操作

一、开工应具备的条件

① 检修过的设备和新增的管线，必须经过吹扫、气密、试压、置换合格（若是氧气系

统，还要脱脂处理）。
② 电气、仪表、计算机、联锁、报警系统全部调试完毕，调校合格、准确好用。
③ 机电、仪表、计算机、化验分析具备开工条件，值班人员在岗。
④ 备有足够的开工用原料和催化剂。

二、引公用工程

三、N_2 吹扫、置换气密

四、系统水运试车

五、酸洗反应系统

① 首先将尾气吸收塔 T103 的放空阀 V45 打开；从罐区 V402（开阀 V57）将酸送入 V102 中，而后由泵 P102 向第一氧化塔 T101 进酸，T101 见液位（约为2%）后停泵 P102，停止进酸。"快速灌液"说明，向 T101 灌乙酸时，选择"快速灌液"按钮，在 LIC101 有液位显示之前，灌液速度加速 10 倍，有液位显示之后，速度变为正常；对 T102 灌酸时类似。使用"快速灌液"只是为了节省操作时间，但并不符合工艺操作原则，由于是局部加速，有可能会造成液体总量不守恒，为保证正常操作，将"快速灌液"按钮设为一次有效性，即只能对该按钮进行一次操作，操作后，按钮消失；如果一直不对该按钮操作，则在循环建立后，该按钮消失。该加速过程只对"酸洗"和"建立循环"有效。
② 开氧化液循环泵 P101，循环清洗 T101。
③ 用 N_2 将 T101 中的酸经塔底压送至第二氧化塔 T102，T102 见液位后关来料阀停止进酸。
④ 将 T101 和 T102 中的酸全部退料到 V102 中，供精馏开车。
⑤ 重新由 V102 向 T101 进酸，T101 液位达 30% 后向 T102 进料，精馏系统正常出料，建立全系统酸运大循环。

六、全系统大循环和精馏系统闭路循环

① 氧化系统酸洗合格后，要进行全系统大循环：

$$V402 \to T101 \to T102 \to E201 \to T201$$
$$T202 \to T203 \to V209$$
$$E206 \to V204 \to V402$$

② 氧化塔配制氧化液和开车时，精馏系统需闭路循环。脱水塔 T203 全回流操作，成品乙酸泵 P204 向成品乙酸储罐 V402 出料，P402 将 V402 中的酸送到氧化液中间罐 V102，由氧化液输送泵 P102 送往氧化液蒸发器 E201 构成下列循环：

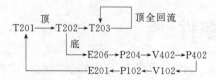

等氧化开车正常后逐渐向外出料。

七、第一氧化塔配制氧化液

向 T101 中加乙酸，见液位后（LIC101 约为 30%），停止向 T101 进酸。向其中加入少量醛和催化剂，同时打开泵 P101A/B 进行循环，开 E102A 为氧化液循环液通蒸汽加热，循环流量保持在 700000kg/h（通氧前），氧化液温度保持在 70～76℃，直到使浓度符合要求（醛含量约为 7.5%）。

八、第一氧化塔投氧开车

① 开车前联锁投入自动。
② 投氧前氧化液温度保持在 70～76℃，氧化液循环量 FIC104 控制在 700000kg/h。
③ 控制 FIC101 N_2 流量为 120m^3/h。
④ 按如下方式通氧

a. 用 FIC110 小调节阀进行初始投氧，氧量小于 100m^3/h 开始投。
首先特别注意两个参数的变化：LIC101 液位上涨情况；尾气含氧量 AIAS101 三块表是否上升。
其次，随时注意塔底液相温度、尾气温度和塔顶压力等工艺参数的变化。
如果液位上涨停止然后下降，同时尾气含氧稳定，说明初始引发较理想，逐渐提高投氧量。

b. 当 FIC110 小调节阀投氧量达到 320m^3/h 时，启动 FIC114 调节阀，在 FIC114 增大投氧量的同时减小 FIC110 小调节阀投氧量直到关闭。

c. FIC114 投氧量达到 1000m^3/h 后，可开启 FIC113 上部通氧，FIC113 与 FIC114 的投氧比为 1∶2。
原则要求：投氧在 0～400m^3/h 之内，投氧要慢。如果吸收状态好，要多次少量增加氧量。400～1000m^3/h 之内，如果反应状态好要加大投氧幅度，特别注意尾气的变化及时加大 N_2 量。

d. T101 塔液位过高时要及时向 T102 塔出一下料。当投氧量到 400m^3/h 时，将循环量逐渐加大到 850000kg/h；当投氧量到 1000m^3/h 时，将循环量加大到 1000m^3/h。循环量要根据投氧量和反应状态的好坏进行调节。同时根据投氧量和酸的浓度适当调节醛和催化剂的投料量。

⑤ 调节方式

a. 将 T101 塔顶保安 N_2 开到 120m^3/h，氧化液循环量 FIC104 调节为 500000～700000kg/h，塔顶 PIC109A/B 控制为正常值 0.2MPa。将氧化液冷却器（E102A/B）中的一台 E102A 改为投用状态，调节阀 TIC104B 备用。关闭 E102A 的冷却水，通入蒸汽给氧化液加热，使氧化液温度稳定在 70～76℃。调节 T101 塔液位为 (25±5)%，关闭出料调节阀 LIC101，按投氧方式以最小量投氧，同时观察液位、气液相温度及塔顶、尾气中含氧量变化情况。当液位升高至 60% 以上时需向 T102 塔出料降低一下液位。当尾气含氧量上升时要加大 FIC101 氮气量，若继续上升氧含量达到 5%（v）打开 FIC103 旁路氮气，并停止提氧。若液位下降一定量后稳定，尾气含氧量下降为正常值后，氮气调回 120m^3/h，氧含量仍小于 5% 并有回降趋势，液相温度上升快，气相温度上升慢，有稳定趋势，此时小量增加通氧量，同时观察各项指标。若正常，继续适当增加通氧量，直至正常。

待液相温度上升至 84℃时，关闭 E102A 加热蒸汽。

当投氧量达到 1000m³/h 以上，且反应状态稳定或液相温度达到 90℃时，关闭蒸汽，开始投冷却水。开 TIC104A，注意开水速度应缓慢，注意观察气液相温度的变化趋势，当温度稳定后再提投氧量。投水量要根据塔内温度勤调，不可忽大忽小。在投氧量增加的同时，要对氧化液循环量做适当调节。

b. 投氧正常后，取 T101 氧化液进行分析，调整各项参数，稳定一段时间后，根据投氧量按比例投醛，投催化剂。液位控制为（35±5）％向 T102 出料。

c. 在投氧后，来不及反应或吸收不好，液位升高不下降或尾气氧含量增高到 5％时，关小氧气，增大氮气量后，液位继续上升至 80％或氧含量继续上升至 8％，联锁停车，继续加大氮气量，关闭氧气调节阀。取样分析氧化液成分，确认无问题时，再次投氧开车。

九、第二氧化塔投氧

① 待 T102 塔见液位后，向塔底冷却器内通蒸汽保持氧化液温度在 80℃，控制液位（35±5）％，并向蒸馏系统出料。取 T102 塔氧化液分析。

② T102 塔顶压力 PIC112 控制在 0.1MPa，塔顶氮气 FIC105 保持在 90m³/h。由 T102 塔底部进氧口，以最小的通氧量投氧，注意尾气含氧量。在各项指标不超标的情况下，通氧量逐渐加大到正常值。当氧化液温度升高时，表示反应在进行。停蒸汽开冷却水 TIC105，TIC106，TIC108，TIC109 使操作逐步稳定。

十、吸收塔投用

① 打开 V49，向塔中加工艺水湿塔。
② 开阀 V50，向 V105 中备工艺水。
③ 开阀 V48，向 V103 中备料（碱液）。
④ 在氧化塔投氧前开 P103A/B 向 T103 中投用工艺水。
⑤ 投氧后开 P104A/B 向 T103 中投用吸收碱液。
⑥ 如工艺水中乙酸含量达到 80％时，开阀 V51 向精馏系统排放工艺水。

十一、氧化塔出料

当氧化液符合要求时，开 LIC102 和阀 V44 向氧化液蒸发器 E201 出料。用 LIC102 控制出料量。

技能点二
正常停车

氧化系统停车步骤如下：

① 将 FIC102 切至手动,关闭 FIC102,停醛。
② 用 FIC114 逐步将进氧量下调至 $1000m^3/h$。注意观察反应状况,当第一氧化塔 T101 中醛的含量降至 0.1 以下时,立即关闭 FIC114、FICSQ106,关闭 T101、T102 进氧阀。
③ 开启 T101、T102 塔底排,逐步退料到 V102 罐中,送精馏处理。停 P101 泵,将氧化系统退空。

技能点三 紧急停车

一、事故停车

事故停车主要是指装置在运行过程中出现的仪表和设备上的故障而引起的被迫停车。采取的措施如下:
① 首先关掉 FICSQ102、FIC112、FIC301 三个进物料阀。然后关闭进氧进醛线上的塔壁阀。
② 根据事故的起因控制进氮量的多少,以保证尾气中含氧量小于 5% (v)。
③ 逐步关小冷却水直到塔内温度降为 60℃,关闭冷却水 TIC104A/B。
④ 第二氧化塔关冷却水由下而上逐个关掉并保温 60℃。

二、其他紧急停车

生产过程中,如遇突发的停电、停仪表风、停循环水、停蒸汽等而不能正常生产时,应做紧急停车处理。

1. 紧急停电

仪表供电可通过蓄电池逆变获得,供电时间 30min;所有机泵不能自动供电。
(1) 氧化系统　正常来说,紧急停电 P101 泵自动联锁停车。
① 马上关闭进氧进醛塔壁阀。
② 及时检查尾气含氧及进氧进醛阀门是否自动联锁关闭。
(2) 精馏系统　此时所有机泵停运。
① 首先减小各塔的加热蒸汽量。
② 关闭各机泵出口阀,关闭各塔进出物料阀。
③ 视情况对物料做具体处理。
(3) 罐区系统
① 氧化系统紧急停车后,应首先关闭乙醛球罐底出料阀及时将两球罐保压。
② 成品进料及时切换至不合格成品罐 V403。

2. 紧急停循环水

停水后立即做紧急停车处理。停循环水时 PI508 压力在 0.25MPa 联锁动作（目前未投用）。FICSQ102、FIC112、FIC301 三电磁阀自动关闭。

(1) 氧化系统　氧化系统停车步骤同事故停车。注意氧化塔温度不能超得太高，加大氧化液循环量。

(2) 精馏系统
① 先停各塔加热蒸汽，同时向塔内充氮，保持塔内正压。
② 待各塔温度下降时，停回流泵，关闭各进出物料阀。

3. 紧急停蒸汽

同事故停车。

4. 紧急停仪表风

所有气动薄膜调节阀将无法正常启动，应做紧急停车处理。

(1) 氧化系统　应按紧急停车按钮，手动电磁阀关闭 FIC102、FIC103、FIC106 三个进醛进氧阀。然后关闭进醛进氧线塔壁阀，塔压力及流量等的控制要通过现场手动副线进行调整控制。

其他步骤同事故停车。

(2) 精馏系统　所有蒸汽流量及塔罐液位的控制要通过现场手动进行操作。

停车步骤同紧急停车。

知识拓展

填料塔的结构与填料

一、填料塔反应器的结构

填料塔是塔内装有的大量填料作为相际间接触构件的气液传质设备。填料塔结构较简单，如图 5-18 所示。填料塔的塔身是一直立式圆筒，塔底装有填料支承板，填料以规整或乱堆的方式放置在支承板上。填料上方安装填料压板，以限制填料随上升气流运动。

(1) 塔体　塔设备的主要部件，大多数塔体是等直径、等壁厚的圆筒体，顶盖多为椭圆形封头。随着装置的大型化，不等直径、不等壁厚的塔体逐渐增多。塔体除满足工艺条件所要求的强度和刚度外，还应考虑风力、地震、偏心载荷等所带来的影响，以及吊装、运输、检验、开停工等情况。塔体材质常采用非金属材料（如塑料，陶瓷等）、碳钢（复层、衬里）、不锈耐酸钢等。

(2) 塔体支座　塔设备常采用裙式支座，如图 5-19，其应当具有足够的强度和刚度来承受塔体操作的重量、风力、地震等引起的载荷。塔体支座材质常采用碳素钢，也可采用铸铁。

(3) 人孔　人孔是安装或检修人员进出塔体的唯一通道。人孔设置应便于工作人员进入任一层塔板。直径大于 800mm 的填料塔，人孔可设在每段填料层的上、下方，同时兼作填料装卸孔。设在框架内或室内的塔，人孔设置可按具体情况进行考虑。人孔一般设置在气液进出口等需经常维修清理的部位，另外在塔顶和塔釜也可各设置一个人孔。直径小于

800mm 时，不在塔体上开设人孔，可在塔顶设置法兰。若塔径小于 450mm，塔顶法兰采用分段连接。

人孔下需设置操作平台，人孔中心高度一般比操作平台高 0.7～1m，最大不宜超过 1.2m，最小为 600mm。当人孔开在立面时，塔釜内部应设置手柄，但人孔和塔底封头切线之间的距离应小于 1m，当手柄设置妨碍内部构件时，可不设置。装有填料的塔，应设置填料挡板，以保护人孔，并能在不卸出填料的情况下更换人孔垫片。

（4）手孔　指手和手提灯能伸入的设备孔口，用于不便或不必进入塔设备也能清理、检查或修理的场合。手孔常用作小直径填料塔装卸填料，在每段填料层的上、下方各设置一个手孔。卸填料的手孔有时附带挡板，以免反应生成物积聚在手孔内。

（5）塔内件　塔内件有填料、填料支承装置、填料压紧装置、液体分布装置、液体收集再分布装置等。合理选择和设计塔内件，对保证填料塔的正常操作及优良的传质性能十分重要。

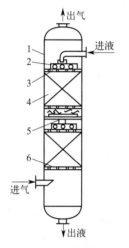

图 5-18　填料塔结构示意
1—塔体；2—液体分布器；3—填料压紧装置；
4—填料器；5—液体收集与再分布装置；
6—支承栅板

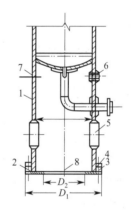

图 5-19　裙式支座
1—裙座圈；2—支承板；3—角牵板；4—压板；
5—人孔；6—有保温时排气管；
7—无保温时排气管；8—排液孔

二、填料性能评价

填料是核心构件，提供了气液两相接触传质的界面，是决定填料塔性能的主要因素。填料性能的优劣通常根据效率、通量及压降三要素衡量。在相同操作条件下，填料的比表面积越大，气液分布越均匀，表面的润湿性能越优良，则传质效率越高；填料的空隙率越大，结构越开敞，通量越大，压降亦越低。国内学者对九种常用填料的性能进行了评价，用模糊数学的方法得出各种填料的评估值，见表 5-6，可以看出，丝网波纹填料的综合性能最好，瓷拉西环最差。

表 5-6　几种填料综合性能评价

排序	填料名称	评估值	评价	排序	填料名称	评估值	评价
1	丝网波纹填料	0.86	很好	6	金属鲍尔环	0.51	一般好
2	孔板波纹填料	0.61	相当好	7	瓷 Intalox	0.41	较好
3	金属 Intalox	0.59	相当好	8	瓷鞍形环	0.38	略好
4	金属鞍形环	0.57	相当好	9	瓷拉西环	0.36	略好
5	金属阶梯环	0.53	一般好				

任务三
设计鼓泡塔反应器

任务导入

通过学习，在了解气液相反应知识及反应器结构特点的基础上，学会设计鼓泡塔反应器。乙醛可通过乙烯和氧气在氯化钯、氯化铜、盐酸及水做催化剂的条件下，一步直接氧化合成粗乙醛。反应式如下：

$$C_2H_4(g) + \frac{1}{2}O_2(g) \longrightarrow CH_3CHO(g) \quad +243.7\text{kJ/mol}$$

采用气升管式鼓泡塔反应器，已知工艺条件如下。

① 原料规格：乙烯 99.7%（体积），氧气 99.5%。
② 操作条件：温度 398K，塔顶表压为 294.2kPa，气液并流操作，$u_{OG}=0.715\text{m/s}$，$u_{OL}=0.43\text{m/s}$，为移出反应热，每小时需蒸出 8720kg 水。
③ 进气比：$C_2H_4 : O_2 : (CO_2+N_2) = 65 : 17 : 18$（物质的量之比）。
④ 乙醛空时收率为 0.15kg/(L·h)，乙烯的单程转化率为 35.2%，每吨产品消耗纯乙烯 700kg，纯氧 280m³。
⑤ 物性数据：液相黏度 $\mu_L=2.96\times10^{-4}\text{Pa·s}$，气相黏度 $\mu_G=1.3\times10^{-5}\text{Pa·s}$，液相表面张力 $\sigma_L=80\times10^{-3}\text{N/m}$，液相平均密度 $\rho_L=1120\text{kg/m}^3$，气相平均密度 $\rho_G=1.20\text{kg/m}^3$。
⑥ 每小时生产 85kmol 乙醛。

试用经验法计算鼓泡塔反应器的工艺尺寸。

工作任务

1. 了解气液相反应速率表达式及气液相反应动力学，并掌握"双膜理论"的基本内涵及应用。
2. 了解鼓泡塔反应器的流体流动、质量与热量传递特性。
3. 掌握鼓泡塔反应器工艺尺寸的设计流程，会用经验法计算乙烯氧化制乙醛所需鼓泡塔反应器的直径、高度和体积。

知识点一
气液相反应动力学基础

一、气液相反应速率表示方法

化学反应速率定义式(5-1) 如下

$$\text{反应速率} = \frac{\text{反应量}}{\text{反应区域} \times \text{反应时间}} \tag{5-1}$$

对于气液相反应，反应区域有如下选择方法：
① 选用液相体积时，反应速率$(-r_A)$单位 $kmol/(m^3 \cdot h)$；
② 当选用气液相混合物的体积时，反应速率$(-r_A)_V$的单位 $kmol/(m^3 \cdot h)$；
③ 选用单位气液相界面积时，反应速率$(-r_A)_S$单位 $kmol/(m^2 \cdot h)$。
对于气液相反应系统，单位液相体积所具有的气液相界面积为

$$a_i = \text{相界面积}/\text{液相体积} = S/V_L$$

单位气液混合物体积所具有的气液相界面积

$$a = \text{相界面积}/\text{气液相混合物体积} = S/V_R = S/(V_G + V_L)$$

a_i 和 a 均称作比相界面，但因为基准不同，数值上也会有所差别。两者可通过气含率 ε 关联。气含率定义为单位气液混合物体积中气相所占的体积分数。

$$\varepsilon = V_G/V_R = V_G/(V_G + V_L)$$

根据其定义，可得到关系式：

$$a = (1-\varepsilon)a_i \tag{5-2}$$

气液相反应的三种反应速率关系式为：

$$(-r_A)V = (-r_A)(1-\varepsilon) = (-r_A)_S a \tag{5-3}$$

因此，对于不同的反应系统，反应区域的选择不同，会导致反应速率数值上的不同。需要注意的是反应区域应该是实际反应进行的场所，不包括与其无关的区域。

二、气液相反应宏观动力学

气液相反应是指气体在液体中进行的化学反应。对于气液相反应，气相组分必须进入液相中才能进行反应，反应组分可能是一种在气相，另一种在液相；也可能都在气相，但需要进入含有催化剂的液相中才能进行反应。

1. 气液相反应的基本特征

气体须先溶解到液体中才可能发生气液相反应，而且气液传质过程必然会影响化学反应的进程，化学反应也会影响传质。因此，气液相反应是十分复杂的系统，须抓住其基本特征，才能解决问题。气液相反应的基本特征可归纳为三点：

① 在液相中进行的无论是简单反应还是复杂反应，宏观上总可将气液相反应分解成传质和反应两个过程，这两个过程组成一个统一体，先传质后反应。

② 传质和反应双方互相影响和制约，两者矛盾表现出来的统一速率称为宏观速率，既非反应的本征速率，也非传质的本征速率。

③ 传质和反应统一体的统一水平受流体力学、传热和传质等传递过程和流体的流动与混合等因素的影响。这个统一水平是相对可以变化的，即是可调的。即通过人为地调节有关参量控制传质和反应的统一水平，即控制宏观速率、反应转化率和反应选择性等。

2. 气液传质理论简述

描述通过气液相界面的物质传递模型有很多，如"双膜理论""表面更新理论""渗透理论"等。其中应用最广泛的是路易斯-惠特曼（Lewis-Whitman）于1923年提出的"双膜理论"，其优点是简明易懂，便于进行数学处理。

双膜模型假设平静的气液相界面两侧存在着气膜与液膜，是很薄的静止层或层流层。当气相组分向液相扩散时，须先到达气液相界面，在相界面上达到气液相平衡，服从亨利定律：

$$P_{Ai} = H_A c_{Ai} \tag{5-4}$$

式中，P_{Ai} 为气相组分 A 在相界面上达到平衡时的气相分压，Pa；c_{Ai} 为气相组分 A 在相界面上达到平衡时的液相浓度，kmol/m³；H_A 为亨利常数，m³·Pa/kmol。

"双膜理论"假设气膜外的气相主体和液膜外的液相主体达到完全均匀混合，即全部传质阻力都集中在膜内。在无反应的情况下，组分 A 由气相主体扩散进入液相主体经历以下途径：气相主体→气膜→界面气液平衡→液膜→液相主体。

气液相反应双膜理论模型如图 5-20 所示，当扩散达到定态后，根据扩散方程 $DLA \dfrac{\partial c_A}{\partial Z^2} = 0$ 和边界条件，气相中的 A 组分通过气液相界面向液相扩散的物理吸收速率可用式(5-5)表示：

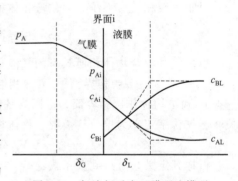

图 5-20 气液相反应双膜理论模型

$$N_A = -\frac{1}{S}\frac{dn_A}{d\tau} = \frac{D_{GA}}{\delta_G}(P_A - P_{Ai}) = k_{GA}(P_A - P_{Ai})$$

$$= K_{GA}(P_A - P_A^*) = \frac{D_{LA}}{\delta_L}(c_{Ai} - c_{AL}) \tag{5-5}$$

$$= k_{LA}(c_{Ai} - c_{AL}) = K_{LA}(c_A^* - c_{AL})$$

已知：
$$\frac{1}{K_{GA}} = \frac{1}{k_{GA}} + \frac{H_A}{k_{LA}} \tag{5-6}$$

$$\frac{1}{K_{LA}} = \frac{1}{H_A k_{GA}} + \frac{1}{k_{LA}} \tag{5-7}$$

则：
$$P_{Ai} = H_A c_{Ai} = \frac{k_{GA} P_A + k_{LA} c_{AL}}{k_{GA} + \frac{k_{LA}}{H_A}} \quad (5\text{-}8)$$

式中，N_A 为扩散速率，kmol/(m²·s)；S 为相界面积，m²；D_{GA} 为组分 A 在气膜中的分子扩散系数，kmol/(m·s·Pa)；δ_G 为气膜的有效厚度，m；P_A 为气相主体中组分 A 的分压，Pa；P_{Ai} 为气液相界面处气相组分 A 的分压，Pa；P_A^* 为与液相主体中组分 A 浓度 c_{AL} 相平衡时的分压，$P_A^* = H_A c_{AL}$，Pa；k_{GA} 为组分 A 在气膜内的传质系数，kmol/(m²·s·Pa)；K_{GA} 为组分 A 以分压表示的总传质系数，kmol/(m²·s·Pa)；D_{LA} 为组分 A 在液膜内的分子扩散系数，m²/s；δ_L 为液膜有效厚度，m；c_{Ai} 为气液相界面处液相组分 A 的浓度，kmol/m³；c_A^* 为与气相主体中组分 A 分压 P_A 相平衡的浓度（$c_A^* = P_A/H_A$），kmol/m³；c_{AL} 为液相主体中组分 A 的浓度，kmol/m³；k_{LA} 为组分 A 在液膜内的传质系数，m/s；K_{LA} 为组分 A 以液相浓度表示的总传质系数，m/s。

3. 气液相反应宏观动力学方程

设有二级不可逆反应：

$$A(\text{气相}) + bB(\text{液相}) \longrightarrow C(\text{产物})$$

气相组分 A 与液相组分 B 之间的反应过程，所经历的步骤：气相组分 A 从气相主体传递到气液相界面，假定在相界面上达到气液相平衡；气相组分 A 从气液相界面扩散进入液相，并且在液相内进行化学反应；液相内的反应产物向浓度梯度下降的方向扩散，气相产物向相界面扩散；气相产物向气相主体扩散。

由于气液相反应过程经历了以上步骤，实际表现出来的反应速率包括了这些传递过程在内的综合反应速率，即宏观动力学。当传递速率远大于化学反应速率时，实际的反应速率就完全取决于后者，即动力学控制；反之，化学反应速率很快，而某一步的传递速率很慢，则称为扩散控制。当化学反应速率和传递速率具有相同的数量级时，则二者均对宏观速率有显著影响。

（1）气液相反应的类型　根据传质速率和化学反应速率的不同，气液相反应可以分为八种不同的反应类型，如图 5-21 所示。

① 瞬间反应。如图 5-21(a)，气相组分 A 与液相组分 B 之间的反应瞬间完成，两者不能共存，反应发生在液膜内的某一个面上，该面称为反应面。因此，A 和 B 扩散到此反应面的速率决定了过程的总反应速率。

② 界面反应。反应性质与瞬间反应相同，但因液相中组分 B 的浓度高，气相组分 A 扩散到相界面时即反应完毕，因此，反应面移至相界面上，如图 5-21(b)。此时，总反应速率取决于气膜内 A 的扩散速率。

③ 二级快速反应。化学反应能力低于瞬间反应，但反应面拓展为反应区，反应区内 A、B 共存，反应区外 A、B 不能同时存在，反应区仍在液膜内，并不进入液相主体，如图 5-21(c)。

④ 拟一级快速反应。与二级快速反应相同，反应发生于液膜内的某一区域。但组分 B 的浓度高，与 A 发生反应后其消耗量可忽略不计，故视为拟一级反应。此时液膜内 B 组分的浓度基本不变，如图 5-21(d) 所示。

⑤ 二级中速反应。A 与 B 在液膜中发生反应，但因反应速率不是很快，部分 A 在液膜中反应不完全，进入液相主体，并在液相主体中继续与 B 组分反应，如图 5-21(e) 所示。

⑥ 拟一级中速反应。与⑤相同，反应同时发生在液膜和液相主体中。但因液相中 B 组分的浓度较高，在整个液膜中 B 的浓度近似不变，因此，可简化为 A 组分的拟一级反应，

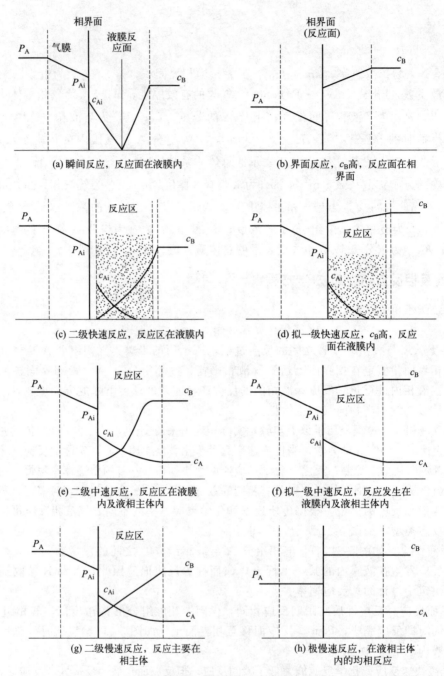

图 5-21 气液相反应类型

如图 5-21(f) 所示。

⑦ 二级慢速反应。当反应速率小于传质速率，A 与 B 反应缓慢，A 组分通过扩散到相界面与再溶解到液膜中与液相组分 B 发生反应，大部分 A 反应不完全扩散到液相主体，并在液相主体中与 B 发生反应，由于液膜在整个液相中所占的体积分数很小，故反应主要在液相主体中进行，如图 5-21(g) 所示。

⑧ 极慢速反应。组分 A 与 B 反应极其缓慢，传质阻力可忽略。在液相中 A 与 B 的浓度是均匀的，反应速率完全取决于化学反应动力学，如图 5-21(h) 所示。

不同的反应类型，其传质速率与本征反应速率的相对大小不同，宏观速率的表达形式相差很大，适宜的气液相反应设备也不相同。

（2）气液相反应的基础方程　对于典型的二级不可逆气液相反应：

$$A(气相)+bB(液相) \longrightarrow C(产物)$$

组分 A 必须首先在气相中扩散，然后透过气液相界面向液相主体扩散，同时进行化学反应。根据双膜理论，可确定气液反应过程的基本方程。

为了确定组分 A 和 B 在液相中的浓度分布，可在液相内离相界面为 z 处，取一厚度为 dz，与传质方向垂直的面积为 S 的微元体积，进行物料平衡。根据物料衡算方程，当达到定态时，扩散进入该微元体积的组分 A 的量与由该微元体积扩散出去的组分 A 的量之差应等于微元体积中反应掉的组分 A 的量和组分 A 的累积量。

扩散入微元体的量－扩散出微元体的量＝微元体 A 的反应量＋微元体 A 的积累量

$$-D_{LA}S\frac{dc_A}{dz}-\left[-D_{LA}S\left(\frac{dc_A}{dz}+\frac{d^2c_A}{dz^2}dz\right)\right]=(-r_A)Sdz+0 \tag{5-9}$$

式中，S 为气液相界面积，m^2；$(-r_A)$ 为以液相体积为基准的反应速率，$kmol/(m^3 \cdot h)$。

设 D_{LA} 为常数，将式(5-9) 化简可得

$$D_{LA}\frac{d^2c_A}{dz^2}=(-r_A)=kc_Ac_B \tag{5-10}$$

同理，对微元组分 B 作物料衡算，可得

$$D_{LB}\frac{d^2c_B}{dz^2}=b(-r_A)=bkc_Ac_B \tag{5-11}$$

式(5-10) 与式(5-11) 是二级不可逆气液相反应的基础方程式。各种不同类型的气液相反应有不同的边界条件，可获得不同的解。一般情况下，其解的表达式均比较复杂，详见相关资料手册。

知识点二
鼓泡塔反应器的传递特性

一、鼓泡塔中的流体力学特性

在鼓泡塔反应器中，气体通过分布器的小孔形成气泡鼓入液体层中。因此气体在床层中的空塔速度决定了单位反应器床层的相界面积、气含率和返混程度等。最终影响反应系统的传质和传热过程，影响反应效果。因此，研究气泡大小、气泡的浮升速度、气含率、相界面积以及流体阻力等，对鼓泡塔反应器的分析、控制和计算有着重要的意义。

1. 鼓泡塔的流体流动

正常情况下，鼓泡塔内充满液体，气体从鼓泡塔底部通入，分散成气泡沿液体上升，即与液相接触进行反应同时搅动液体以增加传质速率。在鼓泡塔中，气体由顶部排出而液体由底部引出。通常鼓泡塔的流动状态可划分为 3 种区域。

(1) 安静鼓泡区 当气体空塔速度低于 0.05m/s 时,气体通过分布器几乎呈分散有序的气泡,气泡大小均匀,进行有秩序的鼓泡;液体由轻微湍动过渡到有明显湍动,称为安静鼓泡区。此时,既能达到一定的气体流量,又很少出现气体的返混现象。

(2) 湍流鼓泡区 当气体空塔速度大于 0.08m/s 时,则为湍动区。此时部分气泡凝聚成大气泡,塔内气-液剧烈无定向搅动,呈现极大的液相返混。气体以大气泡和小气泡两种形态与液体相接触,大气泡上升速度较快,停留时间较短,小气泡上升速度较慢,停留时间较长,形成不均匀的接触状态。

(3) 栓塞气泡流动区 在小直径鼓泡塔中(直径小于 0.15m),较高的表观气速下会出现栓塞气泡流动状态,这是由于大气泡直径被鼓泡塔的器壁所限制,鼓泡塔流动状态如图 5-22 所示,图中三个流动区域的交界是模糊的,这是由于气体分布器的形式、液体的物理化学性质和液相流速一定程度地影响

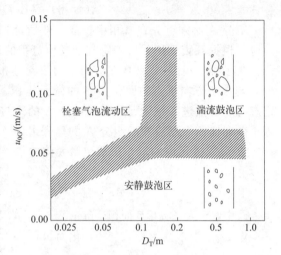

图 5-22 鼓泡塔流动状态

了流动区域的转移。例如,孔径较大的分布器在很低的气速下成为湍流鼓泡区;高黏度的液体在较大的鼓泡塔中形成栓塞流,只有在较高的气速下才能过渡到湍流鼓泡区。因此,工业鼓泡塔的操作常处于安静鼓泡区和湍流鼓泡区的流动状态之中。

2. 鼓泡塔的气泡大小

气体在鼓泡塔中主要以两种方式形成气泡。当空塔气速较低时,利用分布器(多孔板或微孔板)使通过的气体在塔中分散成气泡;当空塔气速较高时,主要以液体的湍动引起喷出的气流破裂而形成气泡。气体分布器和液体的湍动情况不同,形成的气泡大小也不同。通过实验发现,直径小于 0.002m 的气泡近似为坚实球体垂直上升,当气泡直径较大时,其外形好似菌帽状,近似垂直上升。

气泡大小直接关系到气液传质面积。在相同的空塔气速下,气泡越小,说明分散越好,气液相接触面积就越大。在安静区,因气泡上升速度慢,小孔气速对其大小影响不大,主要与分布器孔径及气液特性有关。对于安静区,单个球形气泡,其直径 d_b 可以根据气泡所受到的浮力 $\pi d_b^3(\rho_L-\rho_G)g/6$ 与孔周围对气泡的附着力 $\pi\sigma_L d_0$ 之间的平衡求得,即式

$$d_b = 1.82\left[\frac{d_0\sigma_L}{(\rho_L-\rho_G)g}\right]^{\frac{1}{3}} \tag{5-12}$$

式中,d_b 为单个球形气泡直径,m;σ_L 为液体表面张力,N/m;ρ_G 为气体密度,kg/m³;ρ_L 为液体密度,kg/m³;d_0 为分布器孔径,m。

工业鼓泡塔内的气泡大小不一,计算时采用当量比表面积平均直径 d_{VS},当量比表面积平均直径是指当量圆球气泡的面积与体积比值与全部气泡加在一起的表面积和体积比值相等时该气泡的平均直径,计算式如下式:

$$d_{VS} = \frac{\sum n_i d_i^3}{\sum n_i d_i^2} \tag{5-13}$$

在气含率小于 0.14 的情况下,可用下列经验式进行近似估算:

$$d_{VS}=26D\left(\frac{gD^2\rho_L}{\sigma_L}\right)^{-0.5}\left(\frac{gD^3\rho_L^2}{\mu_L^2}\right)^{-0.12}\left(\frac{u_{OG}}{\sqrt{gD}}\right)^{-0.12} \tag{5-14}$$

式中，$Bo=\dfrac{gD^2\rho_L}{\sigma_L}$ 为邦德数；$Ga=\dfrac{gD^3\rho_L^2}{\mu_L^2}$ 为伽利略数；$Fr=\dfrac{u_{OG}}{\sqrt{gD}}$ 为弗劳德数；d_{VS} 为当量比表面积平均直径，m；D 为鼓泡塔反应器内径，m；μ_L 为液体黏度，kg/(m·s)；u_{OG} 为气体空塔气速，m/s。

一般工业鼓泡塔中的气泡直径小于 0.005m。分布器的开孔率范围较宽，可达 0.03%~30%，采用较大开孔率往往引起部分小孔不出气甚至被堵塞，故应取偏低的开孔率。由于鼓泡塔液层较高，上部还有气液分离空间，雾沫夹带并不严重，因此分布器的小孔气速可以取得较高，实际操作中可达到 80m/s。

3. 鼓泡塔的气含率

鼓泡塔内气体鼓泡使液层膨胀，在决定反应器尺寸或设计液位控制器时，须考虑气含率的影响。气含率直接影响传质界面的大小和气体、液体在充气液层中的停留时间，对气液传质和化学反应有着重要影响。气液混合物中气体所占的体积分数，称为气含率。

$$\varepsilon_G=\frac{H_{GL}-H_L}{H_{GL}} \tag{5-15}$$

式中，H_L 为静止液层的高度，m；H_{GL} 为充气液层的高度，m。

掌握所要设计计算的鼓泡塔的气含率和塔内持液量，便可预估鼓泡塔内通气操作时的床层高度。此外，对于传质与化学反应来讲，气含率也非常重要，因为气含率与停留时间及气液相界面积的大小有关。影响气含率的因素主要有设备结构、物性参数和操作条件等。一般气体性质对气含率影响不大，可忽略。液体表面张力 σ_L、液体黏度 μ_L 与液体密度 ρ_L 对气含率有影响。溶液中存在的电解质会使气液相界面发生变化，生成的气泡上升速度较小，使气含率较纯水中的高 15%~20%。当空塔气速 u_{OG} 增大时，气含率 ε_G 随之增加，当 u_{OG} 达到一定值时，气泡汇合，ε_G 反而下降。ε_G 随塔径 D 的增加而下降，当 $D>0.15$m 时，D 对 ε_G 无影响。当 $u_{OG}<0.05$m/s 时，ε_G 与塔径无关。因此实验室设备直径一般大于 0.15m，只有当 $u_{OG}<0.05$m/s 时，才可取小塔径。

关于气含率的关联式，目前认为较完善的是 1980 年 Hirita 提出的经验式：

$$\varepsilon_G=0.672\left(\frac{u_{OG}\mu_L}{\sigma_L}\right)^{0.578}\left(\frac{\mu_L^4 g}{\rho_L\sigma_L^3}\right)^{-0.131}\left(\frac{\rho_G}{\rho_L}\right)^{0.062}\left(\frac{\mu_G}{\mu_L}\right)^{0.107} \tag{5-16}$$

式中，ρ_G 为气体密度，kg/m³；μ_G 为气体黏度，Pa·s。

式(5-16)全面考虑了气体和液体的物性对气含率的影响，但对电解质溶液，当离子强度大于 1.0mol/m³ 时，需乘以校正系数 1.1。

4. 鼓泡塔气泡浮升速度

单个气泡由于浮力作用在液体中上升，随着上升速度的增加，阻力也增加。当浮力等于阻力和重力之和时，气泡达到自由浮升速度。在鼓泡塔中，气泡并不是单独存在的，而是与许多气泡一起浮升。因此，工业鼓泡塔内的气泡浮升速度可用下式近似估算。

$$u_t=\left(\frac{2\sigma_L}{d_{VS}\rho_L}+g\frac{d_{VS}}{2}\right)^{0.5} \tag{5-17}$$

鼓泡塔内，由于气泡相和液相同时流动，因此气泡与液体间存在一相对速度，称为滑动速度，可通过气相和液相的空塔速度及动态气含率求出。计算时分两种情况。

液相静止时：

$$u_S = \frac{u_{OG}}{\varepsilon_{OG}} = u_G \tag{5-18}$$

液相流动时：

$$u_S = u_G \pm u_L = \frac{u_{OG}}{\varepsilon_G} \pm \frac{u_{OL}}{1-\varepsilon_G} \tag{5-19}$$

式中，u_{OL} 为空塔液速，m/s；u_{OG} 为空塔气速，m/s；u_S 为滑动速度，m/s；u_L，u_G 为实际的液体与气体流动速度，m/s。

5. 鼓泡塔气液比相界面积

气液比相界面积指单位气液混合中鼓泡床层体积所具有的气泡表面积，可通过气泡的平均直径 d_{VS} 和气含率 ε_G 计算得出，即

$$a = \frac{6\varepsilon_G}{d_{VS}} \tag{5-20}$$

气液比相界面积 $a(m^2/m^3)$ 的大小直接关系到传质速率，其值可通过一定条件下的经验公式计算，该经验式应用范围为 $2.2 \leqslant H_L/D \leqslant 24$，$5.7 \times 10^5 \leqslant \frac{\rho_L \sigma_L}{g d_L} \leqslant 10^{11}$，$u_{OG} \leqslant 0.6 m/s$，误差±15%。

$$a = 26.0 \left(\frac{H_L}{D}\right)^{-0.3} \left(\frac{\rho_L \sigma_L}{g \mu_L}\right)^{-0.003} \varepsilon_G \tag{5-21}$$

由于气液比相界面积 a 值的测定比较困难，因此，人们常利用传质关系式 $N_A = k_{La} \cdot c_A$ 直接测定 k_{La} 的值使用。

6. 鼓泡塔内的气体阻力

鼓泡塔内的气体阻力 Δp 由两部分组成：一是气体分布器阻力，二是床层静压头的阻力。即

$$\Delta p = \frac{10^{-3} u_0^2 \rho_G}{C^2 \cdot 2} + H_{GL} \rho_{GL} g \tag{5-22}$$

式中，C^2 为小孔阻力系数，约 0.8；u_0 为小孔气速，m/s；ρ_{GL} 为鼓泡层密度，kg/m³。

7. 鼓泡塔的返混

鼓泡塔内液相存在返混，通常工业鼓泡塔内的液相可视为理想混合。塔内气体返混一般不太明显，可假设为理想置换，计算误差约为 5%。但当计算严格要求时，尤其是当气体转化率较高时，需考虑返混的影响。

二、鼓泡塔中的质量传递

鼓泡塔内的传质过程，一般气膜的传质阻力较小，可忽略，传质速率的快慢主要受液膜传质阻力的影响。若想提高单位相界面的传质速率，即提高传质系数，必须提高扩散系数。而扩散系数不仅与液体的物理性质有关，还与反应温度、气体反应物的分压和液体浓度有关。当鼓泡塔在安静区操作时，影响液相传质系数的主要因素是：气泡大小、空塔气速、液

体性质及扩散系数等；当在湍动区操作时，主要影响因素为：液体的扩散系数、液体性质、气泡当量比表面积以及气体表面张力等。在鼓泡塔中，液膜传质过程存在如下公式：

$$Sh = 2.0 + C\left[Re_b^{0.484} Sc_L^{0.339}\left(\frac{d_b g^{1/3}}{D_{LA}^{2/3}}\right)^{0.072}\right]^{1.61} \tag{5-23}$$

式中，$Sh = \dfrac{k_{LA} d_b}{D_{LA}}$ 为舍伍德数（k_{LA} 为液相传质系数，m/s）；$Sc_L = \dfrac{d_L}{\rho_L D_{LA}}$ 为液体施密特数；$Re_b = \dfrac{d_b u_{OG} \rho_L}{\mu_L}$ 为气泡雷诺数；D_{LA} 为液相有效扩散系数，m^2/s；单个气泡时 $C = 0.061$，气泡群时 $C = 0.0187$。

式(5-23)的应用范围：$0.2\text{cm} < d_b < 0.5\text{cm}$，液体空速 $\leqslant 10\text{cm/s}$，$u_{OG} = 4.17 \sim 27.8\text{cm/s}$。由此可计算出传质系数 k_{LA}。

三、鼓泡塔中的热量传递

鼓泡塔的传热方式通常有三种：利用溶剂、液相反应物或产物的汽化带走热量，如苯烃化制乙苯；采用液体循环外冷却器移出反应热，如外循环式乙醛氧化制乙酸；采用夹套、蛇管或列管式冷却器，如并流式乙醛氧化制乙酸。鼓泡床由于气泡运动，床层中的液体剧烈扰动。流体对换热器壁的传热系数比自然对流传热系数大 10 余倍之多，因此它并不是热交换中的主要阻力。常用计算式如下：

$$\frac{a_t D}{\lambda_L} = 0.25\left(\frac{D^3 \rho_L g}{\mu_L}\right)^{\frac{1}{3}}\left(\frac{c_P \mu_L}{\lambda_L}\right)^{\frac{1}{3}}\left(\frac{u_{OG}}{u_S}\right)^{0.2} \tag{5-24}$$

式中，a_t 为传热系数，$J/(m^2 \cdot s \cdot K)$；λ_L 为液体热导率，$J/(m \cdot s \cdot K)$；c_P 为液体定压比热容，$J/(kg \cdot K)$；u_S 为气泡滑动速度，m/s。

液体静止时，$u_S = \dfrac{u_{OG}}{\varepsilon_{OG}}$；液体流动时，$u_S = \dfrac{u_{OG}}{\varepsilon_{OG}} \pm \dfrac{u_{OL}}{1-\varepsilon_{OG}}$。其中 ε_{OG} 为静态气含率（与气含率区别不大），"±"号为气液相对流向（"+"表示气液逆流，"-"表示气液并流）。

通过式(5-24)可计算出鼓泡床中物料对热交换器壁的传热系数，即可由传热壁等热阻及一侧传热系数计算出总传热系数。

技能点
鼓泡塔反应器的设计

鼓泡塔工艺设计计算的主要内容是气液鼓泡床的体积计算。一般情况下，可采用经验法也可采用数学模型法。对于半连续操作鼓泡塔反应器体积的计算，可归纳为反应时间的计算，这与均相间歇操作反应器的计算类似。对于连续操作鼓泡塔反应器体积的计算，往往归结为鼓泡层高度的确定。

一、经验法

当缺乏宏观动力学数据，无法进行数学模型法计算时，可采用比较简便的经验法解决。根据实验或工厂提供的空塔气速、转化率和空时收率（单位时间、单位体积所得产物量）等经验数据计算。

1. 鼓泡塔反应器直径的计算

从鼓泡塔反应器的传递特性可得出，鼓泡塔内的空塔气速与传递特性有直接关系。因此，鼓泡塔直径取决于最佳空塔气速。确定了最佳空塔气速也就确定了鼓泡塔的最佳高度和直径。最佳空塔气速应满足的两个条件：①保证反应过程的最佳选择性；②保证反应器体积最小。气体的空塔气速通常由实验或工厂提供的经验数据确定。当 u_{OG} 很小时，塔径 D 较大。在确定 D 时，应考虑能使气体在塔截面均匀分布和有利于气体在液体中的搅拌作用，从而加强混合和传质。当 u_{OG} 很大时，D 较小，液面高度将相应增大，此时应考虑气体在入口处随压强增大可能引起的操作费用的提高以及由于液体体积膨胀可能出现的不正常腾涌现象等。所以 u_{OG} 值应选择适当，塔高和塔径之比 $3 < H_{GL}/D < 12$。当 u_{OG} 的最佳值确定之后，鼓泡塔反应器的直径 D 可按下式进行计算：

$$D = \sqrt{\frac{4v_G}{\pi u_{OG}}} \tag{5-25}$$

式中，v_G 为气体体积流量，m^3/h。

【例 5-1】 采用鼓泡塔反应器进行乙烯和苯的烷基化反应生产乙苯，再以乙苯为原料进行脱氢反应生产苯乙烯。某企业在生产乙苯时，乙烯的进料量为 616kg/h，苯的液层高度为 8m，乙烯的空塔气速为 0.3m/s。试计算鼓泡塔的直径和反应液的体积。

解：（1）乙烯的体积流量为

$$v_G = \frac{616}{28} \times 22.4 = 493 (m^3/h)$$

（2）鼓泡塔直径

$$D = \sqrt{\frac{4v_G}{\pi u_{OG}}} = \sqrt{\frac{4 \times 493}{3.14 \times 0.3 \times 3600}} = 0.763 (m)$$

（3）反应液体积

$$V_L = \frac{\pi}{4} D^2 H_L = \frac{3.14}{4} \times 0.763^2 \times 8 = 3.66 (m^3)$$

2. 鼓泡塔反应器高度和体积的计算

除反应器的有效体积（充气床层体积）外，鼓泡塔体积还包括充气液层上部除沫分离空间的体积和反应器顶盖的死区体积。反应器高度的确定，应全面考虑床层气含量、雾沫夹带、床层上部气相的允许空间（有时为防止气相爆炸，空间要求尽量小一些）、床层出口位置和床层液面波动范围等多种因素的影响后确定。

（1）充气液层的体积 V_R　充气液层的体积指鼓泡塔床层静止液层的体积与充气液层中气体的体积，是鼓泡塔在操作过程中必须保证的气泡和液体混合物的体积。可表示为：

$$V_R = V_G + V_L = \frac{V_L}{1-\varepsilon_G} \tag{5-26}$$

式中，V_R 为充气液层的体积，m^3；V_L 为液相体积，m^3；V_G 为充气液层中气体所占的体积，m^3。

满足一定生产能力所需的液相体积可用下式计算

$$V_L = V_{OL}\tau \tag{5-27}$$

式中，V_{OL} 为原料的体积流量；τ 为停留时间。

(2) 分离空间的体积 V_E 分离空间的作用是除去上升气体所夹带的液滴，而液滴与气体的分离是靠其自身沉降实现的。分离空间的体积为：

$$V_E = \frac{\pi}{4}D^2 H_E \tag{5-28}$$

式中，V_E 为分离空间体积，m；H_E 为分离空间高度，m。

分离空间的高度是由液滴的移动速度决定的。当液滴的移动速度小于 0.0001m/s，分离高度可用下式计算，其中 D 为塔径：

$$H_E = \alpha_E D \tag{5-29}$$

式中，当 $D \geqslant 1.2m$ 时，$\alpha_E = 0.75$；当 $D < 1.2m$ 时，H_E 应不小于 1m。

(3) 顶盖的死区体积 V_C 顶盖部位的体积一般不起气体与液滴的分离作用，常称为死区体积或无效体积，可用下式进行计算：

$$V_C = \frac{\pi D^3}{12\varphi} \tag{5-30}$$

式中，V_C 为顶盖的死区体积；φ 为形状系数（球形顶盖 $\varphi = 1.0$，2∶1 的椭圆形顶盖 $\varphi = 2.0$）。顶盖高度可根据几何形状求得。

【例 5-2】在鼓泡塔内完成乙醛氧化制乙酸的生产，原料气的平均体积流量为 $4746m^3/h$，空塔气速为 0.715m/s，床层气含率为 0.26，乙酸的产能为 $200kg/(m^3 \cdot h)$，年生产时间为 8000h。试计算年产 1 万吨乙酸鼓泡塔反应器的直径、体积与高度。

解：鼓泡塔直径 $D = \sqrt{\dfrac{4v_G}{\pi u_{OG}}} = \sqrt{\dfrac{4 \times 4746}{3.14 \times 0.715 \times 3600}} = 1.53(m)$

液相体积 $V_L = \dfrac{10000 \times 10^3}{200 \times 8000} = 6.25(m^3)$

充气液层的体积 $V_R = V_G + V_L = \dfrac{V_L}{1-\varepsilon_G} = \dfrac{6.25}{1-0.26} = 8.45(m^3)$

反应器直径 $D = 1.53m > 1.2m$，取 $\alpha_E = 0.75$，则

分离空间的高度 $H_E D = \alpha_E \times 1.53 = 0.75 \times 1.53 = 1.15(m)$

分离空间的体积 $V_E = \dfrac{\pi}{4}D^2 H_E = \dfrac{3.14}{4} \times 1.53^2 \times 1.15 = 2.11(m^3)$

采用球形封头，形状系数 $\varphi = 1.0$

反应器顶盖死区体积 $V_C = \dfrac{\pi D^3}{12\varphi} = \dfrac{3.14 \times 1.53^3}{12 \times 1} = 0.937(m^3)$

反应器的体积 $V = V_R + V_E + V_C = 8.45 + 2.11 + 0.937 = 11.50(m^3)$

反应器的高度为：$H = \dfrac{V}{\frac{\pi}{4}D^2} = \dfrac{11.50}{0.785 \times 1.53^2} = 6.26(m)$

二、数学模型法

气液两相接触的传递过程和流动过程都比较复杂,目前对鼓泡塔反应器的设计还没有达到成熟和满意的阶段。有关鼓泡塔反应器的数学模型,只能局限于几种简化的理想模型。目前常用的简化模型有:

① 气相为平推流,液相为全混流。
② 气相和液相均为全混流。
③ 液相为全混流,气相考虑轴向扩散。

下面以气相为平推流,液相为全混流为例介绍鼓泡塔反应器的数学模型法计算。

如图 5-23 所示,假设在鼓泡塔中进行气相组分 A 和液相组分 B 的反应,设塔内气相为平推流,液相为全混流,且塔内气相组分的分压随塔高呈线性变化,单位体积气液混合物的相界面积不随位置变化,操作过程中液体的物性参数是不变的。在塔内取一微元进行物料衡算,得:

$$FdY_A = (-r_A)aS_t dl \tag{5-31}$$

式中,F 为气相中惰性气体的摩尔流量,kmol/s;Y_A 为气相反应组分 A 的比摩尔分数;$(-r_A)$ 为气相组分 A 的反应速率,kmol/(m³·s);S_t 为反应器的横截面积,m²;a 为单位液相体积所具有的相界面积,m²。

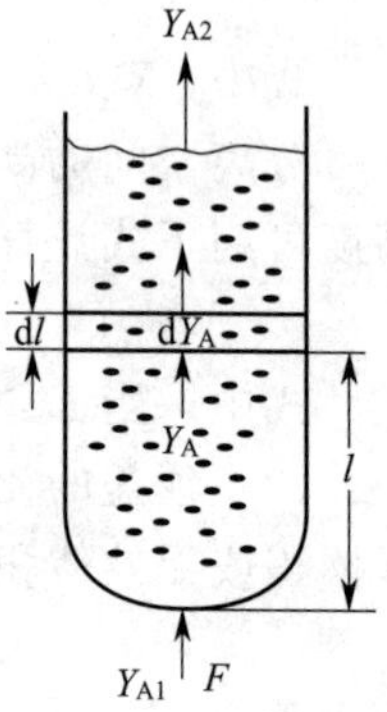

对式(5-31)进行积分:

$$L = \int_0^L dl = \frac{F}{S_t} \int_{Y_{A0}}^{Y_A} \frac{dY_A}{a(-r_A)} \tag{5-32}$$

图 5-23 气液相反应器物料衡算

若想计算出完成一定生产任务所需的反应器高度,须得到 $(-r_A)$ 与 Y_A 的关系。这就要求首先得到动力学方程式。气液相反应的动力学方程与气液相反应的类型(快速反应、慢速反应、中速反应等)有很大的关系。反应类型不同,动力学方程式的表达式也不同。因此,鼓泡塔反应器的设计计算用经验法较直观简单,而采用数学模型法则需要根据具体的反应特征分别进行处理。

根据任务背景要求,首先,根据所提供的条件,计算出进入鼓泡塔的气相体积流量,离开鼓泡塔的气体体积流量,操作条件下鼓泡塔内气相平均流量,进而计算出鼓泡塔塔径;其次计算催化剂的体积并进行气体压降的校核;最后计算气含率,进而计算出鼓泡塔的高度与体积。

【例 5-3】乙醛可通过乙烯和氧气在氯化钯、氯化铜、盐酸及水做催化剂的条件下,一步直接氧化合成粗乙醛。反应式如下:

$$C_2H_4(g) + \frac{1}{2}O_2(g) \longrightarrow CH_3CHO(g) \quad +243.7 \text{kJ/mol}$$

采用气升管式鼓泡塔反应器,已知工艺条件如下:①原料规格为乙烯 99.7%(体积),氧气 99.5%;②操作条件为温度 398K,塔顶表压为 294.2kPa,气液并流操作,$u_{OG}=0.715$m/s,$u_{OL}=0.43$m/s,为移出反应热,每小时需蒸出 8720kg 水;③进气比为 C_2H_4:O_2:$(CO_2+N_2)=65:17:18$(物质的量之比);④乙醛空时收率为 0.15kg/(L·h),乙烯的单程转化率为 35.2%,每吨产品消耗纯乙烯 700kg、纯氧 280m³;⑤物性数据为液相黏度 $\mu_L=2.96\times10^{-4}$Pa·s,气相黏度 $\mu_G=1.3\times10^{-5}$Pa·s,液相表面张力气 $\sigma_L=80\times10^{-3}$N/m,液相平均密度 $\rho_L=1120$kg/m³,气相平均密度 $\rho_G=1.20$kg/m³;⑥每小时生产 85kmol 乙醛。试用经验法计算鼓泡塔反应器的工艺尺寸。

解：(1) 进入鼓泡塔的气相（标准状态，下同）体积流量 v_{G0}

C_2H_4 的体积流量 $= \dfrac{85 \times 44 \times 700 \times 22.4}{1000 \times 28 \times 0.352 \times 0.997} = 5968 (m^3/h)$

O_2 的体积流量 $= \dfrac{5968 \times 17}{65} = 1561 (m^3/h)$

$CO_2 + N_2$ 的体积流量 $= \dfrac{5968 \times 18}{65} = 1653 (m^3/h)$

总进气量：$v_{G0} = 5968 + 1561 + 1653 = 9182 (m^3/h)$

(2) 离开鼓泡塔的气体体积流量 v_G

CH_3CHO 体积流量 $= 85 \times 22.4 = 1904 (m^3/h)$

C_2H_4 体积流量 $= 5968 \times (1 - 0.352) = 3867.3 (m^3/h)$

O_2 体积流量 $= 1561 - \dfrac{85 \times 44 \times 280}{1000 \times 0.995} = 508.5 (m^3/h)$

$CO_2 + N_2$ 的体积流量 $= 1653 (m^3/h)$

H_2O 体积流量 $= \dfrac{8720 \times 22.4}{18} = 10851.6 (m^3/h)$

离开鼓泡塔的总气体流量：

$v_G = 1904 + 3867.3 + 508.5 + 1653 + 10851.6 = 18784.4 (m^3/h)$

(3) 操作条件下鼓泡塔内气相平均流量 $\bar{v}_G$

假设鼓泡塔气体压降为 152kPa，则鼓泡塔入口气体压力为：$294.2kPa + 152kPa = 446.2kPa$（表压），入口气体流量为：

$v'_{G0} = 9182 \times \dfrac{398 \times 101.3}{273 \times 547.5} = 2477 (m^3/h)$

鼓泡塔塔顶压力为 294.2kPa（表压），出口气体流量为：

$v'_G = 18784.4 \times \dfrac{398 \times 101.3}{273 \times 395.5} = 7014 (m^3/h)$

塔内的平均气体流量为：

$\bar{v}_G = \dfrac{1}{2}(v'_{G0} + v'_G) = \dfrac{1}{2} \times (2477 + 7014) = 4746 (m^3/h)$

(4) 鼓泡塔塔径

已知气体空塔气速 $u_{OG} = 0.715 m/s$，则塔径为：

$$D = \sqrt{\dfrac{4v_G}{\pi u_{OG}}} = \sqrt{\dfrac{4 \times 4746}{3.14 \times 0.715 \times 3600}} = 1.53 (m)$$

(5) 催化剂体积

已知乙醛的空时收率为 $0.15 kg/(L \cdot h)$，则催化剂（液相）体积为：

$$V_L = \dfrac{85 \times 44}{1000 \times 0.15} = 24.93 (m^3)$$

(6) 气体压降校核

若不考虑气体分布器的阻力降，气体通过鼓泡层的压降可近似采用公式 $\Delta p = H_L \rho_L g$，其中 $H_L = \dfrac{V_L}{\dfrac{\pi}{4}D^2} = \dfrac{24.93}{0.785 \times 1.53^2} = 13.6 (m)$，则

$$\Delta p = 13.6 \times 1120 \times 9.81 = 149.4 (kPa)$$

计算结果与设定值 152kPa 基本吻合，故塔径为 1.53m，静液层高度为 13.6m。

（7）气含率计算

根据气含率计算公式：

$$\varepsilon_G = 0.672 \left(\frac{u_{OG}\mu_L}{\sigma_L}\right)^{0.578} \left(\frac{\mu_L^4 g}{\rho_L \sigma_L^3}\right)^{-0.131} \left(\frac{\rho_G}{\rho_L}\right)^{0.062} \left(\frac{\mu_G}{\mu_L}\right)^{0.107}$$

$$= 0.672 \times \left(\frac{0.715 \times 2.96 \times 10^{-4}}{80 \times 10^{-3}}\right)^{0.578} \times \left[\frac{(2.96 \times 10^{-4})^4 \times 9.81}{1120 \times (80 \times 10^{-3})^3}\right]^{-0.131} \times \left(\frac{1.20}{1120}\right)^{0.062} \times$$

$$\left(\frac{1.3 \times 10^{-5}}{2.96 \times 10^{-4}}\right)^{0.107}$$

$$= 0.672 \times 0.03237 \times 48.7 \times 0.6544 \times 0.7158$$

$$= 0.4962$$

（8）鼓泡塔气液层高度

$$H_{GL} = \frac{H_L}{1-\varepsilon_G} = \frac{13.6}{1-0.4962} = 26.99(\text{m})$$

（9）鼓泡塔气液层总高度

分离空间高度：$H_E = \alpha_E D = 0.75 \times 1.53 = 1.15(\text{m})$

顶盖死区高度（顶盖采用球形封头）：$H_C = \frac{1}{2}D = 0.5 \times 1.53 = 0.77(\text{m})$

鼓泡塔总高度：$H = H_{GL} + H_E + H_C = 26.99 + 1.15 + 0.77 = 28.91(\text{m})$

 知识拓展

反应器设计要点

在设计反应器时，首先应对化学反应进行全面的、深刻的了解，比如反应的动力学方程或反应的动力学影响因素：温度、浓度、停留时间、粒度、纯度和压力等对反应的影响；催化剂的寿命、失活周期和催化剂失活的原因、催化剂的耐磨性以及回收再生的方案；原料中杂质的影响、副反应发生的条件、副反应的种类、反应特点、反应或产物有无爆炸危险、爆炸极限如何、反应物和产物的物性、反应热效应、反应器传热面积和对反应温度的分布要求、多相反应时各相的分散特征、气-固相反应时粒子的回收以及开车装置、停车装置、操作控制方法等，应尽可能地掌握和熟悉反应的特性，才能在考虑问题时不至于顾此失彼。

在反应器设计时，除符合"合理、先进、安全、经济"的原则外，在落实到具体问题时，还要考虑下列设计要点。

（1）保证物料转化率和反应时间　这是反应器工艺设计的关键条件，物料反应的转化率有动力学因素，也有控制因素，一般在进行工艺物料衡算时，已研究确定。设计者常常根据反应的特点、生产实践和中试及工厂数据，确定一个转化率的经验值，而反应的充分和必要时间也是由研究和经验所确定的。设计人员根据物料的转化率和必要的反应时间，可以在选择反应器类型时作为重要依据，选型以后，依据这些数据计算反应器的有效容积和确定长径比及其他基本尺寸，决定设备台件。

（2）满足物料和反应的热传递要求　化学反应往往都有热效应，有些反应要及时移除反应热，有些反应则要保证加热的量，因此在设计反应器时，一个重要的问题是要保证有足够的传热面积，并有一套能适应所设计传热方式的有关装置。此外，在设计反应器时还要有温度测定控制的一套系统。

(3) 设计适当的搅拌器和类似作用的机构　物料在反应器内接触应当满足工艺规定的要求，使物料在湍流状态下，有利于传热、传质过程的实现。对于釜式反应器来说，往往依靠搅拌器来实现物料流动和接触要求；对于管式反应器来说，往往有外加动力调节物料的流量和流速。搅拌器的型式很多，在设计反应釜时，应重点考虑。

(4) 注意材质选用和机械加工要求　反应釜材质的选用通常是根据工艺介质的反应和化学性能的要求，如反应物料和产物的腐蚀性，或在反应产物中防止铁离子渗入，或要求无锈、洁净，或要考虑反应器在清洗时可能碰到腐蚀性介质等，此外，选择材质与反应器的反应温度有关，与反应粒子的摩擦程度、磨损消耗等因素有关。不锈钢、耐热锅炉钢、低合金钢和一些特种钢是常用的制造反应器的材料。为了防腐和洁净，可选用搪玻璃衬里等材料，有时为适应反应的金属催化剂，可选用含这种物质（金属、过渡金属）的材料作反应器，一举两得。材料的选择与反应器加热方法有一定关系，如有些材料不宜采用烟道气加热，有些材料不宜采用电感加热，有些材料不宜经受冷热冲击等，都需要仔细认真地加以考虑。

课外思考与阅读

工匠精神

赵金良——乙烯生产就是一辈子的事业

赵金良是恒力石化（大连）化工有限公司聚乙烯装置工艺工程师，在恒力乙烯项目建设过程中，为"吃透"那些技术复杂的"洋设备"，赵金良四处收集资料，几年间摘抄的笔记本摞起来有两尺多高，把工艺流程研究得鞭辟入里；为掌握实际操作技能，他天天"泡"在现场，走遍了装置的角角落落，爬遍了所有高塔，对每台设备的结构和参数烂熟于胸。

功夫不负有心人，经过多年学习实践，赵金良全面掌握了这套全球最先进乙烯装置的生产运行原理，为技术创新做足了知识和技术储备。针对高密度聚乙烯 Hostalen 低压淤浆工艺中离心机分离效果的问题，他提出，通过对离心机壳体增加压力，改变离心机和干燥床压差，改善干燥床粉料返串离心机问题，极大提高了生产效能，系统运行更加稳定，装置每天可增加效益近 200 万元。

从乙烯装置开工以来，赵金良共提出 6 项技改新技术，辅助型技改 22 项，申请专利 1 项，为设备的安全高效运行提供了有力技术支撑。

专创融合

思考：想获得新技术和专利权应具备哪些基本素质与能力？实践出真知，勤勉自成才，作为化工职业人在面临现场技术难题时，应以怎样的心态和素养去创造性地解决问题呢？

项目总结

一、气液相反应器的分类与结构

(1) 气液相反应器按结构分　鼓泡塔、搅拌鼓泡釜式反应器、填料塔、板式塔、喷雾塔、降膜式反应器、高速湍动反应器。

(2) 鼓泡塔分类　简单鼓泡塔、空心式鼓泡塔、多段式鼓泡塔、气体提升式鼓泡塔、填料鼓泡塔。

(3) 鼓泡塔结构　气体分布器、液体分布器、筒体部分。

二、气液相反应动力学及流体流动

(1) 气液传质模型：双膜理论、表面更新理论、渗透理论。

(2) 气液相反应的类型：瞬间反应、界面反应、二级快速反应、拟一级快速反应、二级中速反应、拟一级中速反应、二级慢速反应、极慢速反应。

(3) 鼓泡塔的流体流动

① 单个气泡直径：$d_b = 1.82 \left[\dfrac{d_0 \sigma_L}{(\rho_L - \rho_G) g} \right]^{\frac{1}{3}}$

② 气含率小于 0.14 的情况下，可用下列经验式近似估算当量比表面积平均直径：

$$d_{VS} = 26 D \left(\dfrac{g D^2 \rho_L}{\sigma_L} \right)^{-0.5} \left(\dfrac{g D^3 \rho_L^2}{\mu_L^2} \right)^{-0.12} \left(\dfrac{u_{OG}}{\sqrt{gD}} \right)^{-0.12}$$

③ 气含率：$\varepsilon_G = \dfrac{H_{GL} - H_L}{H_{GL}}$

④ Hirita 提出的计算气含率经验式：$\varepsilon_G = 0.672 \left(\dfrac{u_{OG} \mu_L}{\sigma_L} \right)^{0.578} \left(\dfrac{\mu_L^4 g}{\rho_L \sigma_L^3} \right)^{-0.131} \left(\dfrac{\rho_G}{\rho_L} \right)^{0.062} \left(\dfrac{\mu_G}{\mu_L} \right)^{0.107}$

⑤ 气泡浮升速度：$u_t = \left(\dfrac{2 \sigma_L}{d_{VS} \rho_L} + g \dfrac{d_{VS}}{2} \right)^{0.5}$

⑥ 气液比相界面积：$a = \dfrac{6 \varepsilon_G}{d_{VS}}$

⑦ 气体阻力：$\Delta p = \dfrac{10^{-3} u_0^2 \rho_G}{C^2} \cdot \dfrac{1}{2} + H_{GL} \rho_{GL} g$

三、鼓泡塔反应器设计计算（经验法）

① 鼓泡塔反应器总体积：$V = V_R + V_E + V_C$

② 鼓泡塔充气液层的体积：$V_R = V_G + V_L = \dfrac{V_L}{1 - \varepsilon_G}$

③ 鼓泡塔分离空间的体积：$V_E = \dfrac{\pi}{4} D^2 H_E$

④ 鼓泡塔分离空间的高度：$H_E = \alpha_E D$

⑤ 鼓泡塔顶盖的死区体积：$V_C = \dfrac{\pi D^3}{12 \varphi}$

⑥ 鼓泡塔反应器直径：$D = \sqrt{\dfrac{4 v_G}{\pi u_{OG}}}$；鼓泡塔高度：$H = \dfrac{V}{\dfrac{\pi}{4} D^2} = \dfrac{4V}{\pi D^2}$

⑦ 塔高和塔径之比通常取：$3 < H_{GL}/D < 12$

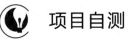

项目自测

一、判断题

1. 当传递速率远大于化学反应速率时,反应速率为扩散控制。(   )
2. 气液相反应是指气体在液体中进行的化学反应。(   )
3. 化学工业中最为常用的气液相反应器是鼓泡塔和精馏塔。(   )
4. 喷雾塔适用于气液瞬间快速反应。(   )
5. 鼓泡塔的特点是结构简单,持液量大,适用于动力学控制的气液相反应。(   )
6. 在气液相反应过程中,化学反应既可以在气相中进行,也可在液相中进行。(   )
7. 鼓泡塔反应器的气含率与塔径大小有关。(   )
8. 双膜模型假设平静的气液界面两侧存在着气膜与液膜,是很薄的静止层或层流层。(   )
9. 双膜模型假设在气膜之外的气相主体和液膜之外的液相主体中达到完全的均匀混合。(   )
10. 工业鼓泡塔反应器通常在安静区和湍动区两种流动状态下操作。(   )
11. 鼓泡塔内气体在床层中的空塔气速决定了反应器的相界面积、气含率和返混程度。(   )
12. 鼓泡塔内气体为连续相、液体为分散相,液体返混程度较大。(   )
13. 鼓泡中气泡越小,说明分散越好,气液相接触面积越小。(   )
14. 鼓泡塔反应器的设计包括经验法和数学模型法。(   )
15. 鼓泡塔内液相存在返混,通常将工业鼓泡塔反应器内液相视为理想混合。(   )

二、单选题

1. 对于几乎全部在液相中进行的反应极慢的气液相反应,为提高反应速率,应选用(   )装置。
   A. 填料塔   B. 喷洒塔   C. 鼓泡塔   D. 搅拌釜
2. 下列不属于气液相反应器的有(   )。
   A. 鼓泡塔   B. 填料塔   C. 搅拌釜   D. 流化床
3. 下列反应器中气体以气泡形式分散在液相中的是(   )。
   A. 喷雾塔   B. 喷射反应器   C. 鼓泡塔   D. 文氏反应器
4. 下列反应器液体以液滴状分散在气相中的是(   )。
   A. 鼓泡塔   B. 搅拌釜   C. 板式塔   D. 喷雾塔
5. 下列气液相反应器中,不属于气体以气泡形态分布在液相中的是(   )。
   A. 鼓泡塔   B. 搅拌鼓泡釜式反应器
   C. 板式塔   D. 喷雾塔
6. 气液相反应中应用最广的气液相传递模型是(   )。
   A. 双膜理论   B. 表面更新理论   C. 渗透理论   D. 朗缪尔理论
7. 气液相反应中,化学反应速率很快,某一步传递速率很慢,称作(   )。
   A. 动力学控制   B. 扩散控制   C. 传递控制   D. 宏观控制
8. 气液相反应中,当传递速率远大于化学反应速率时,实际的反应速率就完全取决于化学反应速率,称作(   )。

A. 动力学控制　　　B. 扩散控制　　　C. 传递控制　　　D. 宏观控制

三、填空题

1. 当气液相反应用于化学吸收时，主要目的是提高_____，因而应选择_____反应器。

2. 在鼓泡塔内的流体流动中，一般认为_____为连续相，_____为分散相。

3. 双膜模型假设在气-液两相的相界面处存在着流动的气膜和液膜，假定气相主体和液相主体内组成_____，不存在着传质阻力。

4. 鼓泡塔中当空塔气速较低时，气泡是利用_____形成的，空塔气速较高时，气泡是通过_____方式形成的。

5. 鼓泡塔反应器分离空间的作用是_____，它是依靠_____实现分离的。

四、计算题

1. 在鼓泡塔反应器中进行乙烯和苯的烷基化反应生产乙苯，年产量为3000t，已知反应器直径为1.5m，乙苯的空时收率为180kg/(m^3·h)，每年的生产时间为8000h，床层气含率为0.34，试计算该鼓泡塔的体积。

2. 在鼓泡塔内进行乙醛氧化生产乙酸的反应。已知该塔生产能力为200kg/(m^3·h)，静液层高度为12m，设备安全系数为1.1，每小时生产乙酸2012kg。分离空间的高度是反应器直径的5倍，采用椭圆形封头，试计算反应器的总高度。

3. 年产2万吨异丙苯的生产在鼓泡塔反应器中进行，已知反应器直径为1m，产品异丙苯的空时收率为180kg/(m^3·h)，年生产时间为8000h，床层气含率为0.33，试计算该反应器的体积。

五、思考题

1. 鼓泡塔反应器常见故障现象有哪些？
2. 鼓泡塔反应器的维护要点有哪些？
3. 简述生产乙酸的主要原料、辅料，乙酸的性质和用途。
4. 写出乙醛氧化制乙酸氧化工段的主、副反应方程式。
5. 总结操作中应如何控制乙醛与氧气的配比。
6. 请分析氧化工段生产中产生的不正常现象的原因，并说明处理方法。
7. 分析选择气液相反应器型式时应考虑的因素。
8. 鼓泡塔反应器有哪些类型？如何选择？
9. 试述气泡在鼓泡塔反应器中所起的作用。
10. 鼓泡塔内气体的阻力由哪几部分构成？压降如何计算？

项目六

微通道反应器

学习目标

素质目标
- 具备科学的思维方法和实事求是的工作作风。
- 具备分析问题与解决问题的能力。
- 树立家国情怀与社会主义核心价值观等素养。

知识目标
- 了解微通道反应器的作用原理、应用特点、类型及结构。
- 了解微通道反应器的应用案例。

能力目标
- 能认识微通道反应器各部件并说出其作用。
- 能根据应用要求选择合适的微通道反应器类型。

思维导图

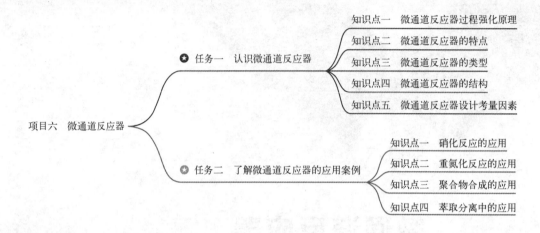

项目背景

微通道反应器，指利用微加工技术和精密加工技术制造的管道式反应器，加工管道尺寸在 $10\mu m \sim 3mm$ 之间，常作为传统的烧杯、烧瓶、反应釜、高压釜等反应装置的替代品。1990 年，Manz 首次提出了小型化微全分析系统，自此，微反应器就开始被人们关注。随着绿色化工发展的趋势，这几年微反应器得到了迅速发展，许多高校研究者也开始关注微反应器设备的研究。不仅如此，部分企业也着手开发微反应器系统，2006 年法国康宁公司就推出了 Mini-lab 微反应器系统，该系统集合了反应、换热等基本单元，可以用于精细化工合成领域。大型化工厂逐渐被微型化工厂所取代的趋势已经越来越明显，安全、高效、清洁、低耗的微反应器已经成为很多研究者、企业家的首选。

2017 年，国家安全监管总局印发《国家安全监管总局关于加强精细化工反应安全风险评估工作的指导意见》（安监总管三〔2017〕1 号），在反应工艺危险度评估措施建议中指出，反应工艺危险度为 4 级和 5 级的工艺过程，尤其是风险高但必须实施产业化的项目，要努力优先开展工艺优化或改变工艺方法降低风险，例如通过微反应、连续流完成反应；要配置常规自动控制系统，对主要反应参数进行集中监控及自动调节；要设置偏离正常值的报警和联锁控制，设置爆破片和安全阀等泄放设施，设置紧急切断、紧急终止反应、紧急冷却等控制设施；还需要进行保护层分析，配置独立的安全仪表系统。

2021 年 3 月 24 日，工业和信息化部网站公示了拟列入石化化工行业鼓励推广应用的技术和产品目录。为提升石化化工行业智能制造、安全环保水平，加快推动产业转型升级，工业和信息化部在全国范围内组织开展了石化化工行业先进适用技术和产品的征集工作，32 项技术和产品符合遴选标准，其中新型微通道反应器装备及连续流工艺技术被列于首位。

石化化工行业鼓励推广应用的技术和产品目录

序号	技术/产品名称	技术/产品简介	主要技术经济指标	已推广应用情况	适用领域	推荐单位
1	新型微通道反应器装备及连续流工艺技术	以新型连续流微通道反应系统为核心,可应用于多系列精细化学品的连续高效合成和规模化生产,尤其是放热剧烈、反应物或产物不稳定、物料配比严格、高温高压等危险化学反应	反应器总时空转化率 $STC \geqslant 20\text{mol}/(\text{m}^3 \cdot \text{h})$;反应器温度 T 适用范围 $-100\text{℃} \leqslant T \leqslant 350\text{℃}$;反应器压力 P 适用范围 $\leqslant 10\text{MPa}$;反应器单套处理量 $\geqslant 2000\text{t/a}$	该技术已应用于硝化、氯化、氧化、重氮化、烷基化等工艺中	精细化工	中国石油和化学工业联合会
2	超重力偶氮化反应器装备新技术	针对传统间歇反应器生产效率低、人工强度大等问题,开发了超重力偶氮化连续反应新工艺,可大幅降低生产过程危险化学品存量,实现精细化学品生产过程的流程再造和连续化生产,提升生产过程安全水平	主反应器体积较釜式反应器降低 98%;原料转化率由 98.5%提高到 99.8%,产品收率提高 2%;生产过程物料存量下降了 90%以上,生产效率提高 60%;高化学需氧量废水量减少 20%,能耗降低 30%以上	该技术已应用于染料和颜料的偶氮化反应	精细化工	浙江省经济和信息化厅
3	反应精馏成套技术	该技术创建了普适性反应精馏过程概念设计方法,实现了催化填料结构尺寸的优化和调控,发明出高性能的催化填料,开发了一系列高效的反应精馏成套技术,相比于反应与分离各自独立的过程,该反应精馏技术具有转化率高、选择性好、能耗低等优点,在酯化、水解、酯交换、叠合等过程中有着广泛的应用前景	反应转化率提高 30%~50%;催化剂利用率提高 80%~110%;选择性提高 10%~40%;能耗降低 20%~50%;产能提高 20%~40%	该技术已在多家石化企业应用	石化	中国石油和化学工业联合会

任务一
认识微通道反应器

  溴化丁基橡胶(BIIR)是含有活性溴的异丁烯-异戊二烯共聚物弹性体。溴化丁基橡胶具有丁基橡胶的基本饱和主链,因此具有丁基聚合物的多种性能特性,如较高的物理强度、较好的减振性能、低渗透性、耐老化及耐天候老化。此外,相对于丁基橡胶,其卤素活性较高,因此具有较宽的硫化特性。溴化丁基橡胶是制造无内胎轮胎不可替代的原材料,也是医用橡胶制品所必需的原料。目前中国每年需进口丁基和溴化丁基橡胶 25 万吨,消费量也以每年 15%的速度递增。

  溴化丁基橡胶是我国长期依赖进口的合成橡胶产品,其生产工艺要求高,反应过程复杂，体系毒性和腐蚀性强。2019年，由清华大学与浙江信汇新材料股份有限公司合作开发的3万吨/年溴化丁基橡胶微化工技术项目，通过了中国石油和化学工业联合会的科技成果鉴定。目前该项目已顺利投产并正常运行，工艺的卤化过程在微反应通道内的停留时间仅为20~300s。该项目首次将微反应技术应用于合成橡胶领域，引领了国际微化工技术的发展，为提高我国高端橡胶产品的自给率和国际竞争力奠定了基础。

1. 能分析微通道反应器的作用原理。
2. 能阐述微通道反应器的特点、类型及结构。
3. 能分析微通道反应器的设计考量因素。

知识点一
微通道反应器过程强化原理

微化工技术思想源于常规尺度的传热机理。对于圆管内层流流动，管壁温度维持恒定时，由式(6-1)可见，传热系数 h 与管径 d 成反比，即管径越小，传热系数越大；对于圆管内层流流动，组分A在管壁处的浓度维持恒定时，传质系数 k_c 与管径成反比，见式(6-2)，即管径越小，传质系数越大。由于微通道内流动多属层流流动，主要依靠分子扩散实现流体间混合，由式(6-3)可知，混合时间 t 与通道尺寸平方成正比。通道特征尺寸减小不仅能大大提高比表面积，而且能大大强化过程的传递特性。

$$Nu = hd/k = 3.66 \tag{6-1}$$

$$Sh = k_c d/D_{AB} = 3.66 \tag{6-2}$$

$$T = d^2/D_{AB} \tag{6-3}$$

式中，Nu 为努塞尔数；Sh 为舍伍德数；D 为扩散系数。

化工过程中进行的化学反应受传递速率或本征反应动力学控制或两者共同控制。就瞬时和快速反应而论，在传统尺度反应设备内进行时，受传递速率控制，而微尺度反应系统内由于传递速率呈数量级提高，因此这类反应过程速率将会大幅度提高。慢反应主要受本征反应动力学控制，其实现过程强化的关键手段之一在于如何提高本征反应速率，通常采用提高反应温度、改变工艺操作条件等措施。而中速反应则由传递和反应速率共同作用，也可采取与慢反应过程类似的措施。

知识点二
微通道反应器的特点

相较于传统的反应装置，微反应器的最大特点就是比表面积较大，其换热效率和混合效率也较高；此外，其体积小、占用空间小、灵活性高等优势也使得其在化工生产过程中得到了大力发展。

图 6-1(a) 和 (b)，分别为微反应器反应片部件图和内部结构图。其最大特征在于内部的细微结构，这种微结构在物料的流动方面起到了特殊的作用，能够将体系中的流体切割，形成流体薄层，进而大大加大其扩散的效率。并且，部件中的内部微结构可以根据不同的要求加以调整，设计出不同应用范围的反应器。与传统的反应釜对比，微反应器具有以下特点。

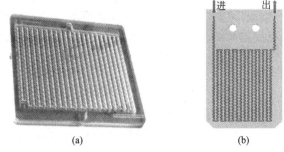

图 6-1　微反应器反应片部件图和内部结构图

(1) 混合效率高　在微通道反应器中，流体混合主要依靠分子的热运动完成。微反应器中，微结构的尺寸较小，使得流体中分子的扩散距离大大缩短，故而传质快，能够达到更充分更迅速混合的目的。

(2) 传热效率高　微反应器内部的微结构可以增加其比表面积，并且反应片的材质也会影响传热效率。常见的微通道反应器传热效率范围处于 $2 \sim 20 kW/(m^2 \cdot K)$ 之间。

(3) 可操作性好　微通道反应器的制作材料因底物不同而存在差异，但都可以较为容易地实现对温度、压力、耐酸碱性等条件的要求。

(4) 灵活性　对于合成步骤较为复杂的反应，微反应器各模块可以根据需求灵活多变，节省能源。在工业化生产中，其占地面积小、安全性高、灵活搭建、移动便利等优势得到了明显的表现。

当然，微反应器在使用过程中也暴露出一些弊端。例如，其管路小，容易堵塞；对于缩聚反应，并不能及时脱出副产物小分子，导致反应不能进行；固体反应物进样困难等。

知识点三
微通道反应器的类型

微通道反应器在化工、能源、医疗领域发展迅速，现已衍生出各种应用于不同环境的微反应器。根据整体底物的运动，可分为间歇式、连续式、半连续式微通道反应器。根据驱动底物流动的能量分类，可分为主动和被动两类，前者是指底物在电、磁、恒流泵作用下运行,后者是指底物依据微通道反应器自身的结构特殊性来推动底物流动,例如力学扩散、毛细效应等。依据微通道反应器的底物种类可以分为气-固型、气-液型、液-液型、气-液-固型等。

1. 气-固型

复杂的气固相催化微反应器通常集聚了混合、换热、传感和分离等多项功能。较有代表性的是由麻省理工学院 RaviSrinivason 等设计制造的 T 型薄壁微反应器,如图 6-2 所示。该反应器用于氨的氧化反应,氨气和氧气分别从 T 型反应器的两个通道进入,通过流量传感器,在正下方通道进口处混合,在正下方的通道壁外侧设置温度传感器和加热器,T 型反应器的薄壁结构本身就是一个热交换器。通过制作材料改变热导率和调整壁厚度,可以控制反应热量的转移,从而适合放热不同的化学反应。另外,Franz 等设计制造了一种可用于脱氢/氢化反应的微膜反应器,由于它与膜分离的功能相结合,反应物与产物在反应过程中分离,使得平衡转化率不断提高,产物收率也随之提高。

2. 气-液型

气液相微反应器按照气液接触的方式可分为两类。一类是气液分别从两根微通道汇流进一根微通道,整个结构呈 T 字形。由于在气液两相液中,流体的流动状态与泡罩塔类似,随着气体和液体的流速变化出现了气泡流、节涌流、环状流和喷射流等典型的流型,这一类气液相微反应器被称作微泡罩塔。另一类是沉降膜式微反应器,液相自上而下呈膜状流动,气液两相在膜表面充分接触。气液反应的速率和转化率等往往取决于气液两相的接触面积。这两类气液相反应器气液相接触面积都非常大,其内表面积均接近 $20000m^2/m^3$,比传统的气液相反应器大一个数量级。

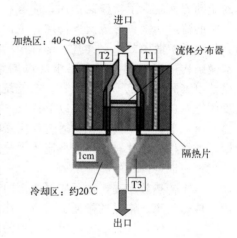

图 6-2 集聚反应、加热、冷却三种功能的微反应器

3. 液-液型

液液相反应的一个关键影响因素是充分混合,因而液液相微反应器通常与微混合器耦合在一起,或者本身就是一个微混合器。专为液液相反应而设计的与微混合器等其他功能单元耦合在一起的微反应器案例为数不多。主要有 BASF 设计的维生素前体合成微反应器和麻省理工学院设计的用于完成 Dushman 化学反应的微反应器。

4. 气-液-固型

气液固三相反应在化学反应中比较常见,种类较多,在大多数情况下固体为催化剂,气体和液体为反应物或产物,美国麻省理工学院发展了一种用于气液固三相催化反应的微填充床反应器,其结构类似于固定床反应器,在反应室(微通道)中填充了催化剂固定颗粒,气相和液相被分成若干流股,再经管汇到反应室中混合进行催化反应。

知识点四
微通道反应器的结构

微通道反应器作为一种连续流动的管道式反应器，通常包括化工单元所需要的混合器、换热器、反应器、控制器等。微通道反应器总体构造可分为两种：一种是整体结构，这种方式以错流或逆流热交换器的形式体现，可在单位体积中进行高通量操作。在整体结构中只能同时进行一种操作步骤，最后由这些相应的装置连接起来构成复杂的系统。另一种是层状结构，这类体系由一叠不同功能的模块构成，在一层模块中进行一种操作，而在另一层模块中进行另一种操作。流体在各层模块中的流动可由智能分流装置控制。对于更高的通量，某些微通道反应器或体系通常以并联方式进行操作。根据流体加入方式的不同，分为 T 型、同轴环管型、水力学聚焦型、几何结构破碎型等。

微通道反应器核心包括反应腔体结构和温度控制单元两个部分。微通道反应器内部腔体的结构是影响其用途和效率的决定性因素。应对不同类型的反应需求，所对应的微通道反应器内部腔体结构也有所不同。几种典型微通道反应器的腔体结构如图 6-3 所示。例如矩形微通道型、毛细管型、多股并流型、外场强化型、微孔阵列和膜分散型、降膜型等。

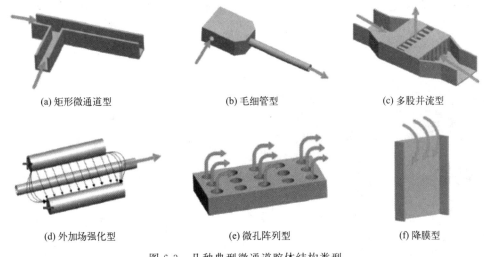

图 6-3 几种典型微通道腔体结构类型

此外，微反应器中微通道腔体材料也对其性能有影响。对于有强酸强碱参与的反应，多使用聚四氟乙烯及其衍生物作为腔体材料；对于反应体系中涉及氯化盐、硫酸、盐酸、氧化性氯化物等化合物参与反应的，可使用哈氏合金作为反应腔体材料；某些反应对于压强具有较高的要求，腔体材料可使用不锈钢、碳化硅等材料；此外，某些反应对腔体材料的耐磨性、抗氧化性、内表面粗糙度等有特殊要求，这就需要依据实际需求使用特殊材料或者加工方式来满足。微反应器腔体有较多的加工技术选择，例如整体微加工技术、离子束干式蚀刻法、LIGA 深度光刻等精细加工技术。

知识点五
微通道反应器设计考量因素

① 微反应器的材质与反应物在反应器内表面的均匀分布以及耐腐蚀性密切相关,从而影响反应能否顺利进行。

② 均相或气-液两相反应可以在经典的毛细管线圈反应器内进行,通过工艺参数的优化可以达到理想的结果,其中停留时间是主要因素。

③ 对于光催化反应,微反应器的构型设计应满足尽可能大的受光面积。

④ 对于气-液-液三相反应,微反应器的设计首先应考虑反应物相的充分混合问题,混合器和反应器芯片的构造与构型也是优先考虑的因素。

⑤ 采用催化活性组分修饰的毛细管微反应器,可以解决经典毛细管反应器不能进行固-液或气-固-液多相催化反应的问题,而且无需分离催化剂,其中负载催化活性组分的活性和稳定性是优先考虑的问题。

⑥ 填充床反应器上也可进行固-液或气-固-液多相催化反应,催化剂的填充应避免较大的压降问题。

⑦ 除了反应温度、反应压力外,气体流速、液体流速以及停留时间也是获得微通道反应器中相关反应优化工艺的重要参数。

任务实施

一、咨询

学生在教师指导与帮助下解读工作任务要求,了解工作任务的相关工作情境与必备知识,明确工作任务核心要点。

二、决策、计划与实施

根据工作任务要求了解微通道反应器的过程强化原理、类型及结构特点,通过分组讨论和学习,进一步了解微通道反应器设计的考量因素。

三、检查

教师通过检查各小组的工作方案与听取小组研讨汇报,及时掌握学生的工作进展,适时归纳讲解相关知识与理论,并提出建议与意见。

四、实施与评估

学生在教师的检查指导下继续修订与完善任务实施方案,并最终完成初步方案。教师对各小组完成情况进行检查与评估,及时进行点评、归纳与总结。

  知识拓展

特殊聚合反应器

实际生产中,还有许多特殊型式的反应器,以便满足一些特殊的聚合体系或对聚合物的特殊要求。这些特殊类型的聚合反应器都是以处理高黏度下的聚合系统为目的。例如供本体聚合或缩聚后阶段用的所谓后聚合反应器,在继续进行聚合的同时,还需要把残余单体或缩聚生成的小分子物质脱除。所以往往一面要通过间壁传热以保持相当高的温度,一面还要减压,并且使表面不断更新,以便于小分子的排出。此外,为了防止粘壁或存在死区,在结构上还有种种特殊的考虑。目前特殊型式的聚合反应器中有的已在工业上应用,但更多的还处在研究阶段。按反应物料在反应器内滞留量的大小,可分为低滞液量型反应器和高滞液量型反应器。

一、低滞液量型反应器

物料在反应器中的停留时间一般在 10～20min 以下。主要型式有螺杆型反应器和薄膜型反应器。

(1) 螺杆型反应器　螺杆型反应器有单螺杆和双螺杆之分。单螺杆挤出型反应器可以处理黏度低于 100Pa·s 的物料,物料停留时间较长,传热效率较低。双螺杆挤出型反应器可以处理黏度高于 1000Pa·s 的物料,停留时间一般在 0.5h 内,传热效率高,可以有效防止聚合物降解。图 6-4 为双螺杆挤出型反应器。

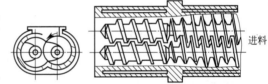

图 6-4　双螺杆挤出型反应器

(2) 薄膜型反应器　物料在高速旋转的搅拌桨叶与固定壁间形成薄膜,从而利于单体和溶剂的蒸发。该类反应器的特点是传热系数大,扩散距离短、表面更新好,停留时间短,物料不存在局部过热。图 6-5 为离心薄膜反应器,可以应用在黏度为 50Pa·s 的体系。

二、高滞液量型反应器

因物料在反应器内停留时间在 1h 以上,致使反应器内滞液量较大,难以形成薄膜,因而需要依赖物料的表面更新来达到工艺要求,故而此类反应器属于表面更新型反应器。图 6-6 为此类反应器不同型式,主要为卧式,有单轴和双轴之分。单轴式由于不能对所通过的全部物料都起到充分的剪切作用,容易形成死角。在轴附近剪切难以达到,所以会使聚合物黏附在轴上。双轴式由于旋转体(桨叶)相互齿合,不易形成死角。

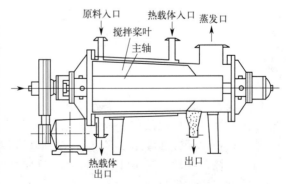

图 6-5　离心薄膜型反应器

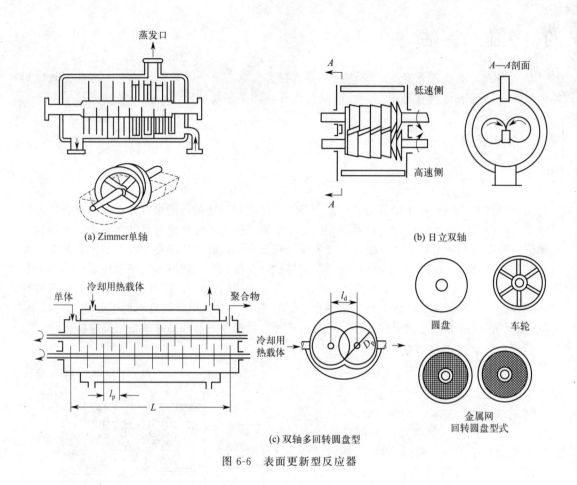

图 6-6　表面更新型反应器

任务二
了解微通道反应器的应用案例

任务
导入

微反应器在化工、材料、医药等领域内具有较好的应用前景。尤其适合反应剧烈、换热困难、传质障碍、放大效应、危险工艺、低温过程的反应。在化工领域内，基于小分子合成、萃取、催化等方面应用较多，且已经形成相对成熟的技术和产业。在聚合物合成领域，由于高分子流体流动的复杂性、高黏性、反应过程的不稳定性等原因，导致其在聚合物合成领域内的发展相对劣势。

工作任务

1. 能分析微通道反应器在硝化反应、重氮化反应等危化反应中的应用案例。
2. 能分析微通道反应器在聚合物合成、萃取分离等领域的应用案例。

技术理论

知识点一
硝化反应的应用

硝基化合物广泛应用于农药、医药、炸药、染料、化纤及橡胶等的生产，是一类非常重要的有机化工原料。硝化反应是指有机化合物与硝化试剂反应向有机化合物的碳、氮或者氧原子引入硝基的反应，反应速度快，高度放热。硝化反应在小试或者中试时，反应器相对较小、物料均匀、反应温度易于控制。当转变为工业化生产时，反应情况就完全不一样，风险将极大增加，主要体现在以下几个方面。

① 反应速度快，放热量大。大多数硝化反应是在非均相中进行的，反应组分的不均匀分布容易引起局部过热导致危险。如果遇到设备故障或水电停止的情况，热量分布不均，爆炸难以避免，例如：苯酚类的硝化过于剧烈导致产生大量的多硝化物，以至于能看到明火。

② 反应物料活性很高，对热不稳定，容易分解，具有燃爆危险性。

③ 硝化剂具有强腐蚀性、强氧化性，与油脂、有机化合物（尤其是不饱和有机化合物）接触能引起燃烧或爆炸。

④ 生成的多硝化产物、副产物具有爆炸危险性。例如：醇类硝化，产生大量氧化气体导致反应器超压而爆炸。

为了实现本质安全的生产，进行工艺创新、提升自动化水平已经成为业内普遍共识。连续硝化技术已列入《产业结构调整指导目录（2019年本）》鼓励支持类推广应用技术。微通道反应器技术被认为是21世纪一项颠覆性化学合成技术，在多个领域已经实现了化学品的连续合成生产。作为硝化工艺创新的首选，与传统的间歇反应釜合成工艺技术相比，具有以下优势。

① 本质安全。微通道反应器持液量低，物料停留时间短，爆炸性混合物产生的概率大幅度降低。例如康宁反应器材质选用了康宁耐压、耐温、耐腐蚀的特种玻璃和化学稳定性卓越的康宁 Unigrain™ 碳化硅（SiC），保证了 AFR 强有力的抗热冲击能力和非常低的爆炸冲击波。

② 传质传热效率高。微通道反应器具有良好的换热和传质特点。例如康宁反应器独特的心形通道和换热层设计使之具有极高的单位体积换热面积，为优质传热提供了保证。

③ 反应选择性高。微通道反应器高热导率和极低热膨胀系数的碳化硅材质可以使反应体系在非常温条件下进行，加上反应时间短，物料混合更均匀，反应效率高，可以选择更安全的反应底物和溶剂。

④ 微反应技术可以节省空间、人力、时间和成本。

⑤ 反应体系稳定，效率高。反应温度和时间能够精确控制，有利于提高收率和选择性，自动化程度高。可以制备品质稳定，杂质的种类减少，含量稳定的产物。

邻硝基和间硝基苯甲醛是化学工业中的两个重要中间体。它们是通过混合酸硝化苯甲醛的主要产品，该反应过程是一种危险的化学过程，因为反应速率对操作条件的变化非常敏感。如图 6-7 所示，Russo Danilo 等人构建了该反应在均相条件下的动力学模型并已得到验证，后将其成功扩展到了非均相的液-液微通道反应系统。结果表明，微反应器可进行硝化反应的放大，且探究了其动力学过程，获得了较好的转化率和产率。

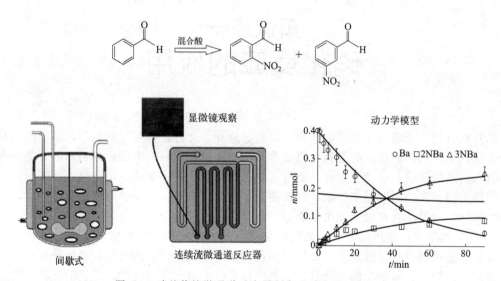

图 6-7　硝基苯的微通道反应器制备及动力学过程探究

知识点二
重氮化反应的应用

重氮化反应是重要的氨基转化反应，大多属于快速、放热剧烈的高危反应。微反应器对重氮化反应可以实现准确的流量控制、温度控制，从而有效提升重氮盐含量，偶联杂质含量明显减少。连续流工艺的价值还体现在危险重氮盐类中间体的现制现用，避免运输过程中发生危险。

发明专利 CN110818533A 报道了一种利用微通道连续流反应器制备间三氟甲基苯酚的方法。包括以下两个步骤：①在连续流反应器中，将硫酸盐水溶液（硫酸水溶液和间三氟甲基苯胺的混合物）和亚硝酸钠的水溶液进行重氮化反应，得到重氮盐的溶液；②在连续流反应器中，在芳烃类溶剂存在下，将步骤①中得到的重氮盐的溶液进行水解反应（温度为 101～

200℃），得到间三氟甲基苯酚。化学反应式为：

$$F_3C-\underset{}{\bigcirc}-NH_2 \xrightarrow[\text{步骤①}]{NaNO_2} F_3C-\underset{}{\bigcirc}-N_2^+ HSO_4^- \xrightarrow[\text{步骤②}]{} F_3C-\underset{}{\bigcirc}-OH$$

具体实施流程见图 6-8。将硫酸水溶液和苯胺化合物以相应的流速分别泵入静态混合器 A 和 B 中，在一定温度下，进入静态混合器 C 中混合并进行成盐反应，得到均匀混合物。所得混合物从静态混合器 C 中流出后（此处的流速即 A 和 B 之和），与亚硝酸盐的水溶液分别以相应的流速进入微通道反应器 D 中混合并发生重氮化反应，得到重氮盐的溶液。所得重氮盐的溶液从微通道反应器 D 中流出（此处的流速即是 A、B 和 C 三者之和）后与有机溶剂分别以相应的流速进入微通道反应器 E 中进行混合，均匀混合后从微通道反应器 E 中流出，在一定温度下，流入管式反应器 F 发生水解反应。反应结束，反应液从管式反应器 F 中流出，流入油水分离器进行油水分离，油相经脱溶和蒸馏后得到苯酚化合物。

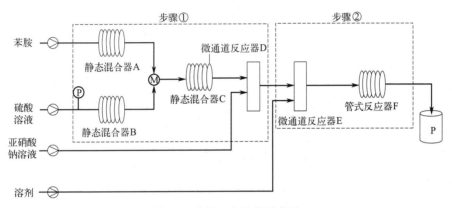

图 6-8 实施工艺流程示意图

该连续制备的方法可以提高反应浓度，大大缩短反应时间，提高生产效率，降低安全风险，具有收率和纯度高、操作简便，更安全、环保，成本更低等优势。

该连续流合成间三氟甲基苯酚的方法，其优势在于：①提高了成盐和重氮化反应的浓度，提高了反应的速率，减少了废水的产出量；②提高了成盐、重氮化反应的温度，消除了固体盐堵塞反应器的风险，极大提高了反应器的安全性；③提高了水解反应的温度，进一步减少了水解不彻底而生成的副产物，提高了反应收率（95％以上）和纯度（99.5％以上），且容易提纯得到纯度 99.5％以上的间三氟甲基苯酚，可直接满足市场需求，节约了提纯能耗和成本。

知识点三
聚合物合成的应用

由于微通道反应器的结构特殊性，其管道容易堵塞、副产物小分子在反应过程中难以除去，相较于传统釜式反应，微反应器较难实现缩聚反应产生的小分子的实时脱出，导致部分缩聚反应难以在微反应器中实现。目前，微通道反应器在自由基聚合、缩聚反应、离子聚合、配位聚合、开环聚合等方面均有广泛使用。下文以聚酰亚胺的合成为例，见图6-9。

聚酰亚胺（PI）由于其出色的耐热性、绝缘性被广泛应用在高端材料领域，例如航空航天涂层、电子封装材料等领域。其可用二胺二酐法先合成聚酰胺酸，再通过高温脱水或者化学脱水方法实现亚胺环化。

路庆华教授课题组提出了一种通过在微反应器中进行溶液聚合制备聚酰亚胺前体的连续流策略。聚合时间从间歇式反应器中的几小时显著减少到微反应器中的20min。适宜的温度、相对长的停留时间可合成分子量较大的聚酰胺酸（PAA）。并且通过探究停留时间和分子量之间的关系讨论了聚合动力学。以4′-四羧酸二酐（BTDA）和2,2′-双（三氟甲基）-4,4′-二氨基二苯醚（6FODA）为底物，停留时间为19.6min条件下制备的PAA的数均分子量为36.3kg/mol。由此表明，微反应器将为制备高分子量的聚酰亚胺前体提供有效途径。

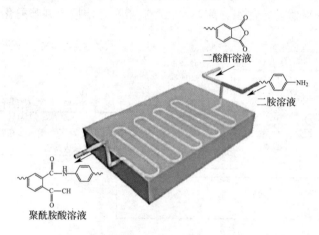

图6-9 微通道反应器合成聚酰亚胺过程

知识点四
萃取分离中的应用

萃取过程，是利用物质在不同溶剂中的溶解度差异，实现物质的分离。微通道反应器能让萃取剂和物质充分接触，加快萃取过程，快速达到萃取平衡，实现萃取物的快速分离。随着新型萃取剂的开发和可控化微流控技术的发展，微萃取技术逐渐被应用到各个领域。Tetala等利用水相-有机相-水相三相流动的微通道对植物生物碱士的宁进行了萃取纯化。在该微反应器系统中，将萃取和反萃取过程相结合，实现了士的宁在水相和氯仿相中的分离过程。当停留时间为25s时，萃取效率达到了79.0%。Shimanouchi等采用段塞流微通道反应器，将水和甲基异丁基酮的两相混合物直接注入反应器中，在反应过程中生成5-羟甲基糠醛，并且在生成之后直接萃取到有机相中，实现产物水相的分离。萃取效率取决于流动速率和水油相的流速比。对于萃取过程来讲，部分萃取原料容易受到温度的影响，发生化学反应，利用微萃取技术，可以很好地实现萃取过程中温度的控制，保证萃取前后萃取剂的稳定。多碳不饱和脂肪酸容易在高温下发生氧化，从而反应生成有毒性的物质，Kamio等利用 Y 型微通道反应器在低温下萃取分离多碳不饱和脂肪酸，研究发现，利用微通道反应器形成油水相的段塞流可以提高萃取分离效率，并且分离过程不需要加入乳化剂。

高压萃取和超临界萃取等特殊的萃取分离过程，也可以使用微萃取技术实现。利用微通道的精准控制，可以保证特殊条件下的稳定运行。Assmann 等使用硅/玻璃微通道反应器，在高压条件下，利用超临界二氧化碳（$ScCO_2$）将香草醛从水相中萃取分离，停留时间在 1.6～2.8s 就达到了萃取平衡。在 80～110bar（$1bar = 10^5 Pa$）压力范围内，萃取过程重复性好，萃取效率高。常规萃取过程的油水两相容易分离，接触面积小，需要利用搅拌、震荡等方法提高两者的接触面积和接触时间。而微通道反应器，将油水两相形成段塞流，增大了接触面积，提高了萃取效率。即使在高压等特殊条件下，微通道反应器内仍可以保证过程的稳定有效。

任务实施

一、咨询

学生在教师指导与帮助下解读工作任务要求，了解工作任务的相关工作情境与必备知识，明确工作任务核心要点。

二、决策、计划与实施

根据工作任务要求了解微通道反应器在各领域的应用案例。通过分组讨论和学习，进一步学习微通道反应器在硝化反应、重氮化反应、聚合物合成及萃取分离中的应用。具体工作时，可根据各领域应用案例，了解其工艺实施过程，对比分析工艺特点及优势。

三、检查

教师通过检查各小组的工作方案与听取小组研讨汇报，及时掌握学生的工作进展，适时归纳讲解相关知识与理论，并提出建议与意见。

四、实施与评估

学生在教师的检查指导下继续修订与完善任务实施方案，并最终完成初步方案。教师对各小组完成情况进行检查与评估，及时进行点评、归纳与总结。

知识拓展

康宁反应器技术

康宁公司成立于 1851 年，总部位于美国纽约州康宁市。170 多年来，康宁凭借在特殊玻璃、陶瓷、光学物理领域的精湛专业知识，开发出众多引发了行业的革命性改变并改变人类生活的产品和工艺。康宁公司 2022 年全年的核心销售额达到 148 亿美元，2022 年美国财富 500 强排名第 263 位。

康宁公司自 2002 年就开始了高通量-微通道 Advanced Flow® Reactor（AFR®）关键组件"微通道流体模块"的应用普适性开发，并致力于为客户提供具有成本效益的解决方案。康宁反应器技术专业的工程支持、170 多年的材料和制程经验以及康宁 AFRR 独特的设计和系统集成，可助力客户实现从化学品的实验室可行性验证到工艺开发优化，再到工业级大批量生产之间的无缝对接，适用于医药、农药、精细化学品、特种化学品等多个领域化学品的连续安全生产。

课外思考与阅读

 前沿技术

科技是第一生产力
——专注微反应　展现大作为

微通道反应器技术是适应化学工业绿色发展新趋势，近年来快速发展的一门化工前沿和热点技术，被公认为 21 世纪化学合成的革命性技术成果，为能源、化工、医药、军工等行业提供了安全高效的生产方案，在多个领域实现了应用。

西安万德能源化学股份有限公司成立于 1998 年，是由西安市科委成果转化来的国家级高新技术企业，2011 年 7 月改制为股份有限公司（以下简称"万德股份"），依托西北大学、西安石油大学等科研院校雄厚的技术研发能力，主要从事油田精细化学品、功能性化学材料研发、生产、销售及服务等业务，专注微反应技术开发及其产业化应用，为能源、化工、军工和医药行业提供工艺升级解决方案，是国内微通道技术产业化开发与应用的领军企业。依托自主研发的全球领先的微反应硝化成套技术，实现柴油质量升级关键添加剂——硝酸异辛酯产业化，建成国内首家万吨级硝化微反应工业化生产装置，目前产能规模居亚洲第一、世界第二，是全球主要生产商之一。

科学技术探索的脚步永无止境。"万德股份"应用微通道反应技术开发了纳米级聚合物微球。该微球作为油田三次采油的驱油剂，具有良好的控水增油效果，可大幅实现国内外老油田增产 20%，特别对低渗透油田有颠覆性效果。同时，不断将微通道反应技术拓展应用到医药和农药等领域，完成了双咪唑、二叔丁基过氧化物、烷基化油、硝基苯等多种化学品在微通道反应器中的合成，产品纯度、收率明显提高，尤其是从本质上实现了安全、清洁化生产，整个生产过程实现了"三废"大幅减排，甚至达到零排放。

"万德股份"依托微通道连续硝化专利技术工业化生产中积累的实践经验，将该工艺技术拓展应用在硝化等其他领域。实现了硝化产品连续自动化、小型化安全生产，不断丰富和延展这一核心技术在火炸药领域的开发应用。同时，利用微反应技术开发火炸药移动式柔性自动化生产装置，为我国实现军用化学品和民用危险化学品技术升级和安全生产提供技术支持。

专创融合

铈基纳米添加剂能在柴油燃烧阶段减少颗粒物的形成,并催化颗粒物氧化燃烧反应从而消除堵塞问题,可有效缓解柴油车尾气黑烟导致的空气污染问题。在欧美地区,铈基纳米添加剂已成熟应用近 20 年。国内部分柴油车厂家想在其国六车上使用铈基添加剂,但进口产品价格太高,因此,市场迫切需求高性价比的国产化铈基添加剂。

2019 年,《铈在必行——柴油降烟纳米添加剂》项目在第十二届"挑战杯"全国大学生创业计划竞赛中荣获全国决赛金奖。该项目由南京科技职业学院基于康宁 G1 多功能研发平台,利用微通道反应器技术对铈基纳米添加剂的生产工艺进行了优化革新,成功将国外 15h、500℃的间歇生产改进为反应时间 1min、70℃的连续性生产,产能达 100t/a,将生产成本降至国外的 1/2。项目技术在国内领先,产品粒径低于 20nm,经国家法定检测中心验证,可有效降低卡车尾气颗粒物含量约 30%,具有极大的环保价值和社会经济价值。

思考:《铈在必行——柴油降烟纳米添加剂》项目为什么能在创业计划中获奖?项目团队需具备哪些工具方法、技术经济、专业素养、组织协调等方面的素质与能力呢?

一、认识微通道反应器

(1)微通道反应器过程强化原理 管径越小,传热系数和传质系数皆越大;微通道特征尺寸减小不仅大大提高比表面积,而且大大强化过程的传递特性。

(2)微通道反应器特点 混合效率高、传热效率高、可操作性好、组配灵活。

(3)微通道反应器类型 根据底物种类分为气-固型、气-液型、液-液型、气-液-固型等。

(4)微通道反应器结构 通常包括化工单元所需要的混合器、换热器、反应器、控制器等。总体构造分为整体结构和层状结构;核心包括反应腔体结构和温度控制单元两个部分。

二、了解微通道反应器的应用

1. 硝化反应
2. 重氮化反应
3. 聚合物合成
4. 萃取分离

 项目自测

一、思考题

1. 对比传统反应器,微通道反应器的优势有哪些?
2. 微通道反应器有哪些类型?
3. 查阅资料,了解微通道反应器在其他危化反应中的应用。

参考文献

[1] 李倩,刘兴勤.化工反应原理与设备[M].3版.北京:化学工业出版社,2021.
[2] 陈炳和,许宁.化学反应过程与设备[M].4版.北京:化学工业出版社,2020.
[3] 李绍芬.反应工程[M].3版.北京:化学工业出版社,2013.
[4] 陈甘棠.化学反应工程[M].3版.北京:化学工业出版社,2007.
[5] 左丹.反应器操作与控制[M].2版.北京:化学工业出版社,2023.
[6] 单国荣,杜淼,朱利平.聚合反应工程基础[M].2版.北京:化学工业出版社,2022.
[7] 陈平,廖明义.高分子合成材料学[M].3版.北京:化学工业出版社,2017.
[8] 王高生,郑大智,宿相泽.环管反应器压力系统控制[J].当代化工,2022(11):2682-2687.
[9] 吴坤,张玉,吴卫伟,等.大型聚丙烯装置环管反应器的制造[J].设备管理与维修,2022(10):100-101.
[10] 肖建良,万双华,尹胜华,等.列管式反应器温度控制方法[J].广州化工,2013(02):128-129,162.
[11] 杨发虎.聚酰胺酰亚胺树脂的微通道反应器法合成及其应用[D].兰州:兰州大学,2019.
[12] 张家康,张月成,赵继全.微通道反应器中精细化学品合成危险工艺研究进展[J].精细化工,2022:1-8.
[13] 朱海.微通道反应器在内负载型纳米材料合成的研究及应用[D].杭州:浙江大学,2022.